W0269381

Alfred Mehmel

Vorgespannter Beton

Grundlagen
der Theorie, Berechnung und Konstruktion

3. neubearbeitete und erweiterte Auflage

Springer-Verlag Berlin Heidelberg New York 1973

Professor Dr.-Ing. A. MEHMEL

Ordinarius (em.) der TH Darmstadt

Mit 154 Abbildungen, 8 Tafeln im Text und
1 Tabelle von Querschnittswerten

ISBN 978-3-642-65403-9

ISBN 978-3-642-65402-2 (eBook)

DOI 10.1007/978-3-642-65402-2

Aus dem Vorwort zur ersten Auflage

Das Buch enthält in etwas gekürzter Fassung den Stoff der Vorlesung, die ich zur Zeit über Spannbeton an der Technischen Hochschule Darmstadt halte.

Die Spannbetonbauweise beruht auf einem mechanischen Prinzip, das in Handwerk und Technik seit Jahrhunderten bekannt ist, und das darin besteht, einen aus äußeren Kräften herrührenden Spannungszustand günstiger zu gestalten, indem ein anderer, und zwar im wesentlichen ein Eigenspannungszustand, überlagert wird. Als Beispiel seien hier stichwortartig genannt: das hölzerne Rad mit Eisenreifen und das Daubenfaß mit eisernen Bändern (vgl. auch Abschn. 1.1 des Buches). Die praktische Durchführung dieses Prinzips im Spannbeton war freilich an gewisse Erkenntnisse und Entwicklungen in der Technologie des Betons und der Bewehrungsstähle sowie geeignete konstruktive Lösungen und ausführungstechnische Verfahren gebunden, und Jahrzehnte hindurch haben sich hervorragende Ingenieure mit diesem Problem beschäftigt.

Aus der Art, wie die Vorspannglieder ausgebildet sind, und insbesondere wie die Vorspannkräfte eingeleitet werden, haben sich zahlreiche Vorspannsysteme mit einer Fülle von Einzelheiten entwickelt. Ich habe es mir zur Aufgabe gemacht, in diesem Buch die einfachen mechanischen Zusammenhänge darzulegen, aus deren Beherrschung allein der Ingenieur das Verständnis für die Einzelheiten gewinnt.

Darmstadt, im Mai 1957

Alfred Mehmel

Vorwort zur dritten Auflage

In der vorliegenden dritten Auflage ist der leitende Gedanke des Autors, sich im wesentlichen auf die Darlegung der mechanischen und konstruktiven Grundlagen zu beschränken, beibehalten worden.

Eine neue Bearbeitung mancher Themen und damit verbunden auch eine Vergrößerung des Umfangs ergab sich aus der Entwicklung des Fachgebietes.

Als sprechender Beleg hierfür sei die DIN 1045 (neu) genannt (wenn hier auch des Guten etwas zu viel geschehen ist).

Wo in dieser dritten Auflage der Stoff gegenüber der zweiten eine Neubearbeitung erfahren hat, wird der Fachmann unschwer erkennen, z. B. in den Themenkreisen ,,Baustoffe'', ,,Tragfähigkeit'', ,,Schubsicherung''.

Die Bemessung, die bekanntlich im Spannbeton umständlicher ist als im schlaffbewehrten Stahlbetonbau, weil wesentlich mehr Spannungsgrenzwerte zu berücksichtigen sind, ist im besonderen Maß erweitert worden. In den maßgebenden Grundgleichungen erscheinen dimensionslose Querschnittswerte; für diese Werte sind Tabellen mit Hilfe elektronischer Berechnung in einem solchen Umfang ausgearbeitet, daß die Arbeit der Bemessung in vielen Fällen erleichtert sein dürfte.

Die Beispiele sind vermehrt und erweitert worden. Studierende und junge Ingenieure mögen daraus manchen praktischen Wink entnehmen.

Schließlich danke ich den Herren aus dem Kreise meiner Partner und Mitarbeiter, die an der 3. Auflage durch anregende Diskussion und Ausarbeitung von Einzelheiten Anteil haben:
Dr.-Ing. *Wulf Böttger*, Dr.-Ing. *Albert Krebs*, Dr.-Ing. *Wolfgang Kruse* und Dipl.-Ing. *Manfred Weyhmann*;
darüberhinaus Dr.-Ing. *Böttger*
für wertvolle Unterstützung bei der Gesamtbearbeitung.

Darmstadt, im Oktober 1972

Alfred Mehmel

Nach dem Tode von Herrn Prof. Dr.-Ing. *A. Mehmel* im November 1972 wurde die abschließende Korrekturlesung von den obengenannten Herren durchgeführt.

Inhaltsverzeichnis

Inhaltsverzeichnis IX

Bezeichnungen

Die verwendeten Bezeichnungen lehnen sich an die DIN 1080, Zeichen für statische Berechnungen im Bauingenieurwesen, an.

Die Zeichen für die mechanischen und geometrischen Grundbegriffe werden vielfach mit Fuß- oder Kopfzeiger versehen. Ein einzelner *Fußzeiger* kann den Ort der Wirkung, den Ort der Ursache, die Ursache selbst, die Zugehörigkeit, die Bezugsrichtung oder einen Zeitpunkt ausdrücken. Häufig werden mehrere Fußzeiger benötigt. Dabei sollen sich die Fußzeiger der Reihe nach auf folgende Angaben beziehen: Ort der Wirkung, Ort der Ursache, Ursache selbst und Zeitpunkt. Bei gerichteten Strecken werden durch zwei hintereinander folgende Fußzeiger der Ausgangs- und Endpunkt der Strecke gekennzeichnet. Kopfzeiger kennzeichnen ein statisches System oder den Bezugspunkt einer Funktion.

Mehrere Zeiger müssen durch Satz- oder Hilfszeichen getrennt werden, wenn die Eindeutigkeit der Aussage es verlangt. Ein Komma zwischen zwei Fußzeigern bedeutet „verursacht durch" oder „verursacht durch eine Einheit in". Sind jedoch nur zwei Fußzeiger angegeben, z. B. ein Orts- und ein Ursachenzeiger, so kann der Einfachheit halber das Komma entfallen. Zwischen mehreren Zeigern für die Ursache steht ein Pluszeichen. Um einen Kopfzeiger müssen zum Unterschied von einer Potenz stets runde Klammern gesetzt werden.

Als allgemeine Regel für die Anwendung der Fuß- und Kopfzeiger gilt, daß nur so viele Zeiger geschrieben werden sollen, wie zum Verständnis erforderlich sind. So kann bei der Behandlung spezieller Fragen auf Zeiger verzichtet werden, die sich aus dem Text eindeutig ergeben.

Gerichtete Größen enthalten ein Vorzeichen. Sie sind positiv, wenn sie in der als positiv definierten Richtung wirken. Zum Beispiel sind Zugkräfte und Zugspannungen positiv, Druckkräfte und Druckspannungen negativ. Gelegentliche Ausnahmen sind im Text besonders vermerkt. Momente sind positiv, wenn sie in einer bezeichneten (gestrichelten) Randfaser Zug erzeugen.

Im einzelnen werden folgende Bezeichnungen verwendet:

a) Statische Größen

Schnittkräfte

M Biegemoment $\Big\{$ des Gesamt-
N Normalkraft $\Big\}$ querschnittes
Q Querkraft

Z Zugkraft eines Querschnittsteiles, ohne Bezeichnung des Querschnittsteiles diejenige des Spanngliedes

D Druckkraft eines Querschnittsteiles

Spannungen

σ Längsspannung
τ Schubspannung
σ_I schräge Hauptzugspannung

Querschnittswerte

F Querschnittsfläche
I Trägheitsmoment des Querschnittes
W Widerstandsmoment des Querschnittes
S Statisches Moment eines Querschnittsteiles, bezogen auf die Schwerlinie
y_b Abstand einer Querschnittsfaser vom Schwerpunkt des Betonquerschnittes
y_i Abstand einer Querschnittsfaser vom Schwerpunkt des ideellen Querschnittes
b Größte Breite der Druckzone
$x = k_x \cdot h$ Abstand der Nullinie vom gedrückten Querschnittsrand
h Abstand der Bewehrung vom Druckrand
$z = k_z \cdot h$ Hebelarm der inneren Kräfte
$a = k_a \cdot x$ Abstand der Resultierenden der Betondruckspannungen vom gedrückten Rand
k_v Völligkeitswert, Verhältnis der Fläche des Druckspannungsdiagramms zum umschließenden Rechteck

Winkel

ϑ Planmäßiger Umlenkwinkel des Spanngliedes von der Spannstelle aus gemessen
β Ungewollter Umlenkwinkel des Spanngliedes je Längeneinheit
ψ Winkel zwischen Balkenachse und Spannglied

Formänderungsgrößen

ε Dehnung
γ Gleitung
δ Verschiebung
f Durchbiegung
E Elastizitätsmodul
n Verhältnis der Elastizitätsmoduli, $\bar{n} = n - 1$
ε_s Schwindverkürzung des Betons bei unbehindertem Schwinden
φ Kriechzahl bzw. Kriechfunktion

Festigkeitswerte

β_{w28} Würfelfestigkeit des Betons (Zahl im Index = Erhärtungszeit in Tagen)
β_{ws} Serienfestigkeit (Mittelwert)
β_{wN} Nennfestigkeit
β_C Zylinderfestigkeit
β_p Prismenfestigkeit
$\beta_{0,01}$ Proportionalitätsgrenze des Stahles (0,01% bleibende Dehnung)
$\beta_{0,2}$ Technische Fließgrenze des Stahles (0,2% bleibende Dehnung)
β_S Streckgrenze des Stahles
β_F Wöhlerfestigkeit
β_z Zugfestigkeit

Beiwerte

k (mit Fußzeiger), Beiwert allgemein
μ Reibungsbeiwert für die Reibung beim Spannen
ν Sicherheitsbeiwert

h) Fußzeiger

	Querschnittsteile (1. Ortszeiger)		*Lastfälle* (Ursachenzeiger)
b	Beton	g	Ständige Last
z	Spannglied (Zugglied)	p	Verkehrslast
e	schlaffe Bewehrung	q	$q = g + p$
i	ideeller Querschnitt (Verbund)	v	Vorspannung
		U	Bruchlast
		s	Schwinden
		k	*Kriechen*
	Querschnittsfaser (2. Ortszeiger)	d	kriecherzeugende Last (dauernd vorhandener Lastanteil)
o	Obere Randfaser	r	Reibung
u	Untere Randfaser	BZ	Biegezug
z	Faser in Höhe des Spannstranges	BD	Biegedruck

c) Kopfzeiger

$^{(0)}$ Spannbettzustand

$*$ Gesamtbeanspruchung aus Eigenspannung und Zwängung beim Lastfall „Vorspannung"

$\varphi^{(n)}$ Die Zahl n gibt in Tagen oder Monaten den Zeitpunkt nach Herstellung des Betons an, zu dem die kriecherzeugende Last aufgebracht wird, und definiert damit den Nullpunkt der Kriechfunktion φ

Beispiele zum Gebrauch der Zeiger

$M_{b,v}$ Der auf den Betonquerschnitt wirkende Teil des Eigenspannungsmomentes aus Vorspannung. Man läßt hier meist den Zeiger b entfallen.

y_{bz} Abstand der Spanngliedachse von der Schwerachse des Betonquerschnitts (y ist positiv, wenn der Endpunkt der Strecke in bezug auf den Ausgangspunkt nach der gestrichelten Faser hin liegt).

$\delta_{bz,v}$ Verschiebung des Betons in Höhe der Spanngliedachse auf Grund des Lastfalles Vorspannung (Verschiebung tangential zur Achse des Spanngliedes).

$Z_{k+s}^{(o)}$ Die auf den Spannbettzustand (spannungsloser Beton) bezogene Stahlkraft aus Kriechen und Schwinden.

M_U Bruchmoment des Gesamtquerschnitts.

$\varphi_\infty^{(28)}$ Der zum Zeitpunkt $t = \infty$ erreichte Kriechbeiwert eines 28 Tage nach der Herstellung belasteten Betons.

1. Grundbegriffe

1.1 Prinzip der Vorspannung

Mittels der Vorspannung sollen Spannungen erzeugt werden, die in gewollter Größe und Verteilung so wirken, daß die aus Eigengewicht und Nutzlast entstehenden Spannungen hierdurch in günstiger Weise überlagert werden. Das Prinzip der Vorspannung ist sehr alt; hierfür seien als Beispiele genannt:

a) Das aus Holzdauben und Stahlringen hergestellte Faß. Die Ringe werden über den in trockenem Zustand zusammengefügten Dauben durch Keile leicht angezogen. Danach wird Wasser eingebracht, die Dauben quellen, und es entsteht ein Eigenspannungssystem derart, daß die Stahlringe gezogen, die Dauben gedrückt sind. Das Faß wird dicht, wenn die durch die Füllung entstehenden Ringzugspannungen der Daubenwand geringer als die Druckvorspannungen sind. Die Erfahrung lehrt, daß diese Wirkung mit Sicherheit erreicht wird.

b) Ein zu a) analoges Beispiel ist das hölzerne Rad, dessen Kranz aus einzelnen Kranzhölzern zusammengesetzt ist. Der in glühendem Zustand auf das Rad gezogene und durch Schmieden verschweißte eiserne Reifen zieht sich beim Erkalten zusammen. Es entsteht auch hier ein Eigenspannungssystem, das durch Ringzug des Eisenreifens und Ringdruck des Holzkranzes gekennzeichnet, allerdings etwas komplizierter ist als beim Daubenfaß, da auch die Holzspeichen zwischen Kranz und Nabe vorgedrückt werden. Etwaiger lockerer Sitz der Speichen wird beseitigt und Druckkontakt hergestellt, so daß sie ihre Aufgabe, die Achslasten über den Radkranz durch Druckkräfte in die Erdscheibe zu leiten, erfüllen können. Der aus verschiedenen Teilen zusammengesetzte Radkranz wird zu einem druck- und biegefesten Ring.

c) Die Speichen des Fahrrades sind nur zugfest, obwohl sie Druckkräfte zu übertragen haben. Die druckfeste Ausbildung würde aus Stabilitätsgründen erheblich größere Querschnitte erfordern. Sie werden auf Zug so weit vorgespannt, daß die Drucknutzspannungen kleiner als die Zugvorspannungen bleiben. Es entsteht wiederum durch die Vorspannung ein Eigenspannungssystem, in dem den Speichenzugkräften Ringdruckkräfte in der Felge entsprechen.

Aus diesen Beispielen geht das statisch-konstruktive Prinzip der Vorspannung klar hervor. Stets ist mit der Vorspannung ein *Eigenspannungszustand* verbunden, derart, daß in Superposition mit den aus der äußeren

Belastung herrührenden Schnittgrößen ein unerwünschter Spannungszustand vermieden und ein erwünschter hergestellt wird.

Der Beton als Baustoff ist in seinen Festigkeitseigenschaften dadurch gekennzeichnet, daß er eine verhältnismäßig große Druck- und kleine Zugfestigkeit besitzt. Die beiden Festigkeiten verhalten sich etwa wie $5:1$ bis $10:1$; die Dehnfähigkeit des gezogenen Betons dürfte das Maß $0,15 \cdot 10^{-3}$ bis $0,20 \cdot 10^{-3}$ nicht überschreiten. Im schlaffbewehrten, d. h. nicht vorgespannten Stahlbetonbau treten bei Biegungszug bzw. Zug schon unter Gebrauchslasten Risse auf.

Die Rißbreite soll nach den anerkannten Konstruktionsregeln ein Maß von etwa 0,2 mm nicht überschreiten. Die Stähle mit hohen Streckgrenzen und Zugfestigkeiten haben im wesentlichen den gleichen Elastizitätsmodul wie St 37. Damit ist die Ausnutzung der Festigkeiten hochfester Stähle im schlaffbewehrten Stahlbetonbau nur begrenzt möglich, weil die mit den Spannungen linear anwachsenden Dehnungen zu große Rißbreiten im Gefolge hätten. Durch eine Verbesserung des Verbundes, etwa mittels Verwendung von profilierten Stahloberflächen, kann man

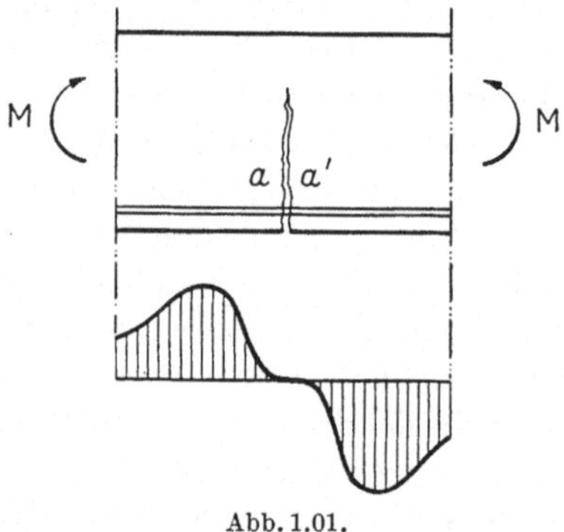

Abb. 1.01.

eine Vermehrung der Zahl der Risse und damit bei gleichbleibender Rißbreite eine Erhöhung der Stahlspannungen ermöglichen. Aber auch diesem Verfahren sind Grenzen gesetzt. Die beiden Betonrißflächen a und a' (Abb. 1.01) stellen freie Oberflächen dar, wo die Tangentialspannungen verschwinden müssen. Dann können auch wegen der Gleichheit der Schubspannungen daselbst in der dazu senkrechten Stahloberfläche keine Tangentialspannungen, d. h. keine Haftspannungen wirken. Das bedeutet, daß unmittelbar zu beiden Seiten eines Risses der Verbund aufgehoben und auf eine gewisse Entfernung vermindert ist. Rücken die Risse zu nahe aneinander, so hört der Verbund schlechthin auf. Der Spannungserhöhung der Stähle des schlaffbewehrten Stahlbetons sind also Grenzen gesetzt, die sich auch mit konstruktiven Mitteln nicht beliebig erhöhen lassen. Diese Zusammenhänge sind in Abschnitt 6.4 noch näher diskutiert.

An der Aufnahme von Zugkräften kann sich im schlaff bewehrten Stahlbetonbau der Beton nicht beteiligen. Der Beton der gerissenen Zugzone wirkt insofern nur eigengewichtserhöhend. Zudem sind die Querschnittswerte I, W und F und damit die Biege- und Dehnsteifigkeit der gerissenen auf Biegung oder Zug beanspruchten Stahlbetonquerschnitte wesentlich kleiner als die des ungerissenen Querschnittes. Bei gleicher Bauhöhe mit voll wirksamem Betonquerschnitt ist der Spannbetonquerschnitt auch dem Stahlquerschnitt gleicher Tragfähigkeit an Steifigkeit überlegen. — Es ist wohl zu bedenken, daß das Eigengewicht nicht nur lästig ist, sondern auch wertvolle Funktionen ausübt: es gibt dem Bauwerk Trägheit und Unempfindlichkeit gegen unerwünschte Bewegungen und Schwingungen und verleiht ihm dazu eine unter Umständen höchst wünschenswerte Reserve gegen Nutz- bzw. Verkehrslasterhöhungen. Die Stahlbetonkonstruktionen, insbesondere die weitgespannten, haben aber in der Regel ein so großes Verhältnis $g:p$, daß der Kampf gegen das Eigengewicht mit gutem Grund geführt werden kann. Zudem ist zweifellos eine weitgehend risselose Konstruktion vorzuziehen, auch wenn jahrzehntelange Erfahrungen gezeigt haben, daß bei guter Ausführung Haarrisse kein Einfallstor für die Stahlkorrosion bilden.

Aus diesen beiden Gründen — Verminderung des Eigengewichtes bei besserer Querschnittsausnutzung, weitgehende Verhütung von Rissen — ist man im Stahlbetonbau von Beginn an bestrebt gewesen, das seit langem bekannte Prinzip der Vorspannung anzuwenden mit dem Ziel, die Betonzugspannungen zu überdrücken, so daß sie entweder ganz verschwinden oder so stark reduziert werden, daß der Beton sie ohne Risse übernehmen kann (Abb. 1.02).

Betonzugspannungen in nicht vorgespannten Systemen entstehen a) durch zentrischen Zug — b) durch Biegung infolge exzentrischen Zugs oder Drucks — c) durch Biegung mit Querkraft oder reine Biegung.

Im Fall a) wird die Vorspannkraft zentrisch, in den Fällen b) und c) in der Regel exzentrisch angesetzt. Die Fälle b) und c) sind die weitaus häufigeren. Es entstehen dort durch Vorspannung — im wesentlichen im Eigenspannungszustand — Biegemomente, die denen des nichtvorgespannten Systems entgegenwirken, und Normaldruckkräfte.

Als Beispiel (s. Abb. 1.02) sei ein durch M_g beanspruchter Querschnitt $b \cdot d$ angeführt, der durch ein mit σ_{zv} gespanntes Spannglied mit dem Querschnitt F_z im Abstand $y_{bz} = 0{,}4\,d$ von der Mittellinie so vorgespannt wird, daß die resultierende Spannung an der oberen Faser verschwindet. Dann nimmt, worauf hier nicht näher eingegangen werden soll, die resultierende Spannung (s. Abb. 1.02e) an der unteren Faser

1*

den Wert 1,43 $\sigma_{bo,g}$ an. Es kann nun noch ein positives Verkehrsmoment M_p aufgenommen werden, das die obere Faser in den Druckbereich bringen und die untere in ihrer Druckspannung reduzieren würde.

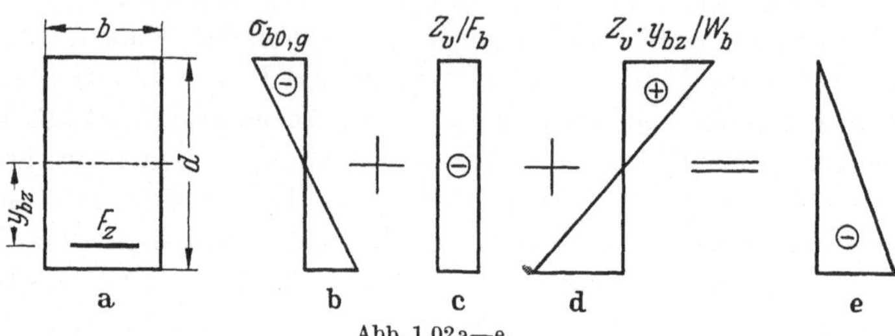

Abb. 1.02a—e.

Der Vorspannungszustand ist hier ein reiner Eigenspannungszustand des zusammengesetzten Querschnittes F_b und F_z. Der Normalkraft des Betonquerschnittes $-Z_v$ nach Abb. 1.02c hält die entgegengesetzt gleiche Stahlzugkraft Z_v, dem Betonmoment $-Z_v \cdot y_{bz}$ nach Abb. 1.02d das entgegengesetzt gleiche Moment der Stahlkraft $Z_v \cdot y_{bz}$ (beide bezogen auf die Schwerachse des Betonquerschnittes) das Gleichgewicht. Über Führung und Dimensionierung der Spannbewehrung wird näheres in Kapitel 4 und 5 ausgeführt.

Da das Prinzip der Vorspannung dem Menschen seit langem bekannt war und die mangelnde Zugfestigkeit des Betons die Vorspannung geradezu herausfordert, ist es nicht verwunderlich, daß fast gleichzeitig mit den ersten baupraktischen Anwendungen des Stahlbetons auch Versuche unternommen wurden, die Stahlbetonbalken vorzuspannen. Es möge hier genügen, den Namen *Doering* zu nennen, der sich am 3. 6. 1888 das Patent 53538 erteilen ließ und in seinen konstruktiven Vorschlägen erstaunlich modern wirkt. Diese und andere ältere Bemühungen waren zum Scheitern verurteilt. Damals war die Erscheinung des zeitabhängigen Kriechens, d. h. einer plastischen Verkürzung des Betons unter Belastung über das elastische Maß hinaus, noch nicht bekannt. Der Stahl muß die plastischen Verkürzungen des Betons aus Schwinden und Kriechen mitmachen, und entsprechend nimmt seine Dehnung und damit seine Spannung ab. Bei einer Stahlvorspannung von 1000 kp/cm² — in dieser Größenordnung lagen zur Zeit *Doerings* die möglichen Stahlbeanspruchungen — wird die damit verbundene Dehnung von rd. $0,5 \cdot 10^{-3}$ ganz durch die plastischen Betonverzerrungen im Laufe etwa eines Jahres abgebaut und damit die Vorspannung unwirksam. Dieser Erscheinungen, die *Doering* noch nicht bekannt waren, kann man grundsätzlich mittels zweier Methoden Herr werden:

a) Die Vorspannbewehrung wird so angebracht, daß sie entsprechend den plastischen Verzerrungen des Betons nachgespannt werden kann.

Dann können niedriggespannte Stähle Verwendung finden. Diesen Weg ist *Dischinger* gegangen, als er 1934 vorschlug [1.01], den Stahlbetonbalken durch ein aus vorgespannten Seilen bestehendes, außerhalb des vorzuspannenden Balkens angebrachtes Hängewerk zu verstärken. Nach diesem System ist die Brücke über die Aue gebaut worden [1.02].

b) Unter sonst gleichen Verhältnissen ist die Abnahme der Dehnung bzw. der Spannung des Spannstahles infolge der plastischen Betonverzerrungen ziemlich unempfindlich gegen die Höhe seiner ursprünglich eingebrachten Spannung. Je höher daher die eingebrachte Vorspannung gewählt wird, um so geringer ist die auf diesen Wert bezogene Spannungsabnahme. Man muß also so hoch vorspannen, daß der Spannungsverlust durch die plastischen Verzerrungen des Betons nur einen erträglichen Bruchteil der ursprünglichen Vorspannung ausmacht. Dann kann man auf Nachspannen verzichten. Auf Grund solcher Überlegungen schlug *Freyssinet* 1929 [1.03] die Verwendung von Stahl mit der damals hohen zul. Spannung von 4000 kp/cm² vor.

Heute hat sich der unter b) genannte Weg allgemein durchgesetzt. Man verzichtet auf Nachspannen und verwendet hochfeste Stähle mit Zugfestigkeiten von rd. 10000 bis 18000 kp/cm².

1.2 Herstellung der Vorspannung; Definitionen

Vorspannung mit unmittelbarem Verbund. Der Spannstahl wird in gespanntem Zustand durch die Betonschalung geführt, wobei die Reaktionskräfte entweder durch die entsprechend ausgebildete Schalung (Abb. 1.03) oder außerhalb der Schalung (Abb. 1.04) aufgenommen werden.

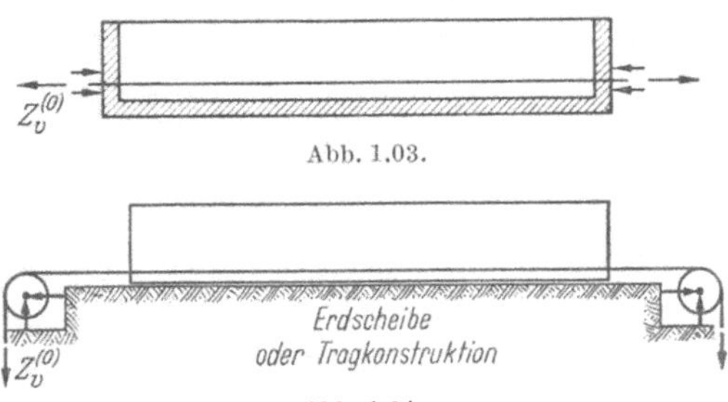

Abb. 1.03.

Abb. 1.04.

Nach dem Erhärten des Betons werden die äußeren Verankerungen bzw. Reaktionen entfernt und so die Vorspannkraft in das Betonglied geleitet. Fast ausschließlich werden die Vorspannstähle geradlinig im Betonkörper geführt, da die für eine gekrümmte oder polygonale Führung erforderlichen Umlenkkräfte bei dieser Spannmethode nur mit Schwierigkeiten anzubringen sind (Beton erhält Festigkeit erst nach dem Spannen des Stahles). Beim Lösen der Verankerung entsteht sofort ein Spannungsabfall, da der Beton sich elastisch verkürzt und der Stahl um dieses Maß an Dehnung verliert (s. Kapitel 6). Die Lastfälle ständige Last g, Verkehrslast p, Kriechen k und Schwinden s wirken auf den Verbundquerschnitt aus Stahl und Beton.

Vorspannung ohne Verbund. Die Spannbewehrung ist zum Unterschied von der Vorspannung mit Verbund beim Einbringen des Betons spannungslos und kann, sieht man von der Reibung ab, im Beton ungehindert gleiten. Dies erreicht man dadurch, daß man sie in dünnwandigen Blechröhren oder Blechkästen führt und diese einbetoniert. Nachdem der Beton erhärtet ist, wird die Vorspannkraft durch Herausziehen des Spannstahls gegen den erhärteten Betonkörper unter Einschaltung einer passend angebrachten Verankerung eingeleitet. Die Ausziehkraft wird durch eine hydraulische Presse geliefert.

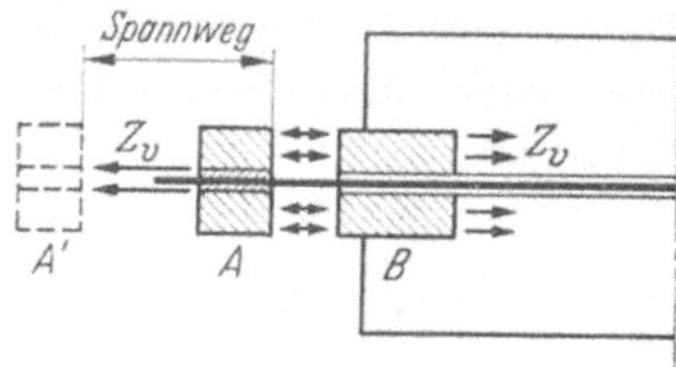

Abb. 1.05. Schematische Darstellung des Spannvorgangs.

Während des Spannvorganges (s. Abb. 1.05) greift die Presse an einem provisorischen oder endgültigen Ankerkörper A an, auf den die Spannkraft durch Reibung (Verkeilen), Haftung (betonierte Ankerkörper) oder Gewinde (Schrauben) übertragen wird. Nach dem Anspannen (Ankerkörper A in A') wird dann die Spanngliedkraft entweder durch Arretierung einer endgültigen Verankerung B (näheres vgl. Kapitel 11) auf den Beton übertragen, oder der Pressenraum zwischen Ankerkörper A' und dem Balkenende wird ausbetoniert.

Die Strecke, um die der Spannstahl aus dem Betonkörper herausgezogen wird, nennt man den Spannweg oder Ausziehweg. (Ermittlung des Spannweges s. Kapitel 6). Die Lastfälle p, k und s wirken auf ein Hängewerksystem, dessen Grad der statischen Unbestimmtheit durch die Zahl der Vorspannstränge gegeben ist. Die Stahlspannung ist, sieht man von dem Einfluß der Reibung ab, über die gesamte Länge eines Spannstranges gleich. Da die Steifigkeit des Betonbalkens erheblich größer als die des Spannstahles ist, muß bei einer Laststeigerung über den für die Vorspannung in Ansatz gebrachten Belastungszustand hinaus der Hauptanteil der Lastzunahme von der Biegesteifigkeit des Balkens aufgenommen werden (s. hierzu Abschnitt 6.3).

Die Vorspannung ohne Verbund hat gegenüber der Vorspannung mit Verbund den Vorteil, daß die Bewehrung dem Momentenverlauf entsprechend gekrümmt eingelegt werden kann, da der erhärtete Beton die Umlenkkräfte aufnimmt. Außerdem entfällt das aufwendige Spannbett, das zudem noch ortsfest ist und aufwendigen Transport für größere Fertigteile erfordert.

Vorspannung mit nachträglichem Verbund. Die Vorspannung wird in der gleichen Weise wie bei Vorspannung ohne Verbund eingebracht. Erst nach dem Anspannen werden die Hohlräume durch Injizieren von feinem Zementmörtel ausgefüllt. Über Zusammensetzung und bautechnische Anforderungen an den Injektionsmörtel vgl. Abschnitt 2.3. Man verbindet so den Vorteil der Anspannung gegen den erhärteten Beton mit der für die Verkehrs- und Bruchlast günstigen Verbundwirkung. Hinsichtlich des Grades der Vorspannung werden im Spannbetonbau folgende Fälle unterschieden:

Bei *beschränkter Vorspannung* treten auch unter Gebrauchslast Zugspannungen auf, die in ihrer Größe aber so begrenzt sind, daß die Gefahr der Bildung von Haarrissen sehr verringert wird.

Bei *voller Vorspannung* treten unter Gebrauchslast im allgemeinen keine Zugspannungen auf. Ausnahmen sind bei einer wenig wahrscheinlichen Häufung ungünstiger Lastfälle, die durch die Auswertung von Einflußlinien mit mehreren Beitragsflächen entstehen, und bei zweiachsiger Biegung, sowie bei Brücken im Bauzustand zugelassen.

Teilweise vorgespannter Beton. Schon die beschränkte Vorspannung, die Zugspannungen bis zur Grenze der Zugfestigkeit zuläßt, kann als eine konstruktive Form des bewehrten Betons betrachtet werden, die zwischen schlaff bewehrtem, gerissenem und voll vorgespanntem, d. h. überall gedrücktem, Stahlbeton liegt. Der Gedanke liegt nahe, zwischen der beschränkten Vorspannung und der schlaffen Bewehrung noch ein weiteres Zwischenglied einzuschalten, indem grundsätzlich Zugspannungen über die Betonzugfestigkeit hinaus zugelassen, dagegen die Verformungen durch Vorspannung eingeschränkt werden.

Für diese Art der Vorspannung hat sich der Begriff des teilweise vorgespannten Betons eingebürgert. In Deutschland ist diese Bauweise z. Z. nicht zugelassen. In der Schweizer SIA, Norm 162, deren Überarbeitung 1968 abgeschlossen wurde, sind Vorschriften über „teilweise vorgespannten Beton" aufgenommen. Dem Wesen der SIA-Norm entsprechend sind sie kurz gefaßt [1.04]; weitere Literaturangaben vgl. [1.04].

Schwindvorspannung. Bis zu dem Zeitpunkt, an dem der Beton die Festigkeit erreicht hat, die für die Einleitung der Vorspannung erforderlich ist (vgl. Abschnitt 2.1), hat der Vorgang des Schwindens bereits eingesetzt mit dem Erfolg, daß aus den primären Schwindspannungen

Risse entstehen. Um diese zu überdrücken, wird der Beton schwach vorgespannt. Dies ist jedoch erst zulässig, wenn mindestens 40% der mittleren Betondruckfestigkeit (Serienfestigkeit) erreicht sind. Die Schwindvorspannkraft darf dabei 30% der für die Verankerung zugelassenen Spannkraft nicht überschreiten (DIN 4227).

Konkordante Vorspannung. Bei statisch unbestimmten Systemen rufen die Vorspannkräfte außer einem Eigenspannungszustand in der Regel auch Reaktionen hervor. Dies erkennt man leicht am Beispiel eines durchlaufenden Trägers. In den meisten Fällen wird, wenn wir uns den nur durch Vorspannung belasteten Träger über einem Zwischenauflager durchgeschnitten denken (s. Abb. 4.04a), eine Verdrehung der beiden Schnittufer stattfinden. Infolge des Materialzusammenhanges entstehen aus dem Lastfall „Vorspannung" ein Stützenmoment und damit Auflagerreaktionen. Eine Vorspannung wird dann konkordant oder zwängungsfrei genannt, wenn keine Auflagerreaktionen aus Vorspannung entstehen. Dies hängt offenbar nicht von der Größe der Vorspannung, sondern nur von der Lage der Vorspannbewehrung ab. Die Bedeutung der Konkordanz wird oft überschätzt.

Formtreue Vorspannung liegt dann vor, wenn an jeder Stelle des Balkens die Momente aus äußerer Last und Vorspannung entgegengesetzt gleich sind. Durch Schwinden und Kriechen treten auch dann im Lauf der Zeit resultierende Momente auf. Formtreue Vorspannung ist offensichtlich nur für einen Lastfall und nur für einen Zeitpunkt möglich. Sie wird sich dort empfehlen, wo sich dem ausgeglichenen Lastfall Eigengewicht Nutzlastmomente verschiedenen Vorzeichens und absolut gleicher Größe überlagern. Auch die Rücksicht auf möglichst kleine elastische und plastische Deformationen kann zur. formtreuen Vorspannung führen.

Für Spannbeton gelten „DIN 4227 — Spannbeton, Richtlinien für Bemessung und Ausführung (z. Z. noch Ausgabe Oktober 1953 x)" und bei Brücken z. Z. noch die „Zusätzlichen Bestimmungen zu DIN 4227 für Brücken aus Spannbeton (ZB DIN 4227), Fassung November 1969". Der bei der Manuskriptabfassung vorliegende Entwurf zur Neufassung DIN 4227 ist bereits im Text berücksichtigt.

Literatur zu Kapitel 1

1.01. *Dischinger:* Abh. Int. Ver. f. Brücken- und Hochbau I, Zürich 1932, S. 53.
1.02. *Schönberg-Fichtner:* Bautechnik 17 (1939) S. 97.
1.03. *Freyssinet:* Deutsches Reichspatent Nr. 622746 vom 6. 4. 1929.
1.04. *Thürlimann:* Teilweise vorgespannter Beton. Vorträge auf dem Deutschen Betontag 1969, Deutscher Betonverein.

2. Baustoffe und ihre für die Vorspannung wichtigen Eigenschaften

2.1 Beton

Bei der Einleitung der Vorspannkräfte in den Beton entstehen hohe örtliche Spannungen. Aus diesem Grunde ist die Verwendung hochwertigen Betons erforderlich; damit befinden wir uns in Analogie zu dem konstruktiv-technologischen Grundsatz des schlaffbewehrten Stahlbetons, daß die Verwendung hoher Stahlgüten mit der hoher Betongüten verbunden sein muß. Außerdem lassen sich nur mit hohen Betongüten die Möglichkeiten der Einsparung an Konstruktionshöhe, die der Spannbeton bietet, ausnutzen. Nach DIN 4227 ist mindestens ein Beton der Güte Bn 250 zu verwenden. Als Mindestfestigkeiten zur Zeit des Anspannens werden mittlere Würfelfestigkeiten von 240 kp/cm², 320 kp/cm², 400 kp/cm² und 480 kp/cm² für die Güten Bn 250, Bn 350, Bn 450 und Bn 550 verlangt (vgl. Schwindvorspannung, Abschnitt 1.2).

Die E-Moduli des Betons setzt DIN 4227 in Beziehung zur Betongüte, nämlich $E_b = 3 \cdot 10^5$ kp/cm², bzw. $3,4 \cdot 10^5$ kp/cm², bzw. $3,7 \cdot 10^5$ kp/cm² bzw. $3,9 \cdot 10^5$ kp/cm² für Bn 250, Bn 350, Bn 450 und Bn 550. Der E-Modul nimmt mit dem Alter des Betons zu. Die angegebenen Werte beziehen sich auf den Zeitpunkt 28 Tage nach Herstellung.

Es ist jedoch zu bedenken, daß der E_b-Wert nicht nur von der Betonfestigkeit, sondern bei gleicher Festigkeit noch von dem Zuschlag beeinflußt wird. *Graf* [2.01] fand, daß man Zuschlaggestein beliebiger Festigkeit ohne Einfluß auf die Druckfestigkeit des Betons verwenden kann, wenn nur die Mindestfestigkeit des Gesteins doppelt so hoch ist wie die des Betons, daß dagegen der E-Modul des Zuschlags sich immer und erheblich auf den E-Modul des Betons auswirkt. *Graf* hat mit Kalkschotter oder Basaltschotter einen Beton gleicher Güte B 450 erzielt, wobei die E-Moduli $2 \cdot 10^5$ kp/cm² bzw. $4 \cdot 10^5$ kp/cm² betrugen.

Es ist deshalb zu empfehlen, bei größeren Ausführungen den E-Modul des speziellen Betons im Versuch festzustellen. Außer den elastischen sind besonders für den Spannbeton auch die plastischen Eigenschaften des Betons von Bedeutung.

Der Elastizitätsmodul des Betons E_b wird im Versuch an einem unbewehrten Prisma bestimmt. Seine σ-ε-Kurve ist keine Baustoffkonstante, sondern der Parameter Zeit ist in vielerlei Hinsicht von großem Einfluß, nicht nur was das Alter des Betons betrifft, sondern besonders in Hinsicht darauf, wie die Last als Funktion der Zeit aufgebracht wird. Als Beispiel [2.02] dafür ist in Abb. 2.01 die σ-ε-Kurve eines Betons abgebildet, der erstmalig bis zu einer höchsten Spannung $\sigma_0 = 0,8 \beta_c$ langsam be- und auf Null entlastet wurde (Kurvenast 1 u. 2). Sodann wurde der Beton unter 380 Lastspielen in der Minute $1,5 \cdot 10^6$ mal zwischen σ_0 und $\sigma_u = 0,45 \sigma_0$ schwellbelastet. Die σ-ε-Linie, die danach bei langsamer Be- und Entlastung von Null bis auf σ_0 gemessen wurde, ist in Abb. 2.01 ebenfalls dar-

gestellt (Kurvenast 3 u. 4). Man erkennt deutlich den Einfluß der häufigen Lastwechsel:

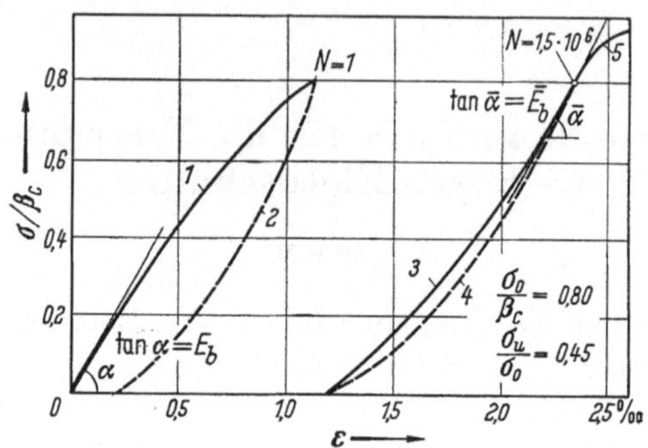

Abb. 2.01. σ-ε-Diagramm bei Schwellbelastung.

Der Beton hat eine erhebliche plastische Verformung (Kriechen) erlitten. Der
Belastungsast 3 zeigt ferner gegenüber der Erstbelastung eine deutliche Umkehr
der Krümmung. Die Dehnungssteifigkeit ist auf den unteren Spannungsstufen
geringer als auf den oberen: es haben sich durch die Schwellbeanspruchung Mikrorisse gebildet, die sich mit steigender Belastung erst schließen. Bei Standbelastung
(langandauernde, konstante, ruhende Belastung unter dem gleichen Wert σ_0)
zeigen sich qualitativ die gleichen Erscheinungen der Krümmungsumkehr bei Be-
und Entlastung und die Zunahme der plastischen Formänderungen. Kriech-
erscheinungen treten also sowohl bei langandauernder konstanter Druckspannung
als auch unter Schwellbelastung auf. Steigert man die Spannung über σ_0 hinaus,
so wenden der Belastungs- und erst recht der Entlastungsast der Spannungs-
Dehnungslinien sowohl der durch Schwellbelastung wie der durch Standbelastun-
gen beanspruchten Prismen zunächst weiterhin die hohle Krümmung der σ-Achse
zu. Erst bei noch weiter zunehmender Beanspruchung kehrt die Kurve wieder
ihre hohle Seite zur ε-Achse um (Ast 5 der Abb. 2.01) und zeigt durch Einschwen-
ken in die Horizontale deutlich den Beginn des kritischen Spannungsbereiches,
d. h. den Beginn der Gefügezerstörung, an.

Über die Ermittlung des Wertes $d\sigma/d\varepsilon = E$ muß deshalb eine Konvention getroffen werden. Es ist heute üblich, im Prinzip für den Bereich der Gebrauchsspannungen den E_b-Modul als die Tangente an die Arbeitslinie des Betons im
Punkt $\sigma_b = 0$, die wir bei der Erstbelastung (Ast 1 der Abb. 2.01) mit schneller
Laststeigerung messen, zu definieren. So sind im Prinzip die E_b-Werte der Tabelle 11
der DIN 1045 (neu) gewonnen worden. Streng genommen ist der E-Modul des
Betons als die trigonometrische Tangente an die der Vorgeschichte des Betons
entsprechende Belastungskurve zu verstehen (Abb. 2.01: z. B. tan $\bar\alpha = E$ für $\sigma_b = \sigma_0$).

Es ist ersichtlich, daß diese beiden so gewonnenen E-Werte sich nicht wesentlich voneinander unterscheiden; dies ist auch aus den zahlreichen Versuchen in
[2.02] zu entnehmen.

Zu den in Abb. 10 und 13 der DIN 1045 (neu) dargestellten Spannungsdehnungs-
linien des Betons ist folgendes zu sagen:

Die DIN 1045 (neu) spricht ohne Kommentar davon, daß „Rechenwerte β_R
der Betonfestigkeit" in den σ-ε-Linien der Abb. 10 und 13 angenommen werden.
In dem Rechenwert β_R sind zwei Einflüsse dem Prinzip nach berücksichtigt:

a) Es wird eine zusätzliche Baustoffsicherheit ν_B eingesetzt, von dem Gedanken
ausgehend, daß im Bauwerk nicht überall der Wert β_{wN}, sondern nur der
ν_B-fache Wert β_{wN} vorhanden ist.

Die Vermutung, daß im Bauwerk die vorgesehenen Festigkeiten nicht erreicht werden, nimmt mit zunehmender Güte des Betons an Wahrscheinlichkeit zu und deshalb wird v_B für größere Betonfestigkeiten kleiner angenommen.

Wenn in einem Betonprisma mit einer weichen Prüfmaschine die Beziehungen zwischen den Verzerrungen (Stauchungen) und Spannungen mit einer Methode wie sie z. B. *Dilger* beschrieben hat, [2.02b] bestimmt werden, so erhält man σ-ε-Kurven mit einem langen fast horizontalen Ast. *Dilger* erreichte Verzerrungen von 3‰, vgl. z. B. Abb. 7.6 in [2.02b]. Dieser horizontale Ast zeigt in Wirklichkeit keine Spannung mehr auf, sondern ist als Zerstörungszone des Betons zu betrachten. Insoweit gehört er in eine σ-ε-Kurve gar nicht hinein. Eine solche σ-ε-Kurve wird jedoch gedanklich nunmehr mit dem Affinitätsfaktor v_B versehen.

b) Eine weitere Abminderung mit dem Faktor v_D einer solchen nach a) zustandegekommenen Kurve findet nun weiterhin deshalb statt, da eine Reduktion der Festigkeit durch eine hohe Dauerbelastung angenommen wird. Dann ändert der horizontale Ast seine Eigenschaft als Zerstörungszone und wird zu einer Art σ-$(\varepsilon_{el} + \varepsilon_k)$-Linie, d. h. zu einer Art Umhüllenden der σ_0-ε-Sicheln bei Schwell- bzw. Dauerbelastung (vgl. Abb. 2.01). Ähnliche Gedanken finden sich in [2.02c].

Die beiden unter a) und b) genannten Einflüsse sind in der DIN 1045 (neu) zusammengefaßt und nicht eindeutig zu analysieren. Es ist jedenfalls klar, daß die Kurven nach Abb. 10 und 13 der DIN 1045 (neu) nur für baupraktische Rechnungen gedacht sind und nicht etwa als Ausgangsbasis für Grundlagenforschung dienen können.

Schließlich sei noch am Rande bemerkt, daß es im Prinzip mechanisch richtiger wäre, für Berechnung von Formänderungen einen höheren β_R-Wert anzusetzen als für Ermittlung der Standsicherheit.

Zu den vorstehenden Betrachtungen und Zahlenangaben betr. den E-Modul des Betons sei noch bemerkt: In einigen Berechnungsmethoden z. B. [2.02a], die sich mit der Theorie II. Ordnung von Stäben befassen, die auf Druck und Biegung beansprucht sind, wird mit reinen Rechenwerten E_i gearbeitet. Zwischen der Krümmung $\varkappa = 1/\varrho$, den Randverzerrungen ε_D und ε_Z und dem Moment M besteht die Beziehung

$$\varkappa = \frac{1}{\varrho} = \frac{M}{E\,I} = \frac{\varepsilon_Z - \varepsilon_D}{d}$$

(ε_Z und ε_D unter Beachtung des Vorzeichens)

E und I sind von den Spannungen und damit von den Verzerrungen ε_D und ε_Z abhängig. Macht man $I = I_b \triangleq$ Trägheitsmoment des homogenen Betonquerschnitts = const, so erhält man statt des Produkts zweier Variablen ein Produkt nur einer Variablen $E(\varepsilon)$ und einer Konstanten I_b. Der fiktive Rechenwert E_i ist mit dem physikalischen Wert E nicht identisch. Vgl. z. B. [2.02a]. Je weiter sich die algebraischen Werte der ε_D und ε_Z voneinander entfernen, um so kleiner wird das Verhältnis des fiktiven zum physikalischen E-Modul und umgekehrt.

Die plastischen Formänderungen des Betons (Kriechen und Schwinden) sind für Spannbetonkonstruktionen von großer Bedeutung. Deshalb sei darauf noch kurz, insbesondere auf das Kriechen, eingegangen.

Ein unter gleichen Bedingungen hergestellter und gelagerter unbelasteter Prüfkörper erleidet ebenfalls Verkürzungen, die wir als *Schwinden* des Betons $\varepsilon_{b,s}(t)$ bezeichnen. Es wird im allgemeinen vorausgesetzt, daß diese von der Spannung unabhängigen zeitlichen Verzerrungen den von der Spannung abhängigen Kriechverzerrungen überlagert werden können. Aus den gesamten am dauerbelasteten Prisma gemessenen Verzerrungen $\varepsilon_b(t)$ können wir dann die nur von der Spannung abhängigen Kriechverzerrungen $\varepsilon_{b,k}(t)$, die wir als *Kriechen* des Betons bezeichnen, durch die Differenz $\varepsilon_{b,k}(t) = \varepsilon_b(t) - \varepsilon_{b,s}(t)$ gewinnen. Die Zunahme der von der Zeit abhängigen Verzerrung ist unmittelbar nach der Lastaufbringung verhältnismäßig stark und klingt dann ab. Die Verzerrung strebt schließlich einem festen Grenzwert $\varepsilon_{k,\infty}$ zu.

Das *Kriechen* ist Gegenstand umfangreicher Versuche gewesen [2.03—2.06]. Der im Versuch unter *konstanter Spannung* bei konstanter Luftfeuchtigkeit und Temperatur gemessene Verlauf der Kriechverzerrungen $\varepsilon_k(t)$ mit der Zeit wird sehr gut durch eine Funktion von der Form

$$\varepsilon_k(t) = \varepsilon_{k,\infty} \frac{t}{A_1 + t} \tag{2.01}$$

beschrieben. t ist die Zeit, gerechnet vom Beginn der Belastung. Vielfach wird auch eine Funktion

$$\varepsilon_k(t) = \varepsilon_{k,\infty} \left(1 - e^{-A_2 t}\right) \tag{2.01 a}$$

verwendet, die weniger gut zutrifft, sich aber für die rechnerische Handhabung in bestimmten Fällen besser eignet (s. Abb. 2.02). In der Gl. (2.01) ist A_1 die sog. Halbwertszeit. Sie beträgt etwa 4—5 Monate, das sind rund 130 Tage.

Neuere Versuchsauswertungen, die den CEB-Empfehlungen [2.06a] bzw. den CEB-FIP-Richtlinien [2.06b] zugrunde gelegt sind, ergeben eine sehr ähnliche Kurve, die sich mit der oben genannten Funktion $\frac{t}{A_1 + t}$ bei einer Halbwertszeit $A_1 = 65$ Tage gut annähern läßt, wie die Auftragung in Abb. 2.02a zeigt.

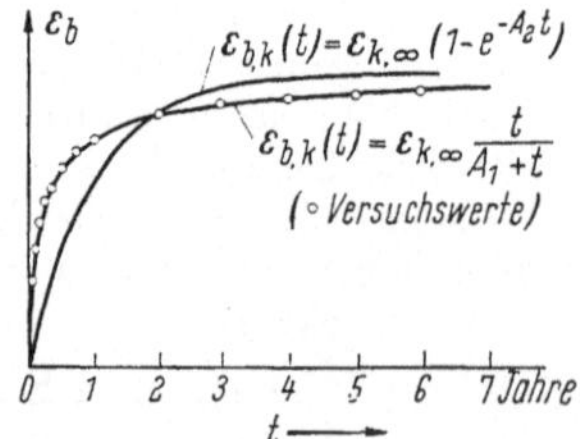

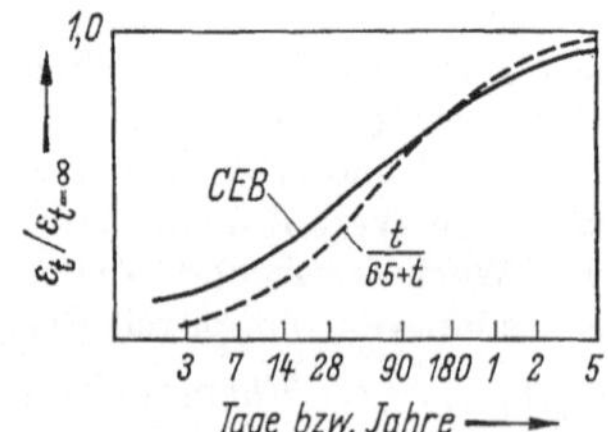

Abb. 2.02. Vergleich einer Versuchskurve nach *Glanville* mit zwei durch mathematische Funktionen beschriebenen Kurven.

Abb. 2.02a Vergleich der neueren Versuchskurve nach CEB [2.06a] mit einer mathematischen Kurve.

Die genaue Erfassung des zeitlichen Ablaufes, insbesondere in den ersten 180 Tagen, ist problematisch. Da in gewissen Fällen, wie z. B. bei der abschnittsweisen Herstellung von Brücken oder Ergänzung der

Dauerlast zu einem wesentlich späteren Zeitpunkt bei Fertigteilen, der zeitliche Ablauf des Kriechens gerade in dem genannten Bereich eine Rolle spielt, bemüht sich die Forschung zur Zeit, die Kriechvorgänge in dieser Hinsicht wirklichkeitsnäher zu erfassen. Dabei wird u. a. versucht, den weiter unten erwähnten verzögert elastischen Anteil, auch Erholung genannt, von der Kriechverformung abzuspalten (vgl. Abb. 2.06).

Man sollte jedoch immer bedenken, daß die Streuung bei Kriechvorgängen sehr groß ist, und daß die Bauwerke nicht labormäßigen, sondern im allgemeinen ganz verschiedenen klimatischen Bedingungen unterliegen. Bei den bekannten Unsicherheiten schon in der Größe der Endkriechzahl muß notwendigerweise auch eine „genaue" Funktion des Kriechablaufes eine mehr oder weniger gute Näherung bleiben. In den oben genannten Fällen wird man daher gegebenenfalls den zeitlichen Verlauf mit Grenzwerten abschätzen.

Da der endgültige Vorschlag der Neufassung der DIN 4227 z. Z. der Drucklegung noch nicht vorliegt, wird im folgenden die auf den CEB-FIP-Richtlinien basierende Fassung der DIN 1045, neu [2.00] wiedergegeben. Messungen an einer 82,5 m weit gespannten Spannbetonbrücke über die Oise im Zuge der Fernstraße Paris—Lille ergeben gute Übereinstimmung mit den Angaben der CEB-FIP-Richtlinien [2.06c].

Ein für die *rechnerische Erfassung des Kriechens* wichtiges Versuchsergebnis ist die Proportionalität zwischen kriecherzeugender Spannung

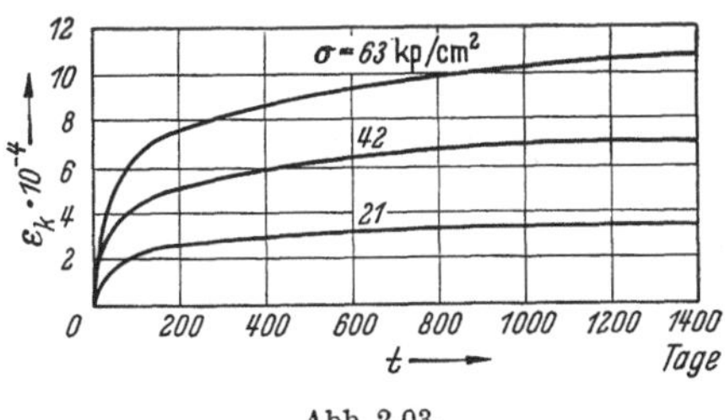

Abb. 2.03.

und Kriechen im Bereich der Gebrauchsspannung (s. Abb. 2.03): Die zu jedem Zeitpunkt t vorhandene Kriechverformung kann als das $\varphi(t)$-fache der zur Zeit der Lastaufbringung entstandenen elastischen Verzerrung definiert und in die Rechnung eingeführt werden. Die gesamte Verzerrung aus Elastizität und Kriechen beträgt dann:

$$\varepsilon_b = \varepsilon_{bd} + \varepsilon_k$$
$$= \sigma_b/E_{ba} + \sigma_b/E_{ba} \cdot \varphi(t)$$
$$\frac{\sigma_b}{E_{ba}}(1 + \varphi(t)). \qquad (2.02)$$

E_{ba} ist der Elastizitätsmodul zur Zeit der Belastung ($t = t_a$). Die Gl. (2.02) für die gesamte Verzerrung des Betons ist nur bei über die Zeit konstanter Betonspannung (Dauerstandbeanspruchung) in dieser Form gültig. Auch nur unter dieser Bedingung darf sie nach der Zeit t differenziert werden (s. u.):

$$\frac{d\,\varepsilon_b(t)}{d\,t} = \frac{\sigma_b}{E_{ba}}\,\frac{d\,\varphi(t)}{d\,t}\,.$$

Die Kriechfunktion $\varphi(t)$ kann in der gleichen Weise wie bei Gl. (2.01) dargestellt werden, da sie sich von $\varepsilon_k(t)$ nur durch die Konstante $\dfrac{\sigma_b}{E_{ba}}$ unterscheidet:

$$\varphi(t) = \varphi_\infty\,\frac{t}{A_1 + t} \quad \text{bzw.} \tag{2.03}$$

$$\varphi(t) = \varphi_\infty\,(1 - e^{-A_2 t})\,. \tag{2.03a}$$

Stellt man die Funktion $\varphi = f(t)$ als Taylor-Reihe dar und bricht nach dem 1. Glied ab, so wird

$$\frac{d\varphi}{d\,t}\cdot d\,t = d\varphi\,.$$

Dieser Ausdruck wird in diesem Buch stets benutzt. Man kann dann schreiben:

$$\int\limits_{t_1}^{t_2} d\varphi = \varphi(t_2) - \varphi(t_1) \quad \text{oder} \quad \int\limits_{t\,=\,0}^{t\,=\,\infty} d\varphi = \varphi(t_\infty) = \varphi_\infty\,.$$

Mit fortschreitender Zeit nimmt der Elastizitätsmodul E_{ba} um den Wert $E_{ba}\cdot\psi(t)$ zu auf

$$E_b(t) = E_{ba}\,(1 + \psi(t))\,. \tag{2.04}$$

Dischinger [2.06] hat vorgeschlagen, $\psi(t)$ als eine zu $\varphi(t)$ affine Funktion $\psi(t) = c\cdot\varphi(t)$ einzuführen, wodurch geschlossene Integrationen möglich werden.

Die Verformung des Betons aus Schwinden beginnt bei seiner Erstarrung und strebt mit der Zeit ebenfalls einem festen Endwert, dem Endschwindmaß $\varepsilon_{s,\infty}$, zu. Der zeitliche Verlauf wird im allgemeinen affin zum Kriechen angenommen:

$$\varepsilon_s(t) = \frac{\varepsilon_{s,\infty}}{\varphi_\infty}\,\varphi(t)\,.$$

Unter gleichen sowie über die Zeit konstanten klimatischen und betontechnologischen Bedingungen wird das Kriechen wesentlich durch das *Alter des Betons* beeinflußt, in dem die Dauerlast aufgebracht wird. Je länger der Beton geschont bleibt, um so geringer ist das Kriechen. Diese Eigenschaft des Betons wird gelegentlich auch als Alterung bezeichnet. Will man demnach das Kriechmaß herabsetzen, so muß die Ausrüstung des Bauwerks bzw. das Aufbringen der Dauerlast in einem möglichst späten Zeitpunkt nach Beginn der Erhärtung erfolgen. Die bisherige Fassung der DIN 4227 berücksichtigte den Zeitpunkt der Belastung, gerechnet von der Herstellung bzw. dem Erstarren des Betons an, durch eine Funktion k. Mit dieser Funktion nimmt z. B. die Gl. (2.03) die Form

$$\varphi^{(t)} = k \cdot \varphi_\infty^{(k)} \frac{t}{A_1 + t} \tag{2.03 b}$$

an. $\varphi_\infty^{(k)}$ ist der Kriechbeiwert für $t = \infty$ mit dem Belastungsalter, für das die Funktion k den Wert eins hat. Die DIN 4227 drückt das Belastungsalter durch das Verhältnis der im Zeitpunkt der Belastung vorhandenen Festigkeit zur Endfestigkeit β_w/β_{w_∞} aus. k wird zu eins angenommen bei $\beta_w/\beta_{w_\infty} = 0{,}75$ (Abb. 2.04). Als Anhaltspunkt sei von der Endfestigkeit gesagt, daß sie zu etwa $1{,}25\,\beta_{w28}$ bei Verwendung von Z 275 und zu $1{,}15\,\beta_{w28}$ bei Verwendung von Z 375 angenommen werden kann. Für die praktische Berechnung ist es zweckmäßiger, wenn man die Funktion k in Abhängigkeit des Zeitpunkts der Lastaufbringung nach der Herstellung des Betons darstellt. Eine solche Darstellung gilt selbstverständlich nur für eine bestimmte Zementart. Als Bezugszeit für k wählt man zweckmäßig ebenso wie bei den Festigkeitsangaben den Zeitpunkt 28 Tage nach der Herstellung. Für einen Portlandzement PZ 375 ist eine solche Funktion in Abb. 2.05 dargestellt [2.09], [2.09a]. In der Neufassung der DIN 1045 wird der Einfluß des Belastungsalters in der zuletzt geschilderten Weise erfaßt. (Abb. 2.05a.) Es ist dabei zwischen Betonen mit langsam und solchen mit rasch erhärtendem Zement unterschieden. Wenn der Beton bei Temperaturen erhärtet, die von der Normaltemperatur (20°) merklich abweichen, so wird dies mit Hilfe des sog. „Reifegrades" berücksichtigt.

Die gesamten Verformungen des Betons unter der Einwirkung einer *zeitlich veränderlichen Last* sollen hier prinzipiell an dem einfachen Beispiel einer Be- und Entlastung mit einer Last P gezeigt werden. Den Zeitpunkt der Herstellung bzw. der Erstarrung des Betons bezeichnen wir mit „0". Die Zeit von der Herstellung des Betons bis zu einem beliebigen Zeitpunkt m stellen wir durch das Symbol $t_m^{(0)}$ oder auch der einfacheren Schreibweise wegen durch t_m dar. Die Zeit von der Lastaufbringung n bis zu einem beliebigen Zeitpunkt m bezeichnen wir mit $t_m^{(n)}$. Es gilt somit die Beziehung $t_m = t_n + t_m^{(n)}$. Auf einen Versuchskörper I werde die Last $P = \sigma_b \cdot F_b$ zum Zeitpunkt t_1 aufgebracht und zum Zeitpunkt t_2 wieder abgelassen (s. Abb. 2.06). Die Bedingungen hinsichtlich Feuchtigkeit und Temperatur mögen während der gesamten Versuchsdauer konstant sein. Beim Belasten zum Zeitpunkt t_1 stellt sich zunächst eine elastische Verzerrung vom Betrag $\varepsilon_b = \sigma_b/E_{b,1}$ ein. Bei anhaltender Last kommen mit der Zeit wachsende Kriechverzerrungen hinzu, die, in der Abb. 2.06 innerhalb des Zeitraums $t^{(2)}$ gestrichelt dargestellt, einem Endwert zustreben würden. Die Entlastung zur Zeit t_2 bringt zunächst eine elastische Rückfederung vom Betrag $\varepsilon_b = \sigma_b/E_{b,2}$, der kleiner ist als bei der Belastung, da der Elastizitätsmodul zugenommen hat. Nach diesem Zeit-

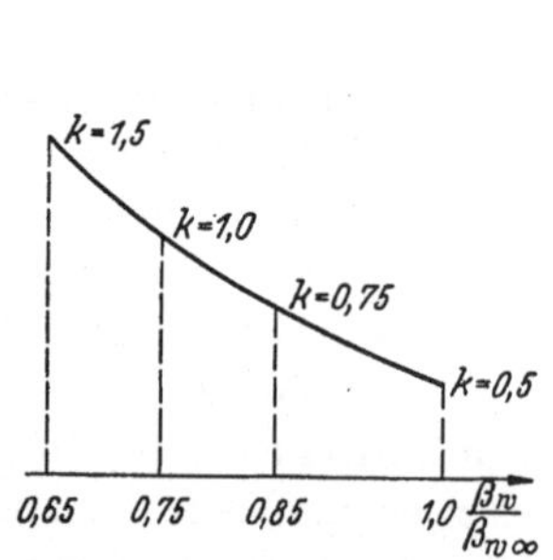

Abb. 2.04. Vermutliche Abhängigkeit des Wertes k von der beim Belastungsbeginn erreichten Würfelfestigkeit.

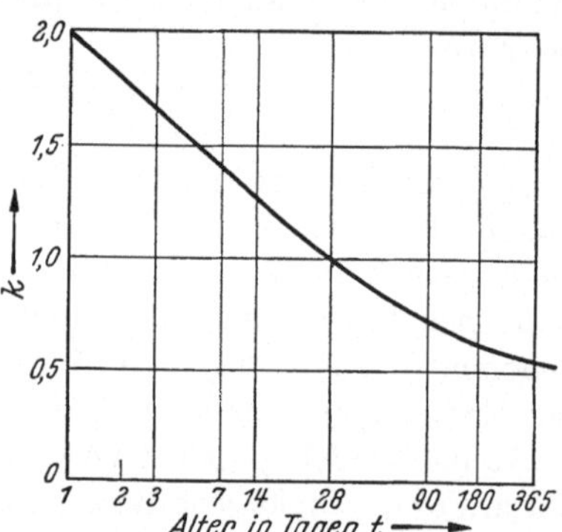

Abb. 2.05. Vermutliche Abhängigkeit des Wertes k vom Belastungsalter (von der Betonherstellung ab gerechnet).

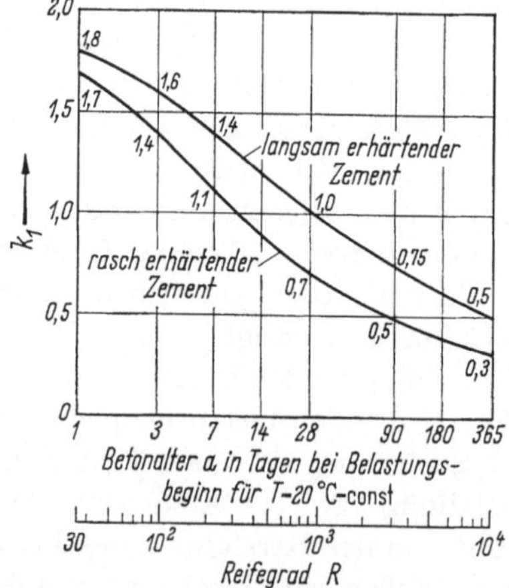

Abb. 2.05a. Mittlerer Einfluß des Erhärtungsgrades des Betons auf das Kriechen.
$R = \Sigma\, t \cdot (T° + 10°)$, T = mittlere Tagestemperatur in °C, t = Anzahl der Tage mit der Temperatur T °C

punkt ist noch eine weitere mit der Zeit zunehmende Verzerrung in Richtung der Entlastung zu beobachten, die schließlich auch einem Grenzwert zustrebt. Die von der Zeit abhängigen Verzerrungen nach der Entlastung (Entlastungskurve) bezeichnet man als „elastische Erholung" oder als „verzögert-elastische Rückverformungen". Als im engeren Sinne plastische oder bleibende Verzerrung tritt in diesem Belastungsfall nach unendlich langer Zeit nur die Differenz zwischen der erreichten Asymptote und der Ordinate Null auf.

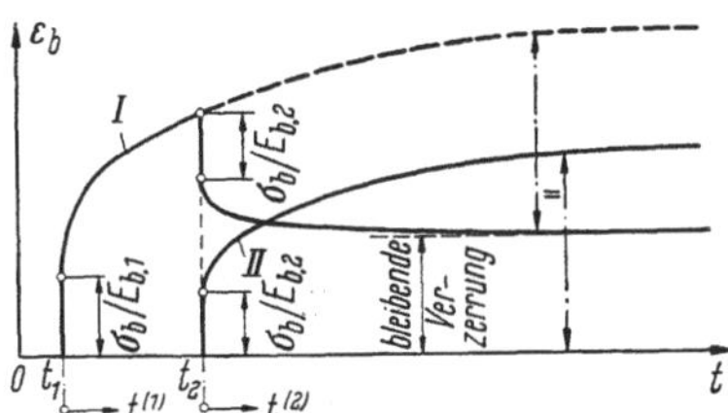

Abb. 2.06.Verzerrungen $\varepsilon_{b,k}(t)$ bei einem Be- und Entlastungsversuch.

Für die rechnerische Behandlung derartiger Belastungsfälle mit zeitlich veränderter Last ist es nun von Wichtigkeit zu wissen, in welchem Zusammenhang die Belastungskurve mit der Entlastungskurve steht. Dazu betrachten wir zunächst einmal die auch in Abb. 2.06 dargestellte Kurve der elastischen Verformungen und Kriechverformungen eines Prüfkörpers II, der unter völlig gleichen Bedingungen wie der Prüfkörper I hergestellt und gelagert ist, jedoch nicht zum Zeitpunkt t_1, sondern t_2 mit der Druckkraft P belastet wird. Er hat eine elastische Verzerrung vom gleichen Betrage $\sigma_b/E_{b,2}$ wie der zu diesem Zeitpunkt entlastete Körper I. Die Kriechverzerrungen streben jedoch einem kleineren Endwert zu als beim Prüfkörper I (gestrichelte Linie). Die Neufassung der DIN 1045 berücksichtigt diese mit der Zeit abnehmende Kriechfähigkeit des Betons (Alterung) durch die Funktion k (s. o.). Wenn wir die bei den Versuchen beobachtete Proportionalität zwischen kriecherzeugender Spannung und Kriechverformung als streng erfüllt ansehen, folgt daraus zwingend, daß wir alle Spannungs-Verformungszustände, die gleichen Versuchsbedingungen unterworfen sind, beliebig überlagern können. Insbesondere können wir die zur Zeit t_2 vorgenommene Entlastung des Versuchskörpers I in Abb. 2.06 als eine Zugbelastung auffassen, die sich dem noch ständig weiter wirkenden Belastungs- und Verzerrungszustand der Erstbelastung überlagert. Der Belastungs- und Verzerrungszustand dieser Zugkraft ist demjenigen des Körpers II bis auf das Vorzeichen gleich. Aus diesem Superpositionsgesetz [2.07, 2.08] folgt, daß wir die Entlastungskurve des Körpers I aus der (gestrichelt gezeichneten) Belastungskurve gewinnen können, indem wir von ihr die Belastungskurve des Körpers II subtrahieren.

Beschreibt man die Kriechverzerrungen infolge einer zu einem späteren Zeitpunkt t_n als der Erstbelastung t_1 aufgebrachten Last mit einer Kriechfunktion $\varphi^{(n)}$, so ist es üblich, diese Kriechfunktion auf die elastische Verzerrung $\varepsilon_b = \sigma_b/E_{b,1}$ zum Zeitpunkt t_1 zu beziehen. Lediglich

2   Mehmel, Vorgespannter Beton, 3. Aufl.

die elastische Verformung wird prinzipiell mit dem jeweils vorhandenen Elastizitätsmodul berechnet. Ein Balkenelement, das von t_1 bis t_2 mit einer Normalkraft N_1 und nach t_2 mit einer Normalkraft $N_2 = N_1 + \varDelta N$ belastet ist, weist somit zur Zeit t folgende Gesamtverzerrung auf: (Es mögen über die Zeit konstante klimatische Bedingungen vorliegen.)

$$\text{Es sei} \qquad \varphi^{(1)} = \varphi_\infty^{(1)} \frac{t^{(1)}}{A + t^{(1)}} \qquad \text{bzw.}$$

$$\varphi^{(2)} = \varphi_\infty^{(2)} \frac{t^{(2)}}{A + t^{(2)}}$$

$$\varepsilon_{d+k} = \frac{N_1}{E_1 F} \left(1 + \int_{t_1}^{t} \frac{d\varphi^{(1)}}{dt}\, dt\right) + \frac{\varDelta N}{E_1 F} \left(\frac{E_1}{E_2} + \int_{t_2}^{t} \frac{d\varphi^{(2)}}{dt}\, dt\right). \qquad (2.05)$$

In der Konstruktionspraxis genügt jedoch meist die Annahme eines über die Zeit konstanten Elastizitätsmoduls $E_{b,1}$, d. h. die Funktion $\psi(t)$ in der Gl. (2.04) gleich Null zu setzen [$E_1 = E_2$ in Gl. (2.05)]. Die hier dargelegte Methode der Überlagerung von Verformungen und Spannungen kann bei einem mehrschrittigen Lastwechsel entsprechend angewandt werden. So müßten in Gl. (2.05) dem zweiten Term der rechten Seite analoge Terme hinzugefügt werden.

Von den klimatischen und technologischen Einflüssen seien genannt:

Tabelle 2.1

Endkriechzahl und Endschwindmaß in Abhängigkeit von der Lage des Bauteils und der Konsistenz K

1	2	3	4	5	6
Lage des Bauteils	Mittlere relative Luftfeuchte in % etwa	Kriechzahl φ_0 (Endwert)		Schwindmaß ε_{s0} (Endwert)	
		für Konsistenzmaße			
		$K\,1$ $K\,2$	$K\,3$	$K\,1$ $K\,2$	$K\,3$
1 im Wasser		1,0	1,5	—	—
2 in sehr feuchter Luft, z. B. unmittelbar über dem Wasser	90	1,5	2,2	$10 \cdot 10^{-5}$	$15 \cdot 10^{-5}$
3 allgemein im Freien	70	2,0	3,0	$25 \cdot 10^{-5}$	$37 \cdot 10^{-5}$
4 in trockener Luft, z. B. in trockenen Innenräumen	40	3,0	4,5	$40 \cdot 10^{-5}$	$60 \cdot 10^{-5}$

Zunehmende relative Luftfeuchtigkeit vermindert Kriechen und Schwinden. Feuchte Flußtäler und die Nähe des Meeres wirken sich in dieser Weise aus. Als Endkriechmaße und Endschwindmaße gibt die Neufassung der DIN 1045 die Werte der Tab. 2.1 an.

Dichtigkeit. Je mehr Hohlräume ein Beton besitzt, um so größer wird das Schwindmaß. Die bei Spannbeton geforderten Betongüten B_n 250 bis B_n 550 gewährleisten eine gute Dichtigkeit.

Seit einigen Jahren werden im Spannbetonbau auch Konstruktionsleichtbeton LB 300 und LB 450 angewendet. Die Eigenschaften der Leichtbetone richten sich sehr wesentlich nach der Beschaffenheit der Leichtzuschläge. Die erzielbare Druckfestigkeit hängt im Gegensatz zu Normalbetonen stärker von der Kornform, Art der Oberfläche des Korns (Wasserentzug aus dem Zementleim) und seiner Druckfestigkeit als vom nominalen Wasserzementfaktor ab. Die Festigkeit der Leichtzuschläge ist im Regelfall nicht größer als die des Zementsteines. [2.09, c, d]. Im allgemeinen wird der Zementleimanspruch durch die ungünstigeren Korneigenschaften höher als bei Normalbeton; außerdem ist der elastische Widerstand der Zuschlagsstoffe des Leichtbetons geringer. Die Schwind- und Kriechmaße von Leichtbeton werden daher meist größer als bei Normalbeton.

Die E-Moduli sind der geringeren Steifigkeit der Zuschläge entsprechend wesentlich kleiner als bei Normalbeton. Die Hafteigenschaften scheinen ungünstiger zu sein, so daß die Richtlinien [2.09e] für Stahlleichtbeton größere Verankerungslängen und abgeminderte Schubspannungen bei Verzicht auf den Nachweis der Bewehrung vorschreiben.

Für die im Spannbetonbau anwendbaren Leichtzuschläge eignen sich daher nach obigem nur solche mit geschlossener Oberfläche und geringem Wasserentzug, sowie möglichst hoher Druckfestigkeit. Solche Eigenschaften hängen naturgemäß stark vom Herstellungsverfahren ab. Blähtone und Blähschiefer erfüllen solche Bedingungen. Letztere nähern sich dem Verhalten von Normalbeton bezüglich Kriechen und Schwinden am besten [2.09f]. Die Rohdichten der damit hergestellten Leichtbetone LB 300 und LB 450 liegen bei 1800 kp/m³; die E-Moduli bei 170 000 kp/cm² bis 210 000 kp/cm².

Diese günstigen Eigenschaften, wie geringeres Gewicht und kleinere Zwängungen aus vorgegebenen Verformungen (Stützensenkung, Beanspruchung von Landebahnen aus Verkehrslast), lassen den Leichtspannbeton trotz der heute noch höheren Stoffkosten in vielen Fällen vorteilhaft werden.

Wegen der genannten Schwankungen ist jedoch bei der Anwendung von Leichtzuschlägen im Spannbetonbau z. Z. noch die Zustimmung der Bauaufsichtsbehörde im Einzelfall erforderlich.

Während der Drucklegung erschien: [2.24]

2*

2.2 Spannstähle

a) Um die Spannkraftverluste durch Kriechen und Schwinden in erträglichen Grenzen zu halten, ist eine *hohe Vorspannung* erforderlich (vgl. S. 4 u. 5). Nach der DIN 4227 ist die Spannung unter Gebrauchslast begrenzt auf die 0,75fache Streckgrenze bzw. die 0,55fache Bruchspannung; der kleinere Wert ist gültig. In Abschnitt 9.1 sollen diese Werte noch diskutiert werden.

b) Eine *große Bruchdehnung* ist nicht nur als Sicherung gegen unangemeldete Katastrophen, sondern, worauf *Schwier* [2.10] mit Recht hinweist, vor allem deshalb wichtig, damit bei Überbeanspruchungen über den elastischen Bereich hinaus die Streckgrenze durch diese Kaltreckung so weit erhöht wird, daß diese Überbeanspruchung ohne weitere bleibende Formänderung ertragen wird.

c) Alle Stähle zeigen bei entsprechend hoher Dauerspannung die Erscheinung des *Kriechens*, d. h. eine plastische Verzerrung. Es muß gefordert werden, daß das Stahlkriechen sowohl nach Umfang wie nach Dauer bekannt und beherrscht wird. Es muß — in extremer Betrachtung — mit Sicherheit vermieden werden, daß über Jahre oder Jahrzehnte der Stahl seine Vorspannung verliert. Die technische Kriechgrenze ist durch die Spannung definiert, bei der unter konstanter Last und gleichbleibender Temperatur von 20 °C in der Zeit zwischen der 6. Minute und der 1000. Stunde nach Aufbringen der Last eine zusätzliche Dehnung von 3% der bei zügiger Belastung auftretenden Anfangsdehnung erscheint (s. Spannungs-Zeitdehnungs-Linien auf Abb. 2.07 b).

Versuche, die sich über mehrere Jahre erstreckt haben [2.12, 2.13], haben gezeigt, daß jeder Stahl eine feste Kriechgrenze als Materialkonstante besitzt. Bei diesen Versuchen wurden sogenannte Relaxationskurven gemessen. Darunter versteht man den funktionalen Verlauf der Spannung mit der Zeit in einem Prüfkörper, der in ein Prüfbett derart eingespannt ist, daß seine Länge unverändert bleibt. Liegt die Anfangsspannung über der Kriechgrenze, so fällt die Spannung nach sehr langer Zeit immer auf die Kriechgrenze zurück. Diese Kriechgrenze beträgt bei einigen Vorspannstählen nur etwa 50% der Bruchfestigkeit; sie liegt oft nicht unerheblich unter der technischen Kriechgrenze. Die zulässige Stahlspannung nach DIN 4227 ist gleich oder kleiner $0,55\,\sigma_B$. Da wegen der Stahlkraftverluste durch Betonkriechen sowie der Stahlspannungen aus Verkehrslast die ständigen Stahlspannungen kleiner als die zulässigen sind, hat für die nach DIN 4227 bemessenen Bauwerke das Stahlkriechen in der Regel keinen Einfluß.

d) Insbesondere beim Spannen mit Verbund muß die *Haftung* zwischen Beton und Spannstahl gewährleistet sein.

e) Die Vorspannstähle sind auch auf *Dauerfestigkeit* zu betrachten. Im Inneren einer Spannbetonkonstruktion liegen die Verhältnisse insofern günstig, als es sich stets um Zugschwellspannungen handelt und die Schwingungsfestigkeit nicht in Anspruch genommen wird. Der Schwellbereich ist unter rechnerischer Gebrauchslast verhältnismäßig klein und liegt, wie aus Abb. 6.07 hervorgeht, in der Größenordnung von $1000 \ \mathrm{kp/cm^2}$.

An den Verankerungsstellen können sich die Verhältnisse durch ungewollte Exzentrizitäten, quer zur Drahtfaser gerichtete Ankerkräfte u. a. m., verschlechtern. Dauerfestigkeitsschaubilder nach *Smith*, mit denen die Dauerfestigkeit beurteilt wird, sind in Abb. 2.07 c dargestellt.

f) Die Spannstähle sollen, wie es allgemein für Betonstähle gefordert wird, eine hohe *Zähigkeit* besitzen. Darunter versteht man die Eigenschaft des Stahls, örtlich großen Verformungen, insbesondere mehrfachen Biegeverformungen über die Fließgrenze hinaus, ohne Bruch zu widerstehen. Ein zäher Stahl ist unempfindlich gegen unplanmäßige Verformungen beim Transport, Einbau und Anspannen. Ein Maß für die Zähigkeit gewinnt man durch den Rückbiege- bzw. Kerbschlagversuch. Hohe Zähigkeit und hohe Elastizitätsgrenze sind schwer in einem Stahl zu vereinigen, wobei die Zähigkeit in der Regel als die wertvollere Eigenschaft betrachtet werden soll.

g) Die Spannstähle sind im Vergleich zu den gewöhnlichen Baustählen empfindlicher gegen die Folgen der Korrosion. Neben den gewöhnlichen Korrosionsarten, wie Rostbildung durch Zutritt von Feuchtigkeit und Luftsauerstoff an Fehlstellen im Beton und Karbonatisierung des im Beton befindlichen freien Kalkes durch die in der Luft befindliche Kohlensäure, sind die Spannstähle stärker durch die „Spannungsrißkorrosion" (nach DIN 50900 Spannungskorrosion) gefährdet. Sie kann in verschiedener Form auftreten. Wie der Name sagt, ist sie mit gleichzeitiger Zugbeanspruchung des Materials verbunden.

Bei der Einwirkung von Chloriden an örtlich begrenzten Stellen kann es zu „Lochfraß"-Korrosion kommen. Wegen des geringen Abstandes der technischen Streckgrenze von der Bruchfestigkeit führen die an den Kerben auftretenden Spannungsspitzen beim Spannstahl rascher zum Bruch als bei den gewöhnlichen Betonstählen mit größerem Abstand der erwähnten Grenzen. Die weicheren Baustähle können die Spannungsspitzen besser durch Verformung abbauen als die hochfesten Stähle mit ihrer geringen Dehnfähigkeit. Auch die Dauerschwingfestigkeit wird naturgemäß ungünstig beeinflußt. So kommt dem Rostschutz bereits beim Transport, beim Lagern und Herstellen der Spannglieder besondere Bedeutung zu (vgl. Zusätzliche Bestimmungen zu DIN 4227). Neben der vorgenannten Form der Spannungsrißkorrosion kann auch nach [2.13a] noch eine andere Art Spannungsrißkorrosion auftreten.

Das unter Zugspannung stehende Material erleidet entlang der Korngrenzen spröde Trennbrüche unter der Einwirkung eines den Stahl schwach oxydierenden Korrosionsmittels. Als solche sind u. a. Nitrate, Chloride und OH-Ionen bekannt. Diese Spannungsrißkorrosion ist um so ausgeprägter, je höher die Zugspannungen sind. Der Trennbruch kann nach kürzerer oder längerer Zeit eintreten und zwar ohne äußerlich sichtbare Schädigung. Dadurch ist diese Korrosionsart so gefährlich. Es ist zu vermuten, daß auch hier sich im inneren molekularen Gefüge Mikrorisse bilden, von denen dann der Trennbruch ausgeht.

Während diese geschilderte Spannungskorrosion im Grunde ein anodischer Vorgang ist, läuft die häufiger beobachtete „Wasserstoffversprödung" mehr als kathodischer Vorgang ab [2.13b]. Bei dieser Korrosionsart bildet sich in Gegenwart von sogenannten Katalysatorgiften (u. a. Schwefelwasserstoff) atomarer Wasserstoff, der in das Kristallgitter des Stahles eindringt und dort bei seiner Umwandlung in den Molekularzustand eine Sprengwirkung hervorruft. Es entstehen im Zusammenhang mit einer Zugspannung die gleichen gefährlichen Trennbrüche wie bei der oben genannten Spannungsrißkorrosion. Beim Tonerdeschmelzzement der in Deutschland hergestellten Art entsteht beim Anmachen des Betons Schwefelwasserstoff [2.13b]; er ist daher für die Anwendung im Spannbetonbau verboten [2.13c].

Da sich die für Spanndrähte in Betracht kommenden Stähle hoher Festigkeit in ihrer Korrosionsbeständigkeit nicht wesentlich unterscheiden, müssen die Schutzmaßnahmen von der Betonseite bzw. Konstruktion her kommen. In einem Erlaß [2.13c] werden daher besondere Maßnahmen gefordert. Hier seien genannt: Das Verbot von Tonerdezementen in vorgespannten Bauteilen, sowie von Chloridzusätzen in Zement und Beton. Die Betondeckung ist zu erhöhen, besonders bei stark gefährdenden Einflüssen wie wechselnde Durchfeuchtung, erhöhte chemische Angriffe. Weiter dürfen mit anderen Metallen als Schutzschicht versehene (z. B. verzinkte) Stahlteile wegen der Gefahr elektrolytischer Wirkung nicht in der Nähe von Spannstahl eingebaut werden.

Die sorgfältige Auspressung der Spannkanäle bei Vorspannung mit nachträglichem Verbund gehört neben der Herstellung eines dichten und rißfreien Betons zu den wichtigsten Schutzmaßnahmen.

h) Von großer Wichtigkeit ist auch die *Gleichmäßigkeit* des Produktes und seiner garantierten Eigenschaften. Diese setzt sorgfältige und besonders geeignete Herstellung sowie ständige Überwachung der Produktion voraus: Es darf nicht durch örtliche Fehlstellen zu derart vielen Drahtbrüchen kommen, daß die Sicherheit des Bauwerks beeinträchtigt wird. Es ist eine Prüfung des gesamten Stahles anzustreben; z. B. durch magnet-induktive Geräte (Schmerber-Duckert), und zwar möglichst nicht auf der Baustelle, sondern an der Produktionsstätte.

Zur Beurteilung von Spannstählen braucht der Ingenieur danach folgende Baustoffwerte, die vom Werk anzugeben sind:

Spannungsdehnungslinie
Streckgrenze bzw. 0,2-Grenze $\beta_{0,2}$ (DIN 50144)
Zugfestigkeit (DIN 50146)
Elastizitätsgrenze bzw. 0,01-Grenze $\beta_{0,01}$ (DIN 50143)
Bruchdehnung (DIN 50140)
Kriechgrenze des Spannstahls (DIN 4227)
Elastizitätsmodul (DIN 50145)
Zähigkeit

Als Spannstähle kommen zur Zeit drei Gruppen von Stählen in Betracht: naturharte legierte, kalt verformte und vergütete Stähle.

Tabelle 2.2. *Naturharte Spannstähle* (Hüttenwerk Rheinhausen)

	Bezeichnung	Sigma-St 60/90 $\varnothing\,13\cdots32$ mm	Sigma-St 70/105 $\varnothing\,8\cdots12$ mm
Streckgrenze	β_S	60 kp/mm²	70 kp/mm²
Zugfestigkeit	β_z	90 kp/mm²	105 kp/mm²
Elastizitätsgrenze	$\beta_{0,01}$	55 kp/mm²	63 kp/mm²
Bruchdehnung	δ_{10}	8%	8%
Kriechgrenze	σ_{kr}	55 kp/mm²	60 kp/mm²
Elastizitätsmodul	E_z	2 100 000 kp/cm²	2 100 000 kp/cm²

Naturharte legierte Stähle (warmgewalzte Spannstähle). Diese Stähle erhalten ihre Festigkeitseigenschaften durch entsprechende Legierungszusätze. Sie werden vornehmlich vom Hüttenwerk Rheinhausen hergestellt. In Tab. 2.2 sind einige Profile mit ihren Baustoffwerten angegeben. Die Abb. 2.07 zeigt ein σ-ε-Diagramm, eine Spannungs-Zeitdehnungs-Linie und ein Dauerfestigkeitsschaubild nach *Smith*.

An den Enden kann zur Aufnahme der Verankerung (s. Kapitel 11) und zum Stoß der Stähle ein Gewinde kalt aufgewalzt werden derart, daß der Kerndurchmesser des Gewindes nur wenig kleiner als der Durchmesser des Stabes ist. Die dadurch entstehende Kaltverfestigung gleicht die Querschnittseinbuße aus, so daß der Stab im Gewindeteil seine Tragfähigkeit unvermindert beibehält. Als naturharter Stahl ist er schweißbar, und es kann die für Rundstähle nach DIN 1045 vorgesehene Abbrennstumpfschweißung angewendet werden. Allerdings ist die Schweißung schwieriger auszuführen als bei St I oder St II, so daß zur Zeit in der Baupraxis von der Schweißung abgesehen wird.

Kaltgezogene Spannstähle. (Drähte). Die Technik des Drahtziehens ist alt. Die als Spannstähle bestimmten Drähte können jedoch nicht mit den für andere Verwendungszwecke hergestellten Drähten verglichen werden, sondern sind in letzter Zeit mit Eigenschaften entwickelt worden,

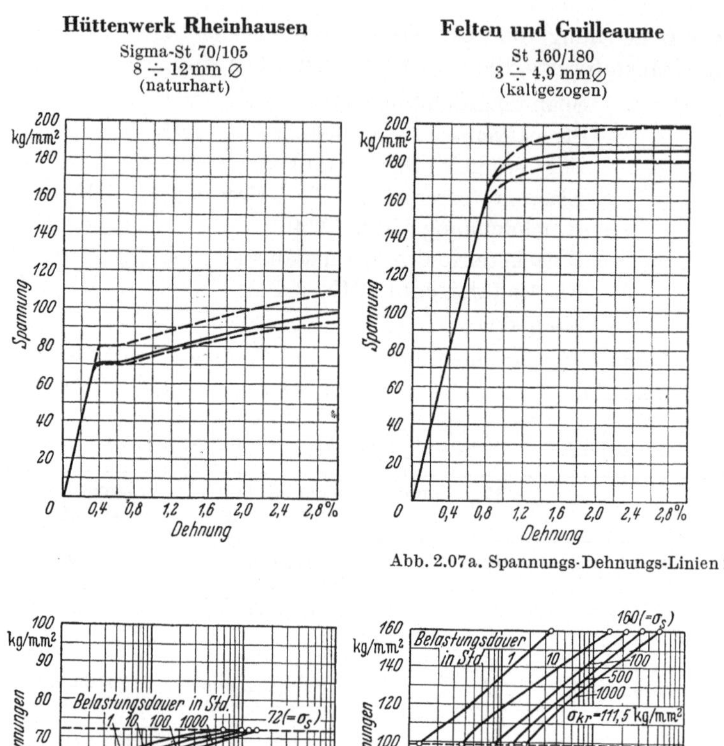

Abb. 2.07a. Spannungs-Dehnungs-Linien für

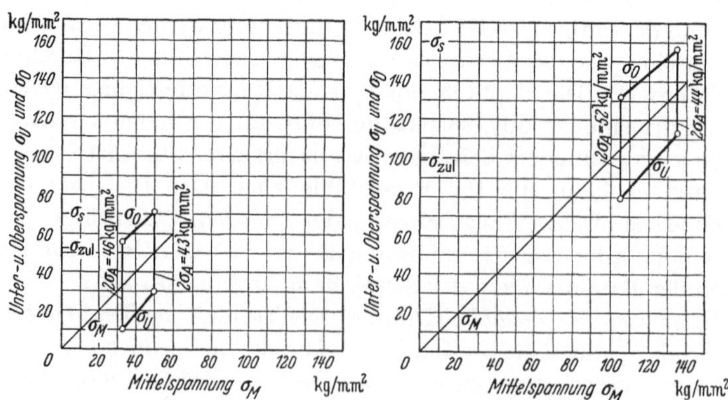

Abb. 2 07b. Spannungs-Zeitdehnungs-Linien (für Beanspruchungen zwischen der nach DIN 4227

Abb. 2.07c. Dauerfestigkeitsschaubilder nach *Smith*

Felten und Guilleaume
Neptun-St 145/160
N 20 ÷ N 30
(vergütet)

Hüttenwerk Rheinhausen
Sigma-St 145/160
Oval 20 ÷ 40
(vergütet)

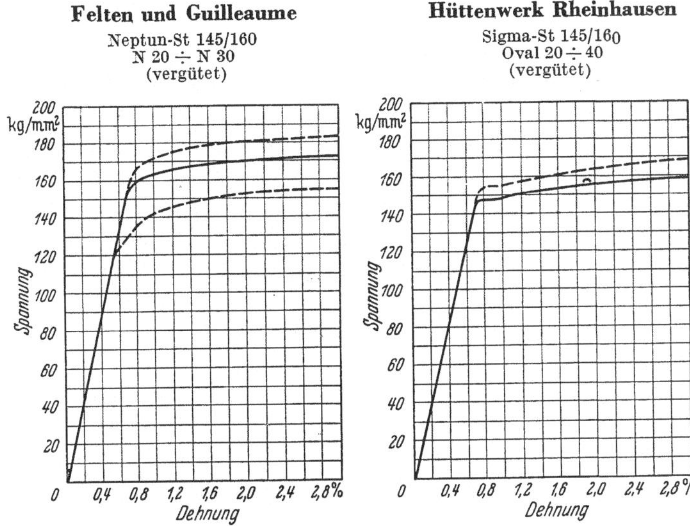

kurzzeitige Belastung. (statt kg lies kp)

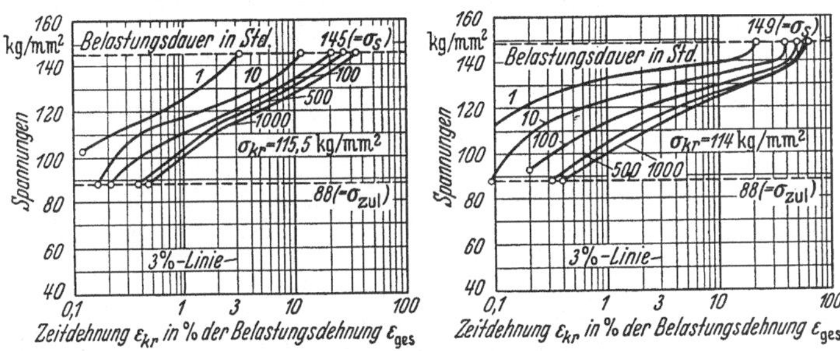

zulässigen Spannung und der Streckgrenze des Stahls). (statt kg lies kp)

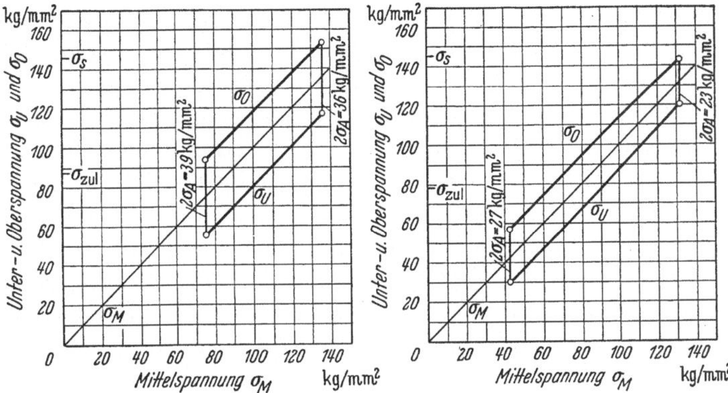

(Grenzlastspielzahl $N = 2.10^6$). (statt kg lies kp)

die sie speziell für den Spannbetonbau geeignet erscheinen lassen. Vor dem Ziehen werden die warm gewalzten Drähte (Kohlenstoffstähle mit 0,5 bis 0,8% C) einer besonderen Wärmebehandlung unterzogen, dem sog. Patentieren. Dies besteht darin, daß der Draht auf etwa 1000 °C gebracht und anschließend in einem Blei- oder Salzbad auf etwa 500 °C abgekühlt wird. Hierdurch erhalten sie ein sorbitisches Gefüge, das ihnen in Verbindung mit einer hohen Festigkeit ein gutes Kaltverformungsvermögen gibt. Danach wird der Draht unter stufenweiser Querschnittsverminderung durch Ziehdüsen gezogen. Die Festigkeiten wachsen mit abnehmenden Querschnitten.

Durch anschließendes künstliches Altern, das aus geeignetem Anlassen besteht, wird die 0,2-Grenze um 20 bis 50%, die 0,01-Grenze und damit die Kriechgrenze um etwa 100 bis 150%, die Bruchfestigkeit um 6 bis 10% erhöht. Das Anlassen bietet außerdem den Vorteil, die Oberflächen der Drähte von Ziehresten zu reinigen und auf diese Weise den Verbund zu verbessern. Die Lieferung erfolgt in gerichteter Ausführung mit Ring-

Tabelle 2.3. *Kaltgezogene Spannstähle* (Fa. Felten und Guilleaume)

	Bezeichnung	St 160/180 $\varnothing$ 3,0$\cdots$4,9 mm	St 140/160 $\varnothing$ 4,0$\cdots$12,0 mm
Streckgrenze	β_S	160 kp/mm²	140 kp/mm²
Zugfestigkeit	β_Z	180 kp/mm²	160 kp/mm²
Elastizitätsgrenze	$\beta_{0,01}$	150 kp/mm²	115 kp/mm²
Bruchdehnung	δ_{10}	6%	6%
Kriechgrenze	σ_{kr}	110 kp/mm²	100 kp/mm²
Elastizitätsmodul	E_z	2 100 000 kp/cm²	2 100 000 kp/cm²

gewichten bis etwa 125 kg; aus dem Gewicht läßt sich bei gegebenem Querschnitt die Lieferlänge ermitteln. Abb. 2.07 zeigt ein Spannungs-Dehnungs-Diagramm, eine Spannungs-Zeitdehnungs-Linie und ein Dauerfestigkeitsschaubild nach *Smith* eines kaltgezogenen und künstlich gealterten Drahtes der Firma Felten und Guilleaume. In Tab. 2.3 sind einige Profile mit ihren Baustoffkennwerten angegeben.

Die dünneren Drähte werden oft auch in Form von Litzen aus zwei, drei oder sieben Drähten verarbeitet. Die Windungslänge eines Drahtes wird als Schlaglänge bezeichnet. Je kleiner die Schlaglänge ist, um so größer wird der Seilreck, der dadurch entsteht, daß die Litzendrähte erst beim Spannen die Kontaktlage einnehmen.

Vergütete Spannstähle. Diese erhalten ihre Festigkeitseigenschaften im wesentlichen durch Wärmebehandlung, d. h. durch Härten und anschließendes Anlassen. Dabei erfährt der in seiner Endform warmgewalzte Draht, der u. U. durch einen Ziehvorgang mit geringer Querschnittsabnahme kalibriert wird, eine Erwärmung auf etwa 800 °C, eine darauf folgende Abschreckung im Ölbad auf 200 °C und anschließendes Anlassen im Bleibad auf etwa 500 °C. Eine derartige Wärmebehandlung ist das älteste bekannte Verfahren der Stahlvergütung, so daß es bis heute schlechthin den Namen Vergütung trägt.

Abb. 2.07 zeigt die Spannungs-Dehnungs-Diagramme, Spannungs-Zeitdehnungs-Linien und Dauerfestigkeitsschaubilder nach *Smith* je eines von Felten und Guilleaume und dem Hüttenwerk Rheinhausen hergestellten vergüteten Spannstahles. In Tab. 2.4 sind einige Profile mit Baustoffkennwerten angegeben.

Tabelle 2.4. *Vergütete Spannstähle*

(Hüttenwerk Rheinhausen und Fa. Felten und Guilleaume)

	Bezeich-nung	Sigma-St 145/160 $\varnothing$ 5,2···6,0 mm	Sigma-St 145/160 Oval 20···40	Neptun-St 145/160 Rechteckig 20···40
Streckgrenze	β_S	145 kp/mm²	145 kp/mm²	145 kp/mm²
Zugfestigkeit	β_Z	160 kp/mm²	160 kp/mm²	160 kp/mm²
Elastizitätsgrenze	$\beta_{0,01}$	120 kp/mm²	120 kp/mm²	130 kp/mm²
Bruchdehnung	δ_{10}	6%	5%	5%
Kriechgrenze	σ_{kr}	110 kp/mm²	110 kp/mm²	110 kp/mm²
Elastizitätsmodul	E_z	2 050 000 kp/cm²	2 050 000 kp/cm²	2 100 000 kp/cm²

In einzelnen Fällen wird eine Kombination der v. g. Herstellungsverfahren angewendet. So werden z. B. beim Sigmaspannstahl St 70/105 die naturharten, warmgewalzten Stäbe nachträglich gereckt und angelassen, oder es werden vergütete Drähte einer Nachreckung unterworfen. Im vorstehenden wurden nur die wesentlichen Eigenschaften der Spannstähle und die grundsätzlichen Merkmale ihrer Herstellung behandelt. Insgesamt handelt es sich um ein komplexes Gebiet, und es wird auf die einschlägige Literatur (z. B. [2.14, 2.15]) verwiesen.

2.3 Einpreßmörtel

Beim Vorspannen gegen den erhärteten Beton wird heute selten darauf verzichtet, einen nachträglichen Verbund zwischen Beton und dem Vorspannglied herzustellen. Dadurch soll einmal die höhere Tragfähigkeit des Verbundquerschnitts ausgenutzt werden; ferner ist bei fachgerechter Ummantelung des Spannstahles mit Beton ein technisch einwandfreier Korrosionsschutz für den Stahl gegeben. Bei den meisten heute üblichen Spannverfahren mit engen, von außen nicht zugänglichen Spannkanälen wird der nachträgliche Verbund dadurch hergestellt, daß Zementmörtel unter Druck in die Kanäle eingebracht wird (injizieren). Anfängliche Mißerfolge haben dazu geführt, daß umfangreiche Untersuchungen über das Verhalten des Injektionsmörtels angestellt wurden, deren Ergebnisse in den „Richtlinien für das Einpressen von Zementmörtel in Spannkanäle" [2.16, 2.17] niedergelegt sind.

Entsprechend den oben gezeigten Aufgaben muß der Einpreßmörtel eine hohe Festigkeit ($\beta_{c7} = 225$ kp/cm^2 im Mittel und $\beta_{c28} = 300$ kp/cm^2 im Mittel) zur Herstellung eines guten Verbundes haben; in Hinsicht auf einen einwandfreien Korrosionsschutz dürfen keine Hohlräume vorhanden sein. Der Mörtel soll daher ein geringes Wasserabsetzmaß (max. 2%) haben, was auch für die geforderte Raumbeständigkeit bei Frost wesentlich ist [2.18, 2.19].

Der Einpreßmörtel besteht in der Hauptsache aus Zement (vorzugsweise Portlandzement Z 275 oder Z 375) und Wasser; der Wasserzementfaktor darf 0,44 nicht überschreiten, besser soll er 0,38 bis 0,40 betragen [2.16 b]. Zuschläge dürfen nur ausnahmsweise zum Zementleim zugesetzt werden, und zwar geringe Mengen von mehlfeinen mineralischen Stoffen (Kalkstein- oder Quarzmehl). Derartige Zuschläge erhöhen den Wasserbedarf für das erforderliche Fließvermögen und können dadurch die Frostsicherheit in Frage stellen. Um den Wasserbedarf zu vermindern und das Fließvermögen zu verbessern, werden Zusatzmittel (BV) zugegeben, die den frischen Mörtel geringfügig auftreiben sollen. Sie dürfen jedoch keine Chloride enthalten und müssen für die Verwendung in Injektionsmörteln speziell zugelassen sein.

Beim Injizieren ist auf folgende Punkte besonders zu achten: Der Einpreßmörtel muß in besonderen Rührwerken gemischt und bis zur Injektion in Bewegung gehalten werden. Zur Vermeidung von Hohlräumen darf keine Luft in die Kanäle gelangen. Der Drahtabstand und damit der Durchflußwiderstand sollen im Spannkanal überall gleich sein. Das Injizieren soll nach Möglichkeit von der tiefsten Stelle aus vorgenommen werden. An den Höchstpunkten gekrümmt geführter Spannglieder sollen verschließbare Standrohre angebracht werden, damit Luft- und Wasseransammlungen vermieden werden können. Bei Bauwerkstemperaturen unter $+5$ °C ist das Auspressen möglichst zu unterlassen.

2.4 Feuerwiderstand von Spannbetonbauteilen

Der Feuerwiderstand von brandgefährdeten Bauteilen wird als Zeit in Minuten ausgedrückt, während der das beanspruchte Bauteil unter Erfüllung gewisser Bedingungen dem Feuerangriff standhält. Der Feuerangriff ist durch die Brandkurve nach DIN 4102 genormt [2.20]. Die Bedingungen sind: Es darf während dieser Zeit kein Einsturz, bei trennenden Bauteilen, wie Wänden und Decken, auch kein Verlust des Zusammenhanges mit möglichem Flammendurchtritt und keine zu große Wärmeübertragung auftreten. Der Bezeichnung „Feuerbeständig" im Sinne der Bauvorschriften entspricht z. B. die Feuerwiderstandsklasse F 90 (Minuten).

Biegebeanspruchte Stahl- oder Spannbetonbauteile werden dadurch gefährdet, daß der Stahl bei Temperaturen von 200—400 °C merkliche Festigkeitsverluste (Absinken der Fließ- und Bruchgrenze) erleidet. Das Versagen tritt ein, wenn der Stahl die „kritische Stahltemperatur" erreicht und beim Stahlbetonbalken keine inneren Kräfteumlagerungen, wie z. B. bei stat. unbestimmten Systemen, möglich sind. Unter der kritischen Stahltemperatur versteht man diejenige Temperatur, bei der die Stahlfließgrenze auf den Wert der effektiv wirkenden Stahlspannung abfällt. In Tab. 2.5 sind die kritischen Stahltemperaturen für verschiedene Stähle bei voller Ausnutzung der zulässigen Spannungen angegeben.

Tabelle 2.5

Kritische Stahltemperaturen von Beton- und Spannstählen bei Ausnutzung der zulässigen Spannung bzw. Gebrauchslast. [nach 2.21]

Stahlgüte	zul. Stahlspannung kp/cm²	T_{krit} (Mittelwert) °C
St I	1400	550
	(1050)	(600)
St IIIb	2400	500
	(1800)	(550)
St IVb	2800	480
(BStG)	(2100)	(530)
St 80/105	5775	500
(St 60/90 und St 90/110)		
St 145/160	8800	450
(St 125/140 und St 135/150)		
St 160/180	9900	350
(St 150/170)		

Aus diesen anhand von Versuchen gefundenen Werten ersieht man, daß sich die hochwertigen Spannstähle ungünstiger verhalten als die Stähle für schlaffe Bewehrung [2.21]. Insgesamt ist der Spannbeton empfindlicher bei Temperaturerhöhung als der schlaff bewehrte Stahlbeton.

Die Aufwärmung des Stahles ist abhängig von der Dicke der Betondeckung, wobei es auch eine Rolle spielt, ob das Feuer von drei Seiten (Balkenstege) oder nur von einer Seite (Platten) einwirkt. Um ein Absprengen der Betondeckung unter der Hitzewirkung bei einer Deckung > 5 cm zu verhindern, ist eine zusätzliche Netzbewehrung in 1 cm Abstand von der Oberfläche zu empfehlen. Absprengungen der Betondeckung und damit Bloßlegen der Bewehrung können schon innerhalb der ersten 20 Minuten auftreten.

Die Überdeckungen der Stähle müssen daher gewisse Mindestmaße haben, um eine zu schnelle Erwärmung wirksam zu verhindern. Angaben hierüber sind in Abhängigkeit von der Feuerwiderstandsklasse in [2.21] zu finden. Eine durchgehende obere Bewehrung kann eine zusätzliche Sicherung bilden, da sie im kühleren Bereich liegt und durch eine Hängewerkswirkung noch eine gewisse Lastumlagerung ermöglicht.

Im Beton selbst treten durch hohe Temperaturen Schädigungen im Gefüge auf, die zu einem Festigkeitsabfall führen. Untersuchungen [2.22; 2.23] an Zementmörtel und Betonen mit verschiedenen Zuschlagsstoffen (Quarz, Baryt, Leca-Blähton) zeigen, daß bei unbelasteten Proben bei Temperaturanstieg auf 250—450 °C relativ geringe, dann aber bei weiterer Temperaturzunahme starke Druckfestigkeitsverluste eintreten. Ursachen sind die unterschiedliche Dehnung von Zementstein und Zuschlag, der Zerfall des Kalziumhydroxydes, sowie Strukturumwandlungen beim Quarz (Verlust von molekularem Wasser).

Unter Druckbeanspruchung zeigt sich, daß beim Quarz- und Leca-Beton mit zunehmendem Belastungsgrad eine etwas geringere Minderung der Festigkeit, aber prinzipiell gleicher Verlauf des Festigkeitsabfalles festzustellen ist. Beim Baryt-Beton bleibt dagegen bei den belasteten Proben die Druckfestigkeit im untersuchten Temperaturbereich (0—750 °C) praktisch erhalten. Zu erklären sind diese Erscheinungen durch die ,,Vorspannwirkung'' der Druckbelastung, welche der Gefügeauflockerung entgegenwirkt. Baryt-Beton eignet sich daher für die Anwendung bei hohen Temperaturen. Da die meisten Betonzuschläge wesentliche Quarz-Bestandteile enthalten, muß bei den gebräuchlichen Betonen im Bereich hoher Druckspannungen (Stützbereich von Durchlaufträgern) bei großer Hitzeeinwirkung mit einem Festigkeitsabfall und dadurch verursachten Druckbrüchen gerechnet werden. Durch die Hitzewirkung wird auch der Verbund zwischen Beton und Stahl geschädigt, so daß sich in den Tragwerken eine Bogen-mit-Zugband-Wirkung einstellt.

Neben der erhöhten Betondeckung sind zusätzliche Schutzschichten aus Vermiculite- oder Perlite-Putz, sowie untergehängte feuerbeständige Decken besonders wirkungsvoll.

Zusammenfassend läßt sich sagen, daß mittels geeigneter Maßnahmen auch im Spannbetonbau feuerbeständige Bauteile (F 90) hergestellt werden können.

Literatur zu Kapitel 2

2.00. DIN 1045 (neu), Stand Januar 1972.

2.01. *Graf:* Die Eigenschaften des Betons, Berlin 1950, S. 107 und 134.

2.02. *Mehmel* u. *Kern:* Elastische und plastische Stauchungen von Beton infolge Druckschwell- und Standbelastung. Deutscher Ausschuß für Stahlbeton, H. 153.

2.02a. *Mehmel* u. *Krebs:* Ein Beitrag zur praktischen Behandlung des Stabilitätsnachweises für ausmittig gedrückte Stahlbetontragglieder. Konstruktiver Ingenieurbau, Düsseldorf: Werner-Verlag 1967 (Hirschfeld-Festschrift).

2.02b. *Dilger, W.:* Deutscher Ausschuß für Stahlbeton Heft 179, 1966.

2.02c. *Grasser, E.:* Betonkalender 1971. Bemessung auf Biegung und Längskraft, Grundlagen.

2.03. *Glanville:* The Creep or Flow of Concrete under Load. Building Research Technical Paper Nr. 12, London 1930.

2.04. *Davies:* Flow of Concrete under Sustained Compressive Stress. J. Amer. Concrete Inst. (1928) S. 303 und (1931) S. 837.

2.05. *Dischinger:* Bauingenieur 18 (1937) S. 487.

2.06. *Dischinger:* Bauingenieur 20 (1939) S. 53.

2.06a. CEB-Empfehlungen (Comité Européen du Beton. Recommendations). Deutsche Übersetzung im Betonkalender 1970, II, S. 544.

2.06b. Internationale Richtlinien zur Berechnung und Ausführung von Betonbauwerken, Comité Européen du Beton. Federation Internationale de la Precontrainte. Juni 1970.

2.06c. *Belmain* u. *Le Bourdelles.* Etude du retrait et des deformations de fluage dans un pont en beton precontraint. Annales des ponts et chaussées. (1971) II, S. 81.

2.07. *Boltzmann:* Zur Theorie der elastischen Nachwirkung, Sitzungsberichte der Kaiserlichen Akademie der Wissenschaften Wien. LXX (1874).

2.08. *McHenry, D.:* American Society for Testing Materials. Proc. 43 (1943).

2.09. *Wagner, O.:* Das Kriechen unbewehrten Betons. Deutscher Ausschuß für Stahlbeton, H. 131.

2.09a. *Hummel* u. *Rüsch:* Versuche über das Kriechen unbewehrten Betons. Deutscher Ausschuß für Stahlbeton. H. 146 (1962).

2.09b. *Hummel:* Vom Einfluß der Zementart, des Wasserzementverhältnisses und des Belastungsalters auf das Kriechen von Beton. Zement, Kalk, Gips H. 5 (1959).

2.09c. *Aurich:* Betontechnologische und baustellenpraktische Erfahrungen mit Konstruktionsleichtbeton. Beton (1969) S. 397 u. 447.

2.09d. *Reinsdorf:* Konstruktionsleichtbetone, Forschungsergebnisse und Anwendungsbeispiele aus dem Institut für Stahlbeton Dresden. Beton (1968) S. 431.

2.09e. Stahlleichtbeton „Vorläufige Richtlinien für Ausführung und Prüfung", Stand August 1967, Abdruck im Betonkalender 1971, S. 920.

2.09f. *Heufers:* Über langfristige Schwind- und Kriechuntersuchungen an Leichtbeton höherer Festigkeit und vergleichbarem Normalbeton. Stahlbetonbau Berichte aus Forschung und Praxis, Berlin/München: Ernst & Sohn 1969 (Rüsch-Festschrift).

2.10. *Schwier:* Beton- und Stahlbetonbau 1952, S. 201.

2.11. *Röhnisch:* Beton- und Stahlbetonbau 1955, S. 64.

2.12. *Stüssi:* Zur Relaxation von Stahldrähten. IVBH-Abhandlungen 19 (1959).

2.13. *Godfrey:* Steel Wire for Prestressed Concrete. Proceedings of the first U. S. conference on prestressed concrete, Massachusetts 1951.

2.13a. *Rehm:* Korrosionsschutz von Stahl in Beton. Beton 1969, S. 159.

2.13b. *Naumann:* Korrosionsschäden an gespannten Stählen. Beton- und Stahlbetonbau (1969) S. 10.

2.13c. Korrosionsschutz bei Spannbeton- und Stahlbetonbauteilen, abgedruckt im Beton-Kalender 1971, S. 989.

2.14. *Pomp:* Stahldraht, Düsseldorf 1952.

2.15. *Houdremont:* Handbuch der Sonderstahlkunde 3. Aufl., unter Mitarbeit von *H. J. Wiester.* Berlin-Göttingen-Heidelberg: Springer und Düsseldorf: Verlag Stahleisen 1956.

2.16. Richtlinien für das Einpressen von Zementmörtel in Spannkanäle. Entwurf November 1970, in: Beton- und Stahlbetonbau (1971) S. 101.

2.16a. Vorläufige Richtlinien für das Einpressen von Zementmörtel in Spannkanäle. Fassung Juli 1957.

2.16b. *Röhnisch:* Erläuterungen zu den „Richtlinien für Einpreßmörtel" (November 1970), in: Beton und Stahlbetonbau (1971) S. 105.

2.17. *Schmid, H.:* Über die Prüfung von Einpreßmörtel für Spannkanäle, Beton und Stahlbetonbau (1957) S. 297.

2.18. *Albrecht:* Über die Raumänderung des Einpreßmörtels, Beton- und Stahlbetonbau (1957) S. 302.

2.19. *Albrecht* u. *Lutzeyer:* Auswertung von Meß- und Prüfergebnissen von Einpreßmörteln für Spannbeton, Beton- und Stahlbetonbau (1969) S. 212.

2.20. DIN 4102, Blatt 1—4, Brandverhalten von Baustoffen und Bauteilen. Ausgabe September 1965.

2.21. *Kordina:* Grundlagen für den Entwurf von Stahlbeton- und Spannbetonbauteilen mit bestimmter Feuerwiderstandsdauer. Stahlbetonbau, Berichte aus Forschung und Praxis, Berlin-München: Ernst & Sohn 1969 (Rüsch-Festschrift).

2.22. *Weigler* u. *Fischer:* Beton bei Temperaturen von 100 °C bis 750 °C. Beiträge zum Massivbau. Düsseldorf: Betonverlag 1967 (Mehmel-Festschrift).

2.23. *Fischer:* Über das Verhalten von Zementmörtel und Beton bei höheren Temperaturen. Dissertation, TH Darmstadt, 1966.

2.24. *Weigler* u. *Karl:* Stahlleichtbeton. Wiesbaden: Bauverlag

3. Statische Deutung des Lastfalles Vorspannung

Der Lastfall ,,Vorspannung" hat bei statisch bestimmten Systemen keine äußeren Reaktionen zur Folge. Das bedeutet, daß es sich um einen Eigenspannungszustand handelt, und es müssen deshalb in einem beliebigen Schnitt, der durch Beton und Spannglied geht, die Schnittkräfte im Gleichgewicht stehen. Der Eigenspannungszustand hat seinen Ursprung in einer gegenseitigen Kraftwirkung zwischen Betonbalken und Spannglied, die durch das Anspannen des Spanngliedes ausgelöst wird. Diese Kräfte sind Ankerkräfte sowie im Bereich gekrümmter Spanngliedführung Umlenkkräfte und Reibungskräfte, die in gegengleicher Größe auf Beton und Stahl wirken. Sie rufen im Betonbalken und Stahl gegengleiche Schnittkräfte hervor, die wir auch aus den Gleichgewichtsbedingungen im Schnitt direkt berechnen können. Die Anker-, Umlenk- und Reibungskräfte und die sich daraus ergebenden Schnittkräfte des Betonbalkens einerseits sowie dessen aus dem Gleichgewicht des Eigenspannungszustandes im Schnitt direkt errechneten Schnittkräfte andererseits sind zwei äquivalente Darstellungen des Kraftzustandes Vorspannung. Es interessiert vor allem die Schnittkraft des Betonquerschnitts, und es soll im folgenden an dem speziellen Beispiel eines zwängungslos gelagerten Balkens mit gerader Achse und einem einsinnig gekrümmten Spannglied die Äquivalenz dieser beiden Darstellungen in allgemeiner Form gezeigt werden.

Greift in $\vartheta = 0$ die Vorspannkraft Z_{0v} an, so nimmt sie mit ϑ auf $Z_v = Z_{0v} \cdot e^{-\mu\vartheta}$ ab (s. Kapitel 5). In Abb. 3.02a sind die Kräfte eingetragen, die in dem durch ϑ festgelegten Punkt am Spannglied angreifen. $L \cdot ds$ ist die im Beton auf dem Bogenstück $r \cdot d\vartheta = ds$ geweckte Reaktion der Leibungs- und $T \cdot ds$ die der Reibungskraft. Mit den Bezeichnungen dieser Abbildung (ϑ_0 bezeichnet den gesamten Umlenkwinkel der Krümmung, ψ den Winkel zwischen Balken- und Spanngliedachse) gilt:

$$\vartheta = \vartheta_0 - \psi.$$

Die lotrechte Belastung des Betons aus L und T im Bereich der Bogenlänge 1 beträgt dann:

$$U_l = L \cdot \cos\psi + T \cdot \sin\psi.$$

Desgleichen beträgt die waagerechte Belastung

$$U_w = L \cdot \sin\psi - T \cdot \cos\psi.$$

Unter Berücksichtigung der Werte

$$L = Z_v/r = Z_{0v}\cdot e^{-\mu\vartheta}/r,$$

$$T = \mu\,L = \mu\cdot Z_{0v}\cdot e^{-\mu\vartheta}/r$$

und
$$\vartheta = \vartheta_0 - \psi$$

wird
$$U_l = Z_{0v}\cdot e^{-\mu\,(\vartheta_0 - \psi)}\cdot[\cos\psi + \mu\cdot\sin\psi]/r$$

$$U_w = Z_{0v}\cdot e^{-\mu\,(\vartheta_0 - \psi)}\cdot[\sin\psi - \mu\cdot\cos\psi]/r. \tag{3.01}$$

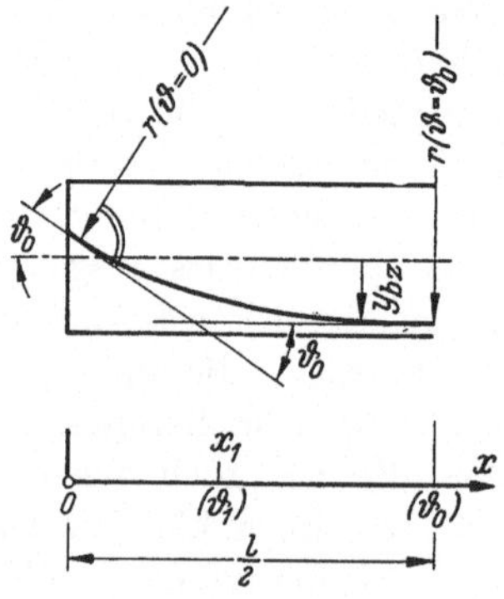

Abb. 3.01.

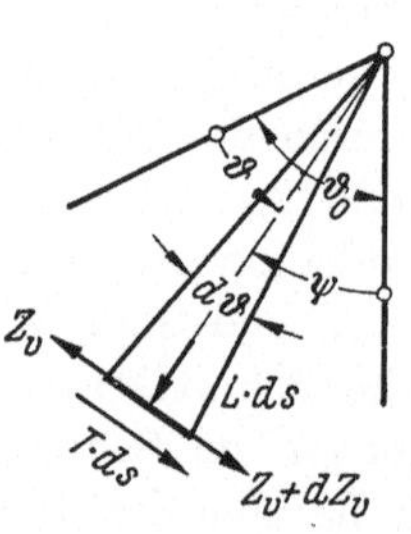

Abb. 3.02 a.

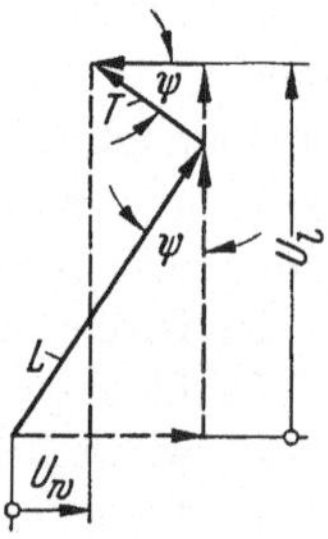

Abb. 3.02 b.

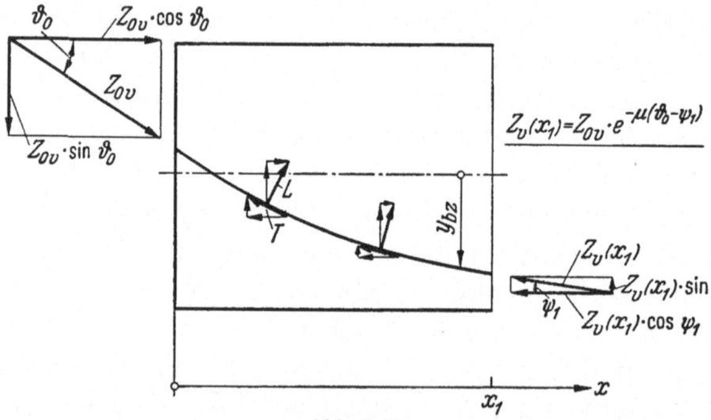

Abb. 3.02 c.

Für einen beliebigen Schnitt ($x = x_1$, $\vartheta = \vartheta_1$, $\psi = \psi_1$) (Abb. 3.02) ist die Summe der vertikalen bzw. der horizontalen Umlenkkräfte und der vertikalen bzw. der horizontalen Komponente der Ankerkraft auf der einen Seite des Schnittes gleich der vertikalen bzw. der horizontalen Komponente der Spanngliedkraft in dem betreffenden Schnitt:

$$Z_{0v}\cdot\sin\vartheta_0 - \int\limits_{s=0}^{s=s_1} U_l\cdot ds = Z_{0v}\cdot e^{-\mu(\vartheta_0 - \psi_1)}\cdot\sin\psi_1 = Z_v(x_1)\cdot\sin\psi_1$$

$$\tag{3.02}$$

$$Z_{0v}\cdot\cos\vartheta_0 + \int\limits_{s=0}^{s=s_1} U_w\cdot ds = Z_{0v}\cdot e^{-\mu(\vartheta_0 - \psi_1)}\cdot\cos\psi_1 = Z_v(x_1)\cdot\cos\psi_1.$$

Bei statisch bestimmten Systemen wird dadurch ein Eigenspannungs-zustand bewirkt (s. o.). Mit den Bezeichnungen der Abb. 3.01 und 3.02 gilt:

$$M_{bv}(x_1) = -Z_{0v}(\sin\vartheta_0 \cdot x_1 + \cos\vartheta_0 \cdot y_{bz}(x_0))$$

$$+ \int\limits_0^{x_1} U_l \cdot (x_1 - x) \cdot \frac{dx}{\cos\psi} - \int\limits_0^{x_1} U_w \cdot y_{bz}(x) \cdot \frac{dx}{\cos\psi} \cdot \qquad (3.03)$$

$$N_{bv}(x_1) = -Z_{0v} \cdot \cos\vartheta_0 - \int\limits_0^{x_1} U_w \cdot \frac{dx}{\cos\psi} \cdot \qquad (3.04)$$

Die Auswertung dieser Gleichungen liefert das gleiche Ergebnis wie eine mechanische Deutung nach Abb. 3.03, nämlich:

$$M_{bv}(x_1) = -Z_v(x_1) \cdot \cos\psi_1 \cdot y_{bz}(x_1)$$

$$N_{bv}(x_1) = -Z_v(x_1) \cdot \cos\psi_1, \qquad (3.05)$$

ferner ist $\qquad\qquad Q_{bv}(x_1) = -Z_v(x_1) \cdot \sin\psi_1.$

Dies soll nachfolgend für Gl. (3.03) gezeigt werden.

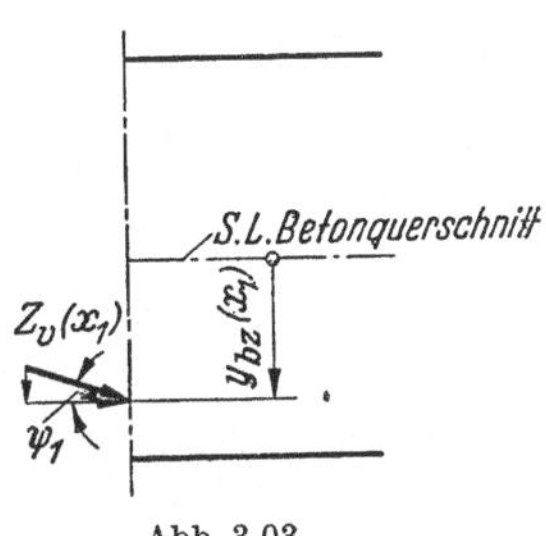

Abb. 3.03.

Zur Umformung der beiden Integrale in Gl. (3.03) benutzen wir Gl. (3.02):

$$M_{bv} = -Z_{0v} \cdot \sin\vartheta_0 \cdot x_1 - Z_{0v} \cdot \cos\vartheta_0 \cdot y_{bz}(x_0)$$

$$+ \int\limits_0^{s_1} U_l \cdot (x_1 - x) \cdot ds - \int\limits_0^{s_1} U_w \cdot y_{bz}(x) \cdot ds$$

$$= -Z_{0v} \cdot \cos\vartheta_0 \cdot y_{bz}(x_0) - Z_v(x_1) \cdot \sin\psi_1 \cdot x_1 \qquad (3.03\,\text{a})$$

$$- \int\limits_0^{s_1} [U_l \cdot x + U_w \cdot y_{bz}(x)] \cdot ds.$$

3*

Durch partielle Integration läßt sich das letzte Integral, das wir mit I bezeichnen, in folgender Form schreiben:

$$I = \left[x \cdot \int U_l \cdot ds\right]_0^{s_1} + \left[y_{bz}(x) \cdot \int U_w \cdot ds\right]_0^{s_1}$$

$$-\int_0^{s_1}\left[\left(\int U_l \cdot ds\right) \cdot \frac{dx}{ds} + \left(\int U_w \cdot ds\right) \cdot \frac{dy_{bz}}{ds}\right] \cdot ds\,.$$

Berücksichtigt man, daß

$$\frac{dx}{ds} = \cos\psi\,, \qquad \frac{dy_{bz}}{ds} = \sin\psi$$

ist, und setzt man in den letzten Term die Werte aus Gl. (3.01) ein, so erhält man für ihn mit $ds = -r \cdot d\psi$:

$$Z_{0v} \cdot \int_0^{s_1}\left\{\left(\int e^{-\mu(\vartheta_0 - \psi)} \cdot [\cos\psi + \mu \cdot \sin\psi] \cdot d\psi\right) \cdot \cos\psi\right.$$

$$\left. + \left(\int e^{-\mu(\vartheta_0 - \psi)} \cdot [\sin\psi - \mu \cdot \cos\psi] \cdot d\psi\right) \cdot \sin\psi\right\} \cdot ds$$

$$= Z_{0v} \cdot \int_0^{s_1} e^{-\mu(\vartheta_0 - \psi)} \cdot [\sin\psi \cdot \cos\psi - \cos\psi \cdot \sin\psi] \cdot ds = 0\,,$$

damit wird

$$I = \left[x \cdot \int U_l \cdot ds\right]_0^{s_1} + \left[y_{bz}(x) \cdot \int U_w \cdot ds\right]_0^{s_1}\,.$$

Unter Verwendung von Gl. (3.01) und Gl. (3.02) erhält man

$$I = -Z_v(x_1) \cdot \sin\psi_1 \cdot x_1 - Z_{0v} \cdot \cos\vartheta_0 \cdot y_{bz}(x_0) + Z_v(x_1) \cdot \cos\psi_1 \cdot y_{bz}(x_1)\,.$$

Damit heben sich alle Terme bis auf einen in Gl. (3.03a) auf und man erhält

$$M_{bv}(x_1) = -Z_v(x_1) \cdot \cos\psi_1 \cdot y_{bz}(x_1)\,,$$

womit die Identität von Gl. (3.03) und (3.05) gezeigt ist.

Für die praktische Berechnung genügt es meist, wenn man in Gl. (3.05) $\cos\psi = 1$ setzt. Man erhält den Eigenspannungszustand zu:

$$\sigma_{bv} = \frac{N_{bv}(x)}{F_b} + \frac{M_{bv}(x)}{I_b}\,y_b$$

$$\tau_{bv} = \frac{Q_{bv} \cdot S_b}{I_b \cdot b}\,.$$

Bei einem Balken mit gekrümmter oder geknickter Achse können wir den Lastfall Vorspannung in der gleichen Weise wie zuvor einmal durch die Anker-, Umlenk- und Reibungskräfte, zum anderen durch die unmittelbar berechneten Schnittkräfte des Betonbalkens gem. Gl. (3.05) darstellen. Die Beziehungen zwischen diesen beiden Darstellungsarten sind hier selbstverständlich andere als beim Balken mit gerader Achse,

die in den Gln. (3.02) bis (3.04) angegeben sind. Grundsätzlich soll die
hier gegebene Besonderheit der gegenseitigen Kraftwirkung zwischen
Betonbalken und Spannglied an dem speziellen Beispiel eines stetig gekrümmten Balkens gezeigt werden, der mit einem in seiner Schwerachse liegenden Spannglied vorgespannt ist (Abb. 3.04). Die Achse des
Balkenelements von der Länge $ds = 1$ habe den Krümmungsradius r.

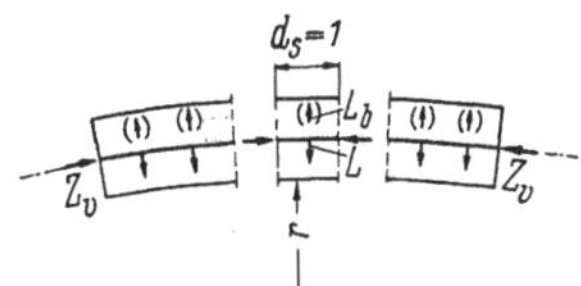

Abb. 3.04. Vorgespannter gekrümmter Balken.

Das Spannglied übt auf den Balken Leibungskräfte $L = Z_v/r$ aus. Die
Betonschnittkraft $N_{bv} = -Z_v$ muß in jedem Element des Balkens
durch eine Umlenkkraft $L_b = -Z_v/r$ umgelenkt werden. L und L_b
stehen in jedem Balkenelement im Gleichgewicht, und so entstehen auch
hier, wie gem. Gl. (3.05) zu erwarten ist, keine Momente. Anker-, Rei-
bungs- und Umlenkkräfte stellen für den Betonbalken in diesem speziellen
Fall eine reine Stützlinienbeanspruchung dar.

Bei statisch unbestimmten Systemen entstehen im allgemeinen Fall
durch den Lastfall „Vorspannung" äußere Reaktionen, die die Lagerungs-
bedingungen und Kontinuität der Formänderungen gewährleisten, und
die an jeder Stelle des Systems zusätzliche Momente, Normalkräfte und
Querkräfte erzeugen. Die Gesamtbeanspruchung des statisch unbestimmten Tragwerks durch das Vorspannmoment z. B. beträgt dann
(zur Vereinfachung der Schreibweise lassen wir im folgenden den Zeiger b
entfallen)

$$M_v{}^* = M_v + \sum_i X_i \cdot M_i \,.$$

M_v ist das nach Gl. (3.05) ermittelte Eigenspannungsmoment (statisch bestimmtes Hauptsystem), M_i sind die Momente für die Lastfälle $X_i = 1$.
Die statisch überzähligen X_i (Zwängungskräfte) ergeben sich durch
Kontinuitäts- bzw. Randbedingungen am statisch bestimmten Tragwerk, das durch die Vorspannung beansprucht und damit verformt wird
(s. auch Abschnitt 4.2).

Geht man von der oben dargelegten Deutung der Vorspannung als
einer Belastung des Tragwerks durch Verankerungs-, Leibungs- und
Reibungskräfte aus, so liegt es nahe, die für das Vorspannmoment
wesentlichen lotrechten Komponenten der Leibungskräfte zu errechnen
und die Vorspannmomente durch Auswertung mit den ohnehin meist
notwendigen Einflußlinien zu ermitteln. Man erhält damit nicht die

Zwängungsmomente, sondern das gesamte im statisch unbestimmten System wirkende Moment M_v^*. Der Einfluß einer nicht in der Schwerachse angreifenden Verankerungskraft muß dann als Endmoment gesondert betrachtet werden, z. B. mittels der Festpunktmethode oder dgl. Dabei werden in der Regel folgende Näherungen benutzt:

$$1.\quad U_w = O$$

$$2.\quad U_l = L \quad \text{statt} \quad U_l = L \cdot (\cos\psi + \mu \sin\psi)$$

$$3.\quad L \;= \frac{Z_v}{r} = Z_v \cdot y'' \quad \text{statt} \quad L = Z_v \frac{y''}{(1 + y'^2)^{3/2}}.$$

Insgesamt wird aus 2. und 3. angenähert gesetzt

$$U_l \simeq Z_v \cdot y''$$

d. h.
$$\frac{\cos\psi + \mu \sin\psi}{(1 + y'^2)^{3/2}} \simeq 1 . \tag{3.06}$$

Entwickelt man die einzelnen Ausdrücke dieses Bruches in Potenzreihen und läßt, wie für kleine Werte zulässig, die Glieder höherer als zweiter Ordnung fort, so wird

$$\frac{\cos\psi + \mu \sin\psi}{(1 + y'^2)^{3/2}} = \frac{1 - \psi^2/2 + \mu \cdot \psi}{1 + \dfrac{3}{2}\,\psi^2} = 1 - 2\psi^2 + \mu \cdot \psi . \tag{3.07}$$

Da μ meist in der gleichen Größenordnung wie ψ liegt, bleibt der Fehler für U_l genügend klein.

Der Term in Gl. (3.03), der den Einfluß von U_w auf das Vorspannmoment angibt, ist mit Größen y_{bz}, derjenige für U_l mit Größen x multipliziert. Berücksichtigt man, daß sich $U_w : U_l$ etwa wie ψ verhält und y_{bz}/x in dem für die Momente interessierenden Bereich ebenfalls in der Größenordnung von ψ liegt, so ergibt sich bei Vernachlässigung von U_w ein Fehler von der 2. Ordnung klein in ψ, d. h. nicht größer als der durch die Näherung $U_l = Z_v \cdot y''$ entstandene. In der gleichen Größenordnung liegt der Fehler der vereinfachenden Annahme $\cos\psi_1 = 1$ in Gl. (3.05). Bei schlanken Balken ist ψ stets so klein, daß der entstehende Fehler unterhalb der Rechengenauigkeit bleibt.

Diese Überlegungen gelten nicht für die waagerechten Komponenten der Reibungskräfte, da sich diese meist gleichsinnig über die ganze Vorspannlänge addieren. Der Einfluß der Reibung ist jedoch leicht zu ermitteln, indem man in Gl. (3.06) $Z_v = Z_{0v} \cdot e^{-\mu\vartheta}$ einsetzt (vgl. Kapitel 5).

4. Führung der Spannglieder

4.1 Spanngliedführung bei statisch bestimmten Systemen

Grundsätzlich wird das Spannglied so geführt, daß durch die Vorspannkraft Biegemomente entstehen, die denen aus äußerer Last entgegenwirken. Sind sie entgegengesetzt und gleich groß, so spricht man von „formtreuer Vorspannung" (s. S. 8). Diese ist, von Kriechen und Schwinden abgesehen, stets zu erreichen, wenn nur *ein* äußerer Belastungsfall gegeben ist. Als Beispiel sei ein mit einer Gleichstreckenlast g belasteter Balken auf zwei Stützen (Abb. 4.01) betrachtet. Es ergeben sich die Schnittmomente des Betonbalkens (s. Kapitel 5):

$$M_g = \frac{g \cdot l^2}{2} \cdot (\xi - \xi^2); \quad \xi = \frac{x}{l}\ ; \quad M_v = -Z_{0v} \cdot (1 - \mu\,\vartheta) \cdot \cos\psi \cdot y_{bz} \cdot$$

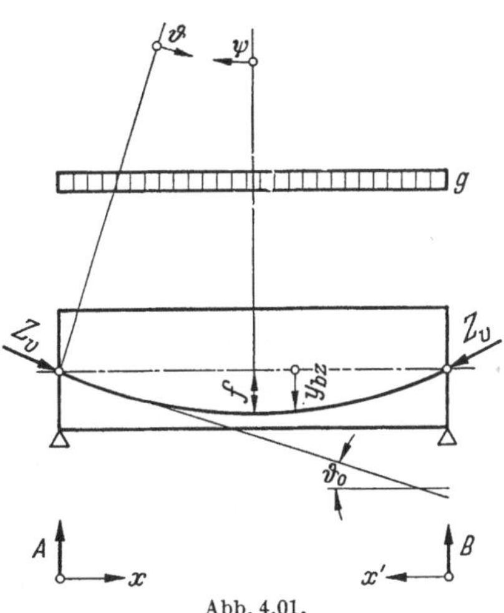

Abb. 4.01.

In Balkenmitte gilt:

$$Z_{0v} \cdot (1 - \mu\,\vartheta_0) \cdot f = g\,l^2/8\ , \quad Z_{0v} = g\,l^2/8\,f \cdot (1 - \mu\,\vartheta_0)\ .$$

An jeder Stelle x sollen die Biegespannungen infolge $(g + v)$ Null werden.

$$Z_{0v} \cdot (1 - \mu\,\vartheta) \cdot \cos\psi \cdot y_{bz} = \frac{g\,l^2}{2} \cdot (\xi - \xi^2)\ ,$$

$$y_{bz} = 4 \cdot \frac{\xi - \xi^2}{\cos\psi} \cdot f \cdot \frac{1 - \mu\,\vartheta_0}{1 - \mu\,\vartheta}\ .$$

ϑ und ψ sind mit genügender Genauigkeit aus der Parabel

$$y_{bz} = 4f \cdot (\xi - \xi^2)$$

zu entnehmen.

Für die Spanngliedachse ergibt sich eine Parabel, wenn man den Faktor $\dfrac{1}{\cos\psi} = 1$ setzt und die Reibung vernachlässigt.

Damit wird die Vorspannkraft konstant über x

$$_IZ_v = {}_IZ_{0v} = \frac{M_g}{f} = \frac{g \cdot l^2}{8f} \cdot$$

Man erhält so als resultierende Spannung eine über die Querschnittshöhe konstante Druckspannung (Abb. 4.02a).

Die formtreue Vorspannung bleibt nicht erhalten, sondern wird im Lauf der Zeit durch ein positives Moment überlagert, das den Wert

$$M_{k+s} = Z_{k+s} \cdot y_{bz}$$

hat, wenn Z_{k+s} den Verlust an Vorspannung durch Kriechen und Schwinden bedeutet.

Tritt lt. Voraussetzung nur ein Lastfall g auf, so würde es dem Prinzip der Vorspannung von Stahlbetonbalken genügen, die Zugspannung $\sigma_{bu,g}$ am unteren Balkenrand auf Null zu überdrücken (Abb. 4.02b). Hierzu ist eine Spannkraft $_{II}Z_v$ erforderlich, die sich aus der Bedingung $\sigma_{bu,g} + \sigma_{bu,v} = 0$ in Balkenmitte errechnet, z. B. gilt für Rechteckquerschnitte:

$$+ \frac{6\,M_g}{b \cdot d^2} - \frac{_{II}Z_v}{b \cdot d} - \frac{6 \cdot {}_{II}Z_v \cdot y_{bz}}{b \cdot d^2} = 0$$

$$\text{mit} \quad f = \eta \cdot d \quad \text{wird} \quad _{II}Z_v = \frac{6\,M_g}{(6\eta + 1) \cdot d} \cdot$$

Die formtreue Vorspannung erfordert eine größere Spannkraft $_IZ_v$. Sie hat allerdings den Vorteil, daß die aus Kriechen und Schwinden im Lauf der Zeit sich ergebende elastische und plastische Durchbiegung erheblich geringer ist als bei nicht formtreu vorgespannten Konstruktionen. Treten mehrere Lastfälle auf, z. B. g und p, so verliert der Begriff der formtreuen Vorspannung seinen Sinn. Man wird dann die Vorspannkraft und das Vorspannmoment so bestimmen, daß für den Druckrand im Lastfall $v + g$

$$\sigma_{b0,v+g} \leqq 0 \qquad \text{(volle Vorspannung)}$$

bzw.
$$\sigma_{b0,v+g} \leqq {}_{zul}\sigma_{bz} \qquad \text{(beschränkte Vorspannung)}$$

und für den überdrückten Zugrand im Lastfall $v + g + p + k + s$:

$$\sigma_{bu,v+g+p+k+s} \leqq 0 \qquad \text{(volle Vorspannung)}$$

$$\sigma_{bu,v+g+p+k+s} \leqq {}_{zul}\sigma_{bZ} \qquad \text{(beschränkte Vorspannung)}$$

wird.

Die in Abb. 4.02c gezeigte Vorspannung würde z. B. der Forderung $\sigma_{b0,v+g} = 0$ entsprechen. Die Anforderung an die Spannkraft ist für diesen Lastfall größer als bei formtreuer Vorspannung und ergibt sich aus der Gleichung

$$-\frac{{}_{III}Z_v}{b \cdot d} + \frac{6 \cdot {}_{III}Z_v \cdot f}{b \cdot d^2} - \frac{6\,M_g}{b \cdot d^2} = 0\,, \qquad {}_{III}Z_v = \frac{6\,M_g}{(6\eta - 1) \cdot d}\,.$$

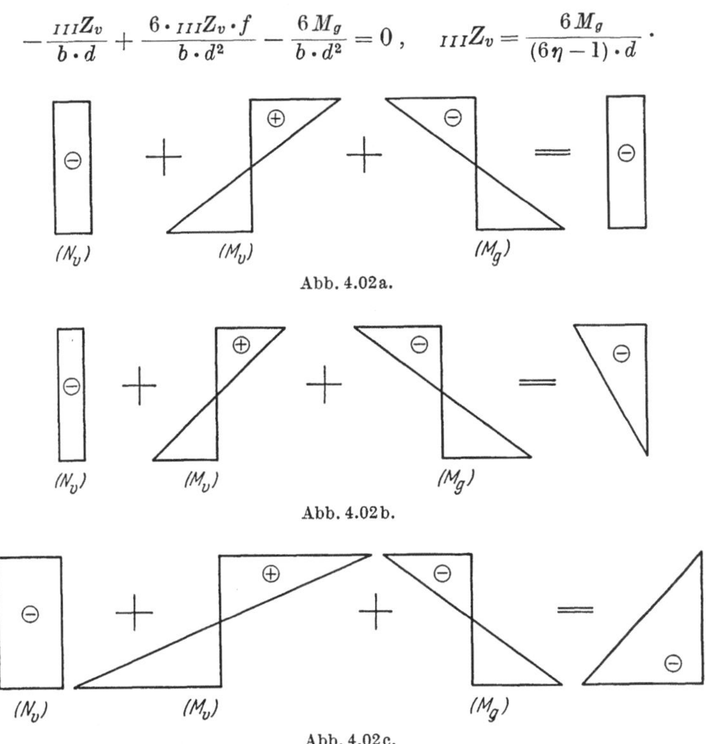

Abb. 4.02a.

Abb. 4.02b.

Abb. 4.02c.

Für $f = 0,4\,d$, bei dem gleichen Wert von M_g und dem gleichen Querschnitt verhalten sich die Spannkräfte ${}_IZ_v : {}_{II}Z_v : {}_{III}Z_v = 2,5 : 1,8 : 4,3$ bzw. $1,4 : 1 : 2,4$, wie man aus den obigen Gleichungen leicht errechnet (s. Abb. 4.02). Der erhöhte Aufwand an Spannkraft in den Fällen I und III ermöglicht jedoch noch die Aufnahme von Verkehrslastmomenten vom Betrag $M_p = \sigma_{bu,v+g} \cdot \dfrac{b \cdot d^2}{6}$; erst dann ist die Spannung Null an der Unterseite des Balkens erreicht. Die Druckspannungen an der Oberseite des Balkens dürfen jedoch nicht die zulässigen Werte überschreiten.

In der Regel ist es günstig, das Spannglied möglichst an die Außenkante des Zugbereichs zu verlegen. Wenn M_p sein Vorzeichen wechseln kann mit der Tendenz, die größten Zugspannungswerte an den beiden Balkenrändern einander anzugleichen, so ist es zweckmäßig, die Spannbewehrung in zwei Stränge aufzuspalten.

In den vorstehenden Beispielen wurde das Spannglied nach Maßgabe
der Betonspannungen an der Stelle der größten Momente (Balkenmitte
bei einem frei aufliegenden Balken unter konstanter Streckenlast) dimen-
sioniert. Führt man das Spannglied in voller Stärke über die ganze Länge
des Balkens, so treten in der Nähe des Balkenauflagers, bedingt durch
die Schnittkraft N_{bv}, Druckspannungen auf, die über das für die Über-
drückung der Biegezugspannungen erforderliche Maß weit hinausgehen.
Bei einer mehrsträngigen Vorspannung ist es möglich, einen Teil der
Spannglieder schon vor dem Balkenende hochzuführen und an der Oberseite des Balkens zu verankern (s. Abb. 4.03a). Diese Art der Spanngliedführung wurde im wesentlichen von *Freyssinet* propagiert. Dadurch
wird in der Regel gegenüber der durchgehenden Spanngliedführung
Stahl gespart. Konstruktiv ergibt sich der Vorteil, daß mehr Platz für
die Verankerung der Spannglieder vorhanden ist.

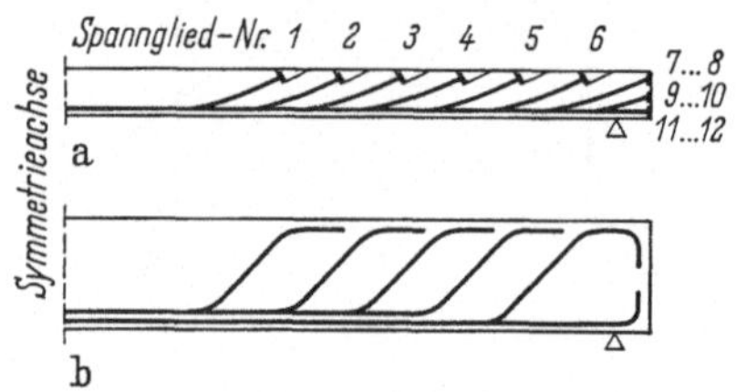

Abb. 4.03a und b. a) Spanngliedführung nach *Freyssinet*;
b) Führung der schlaffen Bewehrung nach *Mörsch*.

Die Standfestigkeit des Balkens gegen die Beanspruchung aus Querkraft wird davon nicht über Gebühr gemindert; die Spannkraft wird
gegen das Balkenende zu zwar geringer, dafür aber die Neigung der
Spannglieder gegen die Balkenachse steiler, so daß die zur Balkenachse
normale Komponente der Vorspannkraft $\Sigma Z_v \cdot \sin\psi$, die im Eigenspannungszustand der Querkraft Q_{bv} entgegengesetzt gleich ist, kaum
geändert wird. Diese Art der Spanngliedführung paßt sich gut den
Hauptspannungen an und ist etwa mit der Führung der schlaffen Bewehrung zu vergleichen, wie sie *Mörsch* empfohlen hat (s. Abb. 4.03b).

4.2 Einfluß der Spanngliedführung bei Durchlaufträgern

Wie unter Kapitel 3 gezeigt, setzt sich die Beanspruchung durch Vorspannung in statisch unbestimmten Systemen aus zwei Anteilen zusammen: Dem Eigenspannungszustand (statisch bestimmtes Hauptsystem) und den Zwängungsbeanspruchungen. Beide sind abhängig von
der Spanngliedführung. Ganz allgemein wird man die Spannglieder so
führen, daß die vom Spannglied auf den Beton wirkenden Umlenkkräfte

möglichst groß und den äußeren Lasten an jeder Stelle entgegengerichtet
sind. Da durchlaufende Träger meist mit Streckenlasten oder wandern-
den Einzellasten belastet sind, ist in der Regel eine einsinnig parabolische
Spanngliedführung mit großem Stich zwischen den einzelnen Stützungs-
punkten von Vorteil (s. Abb. 4.07). Die dabei über den Stützungs-
punkten entstehenden Knicke erzeugen konzentrierte Umlenkkräfte, die
den Beanspruchungen des Betonbalkens aus den äußeren Lagerreak-
tionen entgegenwirken. Diese Spanngliedführung erzeugt ebenso wie die
äußeren Lasten in der Regel Zwängungen. Sie kann jedoch kaum angewandt werden, da die Spannglieder den Knick im Stützbereich konstruktiv meist nicht zulassen. Deshalb herrscht in der heutigen Baupraxis die gegensinnig gekrümmte, stetige Spanngliedführung, wie sie
z. B. Abb. 4.04b zeigt, vor. Für vorgespannte Durchlaufträger sollen die
verschiedenen Einflüsse der Spanngliedführung auf die Zwängungsbean-
spruchung nachstehend untersucht werden. Spanngliedkraft und Trägheitsmoment werden zur Vereinfachung bei diesen Untersuchungen
über die Länge des Trägers konstant angenommen.

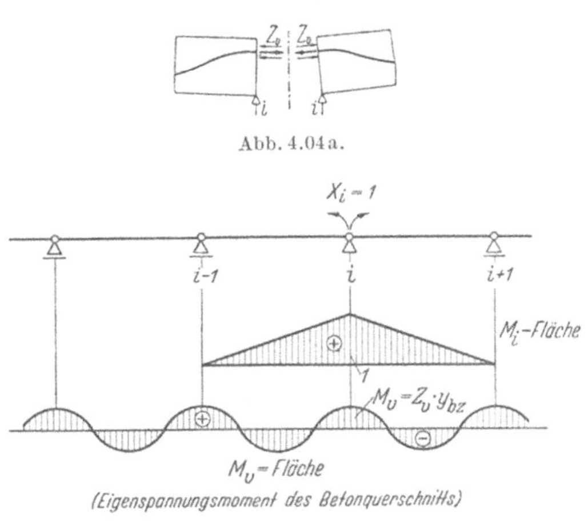

Abb. 4.04b.

Für diese Überlegungen ist es zweckmäßig, vom statisch bestimmten
Hauptsystem eines über den Stützen mit Gelenken versehenen Durchlaufträgers auszugehen. Die Einfügung der Gelenke erfolgt in der Weise,
daß zunächst das Spannglied getrennt und die ausgelöste Spanngliedkraft durch zwei ideelle Anker (ohne Störbereich) nach rechts und links
auf den Beton übertragen wird (Abb. 4.04a); erst dann wird ein Schnitt
durch den jetzt spannungsfreien Beton zwischen den Ankern geführt.
Die gegenseitige Verdrehung der Endtangenten der statisch bestimmten Einzelbalken, die durch die Zwängungsmomente wieder rückgängig

gemacht wird, errechnet sich durch Kopplung der M_i- und M_{bv}-Flächen zu (s. Abb. 4.04b):

$$\delta_{iv} = \int\limits_{x_{i-1}}^{x_{i+1}} \frac{M_{bv} \cdot M_i}{E_b \cdot I_b}\, dx\,, \tag{4.01}$$

M_{bv} ist die Momentenfläche des Eigenspannungszustandes,
M_i ist die Momentenfläche aus den Lastfällen $X_i = 1$.
Die Verformungen aus den Lastfällen $X_i = 1$ ergeben sich z. B. zu:

$$\delta_{ik} = \int \frac{M_i \cdot M_k}{E_b \cdot I_b}\, dx\,. \tag{4.02}$$

Mit den „Belastungsgliedern" δ_{iv} und den „Systemwerten" δ_{ik} können dann nach *Clapeyron* oder mit Tabellen, Festpunkten oder dgl. die Zwängungsmomente errechnet werden. Sowohl bei den „Belastungsgliedern" als auch bei den „Systemwerten" ist hier bei der Berechnung nur der Betonquerschnitt zugrunde gelegt. Das setzt voraus, daß beim Vorspannen ohne oder mit nachträglichem Verbund — diese beiden Vorspannarten kommen für den vorliegenden Fall meist nur in Frage — an der Presse die Vorspannkraft des Eigenspannungszustandes Z_v eingeleitet wird.

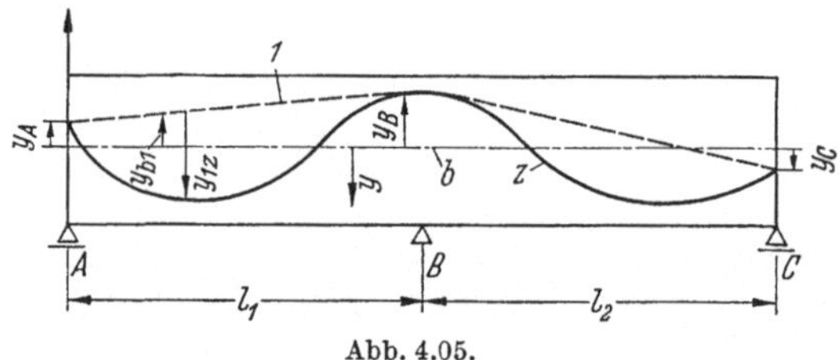

Abb. 4.05.

Der Einfluß der Spanngliedführung beim Balken auf drei Stützen soll zunächst untersucht werden. Dazu spalten wir das Eigenspannungsmoment in Teilmomente auf, indem wir die Punkte der Spanngliedkurve über den Stützen mit einem Sehnenzug verbinden. Gemäß Abb. 4.05 kann die Spanngliedkurve von der Schwerlinie des Querschnitts aus beschrieben werden durch die Ordinatensumme $y_{bz} = y_{b1} + y_{1z}$. Die Teilstrecken sind positiv, wenn der in Abb. 4.05 angegebene Pfeilsinn mit dem positiven Pfeilsinn von y übereinstimmt. Dementsprechend kann das Eigenspannungsmoment $-Z_v \cdot y_{bz}$ als die Summe eines in Balkenrichtung linearen und eines den Kurvenverlauf berücksichtigenden Teilmomentes dargestellt werden:

$$-Z_v \cdot y_{bz} = -Z_v \cdot y_{b1} - Z_v \cdot y_{1z}\,.$$

Der linear verlaufende Momentenanteil $-Z_v \cdot y_{b1}$ entspricht der Wirkung einer geradlinig geführten Vorspannbewehrung, s. Abb. 4.06. Dieser Momentenanteil kann wieder gem. Abb. 4.06a und 4.06b in die Summanden $-Z_v \cdot y_{b1} = -Z_v \cdot (y_{b2} + y_{21})$ aufgespalten werden. Dabei ergeben sich jeweils zugehörige Zwängungsmomente $X_{B,v}$. Nach Abb. 4.06a erzeugt der Teil $-Z_v \cdot y_{b2}$ des Eigenspannungsmomentes ein Zwängungsmoment über der Stütze B von der Größe

$$X_{B,v} = \frac{Z_v \cdot \int y_{b2} \cdot M_1 \cdot dx}{\int M_1^2 \cdot dx}.$$

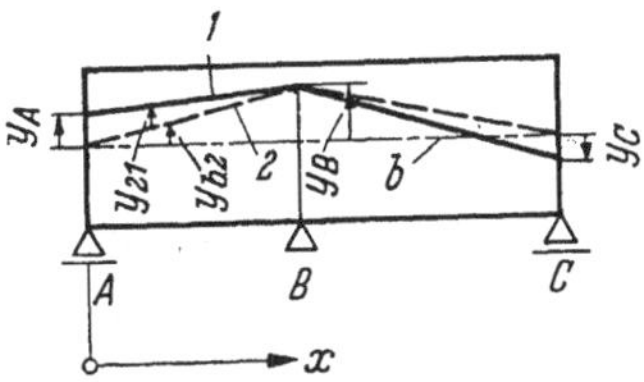

Abb. 4.06. 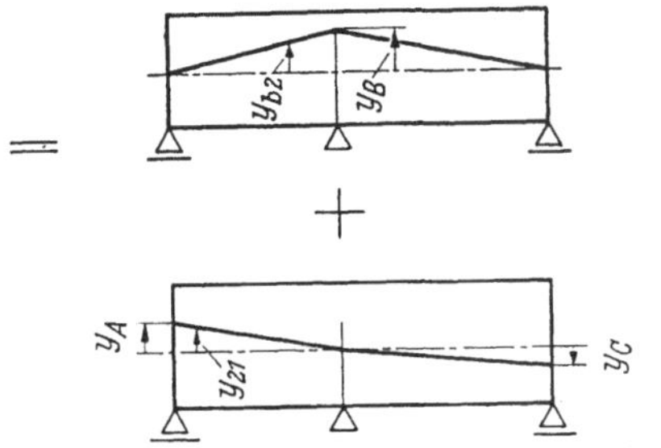   Abb. 4.06a. (oben)   Abb. 4.06b. (unten)

Die M_1-Fläche ist der Fläche y_{b2} ähnlich, derart, daß $y_{b2} = M_1 \cdot y_B$. Damit erhält das Zwängungsmoment in B die Größe $+Z_v \cdot y_B$. Das Eigenspannungsteilmoment hat in B die Größe $-Z_v \cdot y_B$. Daraus und aus der Ähnlichkeit der Momentenflächen folgt, daß das resultierende Moment aus diesem Teil der Vorspannung an jeder Stelle des Balkens Null ist.

Zu dem gleichen Ergebnis kommt man sofort, wenn man gemäß Kapitel 3 zur Bestimmung des gesamten Vorspannmomentes aus Eigenspannung und Zwängung die Einflußlinien verwendet und sie mit den Umlenkkräften als äußeren Kräften auswertet. Da wegen der geradlinigen Spanngliedführung keine Umlenkkräfte im Feld entstehen, und ferner die Vorspannkraft an den Enden nicht exzentrisch angreift, folgt, daß an jeder Stelle das Moment Null ist.

Der geradlinige Momentenanteil nach Abb. 4.06b mit den Endexzentrizitäten y_A und y_C erzeugt das Zwängungsmoment

$$X_{B,v} = + \frac{y_A \cdot l_1 + y_C \cdot l_2}{2(l_1 + l_2)} \cdot Z_v.$$

Von dem geradlinigen Anteil $-Z_v \cdot y_{b1}$ ist für das resultierende Vorspannmoment demnach nur die Exzentrizität über den Endauflagern von Einfluß. Hieraus folgt, daß für eine Spanngliedführung ohne Endexzentrizitäten die Größe und Richtung der resultierenden Vorspannmomente allein von y_{1z}, d. h. von der gekrümmten Führung der Spanngliedachse (*Form*), nicht von ihrer *Lage* im Balken abhängig ist.

Es tritt kein Zwängungsmoment auf, wenn das „Belastungsglied" $\delta_{1v} \cdot E_b \cdot I_b = \int -Z_v \cdot y_{bz} \cdot M_1 \cdot dx = 0$ ist, d. h. keine gegenseitige Verdrehung der Tangenten der statisch bestimmten Einzelbalken über der Mittelstütze durch den Eigenspannungszustand entsteht. Man spricht dann von einer konkordanten Vorspannung (vgl. S. 8).

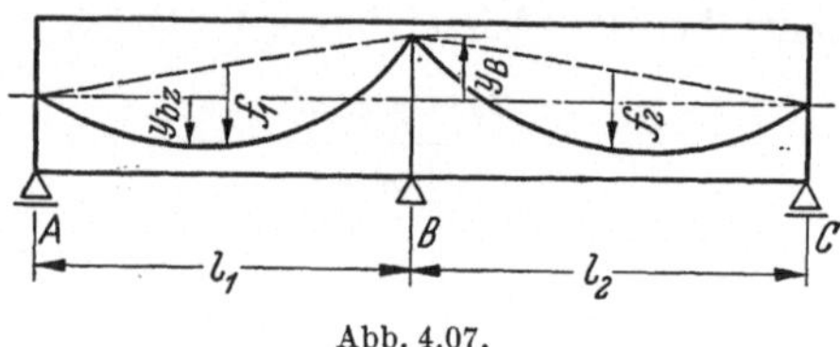

Abb. 4.07.

Als Beispiel soll zunächst für die in Abb. 4.07 dargestellte parabolische Spanngliedführung die Bedingung für zwängungsfreie Vorspannung errechnet werden. Es muß die gegenseitige Verdrehung der beiden Schnittufer über der Stütze auf Grund des Eigenspannungszustandes verschwinden. Die Bedingung lautet:

$$\int y_{bz} \cdot M_1 \, dx = 0, \text{ mit } y_{bz} = y_{b1} + y_{1z} \text{ erhält man}$$

$$\frac{1}{3} (l_1 + l_2) \cdot y_B + \frac{1}{3} (f_1 \cdot l_1 + f_2 \cdot l_2) = 0$$

$$y_B = -\frac{f_1 \cdot l_1 + f_2 \cdot l_2}{l_1 + l_2}$$

Für $l_1 = l_2$ wird $y_B = -f$, und die dabei in der Mitte des Feldes auftretende Exzentrizität des Spanngliedes von der Schwerachse ist dem Betrage nach

$$y_{bz} = y_B/2 = f/2 \, .$$

Diese für die zwängungsfreie Vorspannung oben ermittelte geringe Außermittigkeit im Feld ist jedoch für die Bemessung meist von Nachteil, weil damit die Vorspannmomente im Feld zu klein werden. Bei parabelförmiger Spanngliedführung ist es dann zweckmäßig, durch eine große Pfeilhöhe f im Feld bewußt ein (positives) Zwängungsmoment zu erzeugen.

Als weiteres Beispiel soll eine andere zweckmäßige Korrektur der Spanngliedkurve gezeigt werden.

Die Korrekturflächen F_1 und F_2 zwischen der alten Kurve a und der neuen Kurve b (s. Abb. 4.08) haben ein Vorzeichen entsprechend der Ordinate y_{ab}. Sie bringen ein Zwängungsmoment im Stützpunkt B:

$$X_B \cdot \int M_1^2 \, dx + Z_v \cdot \int y_{ab} \cdot M_1 \, dx = 0$$

$$X_B = -Z_v \frac{\Sigma 3 \cdot F_i \cdot \eta_i}{l_1 + l_2} \, .$$

Die in Abb. 4.08 eingetragene Spanngliedkorrektur bringt, da der positive Beitrag $F_2 \cdot \eta_2$ überwiegt, ein negatives Zwängungsmoment.

Einfluß der Spanngliedführung beim Balken auf vielen Stützen. Die Ergebnisse der Untersuchungen am Zweifeldträger können für den Mehrfeldträger entsprechend verwertet werden. Eine geradlinige Spann-

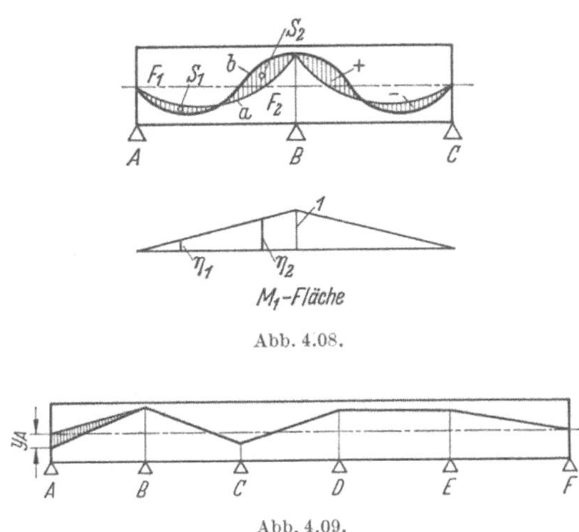

Abb. 4.08.

Abb. 4.09.

gliedführung gemäß Abb. 4.09 bringt mit Ausnahme der Exzentrizität im Endfeld auch hier keine resultierenden Vorspannmomente. Dies ist sofort ersichtlich, wenn man wieder von Umlenkkräften und Einfluß-linien zur Ermittlung der Momente ausgeht (vgl. Kapitel 3). Im Durch-laufträger können also die für die Bemessung wichtigen Vorspannmomente nur durch gekrümmte Spanngliedführung in den Feldern hervorgerufen werden.

Bei der praktischen Berechnung wird man im allgemeinen von einer gewählten Spanngliedführung ausgehen und dann, wenn man ein dabei auftretendes Zwängungsmoment ändern oder zu Null machen will, eine Korrektur vornehmen. Durch eine solche Korrektur werden in erster Linie die Zwängungsmomente über den Nachbarstützen beeinflußt. Die Beeinflussung der Zwängungsmomente über den weiteren Stützen klingt schnell ab. Wegen der gegenseitigen Abhängigkeit der Zwängungs-momente untereinander läßt sich die Wirkung einer Korrektur auf die Zwängungsmomente nicht sofort übersehen. Sieht man aber zu einer ersten Orientierung von dieser gegenseitigen Abhängigkeit ab, d. h. be-rücksichtigt man in dem Clapeyronschen Gleichungssystem näherungs-weise nur die Diagonalglieder, dann läßt sich ähnlich wie beim Träger auf drei Stützen der Einfluß einer Korrektur leicht abschätzen. Die Änderung des Zwängungsmomentes X_n z. B. beträgt in erster Näherung (s. Abb. 4.10):

$$X_n \approx -\frac{3 \cdot Z_v}{(l_n + l_{n+1})} \cdot \sum_i F_i \cdot \eta_i .$$

Diese überschlägliche Berechnung ist vielfach ausreichend, weil häufig die Zwängungsmomente im Verhältnis zu den Eigenspannungsmomenten klein sind. In solchen Fällen ist daher auch die Berücksichtigung des Eigenspannungsmomentes allein für die erste Bemessung ausreichend.

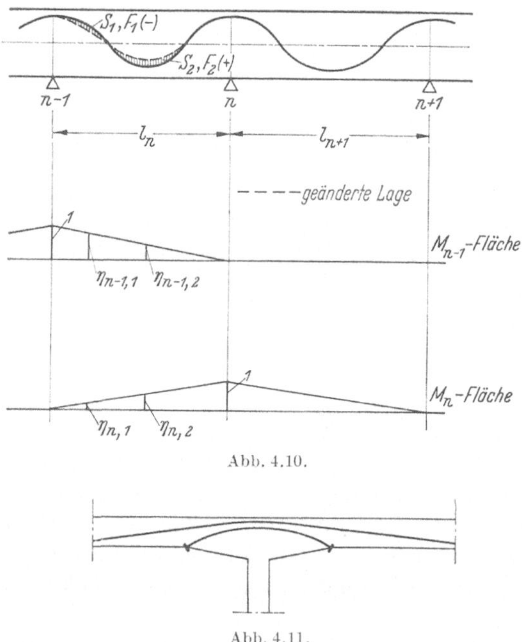

Abb. 4.10.

Abb. 4.11.

Hinsichtlich der Wirkung auf das Tragwerk ist es — die Gewährleistung der Bruchsicherheit vorausgesetzt — belanglos, ob das resultierende Vorspannmoment durch ein Eigenspannungsmoment oder Zwängungsmoment erzeugt wird. Allerdings ist es für den Entwurf und die Bemessung einfacher, wenn der Anteil der Zwängungsmomente gering ist.

Der Einfluß des Vorspannkraftabfalles durch Reibung sowie der sprungweisen Änderung der Vorspannkraft durch Zusatzglieder auf die Zwängungsmomente muß gesondert betrachtet werden.

Neben dem Vorspannmoment ist es für die Spanngliedführung noch oft von Wichtigkeit, daß ein schräg zur Balkenachse liegendes Vorspannglied sich günstig für die Aufnahme der Querkraft auswirkt. Bei der Festlegung der Spanngliedachse muß man daher auch diesen Gesichtspunkt beachten. Freilich läßt sich aus konstruktiven Gründen insbesondere bei statisch unbestimmten Systemen eine Schrägführung des Spanngliedes an den Stellen großer Querkraft nicht immer durchführen. Bei Durchlaufträgern ordnet man daher manchmal über Stützen Zulagen an (s. Abb. 4.11) oder stößt die Vorspannbewehrung und erreicht somit wieder die gewünschte Schräglage der Vorspannglieder.

4.3 Vorspannung von ebenen und räumlichen Flächentragwerken

4.3.1 Ebene Flächentragwerke (Platten)

Die Beanspruchungen in Flächentragwerken werden im allgemeinen Fall unter Berücksichtigung der Verträglichkeit der elastischen Formänderungen ermittelt und können daher als statisch unbestimmt bezeichnet werden. Die Zustands- bzw. Einflußflächen der Platten werden dabei nach den Methoden der Elastizitätstheorie oder in schwierigen Fällen mittels modellstatischer elastischer Verfahren bestimmt.

Die Wirkung des Lastfalles „Vorspannung" auf das Betontragwerk kann man, wie in Kapitel 3 näher dargelegt, in zweierlei Weise deuten: Einmal als die Wirkung der Anker- und Umlenkkräfte der Spannglieder in Form von äußeren Lasten, womit Eigenspannungen und Zwängungen erfaßt sind, zum anderen als den auf den Beton entfallenden Teil eines Eigenspannungszustandes mit den statisch bestimmten Schnittkräften M_v, N_v und Q_v gemäß Gl. (3.05), denen ggf. die aus einer Zwängung entstehenden Schnittkräfte zu überlagern sind. Bei Platten ist es im Gegensatz zu Balkentragwerken im allgemeinen zweckmäßig, den Lastfall „Vorspannung" als die Wirkung von Anker- und Umlenkkräften aufzufassen. Die Ankerkraft zerlegen wir wieder wie bei einem Balken in eine zur Plattenmittelfläche normale und eine dazu parallele Komponente von der Größe $Z_{0v} \cdot \sin \psi_0$ und $Z_{0v} \cdot \cos \psi_0$. Die Exzentrizität der horizontalen Komponente ruft ein Moment $Z_{0v} \cdot \cos \psi_0 \cdot y_{bz}$ hervor (Abb. 4.12). Analog zum Balken (Kapitel 3) spalten wir die in Richtung des Hauptradius des räumlich gekrümmten Spanngliedes wirkenden Umlenkkräfte sowie die tangential zum Spannglied angreifenden Reibungskräfte in eine zur Mittelfläche normale und eine zur Mittelfläche parallele Komponente auf. Da die Spannglieder meist gleichmäßig über die Platte verteilt sind, können die Ankerkräfte als Linienlasten bzw. Linienmomente, und die Umlenkkräfte als Flächenlasten behandelt werden.

Die zur *Mittelfläche parallelen Komponenten der Anker- und Umlenkkräfte* erzeugen in dem ebenen Flächentragwerk einen reinen Scheibenspannungszustand. Seine exakte Berechnung ist im allgemeinen Fall sehr aufwendig, und man ist gezwungen, sich mit einer angenäherten Ermittlung zu begnügen, wie im folgenden an speziellen Beispielen gezeigt werden soll. Dabei gehen wir von dem Eigenspannungszustand „Vorspannung" in einem Scheibenelement aus (Abb. 4.13). Die in dem Ele-

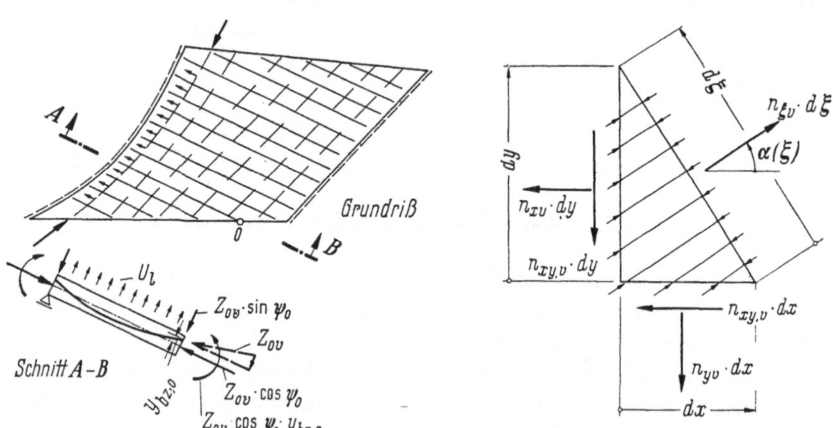

ment liegende Vorspannbewehrung, die dort gleichmäßig verteilt sein soll, erzeugt im allgemeinen Fall Schnittkraftresultanten n_{xv}, n_{yv} und $n_{xy,v}$ (Dimension Mp/m). Dieser Eigenspannungszustand sei durch Spannglieder in Richtung ξ erzeugt. In dieser Richtung weist die Betonscheibe dann eine Hauptspannungsresultante $n_{\xi v} = -\overline{Z}_{\xi v} \cdot \cos\psi$ auf. $\overline{Z}_{\xi v}$ ist die auf die zu ξ normale Breite „eins" entfallende Vorspannkraft, $\cos\psi$ die Neigung des Spanngliedes zur Mittelfläche. Aus den bekannten Beziehungen am Mohrschen Kreis ergeben sich daraus die Schnittkraftresultanten in Richtung der Achsen x und y zu

$$n_{xv} = n_{\xi v} \cdot \cos^2\alpha$$
$$n_{yv} = n_{\xi v} \cdot \sin^2\alpha \qquad\qquad (4.03)$$
$$n_{xy,v} = n_{\xi v} \cdot \sin\alpha \cdot \cos\alpha \;.$$

Sind eine zweite Vorspannbewehrung in Richtung η oder auch noch weitere vorhanden, so können die daraus in der Betonscheibe resultierenden Schnittkräfte superponiert werden.

Der auf diese Weise ermittelte Eigenspannungszustand stellt den wirklichen Scheibenspannungszustand mit ausreichender Genauigkeit dar, es sei denn, die damit verbundenen Formänderungen werden behindert, zum Beispiel durch anschließende Bauwerksteile oder durch allzu ungleichmäßige Verteilung der Spannglieder über die Scheibe.' Die Behinderung der Formänderung geht meist von dem Scheibenrand aus, sei es durch starre Lager, dehnsteife Randträger und dgl. In Abb. 4.14 ist als Beispiel eine zweiseitig gelagerte Platte dargestellt, die neben der Längsvorspannung (in der Abbildung nicht dargestellt) auch eine Quer-

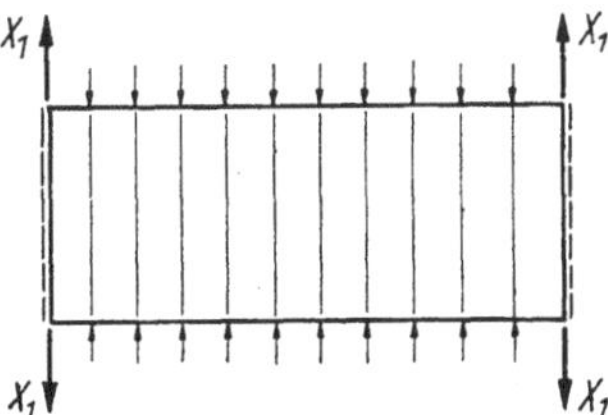

Abb. 4.14. Beispiel einer Randstörung.

vorspannung aufweist. Wird die Querverformung ε_v der Scheibe an den Lagern durch Querträger oder Lager behindert, so ist prinzipiell dem Scheibenspannungszustand ein Zwängungszustand $X_1 \cdot n_1$ zu überlagern, dessen Betrag X_1 aus der Formänderungsbedingung am Scheibenrand gewonnen werden kann. Die Summe aus Eigenspannung und Zwängung $n_v^* = n_v + \sum X_n \cdot n_n$ ergibt die gesamte Scheibenbeanspruchung aus Vorspannung. In der Regel freilich wird in der Praxis darauf verzichtet, den Zwängungszustand, sofern er nur örtlich auftritt, zu verfolgen.

Die zur *Mittelfläche normalen Komponenten der Anker- und Umlenkkräfte* erzeugen in dem ebenen Flächentragwerk Biegung und Querkraft, wenn wir von den üblichen Voraussetzungen der Plattentheorie ausgehen. Die statische Wirkung der zur Mittelfläche normalen Komponenten der Anker- und Umlenkkräfte läßt sich ohne Schwierigkeiten mit den ohnehin für die Berechnung der Beanspruchungen aus Verkehrslasten erforderlichen Einflußflächen ermitteln. Die statische Wirkung der Momente an den Ankerstellen kann bekanntlich auch mit Einflußflächen für normal zur Plattenebene wirkende Lasten $p\,(x, y)$ erfaßt werden. Berechnet man die statische Größe $R\,(u, v)$ an der Stelle $x = u$, $y = v$ infolge der Flächenlast $p\,(x, y)$ aus der zugehörigen Einflußfläche $\eta\,(x, y)$ definitionsgemäß durch die Summe

$$R_1\,(u, v) = \int \int p\,(x, y) \cdot \eta\,(x, y) \cdot dx\,dy\,,$$

so ergibt sich bei einem Flächenmoment $m\,(x, y)$ entsprechend

$$R_2\,(u, v) = \int \int m\,(x, y) \cdot \frac{\partial \eta\,(x, y)}{\partial s} \cdot dx\,dy\,.$$

4*

s ist die Fortschrittsrichtung normal zu dem Vektor des Momentes $m\,(x,y)$. Diese Gleichung läßt sich leicht anschaulich ableiten, wenn man das Moment $m\,(x,y)\cdot dx\cdot dy$ durch ein statisch gleichwertiges Paar normal zur Plattenmittelebene angreifender Kräfte im Anstand $ds = 1$ und vom Betrag $p\cdot dx\cdot dy = m\cdot dx\cdot dy$ ersetzt (s. Abb. 4.15). Den Differentialquotienten $\partial\eta\,(x,y)/\partial s$ wird man im allgemeinen auf zeichnerischem Wege aus der vorhandenen Einflußfläche $\eta\,(x,y)$ bestimmen.

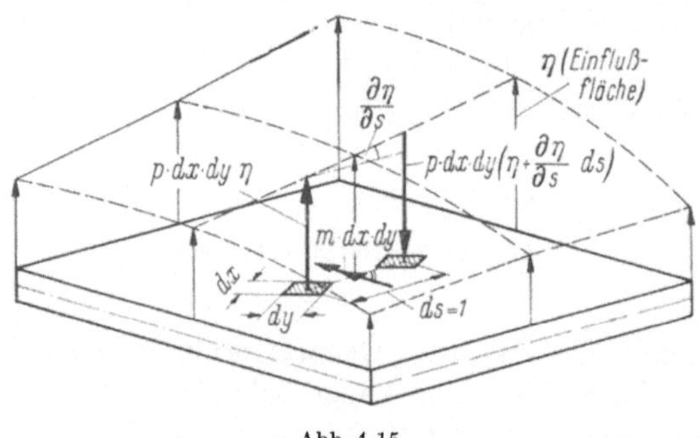

Abb. 4.15.

Der hier gezeigte Weg der Auswertung der Einflußflächen liefert die gesamte Momentenbeanspruchung aus dem Lastfall Vorspannung. Sie ist in jedem Punkt der Platte durch die Momentenresultanten $m^{*}_{x\,v}$, $m^{*}_{y\,v}$ und $m^{*}_{x\,y,v}$ bestimmt. Ähnlich wie bei der oben durchgeführten Diskussion des Scheibenspannungszustandes und wie bei einem Balken (Kapitel 3) können wir von der gesamten Momentenbeanspruchung m^{*}_{v} einen Eigenspannungszustand m_{v} abspalten. Dieser Eigenspannungszustand folge aus dem Eigenspannungsmoment $m_{\xi v} = -\overline{Z}_{\xi v}\cdot\cos\psi\cdot y_{bz}$ einer in Richtung ξ liegenden Spannbewehrung (vgl. Abb. 4.13). Entsprechend Gl. (4.03) ergeben sich damit in x- und y-Richtung die Eigenspannungsmomente

$$m_{xv} = m_{\xi v}\cdot\cos^{2}\alpha$$

$$m_{yv} = m_{\xi v}\cdot\sin^{2}a \qquad\qquad (4.04)$$

$$m_{xy,v} = m_{\xi v}\cdot\sin\alpha\cdot\cos\alpha.$$

Die Differenz von Gesamtmoment m^{*}_{v} und Eigenspannungsmoment m_{v} ergibt das Zwängungsmoment. Für den Spannungsnachweis unter zulässigen Lasten ist die Aufspaltung in Eigenspannungs- und Zwängungsmomente (bzw. Eigenspannungs- und Zwängungsnormalkräfte) nicht erforderlich, sondern nur die Gesamtbeanspruchung aus Vorspannung. Die Zwängungen spielen jedoch eine Rolle beim Bruchsicherheitsnachweis (s. Abschnitt 9.5).

Aus den gesamten jeweils ungünstigsten Beanspruchungen durch Eigengewicht, Verkehr, Vorspannung und etwaige Zusatzlasten muß an der Ober- und Unterseite der Platte die Hauptspannung in Größe und ggf. Richtung bestimmt und mit der zulässigen verglichen werden. Gelegentlich werden Fahrbahnen von Brücken nur in einer Richtung vorgespannt, während in einer zweiten Richtung schlaffe Bewehrung liegt. Die schlaffe Bewehrung ist dann im allgemeinen Fall im Rahmen des Bruchsicherheitsnachweises zu bemessen. Beim Nachweis der Rissebeschränkung gemäß DIN 4227 muß die Hauptzugkraft des Zugkeiles in gleicher Weise dem einliegenden Bewehrungsnetz aus vorgespannter bzw. schlaffer Bewehrung zugeteilt werden, wie es beim Bruchsicherheitsnachweis geschieht (Abschnitt 9.5).

4.3.2 Räumliche Flächentragwerke

Die Vorspannung wird in zunehmendem Maße auch dazu benutzt, in räumlichen Flächentragwerken einen günstigen Spannungszustand unter zulässigen Lasten zu erzeugen, z. B. bei Behältern, bei Rand- und Übergangsgliedern von Rotationsschalen, Zylinderschalen, Faltwerken usw. Auch hier kann der Lastfall Vorspannung stets durch die zwei Arten der statischen Deutung gem. Kapitel 3 erfaßt werden. Wie bei den ebenen Flächentragwerken (Abschnitt 4.3.1) ist es in den meisten Fällen zweckmäßig, die Vorspannung als die Wirkung äußerer Anker- und Umlenkkräfte aufzufassen. Die Vorspannung erzeugt hier im allgemeinen Membran- und Biegebeanspruchung.

5. Reibung beim Vorspannen

Bei einem gekrümmt verlaufenden Spannglied wird die am Spanngliedende eingetragene Vorspannkraft Z_{0v} durch die beim Anspannen längs des Spanngliedes auftretenden, der Spannkraft entgegenwirkenden Reibungskräfte mit zunehmendem Umlenkwinkel verringert. Für Größe und Verlauf des Spannkraftverlustes Z_r ist die Differentialgleichung der Seilreibung maßgebend.

5.1 Differentialgleichung der Seilreibung

Nach Abb. 5.01 erfordert das Gleichgewicht:

$$dS + dT = 0$$

$$dT = \mu \cdot dN = \mu \cdot S \cdot d\vartheta$$

$$\frac{dS}{d\vartheta} + \mu S = 0$$

$$S = C \cdot e^{-\mu\vartheta}$$

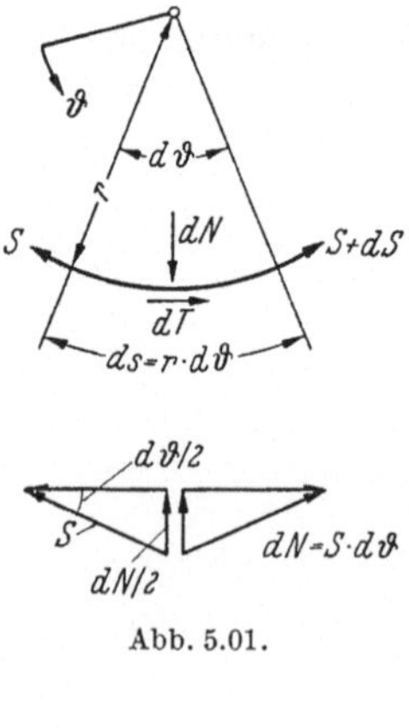

Abb. 5.01.

Für $\quad \vartheta = 0$ ist $S = S_0$

d. h. $\quad C = S_0$

$$S = S_0 \cdot e^{-\mu\vartheta} . \tag{5.01}$$

In die Seilgleichung (5.01) sind nur Forderungen des Gleichgewichtes, keine der Formänderungen eingegangen. Ferner zeigt sie, daß nicht die Form des Spanngliedes, sondern nur die Größe des Umlenkwinkels

(Abb. 5.02a) bzw. die Summe der Beträge der Umlenkwinkel (Abb. 5.02b) und die Größe des Reibungsbeiwertes μ Einfluß auf die Höhe des Reibungsverlustes bei Spanngliedern

$$Z_r = Z_v(\vartheta) - Z_{0v} = -Z_{0v} \cdot (1 - e^{-\mu\vartheta}) \qquad (5.02)$$

ausüben. Die Funktion

$$f(\vartheta) = (1 - e^{-\mu\vartheta})$$

als Reihe um den Punkt $\vartheta = 0$ entwickelt, lautet:

$$f(\vartheta) = f(0) + \vartheta \cdot f'(0) + \frac{\vartheta^2}{2} \cdot f''(0) + \cdots$$

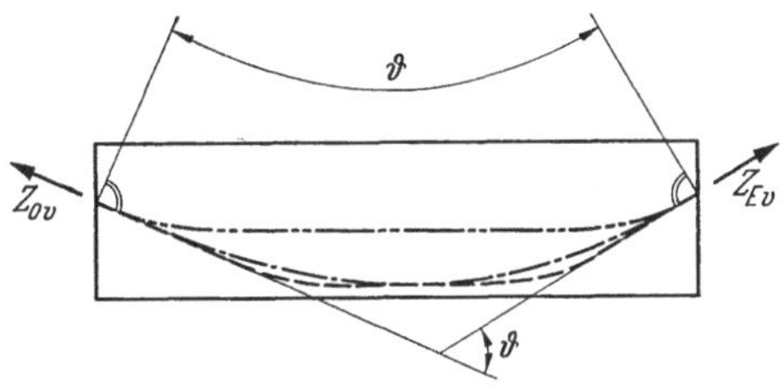

Abb. 5.02a.

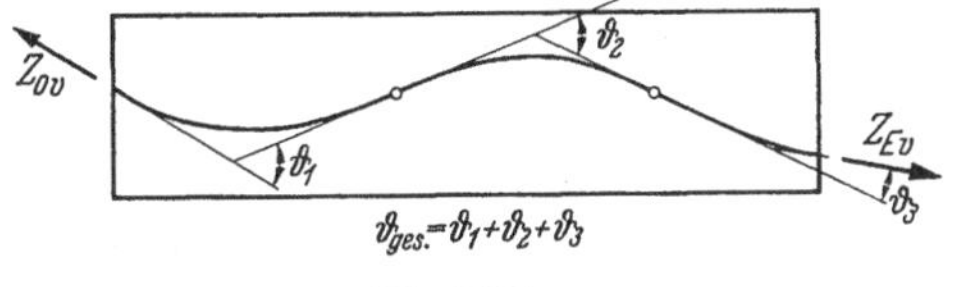

Abb. 5.02b.

Damit wird

$$1 - e^{-\mu\vartheta} = \mu\,\vartheta - \frac{1}{2} \cdot (\mu\,\vartheta)^2 + \frac{1}{6} \cdot (\mu\,\vartheta)^3 - \cdots$$

und für kleine Werte $\mu\vartheta$ erhält man

$$1 - e^{-\mu\vartheta} \approx \mu\,\vartheta$$

$$Z_r \approx -Z_{0v} \cdot \mu\,\vartheta \qquad (5.02\,\mathrm{a})$$

$$Z_v \approx Z_{0v} \cdot (1 - \mu\,\vartheta).$$

Das heißt, der Spannungsabfall ist für kleine $\mu\,\vartheta$ linear in ϑ. Über die Balkenlänge ist der Spannungsabfall nur bei konstanter Krümmung linear.

Bedingung für das Auftreten der Reibungskraft ist das Gleiten des Seilelementes unter einer Differenzkraft dS. Diese Differenzkraft kann sowohl durch Anspannen als durch Ablassen hervorgerufen werden. Beim Ablassen ändert die Reibungskraft lediglich ihr Vorzeichen gegenüber dem Anspannen, und der Exponent in Gl. (5.01) erhält ein positives Vorzeichen.

5.2 Verschiedene Fälle der Ausführung der Vorspannung

a) *Einseitige Vorspannung mit Anspannkraft* Z_{0v} (Abb. 5.03).

$$Z_v(\vartheta) = Z_{0v} \cdot e^{-\mu\vartheta}$$

$$\min. Z_v = Z_v(\vartheta = \vartheta_0) = Z_{0v} \cdot e^{-\mu\vartheta_0}$$

b) *Beiderseitige Vorspannung mit gleich großen Pressenkräften* Z_{0v} (Abb. 5.04).

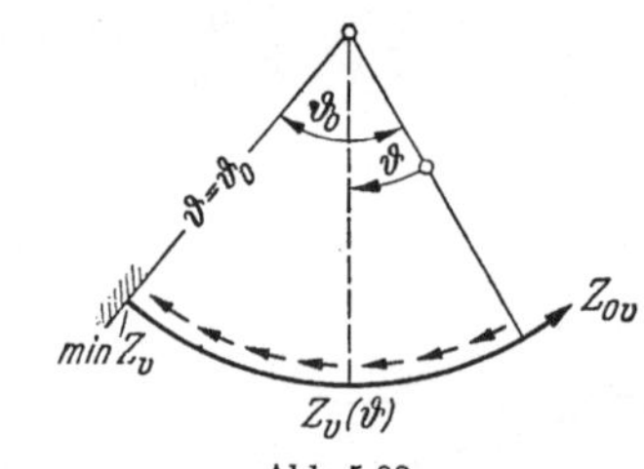

Abb. 5.03.

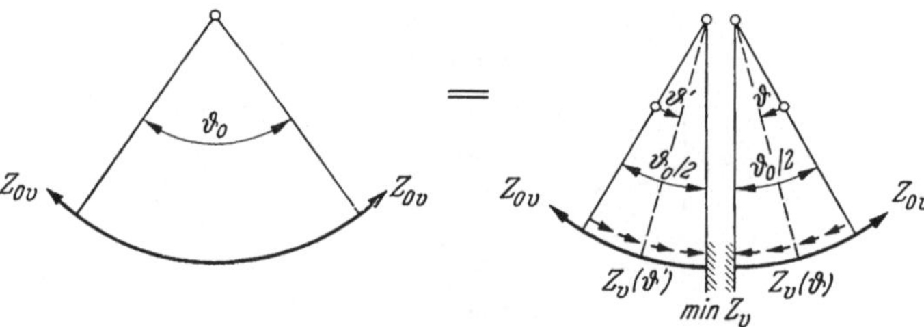

Abb. 5.04.

Im linken (ϑ') bzw. rechten (ϑ) Teilsystem gilt:

$$Z_v(\vartheta') = Z_{0v} \cdot e^{-\mu\vartheta'}$$

$$Z_v(\vartheta) = Z_{0v} \cdot e^{-\mu\vartheta}$$

$$Z_v(\vartheta' = \vartheta_0/2) = Z_{0v} \cdot e^{-\mu\vartheta_0/2} = \min. Z_v = Z_v(\vartheta = \vartheta_0/2) = Z_{0v} \cdot e^{-\mu\vartheta_0/2}.$$

c) *Beiderseitige Vorspannung mit ungleich großen Pressenkräften* $Z_{1v} \neq Z_{2v}$ (Abb. 5.05).

Im linken (ϑ') bzw. rechten (ϑ) Teilsystem gilt:

$$Z_v(\vartheta') = Z_{1v} \cdot e^{-\mu\vartheta'}$$

$$Z_v(\vartheta) = Z_{2v} \cdot e^{-\mu\vartheta}$$

$$Z_v(\vartheta' = \vartheta_1) = Z_{1v} \cdot e^{-\mu\vartheta_1} = \min. Z_v = Z_v(\vartheta = \vartheta_0 - \vartheta_1) = Z_{2v} \cdot e^{-\mu(\vartheta_0 - \vartheta_1)}$$

Der Teilungswinkel ϑ_1 läßt sich aus der Forderung

$$Z_v\,(\vartheta' = \vartheta_1) = Z_v\,(\vartheta = \vartheta_0 - \vartheta_1) = \min.\ Z_v$$

bestimmen. Es ergibt sich

$$\vartheta_1 = \frac{\vartheta_0}{2} + \frac{1}{2\,\mu} \cdot \ln \frac{Z_{1v}}{Z_{2v}}\ .$$

Beim beidseitigen Anspannen (Fall b und c) wird die oben berechnete Spannungsverteilung nicht davon beeinflußt, ob man auf beiden Seiten gleichzeitig oder nacheinander anspannt. (Die Ausziehwege sind natürlich verschieden.) Wird z. B. beim Fall der Abb. 5.05 zuerst auf der Seite 1 mit Z_{1v} angespannt und ist die dabei auf der Anspannseite 2 sich einstellende Kraft $Z_{1v} \cdot e^{-\mu\vartheta_0}$ kleiner als die nachträglich aufgebrachte Kraft, so ändert sich die Bewegungsrichtung und damit die

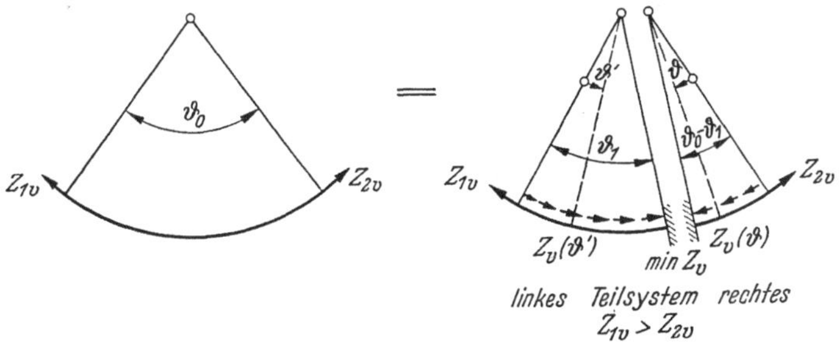

Abb. 5.05.

Richtung der Reibungskräfte dT (Abb. 5.01) der Seilelemente in Nachbarschaft der Anspannseite 2 gegenüber dem 1. Spannvorgang. Der neue Gleichgewichts- bzw. Bewegungszustand reicht nur bis zur oben ermittelten Stelle $\vartheta = \vartheta_0 - \vartheta_1$, die dadurch gekennzeichnet ist, daß die von links und rechts angreifende Spannkraft gleich groß ist. Der Spannkraftverlauf in diesem Bereich $Z_v = Z_{2v} \cdot e^{-\mu\vartheta}$ wird durch den ursprünglichen Spannkraftverlauf nicht beeinflußt [5.02].

5.3 Die Größe des Reibungsbeiwertes

Die Größe des Reibungsbeiwertes μ hat insbesondere bei Durchlaufträgern mit großen Umlenkwinkeln einen starken Einfluß auf den Spannkraftverlust. Eine falsche Einschätzung des Spannkraftverlustes bringt dort für die Beanspruchungen bei Gebrauchslast wesentliche Abweichungen von den Rechenannahmen. Der Einfluß auf die Bruchfestigkeit ist von geringer Bedeutung.

Zur Bestimmung des Reibungsbeiwertes μ im Coulombschen Reibungsgesetz werden von der Firma Felten und Guilleaume Versuchseinrichtungen nach Abb. 5.06 verwandt. Durch die Kraft P wird das Seil auf einer Seite gespannt und die zunächst frei drehbare Rolle durch zentrische Umlenkkräfte beansprucht.

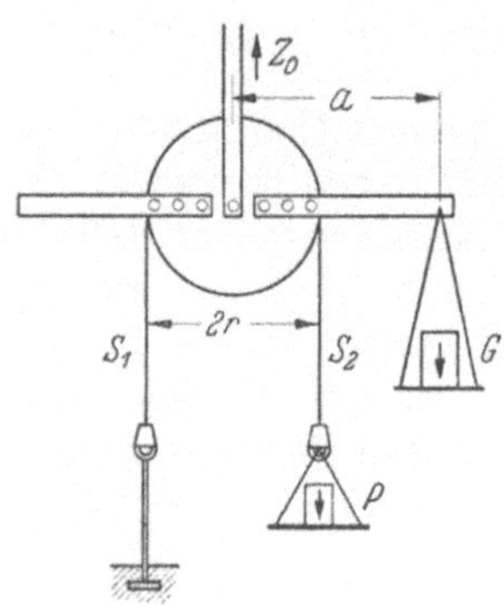

Abb. 5.06.

Durch die Kraft G wird in die Rolle ein Moment $G \cdot a$ eingeleitet, das durch Reibungskräfte ausgeglichen wird, derart, daß

$$(S_1 - S_2) \cdot r = G \cdot a$$

ist. Eine Steigerung des Momentes ist aber nur so lange möglich, bis die Rolle anfängt zu gleiten. In diesem Grenzzustand ist nach dem Coulombschen Reibungsgesetz

$$S_1/S_2 = e^{\mu\vartheta} \quad \text{und} \quad \mu = \frac{\ln(S_1/S_2)}{\vartheta} = \frac{\ln(S_1/S_2)}{\pi} \tag{5.03}$$

Umfangreiche Versuche, von denen *Leonhardt* und *Mönnig* [5.01] berichten, haben gezeigt, daß der Reibungswert von vielen Faktoren abhängig ist. Die wichtigsten sind:

1. Oberflächenbeschaffenheit der aufeinander gleitenden Materialien, wie Rostbildung, Rauhigkeit, Walzhaut bei Stahl.
2. Oberflächenhärte, und in Verbindung damit
3. Anpreßdruck,
4. Gleitmittel wie Paraffin, Graphit usw.

Diese durch Laborversuche ermittelten Reibungsbeiwerte können nur als *Grundwerte* für die Berechnung der Reibungsverluste in Spanngliedern verwertet werden. Sie betrugen z. B. etwa:

$$\mu_0 = 0{,}17 \text{ bei gezogenem Spannstahl}$$
$$\mu_0 = 0{,}22 \text{ bei gewalztem Spannstahl.}$$

In den Spannkanälen werden durch *Verklemmungen* der Einzeldrähte und Unregelmäßigkeiten der Ausführung zusätzliche Reibungskräfte geweckt. Deshalb müssen die in oben genannten Versuchen ermittelten Grundwerte mit Klemmbeiwerten $\varkappa_1$ multipliziert werden. Ihre Größe kann angenommen werden mit

$\varkappa_1 = 1{,}1$ bei Spanngliedern mit in einzelnen Lagen geordneten Spannstählen, bei denen sich jedoch die Abstandshalter verklemmen können.

$\varkappa_1 = 1{,}3$ bei runden Bündeln mit kreisförmiger Anordnung der Drähte mit Innenspirale oder mit ungeordneten Drähten.

Ferner muß berücksichtigt werden, daß durch *Rost* die Reibung erhöht wird. Diese Beiwerte $\varkappa_2$ können zu 1,15 bis 1,20 angenommen werden.

Abweichungen von der Soll-Achse sowohl der Spannglieder wie der Spanngliedkanäle führen zu *ungewollten Umlenkwinkeln* β, deren Einfluß auf den Spannkraftabfall sich besonders stark bei geraden oder schwach gekrümmten Spanngliedern bemerkbar macht und linear mit der Spanngliedlänge wächst. Je nach der Steifigkeit der Spannglieder wird mit einem Umlenkwinkel bis zu $\beta = 0{,}7°/\mathrm{m}$ gerechnet (größeren Steifigkeiten entsprechen kleinere β-Werte), und zwar über die ganze Spanngliedlänge. Für die einzelnen Spannverfahren sind in der jeweiligen Zulassung unter Berücksichtigung der oben genannten $\varkappa$-Werte Reibungswerte μ und ungewollte Umlenkwinkel β °/m angegeben. Der in Gl. (5.02) angegebene Spannkraftverlust durch Reibung wird daher in der praktischen Berechnung mit nachstehender Gleichung berücksichtigt:

$$Z_r = -Z_{0v} \cdot (1 - e^{-\mu(\vartheta + \beta \cdot l)}) \qquad (5.02\,\mathrm{a})$$

Auf jeden Fall ist es erforderlich, die wirkliche Reibungskraft auf der Baustelle zu überprüfen, indem man den rechnerischen Ausziehweg (vgl. Abschnitt 6.2) mit dem gemessenen vergleicht.

Ist die Pressenkraft schon bei einem kleineren Ausziehweg erreicht, so zeigt dies, daß die Reibung größer als errechnet ist. Es empfiehlt sich jedoch, auch die Möglichkeit zu untersuchen, ob etwa ein Schlupf in der Presse vorliegt, und ob die Kraftanzeige zuverlässig ist.

An dem Fall des Trägers auf zwei Stützen mit einem Schlankheitsverhältnis $d/l = 1/20$, das in dieser Größenordnung häufig vorkommt, und einem Reibungsbeiwert $\mu = 0{,}25$ möge der Einfluß auf die Spannkraftabnahme wie folgt abgeschätzt werden. Gem. Abb. 5.07 sei ein Balken von der Höhe d und der Spannweite l in parabolischer Spanngliedführung vorgespannt. Die Exzentrizität des Spanngliedes sei in Balkenmitte $y_{bz} = 0{,}4\,d$. Die Neigung der Spanngliedachse am Auflager, die gleich ist dem Umlenkwinkel bis zur Balkenmitte, ist dann

$$\frac{\vartheta_0}{2} = 1{,}6 \cdot \frac{d}{l} \cdot$$

Nach Gl. (5.02 a) beträgt somit der Spannungsabfall bis Balkenmitte

$$\frac{Z_r}{Z_{0v}} \approx \frac{\vartheta_0}{2} \cdot \mu = 1{,}6 \cdot \frac{d}{l} \cdot \mu = \frac{1{,}6}{20} \cdot 0{,}25 = 2{,}0\,\% \,.$$

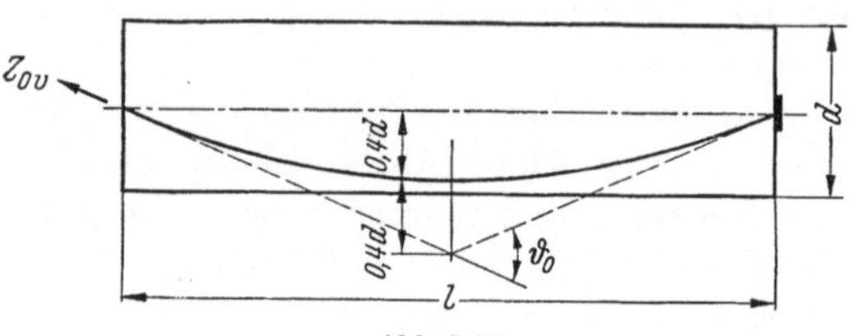

Abb. 5.07.

Bei Durchlaufträgern ist der Spannungsabfall in der Regel wesentlich größer, weil dort die Summe der Beträge der Umlenkwinkel in die Rechnung eingeht (vgl. S. 55 u. Abb. 5.02 b).

Der Einfluß der ungewollten Umlenkwinkel werde mit $\beta = 0{,}6°/\mathrm{m} = 0{,}010\,1/\mathrm{m}$ und dem o. g. Wert $\mu = 0{,}25$ berücksichtigt. Man erhält bis zur Balkenmitte jeweils einen bezogenen Spannungsabfall von $Z_r/Z_{0v} = 0{,}25 \cdot 0{,}010 \cdot l/2$, d. h. für $l = 10$, 20, 30 m einen bezogenen Spannungsabfall von 1,25 bzw. 2,50 bzw. 3,75%. Wie man sieht, ist für den oben definierten Träger auf zwei Stützen mit zunehmender Spannweite der Einfluß der ungewollten Umlenkwinkel mit dem Beiwert $\beta = 0{,}6°/\mathrm{m}$ von ebenso großer oder größerer Bedeutung als der der planmäßigen Krümmung.

5.4 Ausgleich der Reibungsverluste und Berücksichtigung des Keilschlupfes

Neben den besonderen konstruktiven Maßnahmen, die zum Ziel haben, den Reibungsbeiwert μ und damit den Vorspannverlust infolge Reibung Z_r auf ein Minimum zu reduzieren, kann man den Spannkraftverlust dadurch verringern, daß man an der Presse die Spannung zunächst um einen gewissen Betrag des zu erwartenden Reibungsverlustes überhöht und dann wieder nachläßt.

Spannt man mit Z_{0v} an, so wird nach Gl. (5.02 a)

$$Z_v \approx Z_{0v} \cdot (1 - \mu\,\vartheta) \,.$$

Daraus ergibt sich der Umlenkwinkel ϑ_1, bei dem die Vorspannkraft Z_{0v} auf den zulässigen Wert $Z_{1v} = F_z \cdot \mathrm{zul}\,\sigma_z$ abgesunken ist, zu

$$\vartheta_1 \approx \frac{1}{\mu} \cdot \left(1 - \frac{Z_{1v}}{Z_{0v}}\right) \cdot \tag{5.04}$$

Im Endquerschnitt beträgt die Spannkraft noch (Abb. 5.08)

$$Z_{Ev} \approx Z_{0v} \cdot (1 - \mu\,\vartheta_0) \qquad Z_r \approx -Z_{0v} \cdot \mu\,\vartheta_0 \,.$$

Läßt man im Punkt 0 die Spannkraft Z_{0v} auf Z'_{0v} nach, so bedeutet dies eine Umkehr der Spannrichtung, und es gilt:

$$Z'_{0v} = Z_{1v} \cdot e^{-\mu\vartheta_1} = Z_{0v} \cdot e^{-\mu\vartheta_1} \cdot e^{-\mu\vartheta_1} = Z_{0v} \cdot e^{-2\mu\vartheta_1}$$

$$Z'_{0v} \approx Z_{0v} \cdot (1 - 2\mu\vartheta_1) \, .$$

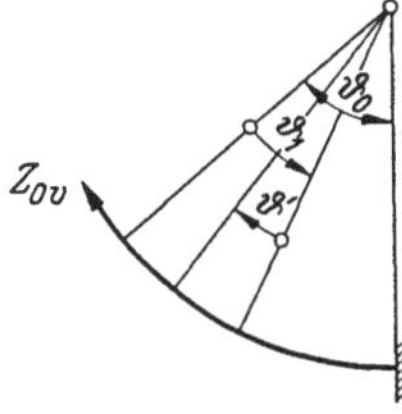
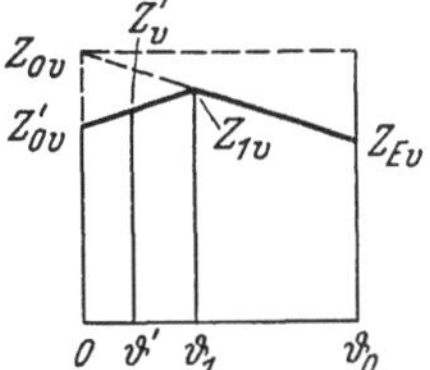

Abb. 5.08.

Auf diesen Wert Z'_{0v} mit ϑ_1 gem. Gl. (5.04) muß abgelassen werden, damit an keinem Punkt des Spanngliedes die zulässige Spannkraft überschritten ist.

Zwischen 0 und ϑ_1 beträgt die Vorspannkraft:

$$Z'_v \approx Z_{1v} \cdot (1 - \mu\vartheta') \approx Z_{0v} \cdot (1 - \mu\vartheta_1) \cdot (1 - \mu\vartheta') \, .$$

Die kurzfristig wirkende Kraft Z_{0v} darf den Wert $F_z \cdot 0{,}8 \cdot \beta_s$ bzw. $F_z \cdot 0{,}65 \cdot \beta_z$ erreichen; der kleinere Wert ist maßgebend (DIN 4227).

Bei starken Unterschieden zwischen rechnerischem und gemessenem Ausziehweg (s. Abschnitt 5.3) sind oft eine örtliche Verkeilung der Spanndrähte oder Rauhigkeitsstellen Ursachen der hohen Reibungskräfte. Mehrmaliges vollständiges Ablassen und Anspannen kann unter Umständen die Verkeilung beheben oder Rauhigkeitsstellen glätten und dadurch die Reibung vermindern.

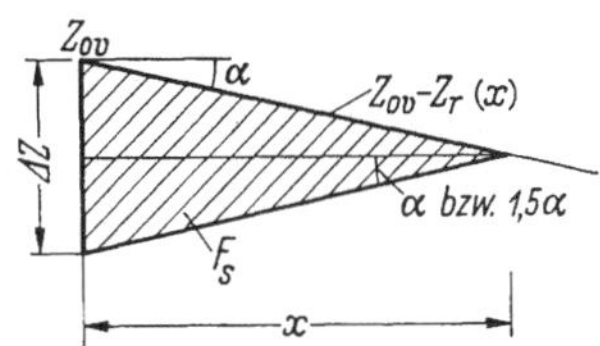

Abb. 5.09. Berücksichtigung des Keilschlupfes.

Bei den Spannverfahren mit Keilverankerung tritt beim Umsetzen der Spannkraft der Presse auf den Ankerkörper ein Schlupf der Keile ein. Aufgrund der Zulassungsversuche ist das Schlupfmaß δ_s in der jeweiligen Zulassung angegeben. Der Spannkraftabfall läßt sich wie bei einem Nachlassen berücksichtigen (s. Abb. 5.09).

Der Spannkraftverlust ΔZ ist jedoch zunächst nicht bekannt, da die Strecke x ebenfalls noch nicht bekannt ist. Sie läßt sich aus dem Mittelwert der elastischen Verzerrung ε_m bei Berücksichtigung der Veränderlichkeit der Kraft über die Strecke x bestimmen:

$$\varepsilon_m = \frac{\delta_s}{x} = \frac{\dfrac{1}{x}\displaystyle\int \Delta Z \cdot dx}{E_z \cdot F_z} \qquad \text{bzw.} \qquad \delta_s = \frac{F_s}{E_z \cdot F_z}$$

Im allgemeinen ist der Spannkraftverlust aus Reibung in dem betrachteten Bereich hinreichend genau als geradlinig anzusehen, so daß unter der Annahme des gleichen Reibungsbeiwertes beim Anspannen und Nachlassen sich F_s aus der geometrischen Beziehung (Abb. 5.09)

$$F_s = x \cdot 2 \cdot \tan\alpha \cdot 1/2\, x = x^2 \cdot \tan\alpha$$

bestimmen läßt. Damit ergibt sich für die gesuchte Strecke x:

$$x = \sqrt{\frac{\delta_s \cdot E_z \cdot F_z}{\tan\alpha}}\,.$$

Für ΔZ ergibt sich $\Delta Z = 2\,x \tan\alpha$.

Manchmal wird für das Nachlassen $\overline{\mu} = 1{,}5\,\mu$ verlangt, so daß $\overline{F_s} = 1{,}25 \cdot x^2 \tan\alpha$ wird und $\overline{x} = \sqrt{\dfrac{0{,}8 \cdot \delta_s \cdot E_z \cdot F_z}{\tan\alpha}}$; sowie $Z = 2{,}5 \cdot x \tan\alpha$.

Der Winkel α läßt sich aus der Auftragung von $Z(x) = Z_0 - Z_r(x)$ einfach bestimmen.

Literatur zu Kapitel 5

5.01. *Leonhardt* u. *Mönnig*: Beton- und Stahlbetonbau 47 (1952) S. 42.
5.02. *Mehmel*: Beton- und Stahlbetonbau 49 (1954) S. 147.

6. Elastische Formänderungen und Spannungen

Die Berechnung der Spannungen in einem vorgespannten oder schlaff bewehrten Stahlbetonverbundquerschnitt setzt die Berücksichtigung der Verträglichkeit der Formänderungen von Stahl und Beton voraus. Dazu eignen sich grundsätzlich zwei Betrachtungsweisen.

Die eine besteht darin, daß man zunächst die Bewehrung in einem Element des Betonbalkens frei gleitend annimmt. Die Schnittkräfte greifen am Betonbalken an, der ein statisch bestimmtes Hauptsystem darstellt (Offenes System). Die gegenseitige Verschiebung der Schnittufer von Beton und Stahl in diesem System wird durch Stahlkräfte, die sich gegen den Beton abstützen, rückgängig gemacht. Diese Stahlkräfte werden im Zuge einer statisch unbestimmten Rechnung ermittelt, d. h. bei der Vorspannung wird die Eigenspannungskraft des Stahles planmäßig durch Dehnen des Stahles gegen den Beton eingeleitet. Die gesamte Beanspruchung des Betons setzt sich dann aus den Schnittkräften des Balkens und der Wirkung der statisch unbestimmten Stahlkräfte zusammen.

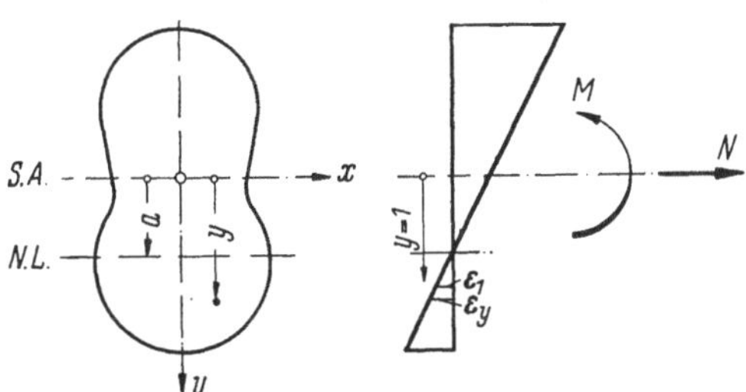

Abb. 6.01. Verbundquerschnitt.

Die zweite Betrachtungsweise führt die Linearität der Verformungen direkt in den Ansatz für die Balkenspannungen ein und arbeitet mit den sog. „ideellen Querschnittswerten". Diese Art, die Spannungen in einem Verbundquerschnitt zu berechnen, wird im folgenden für den allgemeinen Fall abgeleitet, daß im Querschnitt elastische Längsfasern von beliebigem Modul $E(y,x)$ geschnitten werden. (Wir schreiben für $E(y,x)$ vereinfachend Ey). Es wird nur einschränkend vorausgesetzt, daß der Querschnitt zur y-Achse symmetrisch ist und ebenso die verschiedenen elastischen Materialien symmetrisch zu dieser Achse angeordnet sind (s. Abb. 6.01). Ein Moment, dessen Vektor parallel zur Achse x ver-

läuft, erzeugt dann stets einen zur y-Achse symmetrischen Spannungszustand. Mit einem derartigen Querschnitt kann ein Stahlbeton-Verbundbalken im Bereich elastischer Beanspruchungen beschrieben werden, der aus verschiedenen Betonen mit den Moduli E_{by} besteht und mit
Stählen der Moduli E_e bzw. E_z bewehrt ist. Ideal gerissene Querschnitts-
bereiche (s. Abschnitt 6.4) werden durch den Modul $E_b = 0$ erfaßt. Es
stehen uns zur Berechnung der Spannungen die drei grundlegenden Annahmen bzw. Gesetze der technischen Biegelehre zur Verfügung:

1. Ebenbleiben der Querschnitte (Verträglichkeit der Formänderungen).

2. Spannungs-Verzerrungsgesetz (Baustoffgesetz).

3. Statische Äquivalenz von Balkenschnittkräften und Spannungsresultierenden (Gleichgewicht).

Zu 1: Das Ebenbleiben der Querschnitte bzw. die damit verbundene
Linearität der Verzerrungen über die Querschnittsordinate y läßt sich
wie folgt formulieren (s. Abb. 6.01):

$$\varepsilon_y = \varepsilon_1 \cdot \frac{y-a}{1-a} \cdot \tag{6.01}$$

Über den Nullpunkt der Querschnittsordinate y wird zunächst noch
nicht verfügt. ε_1 ist die Verzerrung im Abstand $y = 1$.

Zu 2: Der Zusammenhang von Spannungen und Verzerrungen wird in
unserem Fall durch die Beziehung

$$\sigma_y = \varepsilon_y \cdot E_y \tag{6.02}$$

ausgedrückt. Indem man Gl. (6.01) in Gl. (6.02) einsetzt, kann man die
Querschnittsspannungen wie folgt anschreiben:

$$\sigma_y = \varepsilon_1 \cdot \frac{y-a}{1-a} \cdot E_y = \varepsilon_1 \cdot E_1 \cdot \frac{y-a}{1-a} \cdot \frac{E_y}{E_1} = \sigma_1 \cdot \frac{y-a}{1-a} \cdot n_y \,. \tag{6.01 a}$$

Als Bezugsmodul E_1 wählt man in einem Stahlbeton-Verbundquerschnitt
zweckmäßig den Modul eines Betonquerschnittsteiles. Zur Bestimmung
der noch unbekannten Größen stehen die oben genannten statischen
Bedingungen 3. zur Verfügung.

Zu 3: Äquivalenz der Normalkraft und der dehnenden Spannungsresultierenden:

$$\int_F \sigma_y \cdot dF = N \,. \tag{6.03}$$

Äquivalenz des Momentes und der biegenden Spannungsresultierenden:

$$\int_F \sigma_y \cdot y \cdot dF = M \,. \tag{6.04}$$

Indem man σ_y aus Gl. (6.01a) einführt, erhält man:

$$\frac{\sigma_1}{1-a}\left\{\int_F y \cdot n_y \cdot dF - a \cdot \int_F n_y \cdot dF\right\} = N \tag{6.03a}$$

$$\frac{\sigma_1}{1-a}\left\{\int_F y^2 \cdot n_y \cdot dF - a \cdot \int_F y \cdot n_y \cdot dF\right\} = M. \tag{6.04a}$$

Man legt den Nullpunkt der Ordinate y zweckmäßig in die elastische Schwerlinie des Querschnittes $(y = y_i)$, die durch die Bedingung $\int_F y_i \cdot n_y \cdot dF = 0$ gekennzeichnet ist. Bezeichnet man ferner $\int_F n_y \cdot dF = F_i$ und $\int_F y_i^2 \cdot n_y \cdot dF = I_i$, so erhält man aus Gl. (6.03a)

$$\sigma_1 = -\frac{N}{a \cdot F_i} \cdot (1-a)$$

und aus Gl. (6.04a)

$$\sigma_1 = \frac{M}{I_i} \cdot (1-a). \tag{6.05a}$$

Setzen wir die rechten Seiten der Gl. (6.05a) gleich, so ergibt sich der Abstand der Nullinie von der elastischen Schwerachse zu

$$a = -\frac{N \cdot I_i}{F_i \cdot M} \tag{6.05b}$$

in Abhängigkeit der Querschnittswerte I_i und F_i sowie der Exzentrizität $\frac{M}{N}$. Unter Benutzung der Gl. (6.05a) kann man Gl. (6.01a) auch schreiben in der Form

$$\sigma_y = -\frac{N}{a F_i} \cdot (y_i - a) \cdot n_y = \frac{M}{I_i} \cdot (y_i - a) \cdot n_y \tag{6.05c}$$

oder unter Einsetzen von (6.05b) in (6.05c)

$$\frac{1}{n_y} \cdot \sigma_y = \frac{N}{F_i} + \frac{M \cdot y_i}{I_i}. \tag{6.05}$$

Bei einem Stahlbetonquerschnitt ist — streng genommen — der Betonquerschnitt unter Abzug des Stahlquerschnittes bzw. des vom Hüllrohr umschlossenen Querschnittes zu bestimmen. In statischen Berechnungen ist es jedoch üblich, von diesem Abzug abzusehen. Den dadurch bei der Ermittlung der „ideellen" Querschnittswerte entstehenden Fehler kann man vermeiden, wenn man den $\overline{n} = (n-1)$-fachen Stahlquerschnitt einsetzt.

6.1 Unmittelbarer Verbund (Herstellung im Spannbett)

Bei Herstellung im Spannbett werden die Vorspanndrähte mit einer Kraft $Z_v^{(0)}$ angespannt. Der Beton ist dabei noch spannungslos. Die Kraft

$Z_v^{(0)}$, die wir mit „Spannbettkraft" bezeichnen wollen, ist also nicht identisch mit der Vorspannkraft Z_v. Die Vorspannkraft Z_v wurde vielmehr in Kapitel 1 als diejenige Stahlkraft definiert, die zusammen mit den entsprechenden Betonkräften den Eigenspannungszustand „Vorspannung" bildet. Nach dem Lösen der Spannbettverankerung wird der Stahl durch den Verbund mit dem umgebenden Beton daran gehindert, sich auf die ursprüngliche Länge des spannungslosen Zustandes zusammenzuziehen (Abb. 6.02). Der Beton erleidet parallel und neben der Stahlfaser eine elastische Verzerrung (Stauchung) von $\sigma_{bz,v}/E_b$. Die Stahlkraft nimmt um den Betrag $\Delta Z = n \cdot \sigma_{bz,v} \cdot F_z$ ab. Die Vorspannkraft bzw. die Spannungen $\sigma_{bz,v}$ und σ_{zv} (Beton- und Stahlspannungen des Eigenspannungszustandes „Vorspannung") ergeben sich aus nachstehend aufgezeigter Rechnung.

Beim Anspannen wird das Spannglied um den Betrag

$$\varepsilon_{zv}^{(0)} = \frac{Z_v^{(0)}}{E_z\,F_z} \tag{6.06a}$$

gedehnt. Nach Lösen der Verankerung beträgt die Stahldehnung noch

$$\varepsilon_{zv} = \frac{Z_v}{E_z\,F_z}\,. \tag{6.06b}$$

Die Stauchung der Betonfaser parallel und in unmittelbarer Nähe des Spanngliedes hat den Betrag

$$\varepsilon_{bz,v} = \frac{\sigma_{bz,v}}{E_b}\,, \tag{6.06c}$$

wenn $\sigma_{bz,v}$ die Normalspannung dieser Betonfaser ist. Im allgemeinen Fall liegt das Spannglied im Balkenelement exzentrisch und schräg zur Achse des Betonquerschnittes. Die Vorspannkraft Z_v erzeugt dann im Betonbalken die Schnittkräfte

$$N_{bv} = -Z_v \cdot \cos\psi$$
$$M_{bv} = -Z_v \cdot \cos\psi \cdot y_{bz} \tag{6.06d}$$
$$Q_{bv} = -Z_v \cdot \sin\psi\,.$$

Infolge dieser Schnittkräfte entsteht ein zweiachsiger Spannungszustand. Die Normalspannung der dem Spannglied unmittelbar benachbarten und tangential zu diesem verlaufenden Betonfaser erhält man aus den Koordinatenspannungen zu

$$\sigma_{bz,v} = \sigma_{bx,v} \cdot \cos^2\psi + 2\,\tau_{b,xy,v} \cdot \sin\psi \cdot \cos\psi + \sigma_{by,v} \cdot \sin^2\psi \tag{6.07}$$

Die Betonstauchung $\varepsilon_{bz,v}$ ist im allgemeinen wesentlich kleiner als die Stahldehnung ε_{zv}, so daß bei der Berechnung von $\varepsilon_{bz,v}$ Näherungen gerechtfertigt sind. Bei schlanken Balken treten nur kleine Winkel ψ auf.

Vernachlässigt man die Größen, die in ψ von zweiter Ordnung klein sind, so ergibt sich aus den Gln. (6.06) u. (6.07)

$$\sigma_{bz,v} = \sigma_{bx,v} = -\frac{Z_v}{F_b} - \frac{Z_v \cdot y_{bz}^2}{I_b} \qquad (6.08\,\text{a})$$

und damit

$$\varepsilon_{bz,v} = -\frac{Z_v}{E_b\,F_b} - \frac{Z_v \cdot y_{bz}^2}{E_b\,I_b}\,. \qquad (6.08\,\text{b})$$

Da beim Lösen der Verankerung bereits Verbund zwischen Spannglied und Beton herrscht, gilt die Beziehung

$$\varepsilon_{zv}^{(0)} + \varepsilon_{bz,v} = \varepsilon_{zv}. \qquad (6.09)$$

(vgl. Abb. 6.02).

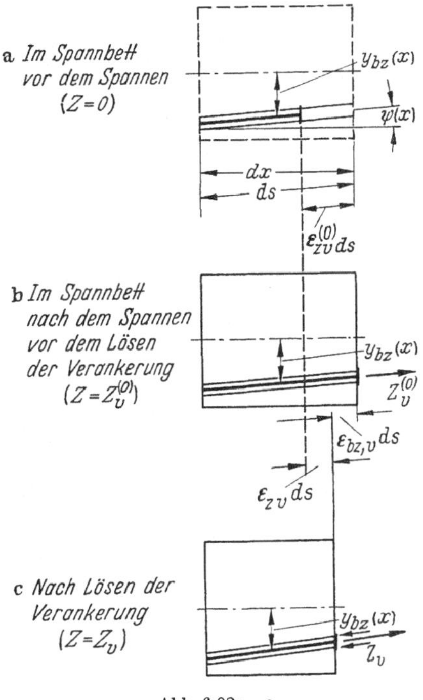

Abb. 6.02a—c.

Setzen wir die in den Gln. (6.06a), (6.06b) und (6.08b) angeschriebenen Dehnungen in Gl. (6.09) ein, so erhalten wir mit $\mu = F_z/F_b$ und $i^2 = I_b/F_b$ die Beziehung

$$Z_v = Z_v^{(0)} \cdot \frac{1/n \cdot \mu}{1 + \dfrac{y_{bz}^2}{i^2} + \dfrac{1}{n \cdot \mu}}\,. \qquad (6.10)$$

5*

In Gl. (6.10) ist, wie wir oben sehen, ein Fehler von zweiter Ordnung klein in ψ enthalten. Sie gilt nur für kleine Neigungen ψ. Die Betonspannungen ergeben sich zu:

$$\sigma_{bv} = -\frac{Z_v}{F_b} - \frac{Z_v \cdot y_{bz} \cdot y_b}{I_b}$$

$$\tau_{bv} = -\frac{Z_v \cdot \sin\psi \cdot S_b}{I_b \cdot b}. \tag{6.11}$$

Die Stahlspannung gewinnt man aus Gl. (6.09):

$$\sigma_{zv} = \sigma_{zv}^{(0)} + n \cdot \sigma_{bz,v}. \tag{6.12}$$

Die auf S. 64 u. 65 dargelegte zweite Art der Berechnung, die von „ideellen" Querschnittswerten ausgeht, ist bei dem vorliegenden Fall des unmittelbaren Verbundes in der Regel zweckmäßiger. Beim Lösen der Spanndrahtverankerung wird das Spannbett vollständig entlastet und die Spannbettkraft wirkt dann als äußere Kraft auf den „ideellen" Verbundquerschnitt. Sie erzeugt in ihm die Schnittkräfte

$$N_v = -Z_v^{(0)} \cdot \cos\psi$$

$$M_v = -Z_v^{(0)} \cdot \cos\psi \cdot y_{iz} \tag{6.06e}$$

$$Q_v = -Z_v^{(0)} \cdot \sin\psi.$$

Die daraus resultierenden Spannungen betragen gemäß Gl. (6.05) für einen Verbundquerschnitt mit $n_b = 1$ (Querschnitt aus gleichartigem Beton) und kleine Winkel ψ

$$\sigma_{bv} = -\frac{Z_v^{(0)}}{F_i} - \frac{Z_v^{(0)} \cdot y_{iz} \cdot y_i}{I_i}$$

$$\tau_{bv} = -\frac{Z_v^{(0)} \cdot \sin\psi \cdot S_i}{I_i \cdot b}. \tag{6.11a}$$

Die nach Gl. (6.11) und Gl. (6.11a) errechneten Betonspannungen sind identisch.

Diese Identität ist leicht nachzuweisen, wenn man beachtet, daß

$$F_i = F_b \cdot (1 + n \cdot \mu) \qquad y_{iz} = \frac{y_{bz}}{1 + n \cdot \mu}$$

$$y_{bi} = y_{bz} \cdot \frac{n \cdot \mu}{1 + n \cdot \mu}$$

$$I_i = I_b + F_b \cdot y_{bz}^2 \cdot \frac{n \cdot \mu}{1 + n \cdot \mu}$$

$$y_i = y_b - y_{bi}$$

(Exakt ist hierin $(n-1)$ anstelle von n zu setzen.)

und ferner Gl. (6.10) berücksichtigt.

Werden, wie in der Praxis üblich, die Betonquerschnitte ohne Abzug des Hüllrohrquerschnitts ermittelt, so macht sich der dadurch entstehende Fehler nur in Gl. (6.11) bemerkbar. Die Gl. (6.11a) bleibt exakt, wenn man bei der Berechnung von F_i und I_i den $\bar{n} = (n-1)$-fachen Stahlquerschnitt benutzt (vgl. S. 65). Die hier dargelegte zweite Berech-

nungsweise ist immer dann zu empfehlen, wenn mehrere Spanngliedlagen vorhanden sind. Die Spanngliedkräfte der einzelnen Bewehrungslagen können dann in einfacher Weise zu einer resultierenden Kraft zusammengefaßt werden.

Schließlich soll an dieser Stelle noch der dimensionslose Steifigkeits-
wert α definiert werden, der dann zweckmäßigerweise eingeführt wird,
wenn die Spannungen ausgehend von dem Betonquerschnitt als Hauptsystem berechnet werden. Gl. (6.10) kann auch in der Form

$$Z_v = Z_v^{(0)} \cdot (1 - \alpha) \tag{6.10a}$$

geschrieben werden. Der Wert

$$\alpha = \frac{1 + \dfrac{y_{bz}^2}{i^2}}{1 + \dfrac{y_{bz}^2}{i^2} + \dfrac{1}{n \cdot \mu}}, \tag{6.13}$$

den wir durch Vergleich von (6.10) mit (6.10a) gewinnen, ist derjenige
Teil einer Spannbettkraft eins, der in dem Stahl „verlorengeht", während der Teil $1 - \alpha$ als Vorspannkraft wirksam bleibt.

6.2 Vorspannung mit nachträglichem Verbund

Hierbei wird das Spannglied soweit gegen den erhärteten Beton ge-
längt, daß dieses vermöge seiner nach Beendigung des Spannvorganges
vorhandenen Spannung σ_{zv} auf den Querschnitt mit der der statischen
Berechnung zugrunde gelegten Vorspannkraft Z_v wirkt. Der Spannweg
setzt sich zusammen aus der elastischen Zusammendrückung des erhär-
teten Betons $Z_v \cdot \delta_{bz,1}$ und der Längung des Spannstahles $Z_v \cdot \delta_{z,1}$. Die
Verschiebungsgrößen δ_1 entsprechen einer Spannkraft $Z_{0v} = 1$.

Für den allgemeinen Fall eines gekrümmt verlaufenden Spanngliedes
erhält man bei Vernachlässigung der beim Anspannen auftretenden
Reibungsverluste den Spannweg (vgl. Abb. 6.03).

$$\delta_{z,v} = Z_{0v} \cdot (\delta_{bz,1} + \delta_{z,1}) \tag{6.14}$$

und unter Verwendung von Gl. (6.08b)

$$\delta_{bz,1} = \int_0^l y_{bz}^2 \cdot dx / E_b I_b + \int_0^l dx / E_b F_b \tag{6.15}$$

$$\delta_{z,1} = \int_0^l dx / E_z F_z . \tag{6.16}$$

Berücksichtigt man die Reibung, so nimmt (vgl. Abb. 6.04) die an
der Anspannstelle vorhandene Vorspannkraft Z_{0v} bzw. die Kraft „1"
bis zur Stelle x ab und hat dort den Wert

$$Z_v(x) = Z_{0v} \cdot e^{-\mu\vartheta}, \quad \text{bzw.} \quad 1 \cdot e^{-\mu\vartheta}.$$

Da ϑ eine Funktion von x ist, berücksichtigt man den Reibungseinfluß zweckmäßig in den Verschiebungsbeiwerten $\delta_{bz,1}$ und $\delta_{z,1}$ (durch Querstrich gekennzeichnet):

$$\overline{\delta}_{z,v} = Z_{0v} \cdot (\overline{\delta}_{bz,1} + \overline{\delta}_{z,1}) \tag{6.14a}$$

$$\overline{\delta}_{bz,1} = \int\limits_0^l y_{bz}^2 \cdot e^{-\mu\vartheta} \cdot dx / E_b I_b + \int\limits_0^l e^{-\mu\vartheta} \cdot dx / E_b F_b \tag{6.15a}$$

$$\overline{\delta}_{z,1} = \int\limits_0^l e^{-\mu\vartheta} \cdot dx / E_z F_z . \tag{6.16a}$$

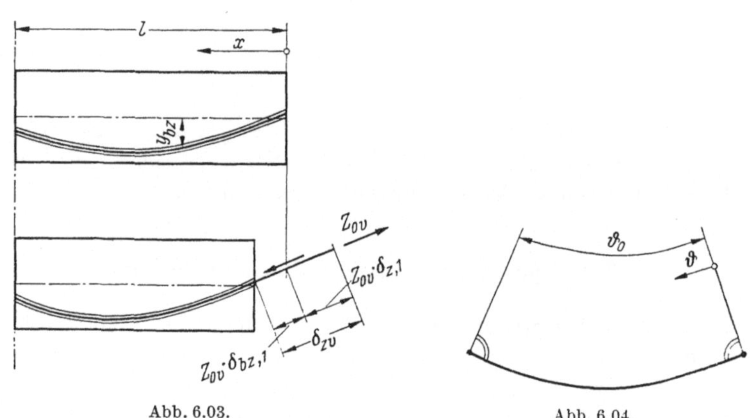

Abb. 6.03.   Abb. 6.04.

6.3 Formänderungen durch Eigengewicht und Verkehrslast

Sobald der *Verbund zwischen Stahl und Beton* hergestellt ist, sind die danach eintretenden Verformungen des Stahls und der benachbarten Betonfaser gleich groß und die entsprechenden elastischen Spannungen des Stahls n-mal so groß wie die des Betons. Die Spannungen im Balken können, wie im Stahlbetonbau üblich, unter Zugrundelegung ideeller Querschnittswerte F_i und I_i mit n-fachen Stahlquerschnitten berechnet werden. Die Betonspannung für Verkehr z. B. beträgt dann [s. Gl. (6.05a)]

$$\sigma_{b,p} = \frac{N_p}{F_i} + \frac{M_p \cdot y_i}{I_i} .$$

Beim Spannungsnachweis für Gebrauchslasten werden diese Spannungen denjenigen aus Vorspannung überlagert. Diese Überlagerung ist statthaft, weil sich Beton und Stahl dann im elastischen Bereich befinden und die Gliederung des Systems sich bei der vorausgesetzten Rissefreiheit nicht ändert.

Die Stahlspannung σ_{zp} ist bei *Vorspannung mit Verbund* im allgemeinen variabel über die Balkenlänge, und dementsprechend treten auch Haftspannungen zwischen Beton und Stahl auf. Diese Haftspannungen müssen bei nachträglichem Verbund vom Einpreßmörtel übertragen werden. Die Haftspannungen sind kleiner als bei schlaff bewehrten Konstruktionen; denn einmal wird das Eigengewicht ohne Verbundwirkung abgetragen. Zum anderen übernimmt der ungerissene vorgespannte Betonquerschnitt einen großen Teil der Biegezugkraft aus dem Lastfall „Verkehr", während im gerissenen Querschnitt die gesamte Biegezugkraft von Stahl aufgenommen werden muß. Etwa in dem Maße, wie die Spannungen σ_{zp} geringer sind als beim schlaff bewehrten Balken die gesamten Spannungen $\sigma_{z,g+p}$, sind auch die Haftspannungen geringer.

Die Größe der Stahlkraft für ein Moment aus Verkehrslast ergibt sich zu:

$$Z_p = n \cdot F_z \cdot \frac{M_p}{I_i} \cdot y_{iz} \, . \tag{6.17}$$

Die Haftkraft T kann aus Gl. (6.17) durch Differentiation nach x gewonnen werden. Für den Fall konstanter Bewehrung und konstanten Trägheitsmomentes über die Balkenlänge erhält man

$$T_p = \frac{dZ_p}{dx} = \frac{n \cdot F_z}{I_i} \left(\frac{dM_p}{dx} \cdot y_{iz} + M_p \cdot \frac{dy_{iz}}{dx} \right)$$

$$T_p = \frac{n \cdot F_z}{I_i} \left(Q_p \cdot y_{iz} + M_p \cdot \tan \psi \right) \, . \tag{6.18}$$

In Abb. 6.05 ist für einen Balken auf zwei Stützen mit Gleichstreckenlast und parabolischer Spanngliedführung der Verlauf der Haftkraft T_p und als Integralkurve dazu der Verlauf der Spanngliedkraft Z_p aufgetragen.

Bei *Vorspannung ohne Verbund* kann das Spannglied frei gleiten, wenn man von der Reibung absieht, d. h. die Verzerrungen des Stahles und der benachbarten Betonfaser sind voneinander verschieden. Der Spannbetonbalken verhält sich dann wie ein unterspannter Balken. Bei einem äußerlich statisch bestimmten Tragwerk kann die Stahlkraft Z_p durch eine einfach statisch unbestimmte Rechnung ermittelt werden. Wählt man bei einem Balken auf zwei Stützen z. B. als statisch bestimmtes Hauptsystem den Betonbalken, dessen Zugbandverankerung auf einer Seite gelöst ist (s. Abb. 6.03), so errechnet man die Zugbandkraft:

$$Z_p = \frac{\delta_{bz,p}}{\delta_{bz,1} + \delta_{z,1}} \tag{6.19}$$

mit

$$\delta_{bz,p} = \int\limits_0^l \frac{M_p \cdot y_{bz}}{E_b \cdot I_b} \cdot dx$$

und $\delta_{bz,1}$ sowie $\delta_{z,1}$ nach Gl. (6.15) und (6.16).

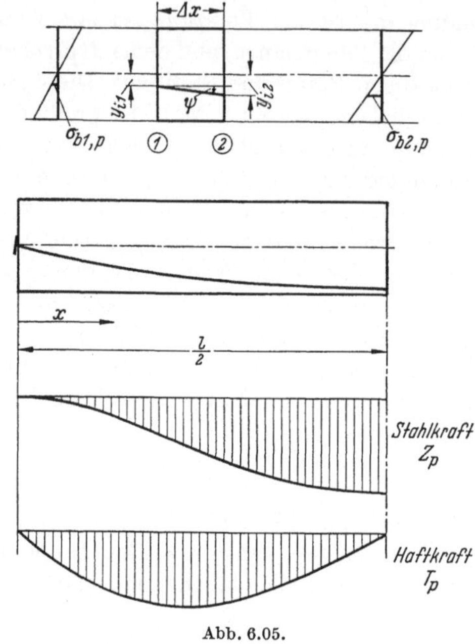

Abb. 6.05.

Den Spannungen des Betonbalkens im Grundsystem ohne Zugband, nämlich $\sigma_{b,p}^{(0)} = M_p \cdot y_b / I_b$, überlagern sich noch die den Betonquerschnitt günstig beeinflussenden Spannungen aus der Zugbandwirkung:

$$\sigma_{b,1} = -\frac{Z_p}{F_b} - \frac{Z_p \cdot y_{bz}}{I_b} \cdot y_b \cdot \qquad (6.20)$$

Wenn das Eigengewicht auf den bereits vorgespannten Träger wirksam wird, gilt die gleiche Formel. Tatsächlich wird jedoch beim Spannvorgang durch die eintretende Verformung (Abheben vom Gerüst) oder durch das Absenken des Gerüstes das Eigengewicht gleichzeitig mit dem Spannen wirksam. Dadurch ist bei Abschluß des Spannens nur die aufgebrachte Spannkraft Z_v im Spannglied vorhanden, die Zugbandkraft nach Gl. (6.19) kann nicht eintreten.

In der Praxis können jedoch nicht alle Spannglieder gleichzeitig gespannt werden, so daß ein Bruchteil, etwa die Hälfte der Zugbandkraft, doch wirksam wird. Üblicherweise wird auf diese für den Beton günstige Wirkung in der praktischen Rechnung verzichtet. Im Hinblick auf den Abbau der Stahlspannungen durch Kriechen und Schwinden wird auch der Spannungszuwachs im Stahl nicht nachgewiesen. Zudem beträgt der Zuwachs nur 1,0—2,5% (vgl. Abschnitt 6.6).

Bei *Vorspannung mit nachträglichem Verbund* wird der Lastfall Eigengewicht in der zuvor geschilderten Weise behandelt, da beim Spannen ja noch kein Verbund besteht. Dieser wird meist unmittelbar nach dem Spannen durch Auspressen der Spannkanäle hergestellt. Sollten in Sonderfällen weitere Lastfälle noch vor Herstellen des Verbundes eintreten, so sind diese gemäß Gl. (6.20) zu berechnen. Für alle Lastfälle, die nach der Herstellung des Verbundes auftreten, wie weitere Anteile der ständigen Last, Verkehrslast usw. gelten die Gleichungen der Vorspannung mit Verbund (Gl. 6.05). In der Praxis wird oft näherungsweise auch hierfür mit dem reinen Betonquerschnitt gerechnet:

$$\sigma_{b,p} = \frac{M_p}{I_b} \cdot y_b \,.$$

(6.21)

Man ist im allgemeinen bei dieser Näherung auf der sicheren Seite.

6.4 Formänderungen und Spannungen nach Überschreiten der Rißlast in vorgespannten Stahlbetonbalken mit Verbund

Mit zunehmender äußerer Last wird an einem Rand des vorgespannten Querschnitts schließlich eine Betonzugspannung erreicht, die zu einem Riß im Beton führt. Bei unbewehrten Betonbalken tritt mit einem solchen Riß der schlagartige Bruch ein. Unbewehrte Probebalken — nach DIN 1048 mit den Abmessungen $b/d/l = 10/15/70$ cm — dienen zur experimentellen Feststellung der Biegezugfestigkeit des Betons. Die Biegezugfestigkeit steht ebenso wie die Zugfestigkeit (Zentrischer Zug) nicht in einem festen Verhältnis zu der Druckfestigkeit des Betons (Würfelfestigkeit, Prismenfestigkeit), sondern wird von vielen Parametern beeinflußt. Selbst bei möglichst gleichartig hergestellten Probekörpern schwankt die Biegezugfestigkeit stark, da zufällig vorhandene Anrisse, die meist durch ungleichmäßiges Schwinden entstehen, den endgültigen Biegezugbruch begünstigen. Man kann die Biegezugfestigkeit jedoch grob mit 1/10 bis 1/5 der Würfelfestigkeit angeben.

Viele Versuche an Stahlbeton- und vorgespannten Balken haben gezeigt, daß die Bewehrung auf den Rißbeginn keinen Einfluß hat, und daß dieser immer eintritt, wenn angenähert die Biegezugfestigkeit erreicht ist. Im Bauwerk sind die Verhältnisse meist etwas ungünstiger als im Versuch, weil die großen Abmessungen Risse durch ungleichmäßiges Schwinden begünstigen, sich unvorhergesehene Zwängungen einstellen können und auch durch Betonierfugen Risse vorgezeichnet sind. Bei Bauwerken, die nach DIN 4227 mit beschränkter Vorspannung bemessen sind und bei denen unter der Gebrauchslast gem. DIN 4227 Biegezugspannungen von etwa 1/10 der Würfelfestigkeit zugelassen sind, wird dann der Querschnitt häufig schon Risse aufweisen. Diese Risse sind freilich zunächst nicht so breit wie bei einem gleichartigen schlaff bewehrten Bauwerk und meist mit dem bloßen Auge nicht erkennbar. DIN 4227 gestattet trotzdem die Berechnung der Spannungen auch bei beschränkter Vorspannung nach Zustand I (ungerissene Zugzone), verlangt aber den Nachweis einer Bewehrung für die Rissebeschränkung.

Bei einer genaueren Berechnung nach Zustand II, d. h. von dem Zeitpunkt an, wo der Querschnitt anreißt, können bei weiterer Laststeigerung die Beton- und Stahlspannungen nicht mehr nach den Formeln der Abschnitte 6.1 bis 6.3 berechnet und überlagert werden, da diese einen homogenen, ungerissenen Querschnitt voraussetzen. Es liegt hier nahe, sich ähnlicher Berechnungsmethoden zu bedienen wie beim schlaff bewehrten Stahlbeton, wo von den grundlegenden Voraussetzungen der technischen Biegelehre, nämlich

   1. Ebenbleiben der Querschnitte (Verträglichkeit der Formänderungen)

   2. Statische Äquivalenz von Balkenschnittkräften und Spannungsresultierenden (Gleichgewicht)

   3. Linearität von Spannungen und Verformungen (Baustoffgesetz)

nur insofern abgewichen wird, als die dritte Annahme auf den Stahl und den gedrückten Beton beschränkt bleibt. Zugspannungen werden dem Beton nicht zugewiesen, sondern man nimmt an, daß der Querschnitt ideal bis zur Nullinie reißt. Zu Rißbeginn können wir von der Voraussetzung 3., d. h. davon ausgehen, daß sich sowohl der in der Druckzone befindliche Beton als auch der Spannstahl trotz der Risse noch im elastischen Bereich befinden; denn die zulässigen Spannungen haben noch einen gebührenden Abstand von den Bruchfestigkeiten, so daß wir den Elastizitätsmodul des Betons als eine Konstante annehmen können. Es ist notwendig, den Eigenspannungszustand „Vorspannung" auf eine äquivalente äußere, den bewehrten Querschnitt beanspruchende Kraft zurückführen; denn der gerissene Querschnitt stellt ein System veränderlicher Gliederung dar: Einer bestimmten Gesamtbeanspruchung entspricht jeweils eine Spannungsverteilung, die nicht aus einer Superposition von Teilspannungs- und -lastzuständen, z. B. Vorspannung und äußere Last, gewonnen werden kann. Es bietet sich der Begriff der Spannbettkraft (s. Abschnitt 6.1) an. Diese Spannbettkraft greift ebenso wie die Schnittkraft aus Eigengewicht und Verkehr am spannungslosen Stahlbetonquerschnitt (ideeller Querschnitt) an, wobei der Stahl gegenüber dem Beton eine Vordehnung $\varepsilon_{zv}^{(0)}$ aufweist. Spannbett- und äußere Kraft können zu einer resultierenden Kraft zusammengesetzt werden. Nach dem Aufreißen des Querschnitts unter dem Angriff dieser Resultierenden wirkt die Spannbettkraft nach wie vor in der ursprünglichen Größe und an der ursprünglichen Stelle auf den statisch wirksamen Querschnitt, der jetzt allerdings nur noch aus einer Druckzone und einer davon isolierten Stahlzugzone besteht (s. Abb. 6:06). Der Vordehnung $\varepsilon_{zv}^{(0)}$ (mit der entsprechenden Spannung $\sigma_{zv}^{(0)}$) des Stahls überlagert sich die Dehnung ε_{zq} (mit der entsprechenden Spannung σ_{zq}) des Stahls, die gleich der Dehnung der dem Stahl benachbarten Betonfaser ist; diese Dehnung darf annähernd als die auf die Längeneinheit bezogene Rißbreite verstanden werden, wenn man den Einfluß der zwischen zwei Rissen auftretenden Betonzugspannung vernachlässigt.

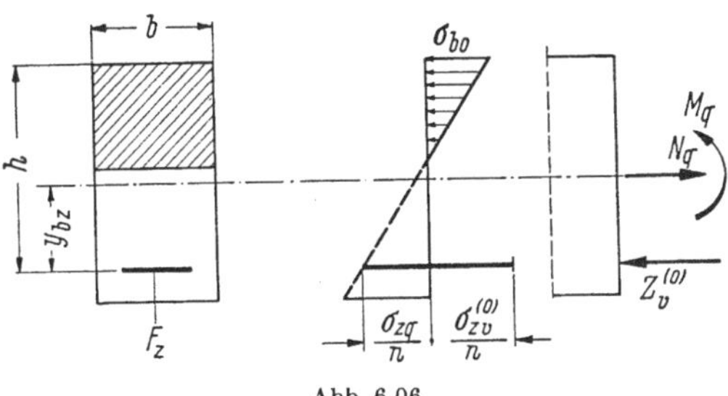

Abb. 6.06.

Die Betonspannung σ_{bo} und die Stahlspannung $\sigma_{z,q}$ im gerissenen Zustand wollen wir im folgenden für den speziellen Fall eines rechteckigen Querschnitts mit einer Spannbewehrung F_z, an dem ein Moment M_q und eine Normalkraft N_q angreifen, berechnen. An Hand des in Abb. 6.06 dargestellten Spannungsdiagramms lassen sich die folgenden statischen Äquivalenzen von Balkenschnittkraft und Spannungsresultierenden aufstellen, wobei wir, wie im schlaff bewehrten Stahlbetonbau üblich, alle Strecken als Skalare ansehen und Druckspannungen des Betons positiv bezeichnen: (Dies setzt voraus, daß Spannungsdiagramm und Bewehrungslage der Abb. 6.06 entsprechen, σ_{bo} ist hier bereits mit negativem Vorzeichen eingesetzt).

1. Statische Äquivalenz der Normalkräfte:

$$\sigma_{bo} \cdot b \cdot \frac{x}{2} - \sigma_{zq} \cdot F_z = Z_v^{(0)} - N_q. \tag{6.22}$$

2. Statische Äquivalenz der Momente bezogen auf die Achse der Spannbewehrung:

$$\sigma_{bo} \cdot b \cdot \frac{x}{2} \cdot \left(h - \frac{x}{3}\right) = M_q - N_q \cdot y_{bz} = M_{zq}. \tag{6.23}$$

Aus der Linearität des Spannungsdiagrammes ergibt sich folgende Beziehung zwischen σ_{bo} und σ_{zq}:

$$\sigma_{zq} = n \cdot \sigma_{bo} \frac{h - x}{x}. \tag{6.24}$$

Indem wir σ_{zq} aus Gl. (6.24) in Gl. (6.22) einführen und aus den Gl. (6.22) u. (6.23) die Spannung σ_{bo} eliminieren, erhalten wir die Beziehung

$$M_{zq} = (Z_v^{(0)} - N_q) \frac{h - \dfrac{x}{3}}{1 - \dfrac{2n \cdot F_z (h - x)}{b \cdot x^2}} \tag{6.25}$$

zwischen dem Moment M_{zq} und der Druckzonenhöhe x. Wenn wir die Druckzonenhöhe x als einen freien Parameter auffassen, können wir für beliebige Werte x das Moment M_{zq} errechnen und dann mit Hilfe der Gl. (6.23) u. (6.24) die Spannungen σ_{bo} und σ_{zq} in Funktion des Momentes M_{zq} darstellen. Die gesamte Stahlspannung beträgt dann

$$\sigma_{z,v+q} = \sigma_{zv}^{(0)} + \sigma_{zq} \, .$$

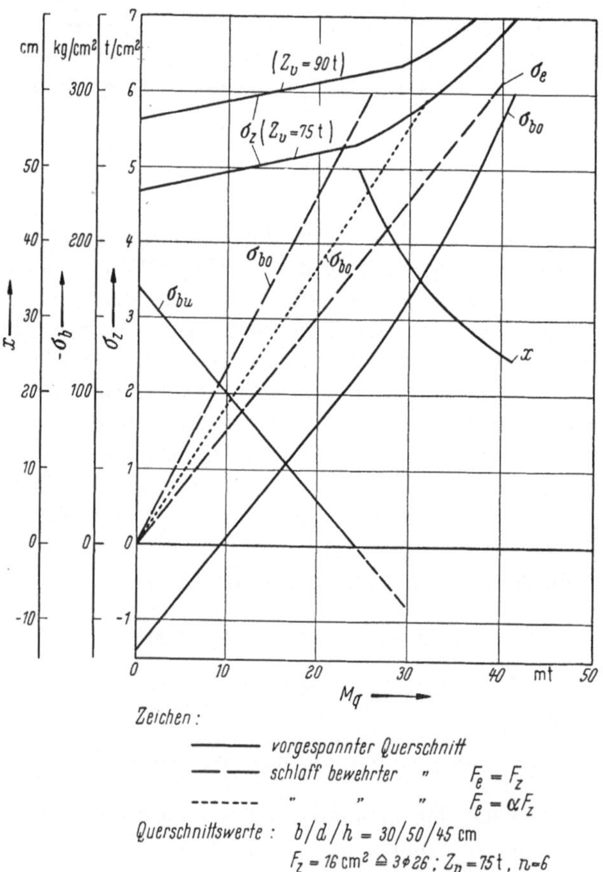

Abb. 6.07. Spannungen in Abhängigkeit von M_q.

In Abb. 6.07 sind für einen speziellen Querschnitt die Spannungen in Funktion von M_q ($N_q = 0$) dargestellt, wobei der Bereich M_q, in dem der Querschnitt wegen der Vorspannung nur Druckspannungen aufweist und somit ungerissen ist, auch berücksichtigt ist. Man erkennt aus der Abbildung deutlich, daß nach dem Aufreißen des Querschnitts — gemäß

Voraussetzung beim Erreichen von Zugspannungen — die Spannungen und damit auch die Verformungen mit M_q stärker anwachsen als im ungerissenen Zustand. Bei dem gewählten Beispiel wurde vorausgesetzt, daß der Spannstahl eine Fließgrenze von 70 kp/mm² hat. Bei einem Stahl mit höherer Fließgrenze hätte der Stahlquerschnitt kleiner gewählt werden können, und damit wäre die beschriebene Tendenz noch ausgeprägter gewesen. In Abb. 6.07 sind gestrichelt auch noch die Spannungen σ_{bo} und σ_e eingetragen, die sich ergeben würden, wenn der Querschnitt nicht vorgespannt wäre. Die Höhe der Druckzone

$$x = \frac{n \cdot F_e}{b} \left(-1 + \sqrt{1 + \frac{2\,b\,h}{n \cdot F_e}} \right)$$

ist in diesem Fall unabhängig von dem Moment M_q, und damit sind die Spannungen eine lineare Funktion von M_q. Der Vergleich des vorgespannten mit dem nicht vorgespannten Querschnitt zeigt die Überlegenheit des ersteren im Hinblick auf die Betonspannungen und Verformungen. Ein direktes Maß für die Verformungen (Durchbiegungen) im elastischen Bereich ist dabei die skalare Spannungssumme $\sigma_{bo} + \sigma_{zq}/n$, die beim vorgespannten Querschnitt von den Spannungswerten für $M_q = 0$ aus zu rechnen ist. Man kann einwenden, daß dieser Vergleich von zu ungünstigen Voraussetzungen ausgeht, weil die schlaffe Bewehrung meist eine niedrigere Fließgrenze aufweist und damit der Stahlquerschnitt größer gewählt werden muß. Es wurden deshalb auch noch die Spannungen σ_{bo} und σ_e bei doppeltem Stahlquerschnitt (entsprechend einer Fließgrenze von 35 kp/mm²) punktiert in die Abb. 6.07 eingezeichnet. Auch dieser Querschnitt ist in Hinblick auf Betonspannungen und Verformungen dem vorgespannten unterlegen. Die dargestellten Kurven gelten selbstverständlich entsprechend den Voraussetzungen der Rechnung nur, solange der Elastizitätsmodul noch annähernd konstant ist.

Ist bei gegebenem Querschnitt und Moment M_{zq} nach den Spannungen bzw. der Druckzonenhöhe x gefragt, d. h. ist ein Spannungsnachweis verlangt, dann ordnet man Gl. (6.25) zweckmäßig nach Potenzen von x und führt noch den Hebelarm $a = M_{zq}/(Z_v^{(0)} - N_q)$ der resultierenden Kraft, gerechnet von der Achse der Bewehrung, ein:

$$x^3 + x^2 \cdot 3\,(a - h) + \frac{n\,F_z \cdot 6\,a}{b}\,(x - h) = 0 \qquad (6.25\,\text{a})$$

Diese Gleichung dritten Grades in x löst man zweckmäßig durch Probieren.

Abweichend von der DIN 1045 ist in die o. g. Formeln das Verhältnis der Moduli im elastischen Bereich einzusetzen, da uns hier die wirklichen Spannungen interessieren. Dagegen sollen die im schlaff bewehrten Stahlbetonbau mit dem hohen Wert $n = 15$ ermittelten Spannungen unter zulässigen Lasten im wesentlichen den Nachweis der Bruchsicherheit liefern. Es soll noch an dieser Stelle die strenge Gültigkeit der oben zusammengestellten Voraussetzungen 1 bis 3 für die Berechnung der Spannung gerissener Stahlbetonbalken diskutiert werden.

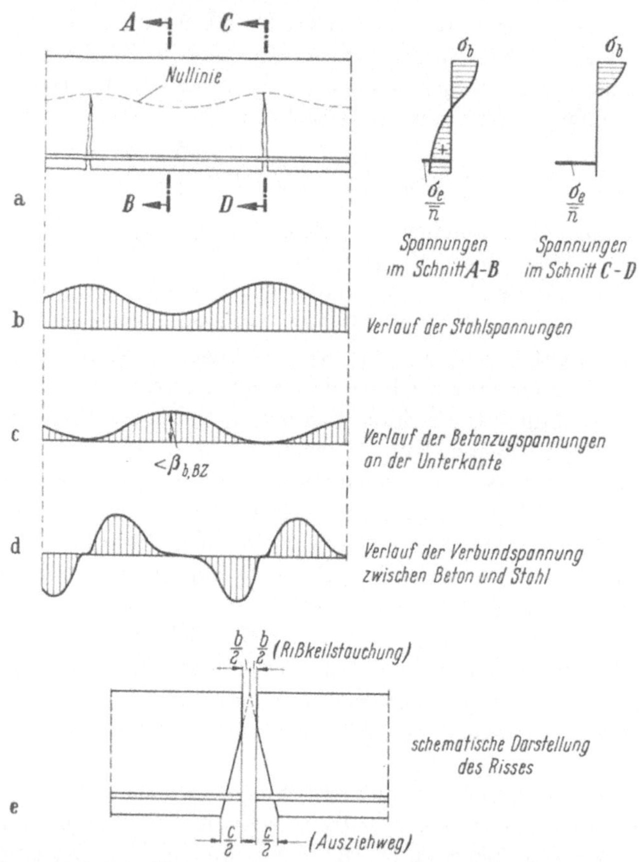

Abb. 6.08a—e. Verlauf der Spannungen in einem Stahlbetonbalken mit endlichem Rißabstand.

Die Verträglichkeit der Bedingung 1 und 3 erfordert streng genommen, daß die Risse in jedem Querschnitt auftreten, d. h. daß die Risse in Balkenlängsrichtung in infinitesimal enger Folge und infinitesimaler Breite auftreten und alle bis zur Nullinie durchgehen. Die Versuche zeigen nun, daß dies keineswegs zutrifft. Vielmehr treten die Risse in endlichen Abständen mit endlicher Breite auf. Dadurch ändert sich der Spannungszustand längs der Balkenachse ständig, wie dies in Abb. 6.08 qualitativ dargestellt ist. Die Betonzugspannungen in Richtung der Balkenachse haben an den Rißufern den Wert Null, zwischen zwei Rissen erreicht die Betonzugspannung im Grenzfall die Biegezugfestigkeit (s. Abb. 6.08 c); die Beton- und Stahlspannungen ändern sich im gegenläufigen Sinn (Abb. 6.08 b). Die Stahlspannungen erreichen ihren größten Wert im Riß, wo der Stahl im wesentlichen die Biegezugkraft aufnehmen muß. Sie erreichen dort etwa den Wert, der sich aus einer Berechnung mit ideal gerissener Zugzone ergibt. Die Bewehrung wird dabei, wenn wir einmal symmetrische Verformungsverhältnisse zu beiden Seiten des Risses annehmen, je um die halbe Rißbreite c aus dem Beton herausgezogen. Dieses Herausziehen, was man durch einen sogenannten Ausziehversuch nachahmen kann (s. Abb. 6.09), weckt zwischen Stahl und Beton Reibungs-

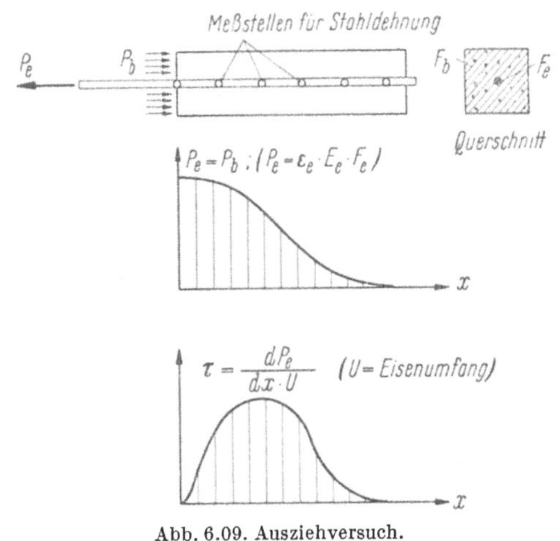

Abb. 6.09. Ausziehversuch.

kräfte, die erheblich über den zulässigen Haftspannungen τ_1 der DIN 1045 liegen und die — auch unter zulässigen Lasten — die Größenordnung von 100 kp/cm^2 leicht erreichen. Zwischen zwei Rissen gibt es eine Stelle, wo die Stahlspannungen einen Kleinst- und die Betonzugspannungen einen Größtwert annehmen. Daselbst sind die Tangentialspannungen zwischen Beton und Bewehrung null, da dort keine gegenseitigen Verschiebungen zwischen Beton und Stahl bestehen. Die Tangentialspannungen, die wir Verbundspannungen nennen wollen, sind in ihrem Verlauf in Abb. 6.08d skizziert. Diese Verbundspannungen ermöglichen den Wechsel des Kraftflusses zwischen dem Stahl und dem Beton der Zug- und Druckzone. Nach dem Riß zu findet eine Hebung der Nullinie und damit eine im wesentlichen örtliche Spannungserhöhung in der Druckzone statt. Zudem kann der Rißquerschnitt nicht mehr eben bleiben, da in dem den Riß einschließenden infinitesimalen Balkenstück von der Länge dx die Rißränder um ein endliches Maß klaffen, während die Verkürzungen der Druckzone infinitesimal sind. Auch aus diesem Grunde muß über den Riß eine Spannungsspitze im Druckbeton entstehen. Die Spannungsspitze über dem Riß muß größer sein als diejenige rechnerische Spannung, die sich ergibt, wenn man eine ideal gerissene Zugzone annimmt.

Der verwickelte Spannungs- und Verformungszustand eines gerissenen Stahlbeton-Verbundkörpers kann jedoch, wie die Erfahrung und die vorstehenden Überlegungen zeigen, gut mit der idealisierten Annahme eines kontinuierlich gerissenen Balkens erfaßt werden, wenn man von der örtlichen Spannungsspitze im Beton absieht. Diese wirkt sich erfahrungsgemäß auch auf die Bruchsicherheit nicht in ungünstiger Weise aus. Was die gemittelten Verdrehungen und Verlängerungen der Balkenelemente betrifft, also die in Verformungsberechnungen eingehende Biege- und Dehnsteifigkeit oder auch anders ausgedrückt, die statisch wirksame Querschnittsfläche und das statisch wirksame Flächen-Trägheitsmoment, so stellt sich ein Zustand ein, der zwischen dem ungerissenen und dem ideal gerissenen liegt. Der Verformungszustand nähert sich mit steigender Last, aber auch bei mehrfachen Lastwechseln dem ideal gerissenen Zustand. Daher ist es gerechtfertigt, den ideal gerissenen Zustand nicht nur der Bemessung und dem Spannungsnachweis, sondern auch den Verformungsberechnungen des Tragwerks (Durchbiegungen, Auflagerverdrehungen) zugrunde zu legen. Die in der Praxis jedoch weitaus am häufigsten vorkommenden Verformungsberechnungen dienen der Berechnung statisch unbestimmter Größen, wo wir den homogenen unbewehrten Betonquerschnitt zugrunde legen.

Die DIN 4227 gestattet bei beschränkter Vorspannung einen gegenüber der oben angeführten Rechnung vereinfachten Nachweis der zusätzlichen Stahlspannungen, die durch ein mögliches Aufreißen des Zugkeiles entstehen. Dieser Nachweis, der als Rissebeschränkung bezeichnet wird, teilt die Kraft des Zugkeiles (s. Abb .6.10) der im Zugkeil liegenden

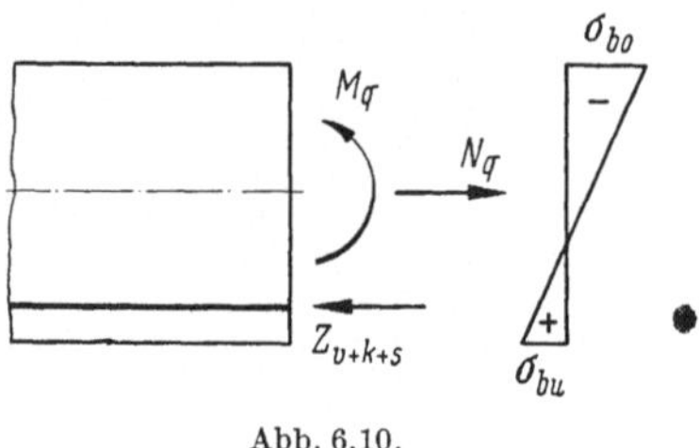

Abb. 6.10.

Spann- bzw. schlaffen Bewehrung zu, wobei im Stahl zulässige Spannungen einzuhalten sind. Das Verfahren der DIN 4227 und die in diesem Kapitel gezeigte genaue Berechnung liefern, solange der Zugkeil klein ist, gut übereinstimmende Ergebnisse im Hinblick auf die zusätzliche Stahlkraft, die mit dem Aufreißen des Querschnittes verbunden ist.

6.5 Formänderungen und Spannungen nach Überschreiten der Rißlast in vorgespannten Stahlbetonbalken ohne Verbund

Die folgenden Untersuchungen sind für die praktische Anwendung von geringerer Bedeutung, weil heute fast alle vorgespannten Tragwerke mit unmittelbarem oder nachträglichem Verbund hergestellt werden. Sie sind jedoch für das bessere Verständnis des Tragverhaltens auch von vorgespannten Trägern *mit* Verbund nützlich. Es wird im folgenden nur der äußerlich statisch bestimmte Träger behandelt, der mit *einem* Spannstrang vorgespannt ist.

Die Berechnung der Spannungen und Verformungen ist im Prinzip ähnlich wie im ungerissenen Zustand (vgl. Abschnitt 6.3). Die Verträglichkeit der Formänderungen erfordert, daß die gesamte Längung des

Stahles und der benachbarten Betonfaser zwischen zwei Ankerstellen gleich groß ist. Aus dieser Verträglichkeitsbedingung konnte beim ungerissenen Betonbalken auf dem Wege einer statisch unbestimmten Rechnung die Stahlkraft berechnet werden, wobei die Verformungen des Betonbalkens, der als statisch bestimmtes Hauptsystem gewählt wurde, elastisch sind. Sobald der Betonquerschnitt gerissen ist, besteht, auch wenn die Spannungen noch elastisch sind, keine Proportionalität mehr zwischen Beanspruchungen und Balkenverformungen; denn die Risse ändern die Gliederung des Systems. Sie reduzieren den „statisch wirksamen Betonquerschnitt" auf die Druckzone des Betonbalkens, wodurch dessen Verformungswiderstand geschwächt wird. Das Ziel der im folgenden gebrachten Rechnung ist es, ähnlich wie in Abschnitt 6.4 die Spannungen σ_{bo} und σ_z an einer Stelle des Balkens und zwar insbesondere an der Stelle der größten Schnittkraft in Funktion dieser Schnittkraft darzustellen. Diese Darstellung kann auch zu einem Spannungsnachweis dienen.

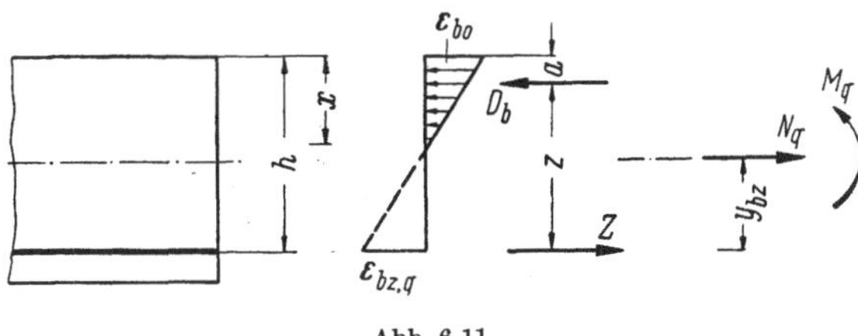

Abb. 6.11.

Die Beanspruchungen eines Betonbalkenquerschnitts sind gekennzeichnet durch eine resultierende exzentrische Betondruckkraft D_b. Die von dieser Druckkraft und der zwischen den Ankern konstanten Stahlkraft Z_{v+q} gebildete Kräftegruppe ist den Schnittkräften N_q und M_q statisch äquivalent (s. Abb. 6.11). Die Formulierung dieser Äquivalenz liefert zunächst zwei Bestimmungsgleichungen für die drei Unbekannten, nämlich die inneren Kräfte Z_{v+q}, D_b und den Hebelarm z (ähnlich wie in Abschnitt 6.4 wollen wir auch hier ausnahmsweise Betondruckspannungen positiv bezeichnen und alle Strecken als Skalare einführen).

1. Statische Äquivalenz der Normalkräfte:

$$Z_{v+q} - D_b = + N_q. \tag{6.26}$$

2. Statische Äquivalenz der Momente, bezogen auf das Zugglied:

$$M_{zq} = M_q - N_q \cdot y_{bz} = D_b \cdot z = (Z_{v+q} - N_q) \cdot z. \tag{6.27}$$

Die dritte Bestimmungsgleichung wird uns durch die Verträglichkeit der Formänderungen geliefert. Dazu müssen wir zunächst einmal Spannungen und Formänderungen am gerissenen Betonbalkenelement unter einer Kraft D_b errechnen, die im Abstand a vom gedrückten Rand angreift. Unterhalb der Rißlast werden sich die Spannungen des Betons noch im elastischen Bereich mit konstantem Elastizitätsmodul befinden. Idealisieren wir wieder die Spannungsverteilung wie in Abschnitt 6.4, indem wir einen ideal gerissenen Betonquerschnitt mit einer linear über die Querschnittshöhe verlaufenden Dehnung und Spannungsverteilung annehmen, dann ergeben sich für den Sonderfall eines rechteckigen Betonquerschnitts folgende Verformungs- und Spannungsgrößen (s. Abb. 6.11)

Druckzonenhöhe:
$$x = 3\,a$$

Betonrandspannung:
$$\sigma_{bo} = \frac{2\,D_b}{b \cdot x}$$

Randstauchung:
$$\varepsilon_{bo} = \frac{\sigma_{bo}}{E_b}$$

Dehnung (auf die Längeneinheit bezogene Rißbreite) der dem Stahl benachbarten Betonfaser:

$$\varepsilon_{bz,\,q} = \varepsilon_{bo}\,\frac{h-x}{x} = \frac{2\,D_b(h-x)}{b\,x^2 \cdot E_b}\,. \tag{6.28}$$

Zur Formulierung der Verträglichkeitsbedingung zwischen Zugband und Betonbalken gehen wir nicht wie gewohnt von einem statisch bestimmten Grundsystem aus, wie z. B. in Abschnitt 6.3 von dem Betonbalken mit gelöstem Zugband; dieses Grundsystem wäre nämlich im vorliegenden Fall nicht tragfähig. Wir formulieren vielmehr die Verträglichkeit der Formänderungen direkt am geschlossenen statisch unbestimmten System, indem wir als unbestimmte Kraft die Betondruckkraft D_b wählen. Zur punktweisen Berechnung der Funktionen $(\sigma_{bo};\,\sigma_z)$ $= f(M_q)$ führen wir ähnlich wie im Abschnitt 6.4 die Druckzonenhöhe als freien Parameter ein und zwar zweckmäßig die Druckzonenhöhe $\max.x$ an der Stelle der größten Beanspruchung. Mit dem gewählten Parameter $\max.x$ liegt auch der Hebelarm $\max.z$ fest. Gehen wir von der vereinfachenden Annahme aus, daß keine Reibung zwischen dem Stahl und dem Beton herrscht, dann ist die Stahlkraft Z — bei konstanter Schnittkraft N_q und gerissenem Querschnitt auch die Betondruckkraft D_b — unabhängig von der Längenkoordinate s des Balkens und der innere Hebelarm $z(s)$ ändert sich proportional zu dem Moment $M_z(s)$:

$$z(s) = \max z\,\frac{M_z(s)}{\max M_z}\,. \tag{6.29}$$

Damit ist die Lage der Druckkraft D_b und $x(s)$ über den ganzen Balken bekannt. Mit Hilfe der Gl. (6.28) können wir dann die Dehnung $\varepsilon_{bz,1}$ der dem Stahl benachbarten Betonfaser unter einer Kraft $D_b(s) = 1$ errechnen. Dabei ist zu beachten, daß im allgemeinen Fall Teile des

Balkens ungerissen sind und somit $\varepsilon_{bz,1}$ über die Risse und die ungerissenen Betonfasern gemittelt ist. Es ist

$$E_b \cdot F_b \cdot \varepsilon_{bz,1} = -1 - \frac{y_{bz} \cdot (y_{bo} + a)}{i_b^2} \, . \qquad (6.28\,\text{a})$$

(y_{bo} mit Vorzeichen einsetzen!)

Die gesamte Längung der dem Stahl benachbarten Betonfaser von der Länge l zwischen den Ankern a und b unter einer Kraft $D_b(s) = 1$ errechnet sich daraus zu

$$\delta_{bz,1} = \int\limits_a^b \varepsilon_{bz,1} \cdot ds \, . \qquad (6.30)$$

Die Integration wird man im allgemeinen numerisch durchführen. Die Längung der dem Stahl benachbarten Betonfaser ist somit $\delta_{bz,v+q} = D_b \cdot \delta_{bz,1}$, diejenige der Stahlfaser gemessen gegen den unverformten Beton

$$\delta_{z,q} = l \cdot (Z_{q+v}/E_z F_z - \varepsilon_{zv}^{(0)}) = \frac{l}{E_z \cdot F_z} (Z_{v+q} - Z_v^{(0)}) \qquad (6.31)$$

Die Verträglichkeit der Formänderungen erfordert, daß beide Längungen gleich sind. Unter Berücksichtigung der Gl. (6.26) erhält man schließlich die Gleichung

$$Z_{v+q} = \frac{Z_{vo}^{(0)} - N_q \dfrac{\delta_{bz,1} \cdot E_z \cdot F_z}{l}}{1 - \dfrac{\delta_{bz,1} \cdot E_z \cdot F_z}{l}} \, , \qquad (6.32)$$

aus der Z_{v+q} berechnet werden kann, wenn N_q von M_q unabhängig ist. Mit Hilfe von Z_{v+q} können das Moment M_q sowie die Spannungen σ_{bo} und σ_z berechnet werden.

In Abb. 6.12b wurden die Funktionen $(\sigma_{bo}, \sigma_z, x) = f(M_q)$ für den am stärksten beanspruchten Querschnitt eines parabolisch vorgespannten und mit einer Gleichstreckenlast belasteten Balkens aufgetragen. Der gleiche Querschnitt wurde schon in Abschnitt 6.4 (Abb. 6.07) für den Fall des vollen Verbundes untersucht. Die dort gewonnenen Werte sind in Abb. 6.12b ebenfalls eingetragen, so daß für diesen speziellen Balken der Einfluß des Verbundes auf Spannungen und Verformungen leicht zu erkennen ist. Das Fehlen des Verbundes erhöht bei gleichem Schnittmoment in dem am stärksten beanspruchten Querschnitt die Biegeverformung des Betonbalkens. Dies erkennt man an der gegenüber dem Balken mit vollem Verbund verringerten Druckzonenhöhe x und der dem Betrag nach höheren Randspannungen σ_{bo}. Diese erhöhte Biegebeanspruchung des Betons kann als direkte Folge der gegenüber dem vollen Verbund geringeren Stahlspannung gedeutet werden; denn die erhöhte Stahlkraft beim vollen Verbund entlastet den Betonbalken in

6*

Hinblick auf die Biegung. Die über den ganzen Balken gleich große Stahldehnung ε_{zq} resultiert aus einer gemittelten Dehnung $\varepsilon_{bz,q}$ der dem Stahl benachbarten Betonfaser. Diese gemittelte Stahldehnung ist an

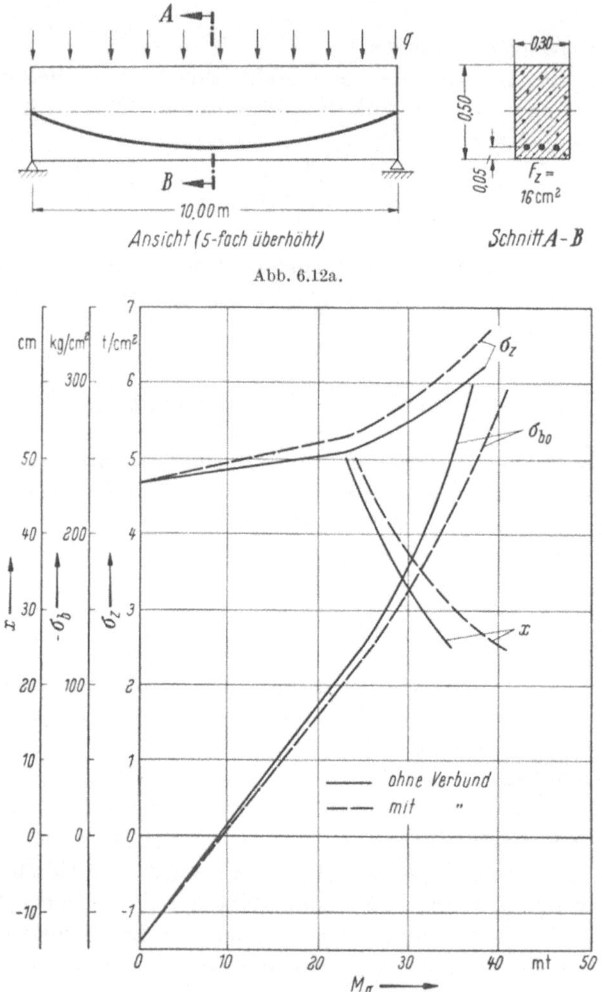

Abb. 6.12a.

Abb. 6.12b. Beton- und Stahlspannungen in Abhängigkeit von M_q.
(statt kg und t lies kp und Mp)

den Stellen der größten Beanspruchungen kleiner, an den Stellen geringer Beanspruchung größer als die Betondehnung $\varepsilon_{bz,q}$. Demgegenüber sind bei vollem Verbund die Dehnungen des Stahles und des benachbarten Betons an jeder Stelle des Balkens gleich groß. Dies hat insbesondere an den Stellen der größten Beanspruchungen größere Stahldehnungen und Stahlspannungen zur Folge, was zu der oben beschriebenen günstigen Entlastung des Betonbalkens führt. Diese Tendenz ist schon im Bereich voller Vorspannung vorhanden. Sie tritt in verstärktem Maße bei aufgerissenem Querschnitt auf. Mit dem Beginn plastischer Verformungen ist sie noch stärker ausgeprägt und hat in der Regel eine gegenüber dem Balken mit vollem Verbund verminderte Bruchlast zur Folge (vgl. Kapitel 9).

6.6 Herstellung der Vorspannung auf der Baustelle unter Berücksichtigung der elastischen Verformungen

Bei Vorspannung ohne Verbund oder mit nachträglichem Verbund werden die Spannglieder durch hydraulische Pressen gespannt. Die durch die Presse eingeleitete Spannkraft kann aus Manometerdruck und Kolbenfläche errechnet werden. Man muß dabei jedoch berücksichtigen, daß die so errechnete Kraft durch Reibungsverluste in Presse und Ankerkörper stets mehr oder weniger gemindert wird. Ferner gibt die Messung der Vorspannkraft allein keine Kontrolle dafür, daß die Vorspannkraft über die ganze Balkenlänge die in der Berechnung zugrunde gelegte Größe hat; denn die Größe der Vorspannkraft über die Balkenlänge wird durch die Reibung beeinflußt. Eine falsche Annahme des Reibungsbeiwertes oder Ausführungsmängel können starke Abweichungen zwischen Rechnung und vorhandener Vorspannkraft im Bauwerk bringen (vgl. S. 59). Solche Abweichungen können durch Vergleich der rechnerischen Ausziehwege nach Gl. (6.14a)—(6.16a) mit den gemessenen Ausziehwegen bei der Pressenkraft Z_{0v} festgestellt werden. Weiterhin ist, wie unten gezeigt, wegen der elastischen Verformungen die Pressenkraft nicht immer identisch mit der Vorspannkraft Z_{0v} der statischen Berechnung. Um den ordnungsgemäßen Ablauf des Spannvorganges zu kontrollieren, ist es aus all diesen Gründen auf jeden Fall erforderlich, Manometerdruck *und* Ausziehwege zu messen. Der Messung des Ausziehweges kommt dabei die größere Bedeutung zu.

Für den Lastfall „Vorspannung" *allein*, der dann eindeutig realisiert ist, wenn keine äußeren Lasten am Tragwerk angreifen, ist die Größe des Ausziehweges durch Gl. (6.14a)—(6.16a) gegeben.

Bei nur *einem* Spannglied wird — unter der Voraussetzung, daß keine weiteren Kräfte angreifen und die Reibung richtig eingesetzt ist — im Tragwerk die rechnerische Vorspannung bei dem errechneten Dehnweg und der Pressenkraft Z_{0v} voll erreicht. Durch die Verformung aus dem Lastfall „Vorspannung" hebt sich das Tragwerk jedoch je nach der elastischen Nachgiebigkeit der Rüstung ganz oder teilweise von dieser ab. Das dadurch zur Wirkung kommende Eigengewicht ruft wieder Verformungen hervor, die denen des Lastfalles „Vorspannung" meist ent-

gegengerichtet sind. Sie beanspruchen den Betonbalken und das frei
gleitende Spannglied (s. Abschnitt 6.3) wie eine Hängewerkkonstruktion.
Bei einem Ausziehweg nach Gl. (6.14a)—(6.16a) gegen den spannungslosen Beton beträgt in diesem Fall die Pressenkraft nicht Z_{0v}, sondern
$Z_{0v} + Z_g$, d. h. die Presse zeigt eine größere Kraft als Z_{0v} an. Die
Kraft Z_g kann gemäß Abschnitt 6.3 durch eine statisch unbestimmte
Rechnung [Gl. (6.19)] ermittelt werden. Die Größenordnung der Kraft
Z_g gegenüber Z_{0v} sei (ohne Reibung) überschläglich abgeschätzt. Mit

$$\text{Vorspannung} \qquad \sigma_{zv} = 8000 \text{ kp/cm}^2$$

$$\text{Betonspannung } \sigma_{bz,g} = \quad 60 \text{ kp/cm}^2$$

$$n = E_z/E_b = 5$$

ergibt sich:

$$\sigma_{zg} \approx 0{,}5 \cdot n \cdot {}_{\max}\sigma_{bz,g} = 150 \text{ kp/cm}^2$$

und

$$Z_g/Z_v = \sigma_{zg}/\sigma_{zv} = 150/8000 \approx 2\%.$$

Bei Stählen mit geringerer Festigkeit kann dieser Wert auf 4 bis 5%
anwachsen. Durch die Reibung wird das freie Gleiten des Spannglieds
beeinträchtigt, und die Kraft Z_g greift dann nicht in voller Größe am
Balkenende an.

Im allgemeinen wird jedoch die Vorspannkraft durch eine größere
Anzahl von Vorspanngliedern erzeugt, die nacheinander gespannt
werden.

Spannt man, ohne Rücksicht auf den Dehnweg, die Einzelglieder mit
einer Kraft Z_{0v}/m (m = Anzahl der Spannglieder) an, so wird die in
Gl. (6.15) angegebene Betonstauchung längs des Spanngliedes erst beim
letzten Spannglied annähernd erreicht (die Einwirkung des beim Vorspannen wach werdenden Eigengewichtes wird später behandelt).
Durch diese schrittweise Stauchung werden die ersten auf Z_{0v}/m angespannten Spannglieder durch die späteren entlastet. Die wirkliche Vorspannkraft ist somit kleiner als die rechnerische, und zwar verhält sich
die Abweichung zur rechnerischen Vorspannkraft etwa wie die mittlere
Betonstauchung zum gesamten Spannweg:

$$\frac{\delta_{bz,v}}{2(\delta_{bz,v} + \delta_{z,v})}.$$

Um eine genaue Übereinstimmung von rechnerischer und eingeleiteter
Vorspannkraft zu erreichen, müßten also bei dieser Praxis die zuerst
angespannten Glieder um einen entsprechenden Betrag überspannt
werden.

Spannt man nur unter Berücksichtigung der rechnerischen Ausziehlänge die Einzelstränge nach Gl. (6.14a) — (6.16a) vor, so muß die
Ausziehlänge jeweils von denjenigen Stellen der Spannglieder aus ge-

rechnet werden, die bei Beginn des Anspannens am Betonrand (Balkenende) gelegen haben, als der Beton noch spannungslos war. Auf der Baustelle kann man diese Spanngliedstellen bei gewissen Spannsystemen dadurch festlegen, daß man zu Beginn des Spannens erst einmal alle Spannglieder kraftschlüssig anzieht und verankert. Nur dann stimmt die rechnerische Spannkraft mit der ins Bauwerk eingeleiteten überein. Die zuerst angespannten Glieder haben zunächst eine größere Spannung als die rechnerische σ_{zv}. Durch die später angespannten Glieder werden sie jedoch wieder auf die rechnerische Spannung entlastet. Mißt man dagegen den Ausziehweg bei den einzelnen Spanngliedern von denjenigen Punkten an, die jeweils mit dem Balkenende zusammenfallen, so ist die eingeleitete gesamte Vorspannkraft größer als die rechnerische; denn wegen der Betonstauchungen beim Anspannen wandern diejenigen Spanngliedstellen, die im spannungslosen Zustand des Balkens mit dem Balkenende zusammenfielen, nach außen. Die unter diesen Umständen eingeleitete gesamte Vorspannkraft hat die gleiche Abweichung gegenüber der rechnerischen wie oben, nämlich

$$\frac{\delta_{bz,v}}{2\,(\delta_{bz,v} + \delta_{z,v})}\,.$$

Wie schon gezeigt, wird wegen der Verformungen aus dem Lastfall „Vorspannung" das Tragwerk beim Anspannen ganz oder teilweise durch Eigengewicht beansprucht. Bei dem zuerst angespannten Spannglied ist diese Beanspruchung noch Null, bei den letzten ist unter Umständen die volle Spannung aus Eigengewicht im Balken vorhanden. Sie bewirkt in diesem Falle eine Verlängerung der Spanngliedachse um den Betrag

$$\delta_{bz,g} = \frac{1}{E_b} \int \sigma_{bz,g} \cdot dx\,.$$

Das hat bei mehreren Spannsträngen zur Folge, daß bei den zuletzt angespannten Strängen diejenigen Spanngliedstellen, die zu Beginn des Spannens am Betonrand gelegen haben, nach dem Balkeninneren geschoben werden, wenn nicht, wie oben erwähnt, die Spannglieder zunächst kraftschlüssig angezogen und verankert werden. Berücksichtigt man diese Verschiebung der Spanngliedenden nicht, so wird ähnlich wie oben die eingeleitete Spanngliedkraft gegenüber der rechnerischen um den Betrag

$$\frac{\delta_{bz,g}}{2\,(\delta_{bz,v} + \delta_{z,v})}$$

zu klein.

Diese Abweichungen zwischen rechnerischer und eingeleiteter Vorspannkraft bei mehreren Spanngliedern, die bei Nichtbeachtung der Betonverformungen entstehen, betragen wegen der im Verhältnis zu den Stahldehnungen geringen Betonverformungen maximal je etwa 3 bis 5%.

Da die Betonverformungen aus Vorspannungs- und Eigengewichtsmoment jedoch entgegengesetztes Vorzeichen haben, ist der Fehler insgesamt kleiner.

6.7 Zusammenstellung der Gleichungen für die Spannungsermittlung unter Gebrauchslast

Für die praktische Rechnung sind hier nochmals die Gleichungen für die Spannungsermittlung unter Gebrauchslast zusammengestellt:
(Zustand I, ungerissene Zugzone).

1. Vorspannung mit Verbund (Spannbettvorspannung).

1 a. Betonspannungen (Spannglied bzw. Zugzone unten):

$$\sigma_{bo} = - \frac{Z_v^{(0)}}{F_i} + \frac{Z_v^{(0)} \cdot y_{iz}}{W_{io}} + \frac{N_q}{F_i} - \frac{M_q}{W_{io}} \, ,$$

$$\sigma_{bu} = - \frac{Z_v^{(0)}}{F_i} - \frac{Z_v^{(0)} \cdot y_{iz}}{W_{iu}} + \frac{N_q}{F_i} + \frac{M_q}{W_{iu}} \, .$$

Hierin N_q als Druckkraft negativ einsetzen.

1 b. Stahlspannungen:

$$\sigma_z = \frac{Z_v^{(0)}}{F_z} + n \cdot \sigma_{bz,v} + n \cdot \sigma_{bz,q} \, .$$

Hierin σ_{bz} als Druckspannung negativ einsetzen.

2. Vorspannung mit nachträglichem Verbund

2 a. Betonspannungen

(g **vor** Herstellen des Verbundes; q Lasten **nach** Herstellen des Verbundes):

$$\sigma_{bo} = - \frac{Z_v}{F_b} + \frac{Z_v \cdot y_{bz}}{W_{bo}} + \frac{N_g}{F_b} - \frac{M_g}{W_{bo}} + \frac{N_q{}^1)}{F_i} - \frac{M_q{}^1)}{W_{io}} \, .$$

[1] Hier wird auch genähert F_b bzw. W_{bo} eingesetzt. N als Druckkraft negativ einsetzen.

$$\sigma_{bu} = - \frac{Z_v}{F_b} - \frac{Z_v \cdot y_{bz}}{W_{bu}} + \frac{N_g}{F_b} + \frac{M_g}{W_{bu}} + \frac{N_q{}^1)}{F_i} + \frac{M_q{}^1)}{W_{iu}} \, .$$

[1] Hier wird auch genähert F_b bzw. W_{bu} eingesetzt. N als Druckkraft negativ einsetzen.

2 b. Stahlspannungen

$$\sigma_z = \frac{Z_v}{F_z} + n \cdot \sigma_{bz,q} \, .$$

7. Formänderungen und Spannungen aus Kriechen und Schwinden

Ursache und Größe der plastischen Kriech- und Schwindverformungen des Betons sind in Abschnitt 2.1 anhand eines zentrisch beanspruchten Prismas ausführlich dargestellt. Was die Kriechverformungen des Betons betrifft, so haben wir das für die praktische Rechnung wichtige Ergebnis gewonnen, daß wir diese als das φ-fache der elastischen Verformung aus einer ständig wirkenden Spannung deuten können. Wir übertragen dieses Ergebnis auf die Verformungen eines Balkenelementes. Zur Zeit $t = t_1$ ergeben sich für das Balkenelement ds infolge der dauernd wirkenden Schnittkräfte N_{bd} und M_{bd} folgende elastische Formänderungen.

Längenänderung
$$\varepsilon_d \cdot ds = \frac{N_{bd}}{E_b \cdot F_b} \cdot ds$$

Biegewinkel
$$\chi_d \cdot ds = \frac{M_{bd}}{E_b \cdot I_b} \cdot ds \,.$$

Die Verzerrungen, die durch Kriechen in einem Zeitdifferential dt vor sich gehen, sind, wenn $\varphi(t)$ als Kriechfunktion eingeführt wird,

$$d\varepsilon_k = \frac{N_{bd}}{E_b \cdot F_b} \cdot d\varphi \,, \qquad d\chi_k = \frac{M_{bd}}{E_b \cdot I_b} \cdot d\varphi \,,$$

wobei unter $\varphi(t) = \varphi(t)^{(1)}$, d. h. die Kriechfunktion mit dem Ursprung zur Zeit $t = t_1$ zu verstehen ist. Zur Abkürzung wird anstelle von $\frac{d\varphi}{dt} \cdot dt$ in den nachstehenden Formeln $d\varphi$ geschrieben [vgl. auch Bemerkung zu Gl. (2.03), Abschnitt 2.1].
Infolge des Kriechens in der Zeit von $t = t_1$ bis $t = T$ erleidet das Element ds die Formänderungen

$$\varepsilon_k \cdot ds = \frac{N_{bd}}{E_b \cdot F_b} \cdot ds \cdot \int_{t=t_1}^{t=T} d\varphi \,, \qquad \chi_k \cdot ds = \frac{M_{bd}}{E_b \cdot I_b} \cdot ds \cdot \int_{t=t_1}^{t=T} d\varphi \,,$$

wobei $d\varphi$ das dem Zeitdifferential dt zugeordnete Kriechdifferential ist; für die Zeit $t = T$ ergeben sich die gesamten Formänderungen aus Elastizität und Kriechen zu

$$(\varepsilon_d + \varepsilon_k) \cdot ds = \frac{N_{bd}}{E_b \cdot F_b} \cdot ds \cdot \left(1 + \int\limits_{t=t_1}^{t=T} d\varphi\right) = \varepsilon_d \cdot ds \cdot \left(1 + \int\limits_{t=t_1}^{t=T} d\varphi\right)$$

$$(\chi_a + \chi_k) \cdot ds = \frac{M_{bd}}{E_b \cdot I_b} \cdot ds \cdot \left(1 + \int\limits_{t=t_1}^{t=T} d\varphi\right) = \chi_a \cdot ds \cdot \left(1 + \int\limits_{t=t_1}^{t=T} d\varphi\right) \cdot$$

Das Kriechen übt auf das Kräftespiel im Bauwerk eine Wirkung aus, die man, insoweit ähnlich dem Schwinden, in zwei Gruppen aufteilen kann: die Umlagerungen der inneren Kräfte des Querschnitts bei gleichbleibenden Schnittkräften (primäre Kriech- und Schwindspannungen = Eigenspannungen im Querschnitt) und die Entstehung zusätzlicher Auflagerreaktionen (sekundäre Kriech- und Schwindspannungen = Systemspannungen). Die letztere Wirkung ist nur in Bauteilen statisch unbestimmter Systeme möglich, wenn man hier von Berechnungen nach Theorie II. Ordnung absieht.

7.1 Vorspannung eines statisch bestimmten Tragwerkes mit einem einzelnen Spannglied

7.1.1 Vorspannung ohne Verbund

Zur Berechnung des Stahlkraftverlustes in einem vorgespannten, statisch bestimmt gelagerten Balken ohne Verbund durch Kriechen und Schwinden gehen wir in ähnlicher Weise vor wie bei der Berechnung der Stahlkraft infolge äußerer Beanspruchungen (s. Abschnitt 6.3). Wir denken uns zur Zeit t den Stahl an einer der beiden Ankerstellen ein Zeitdifferential dt lang von dem Anker gelöst (Abb. 7.01) und nehmen an, daß die Schnittkraft des Stahles von einer Spannpresse übernommen wird, die eine freie Verschiebung zwischen Stahl und Ankerkörper ermöglicht. Die Spannpresse stützt sich am Ankerkörper ab. Der Betonbalken stellt ein statisch bestimmtes Hauptsystem dar, an dessen Querschnitten die Balkenschnittkräfte aus den dauernd wirkenden Lasten und die Stahlkraft angreifen. Sie rufen den elastischen Spannungen proportionale Kriechverformungen hervor, die einen elastischen Eigenspannungszustand zwischen Beton und Stahl zur Folge haben, der die Verträglichkeit der Formänderungen am Ende des Zeitdifferentiales dt wiederherstellt. In dem der Zeit t folgenden Zeitdifferential dt, dem ein Kriechdifferential $d\varphi$ des Betons zugeordnet ist, tritt insgesamt eine Verschiebung zwischen Stahl und Ankerkörper ein, die durch folgende Einzelwirkungen bedingt ist:

① Kriechverzerrungen unter der dauernd wirkenden Last (M_d), (N_d),

② Kriechverzerrungen unter der Spanngliedkraft Z_{v+d} und $Z_{k+s}(t)$,

③ Schwindverzerrungen,

④ Elastische Betonverzerrungen unter der Kraft dZ_{k+s},

⑤ Kriechverzerrungen unter der Kraft dZ_{k+s},

⑥ Elastische Stahlverzerrungen unter der Kraft dZ_{k+s}.

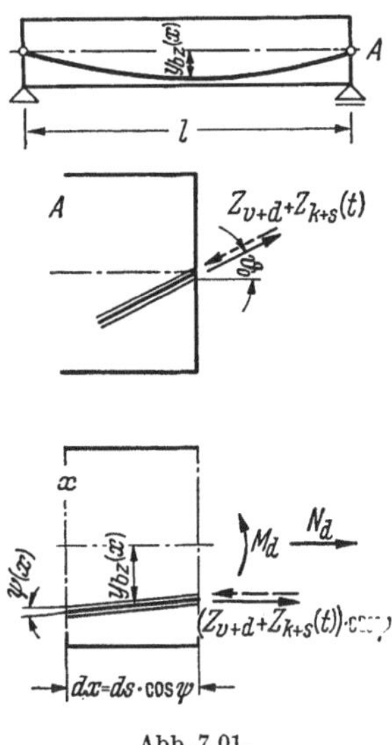

Abb. 7.01.

Die Verschiebungen im Punkt A erhält man durch Summieren der
Längenänderungen der Stahlfaser längs des Spanngliedes und der diesem benachbarten Betonfaser. Verlängerungen (infolge Zugspannungen)
erhalten positives, Verkürzungen (infolge Druckspannungen) erhalten
negatives Vorzeichen. Wegen der Reibungseinflüsse ist die Kraft
$Z_{v+d} + Z_{k+s}(t)$ auch eine Funktion der Ordinate x des Balkens. Für
die praktische Berechnung dürfte es jedoch genügen, von einer über die
Balkenlänge gemittelten Vorspannkraft Z auszugehen.

Zur Berechnung der Verformungen werden die gleichen vereinfachen-
den Annahmen getroffen wie in Abschnitt 6.1 ($\sigma_{bz} = \sigma_x$, $\cos \psi = 1$), ferner wird gesetzt:

$$\varepsilon_s(t) = \frac{\varepsilon_{s,\infty}}{\varphi_\infty} \cdot \varphi(t) = c \cdot \varphi(t) \,,$$

d. h. die Verzerrungen aus Schwinden und Kriechen werden über die
Zeit affin angenommen. Wegen der Verträglichkeit der Formänderungen

im Punkt A muß in jedem Zeitelement dt die Verschiebung von Stahl und Ankerkörper gleich groß sein:

$$\overset{\text{①}}{\overbrace{d\varphi \cdot \int \left(\frac{M_d \cdot y_{bz}}{E_b \cdot I_b} + \frac{N_d}{E_b \cdot F_b}\right) \cdot dx}} - \overset{\text{②}}{\overbrace{(Z_{v+d} + Z_{k+s}) \cdot d\varphi \cdot \left(\int \frac{y_{bz}^2 \cdot dx}{E_b \cdot I_b} + \int \frac{dx}{E_b \cdot F_b}\right)}} +$$

$$+ \overset{\text{③}}{\overbrace{\frac{\varepsilon_{s,\infty}}{\varphi_\infty} \cdot l \cdot d\varphi}} - \overset{\text{④}}{\overbrace{dZ_{k+s} \cdot \left(\int \frac{y_{bz}^2 \cdot dx}{E_b \cdot I_b} + \int \frac{dx}{E_b \cdot F_b}\right)}} -$$

$$- \overset{\text{⑤}}{\overbrace{dZ_{k+s} \cdot d\varphi \cdot \left(\int \frac{y_{bz}^2 \cdot dx}{E_b \cdot I_b} + \int \frac{dx}{E_b \cdot F_b}\right)}} = \overset{\text{⑥}}{\overbrace{dZ_{k+s} \cdot \int \frac{dx}{E_z \cdot F_z}}} \cdot \qquad (7.01)$$

Der Ausdruck ⑤ wird von 2. Ordnung klein und fällt weg.

Die in Gl. (7.01) eingeführte Kriechfunktion φ gilt für Beanspruchungen, die zu dem Zeitpunkt des Aufbringens der Dauerlast $t = t_1$ in den Querschnitt eingeleitet wurden und dann ständig wirken. Wie in Abschnitt 2.1 näher dargelegt, gelten für später zu einem Zeitpunkt t_n hinzukommende Beanspruchungen jeweils verschiedene Kriechfunktionen $\varphi^{(n)}$, deren dem Zeitdifferential dt zugeordnetes Kriechdifferential $d\varphi^{(n)}$ größer ist als $d\varphi^{(1)}$. Term 2 von Gl. (7.01) enthält mit Z_{k+s} eine kriecherzeugende Kraft, die als $\int dZ_{k+s}$, d. h. Summe aller dZ_{k+s}, aufzufassen ist. Jedes Stahlkraftdifferential erzeugt im Zeitdifferential dt eine differentielle Kriechverschiebung $dZ(t_n) \cdot d\varphi^{(n)} \cdot \left(\int \frac{y_{bz}^2}{E_b I_b} dx + \int \frac{dx}{E_b F_b}\right)$. Zur Vereinfachung der Summation dieser differentiellen Kriechverschiebungen wurde angenähert statt $d\varphi^{(n)}$ das Kriechdifferential $d\varphi^{(1)}$ eingesetzt. Dies ist insofern berechtigt, als die Stahlkraft Z_{k+s} im Verhältnis zur Stahlkraft Z_{v+d} klein ist. Insgesamt wird durch diese Näherung die Stahlkraft Z_{k+s} zu groß eingeschätzt. Bei singulären Lastsprüngen kann es sich jedoch empfehlen, die Überlagerung der Kriechverformungen nach den in Kapitel 2 dargelegten Regeln vorzunehmen.

Wir führen in die Differentialgleichung (7.01) die Verschiebungsgrößen

$$\delta_{bz,1} = -\int \frac{y_{bz}^2 \cdot dx}{E_b \cdot I_b} - \int \frac{dx}{E_b \cdot F_b}$$

$$\delta_{z1} = -\int \frac{dx}{E_z \cdot F_z}$$

$$\delta_{bz,a} = -\int \left(\frac{M_d \cdot y_{bz}}{E_b \cdot I_b} + \frac{N_d}{E_b \cdot F_b}\right) dx$$

$$\delta_{bz,s} = \varepsilon_{s\,\infty} \cdot l \quad (\varepsilon_{s\,\infty} \text{ hat stets einen negativen Wert})$$

ein und dividieren noch durch $d\varphi$. Wir erhalten dann folgende Form:

$$\frac{dZ_{k+s}}{d\varphi} \cdot (\delta_{bz,1} + \delta_{z1}) + (Z_{v+d} + Z_{k+s}) \cdot \delta_{bz,1} + \delta_{bz,s}/\varphi_\infty + \delta_{bz,a} = 0$$

Wir dividieren diese Differentialgleichung noch durch $\delta_{bz,1} + \delta_{z1} = \delta_1$ und erhalten in abgekürzter Schreibweise:

$$\frac{dZ_{k+s}}{d\varphi} + (Z_{v+d} + Z_{k+s}) \cdot \overline{\alpha} - \frac{1}{\varphi_\infty} \overline{Z}_s - Z_d = 0 \qquad (7.01\,\text{a})$$

Der Faktor $\bar{\alpha} = \delta_{bz,1}/(\delta_{bz,1} + \delta_{z1})$ ist ein von der Belastung unabhängiges Steifigkeitsverhältnis, $Z_d = -\delta_{bz,d}/(\delta_{bz,1} + \delta_{z1})$ die zum Zeitpunkt der Lastaufbringung t_1 entstehende Stahlkraft aus den äußeren ständig wirkenden Lasten. $\overline{Z}_s = -\varepsilon_{s,\infty} \cdot l/(\delta_{bz,1} + \delta_{z1})$ stellt schließlich die fiktive elastische Stahlkraft dar, die entstünde, wenn zum Belastungsbeginn die volle Schwindverkürzung einträte.

Die Lösung der Differentialgleichung lautet:

$$Z_{k+s} = C \cdot e^{-\bar{\alpha}\,\varphi} - Z_v + \frac{1-\bar{\alpha}}{\bar{\alpha}}\, Z_d + \frac{1}{\bar{\alpha} \cdot \varphi_\infty}\, \overline{Z}_s \,. \tag{7.02}$$

Die Konstante C läßt sich aus der Anfangsbedingung wie folgt ermitteln:

Zur Zeit $t = t_1$ ist $\varphi = 0$ und $Z_{k+s} = 0$.

Daraus folgt:

$$Z_{k+s} = (1 - e^{-\bar{\alpha}\,\varphi}) \cdot \left(-Z_v + \frac{1-\bar{\alpha}}{\bar{\alpha}}\, Z_d + \frac{1}{\bar{\alpha} \cdot \varphi_\infty}\, \overline{Z}_s \right) \cdot \tag{7.03}$$

Die Stahlkraft Z_{k+s} wird von der Vorspannung im abnehmenden, von der Dauerlast in der Regel im zunehmenden Sinne — nämlich dann, wenn das Spannglied in der Zugfaser liegt — beeinflußt. Vom Schwinden erfolgt ebenfalls eine Änderung im abnehmenden Sinne; denn $\overline{Z}_s$ ist ebenso wie ε_s immer negativ. Insgesamt stellt Z_{k+s} einen negativen Wert dar. Die Stahlkraft Z_{k+s} ruft im Beton Spannungen von der Größe

$$\sigma_{b,k+s} = -\frac{Z_{k+s}}{F_b}\left(1 + \frac{y_{bz} \cdot y_b}{i^2} \right)$$

hervor, die bei einsträngiger Vorspannung den Spannungen σ_{bv} entgegengesetzt sind. Die Stahlkraft Z_{k+s} kommt daher einem Verlust an Vorspannkraft gleich. Z_{k+s} wird in der Praxis auf die Vorspannung bezogen und man bezeichnet die Summe $Z_v + Z_{k+s,\infty}$ als $Z_{v,\infty}$. In der Regel wird man den Koeffizienten $\bar{\alpha}$ und die Stahlkraft Z_d durch numerische Integration bestimmen (z. B. nach der Simpsonschen Regel).

7.1.2 Vorspannung mit Verbund

Bei Vorspannung ohne Verbund ist, sieht man vom Einfluß der Reibung ab, der Verlust an Vorspannkraft ebenso wie diese selbst über die ganze Länge konstant. Bei Verbund ändert sich der Spannungsverlust über die Stablänge und kann in einzelnen Querschnitten, wie nachfolgend gezeigt, ermittelt werden.

Man setzt wieder die Normalspannung σ_{bz}, die in der dem Spannglied benachbarten Betonfaser in Richtung des Spanngliedes wirkt, der Spannung σ_x gleich, ferner $\cos\psi = 1$. Für die folgende Rechnung gehen wir vom gleichen Modell wie in Abschnitt 7.1.1 aus, wobei wir jedoch jetzt an Stelle des ganzen Balkens nur ein Balkenelement der Länge 1 betrachten (s. Abb. 7.02).

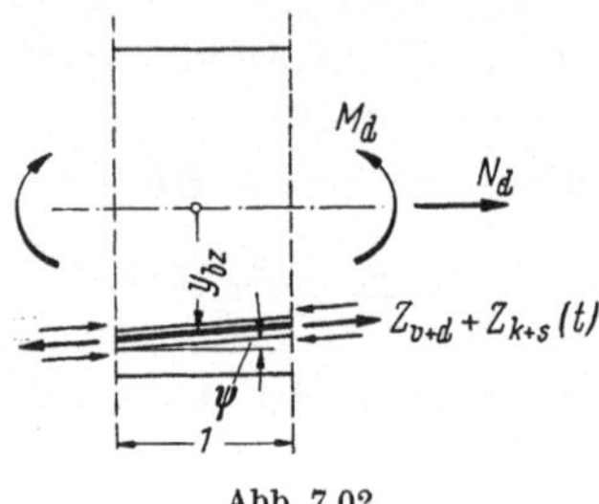

Abb. 7.02.

Die Verträglichkeit der Formänderungen der Stahl- und der Betonfaser in der Vorspannachse erfordert an jeder Stelle x:

$$d\varphi \cdot \left(\frac{M_d \cdot y_{bz}}{E_b \cdot I_b} + \frac{N_d}{E_b \cdot F_b}\right) - (Z_{v+d} + Z_{k+s}) \cdot d\varphi \cdot \left(\frac{y_{bz}^2}{E_b \cdot I_b} + \frac{1}{E_b \cdot F_b}\right)$$

$$+ \frac{\varepsilon_{s,\infty}}{\varphi_\infty} \cdot d\varphi - dZ_{k+s} \cdot \left(\frac{y_{bz}^2}{E_b \cdot I_b} + \frac{1}{E_b \cdot F_b}\right) = dZ_{k+s} \cdot \frac{1}{E_z \cdot F_z} \cdot \qquad (7.04)$$

Gl. (7.04) kann nach Multiplikation mit $-E_b F_b / d\varphi$ auf folgende Form gebracht werden:

$$\frac{dZ_{k+s}}{d\varphi}\left(1 + \frac{y_{bz}^2}{i^2} + \frac{F_b}{n \cdot F_z}\right) + (Z_{v+d} + Z_{k+s}) \cdot \left(1 + \frac{y_{bz}^2}{i^2}\right)$$

$$- \frac{\varepsilon_{s,\infty}}{\varphi_\infty} E_b \cdot F_b - \frac{M_d \cdot y_{bz}}{i^2} - N_d = 0 \qquad (7.04\,\mathrm{a})$$

Indem wir diese Gleichung noch durch den Faktor des ersten Terms dividieren, erhalten wir die gleiche Form wie bei Gl. (7.01 a)

$$\frac{dZ_{k+s}}{d\varphi} + (Z_{v+d} + Z_{k+s}) \cdot \alpha - \frac{1}{\varphi_\infty} \cdot \overline{Z}_s - Z_d = 0 . \qquad (7.04\,\mathrm{b})$$

Darin bedeuten:

$$\alpha = \frac{1 + y_{bz}^2/i^2}{1 + y_{bz}^2/i^2 + F_b/n \cdot F_z}$$

$$Z_d = \left(\frac{M_d \cdot y_{bz}}{i^2} + N_d\right)\bigg/\left(1 + \frac{y_{bz}^2}{i^2} + \frac{F_b}{n \cdot F_z}\right)$$

$$\overline{Z}_s = \varepsilon_{s,\infty} \cdot E_b \cdot F_b \bigg/\left(1 + \frac{y_{bz}^2}{i^2} + \frac{F_b}{n \cdot F_z}\right) \cdot$$

Der Wert α ist mit demjenigen der Gl. (6.13) identisch. Die Faktoren der Gl. (7.04 a) können wir als dimensionslose Verschiebungsgrößen für ein

Balkenstück von der Länge eins deuten. Die Stahlkräfte Z_d und $\overline{Z}_s$ lassen sich dann in gleicher Weise herleiten wie in Abschnitt 7.1.1.

Die Lösung der Differentialgleichung (7.04 b) ist formal die gleiche wie bei fehlendem Verbund (Abschnitt 7.1.1):

$$Z_{k+s} = (1 - e^{-\alpha\varphi}) \cdot \left[-Z_v + \frac{1-\alpha}{\alpha} Z_d + \frac{1}{\alpha \cdot \varphi_\infty} \overline{Z}_s \right]. \qquad (7.05)$$

$\overline{Z}_s$ ist negativ, da die Schwindverkürzung eine Stahldruckkraft zur Folge hat. Die Stahlkraft Z_{k+s} ruft im Beton Spannungen von der Größe

$$\sigma_{b,k+s} = -\frac{Z_{k+s}}{F_b} \left(1 + \frac{y_{bz} \cdot y_b}{i_b^2} \right)$$

hervor. Ebenso wie bei Vorspannung ohne Verbund können wir die Stahlkraft Z_{k+s} als einen Verlust an Vorspannkraft auffassen.

Bei Vorspannung mit Verbund ist es meist zweckmäßig, statt mit Kräften mit Spannungen zu arbeiten. Indem wir Gl. (7.05) durch F_z dividieren, erhalten wir:

$$\sigma_{z,k+s} = (1 - e^{-\alpha\varphi}) \cdot \left[-\sigma_{zv} + \frac{1-\alpha}{\alpha} \sigma_{zd} + \frac{1-\alpha}{\alpha} \cdot \frac{\varepsilon_{s,\infty} \cdot E_z}{\varphi_\infty} \right]. \qquad (7.05\,\text{a})$$

Die Umwandlung des letzten Gliedes der Klammer läßt sich auf folgende Weise einfach erklären: Soll sich eine unbehinderte Schwindverkürzung des Betons einstellen, so muß auf den Stahl eine Kraft $\overline{Z}_s^{(0)} = \varepsilon_s \cdot E_z \cdot F_z$ ausgeübt werden, die den Charakter einer Spannbettkraft hat. Löst man diese Spannbettkraft aus, so vermindert sich gemäß Gl. (6.10a) die Stahlkraft — auf die Einheit bezogen — um den Teil α, so daß wir $\overline{Z}_s = \overline{Z}_s^{(0)} (1 - \alpha)$ erhalten.

Für die praktische Berechnung vorteilhaft und für das Verständnis einfacher ist es, mit „kriecherzeugenden" Betonspannungen neben der Stahlfaser zu arbeiten:

$$\sigma_{z,k+s} = (1 - e^{-\alpha\varphi}) \cdot \frac{1-\alpha}{a} \cdot n \cdot \left[\sigma_{bz,v} + \sigma_{bz,d} + \frac{\varepsilon_{s,\infty} \cdot E_b}{\varphi_\infty} \right]. \qquad (7.05\,\text{b})$$

Die Umwandlung des ersten Gliedes der Klammer läßt sich in ähnlicher Weise erklären wie oben, wenn wir Gl. (6.10a) in folgender Weise umschreiben:

$$\frac{Z_v}{Z_v^{(0)} - Z_v} = \frac{1-\alpha}{\alpha} = \frac{F_z \cdot \sigma_{zv}}{-F_z \cdot n \cdot \sigma_{bz,v}} = \frac{\sigma_{zv}}{-n \cdot \sigma_{bz,v}}.$$

$$\text{Hieraus:} \quad 1 - \alpha = \frac{\sigma_{zv}}{\sigma_{zv} - n \cdot \sigma_{bz,v}}. \qquad (7.06)$$

Die Betonspannungen bzw. Dehnungen müssen mit ihren Vorzeichen, also Zug und Verlängerung positiv, eingesetzt werden ($\varepsilon_{s,\infty}$ ist immer negativ!). Für die praktische Rechnung wird oft die Berechnung der

Steifigkeitswerte α als lästig empfunden. Man kann sie vermeiden, indem man im Bereich kleiner Werte $\alpha\varphi$ die Reihenentwicklung

$$1 - e^{-\alpha\varphi} = \alpha\varphi - \frac{(\alpha\varphi)^2}{2} + \cdots$$

in Gl. (7.05b) einführt. Berücksichtigt man nur das lineare Glied $\alpha\varphi$ der Reihe, dann erhält man mit (7.06):

$$\sigma_{z,k+s} = \frac{\sigma_{zv}}{\sigma_{zv} - n\,\sigma_{bz,v}} \cdot n \cdot \varphi \cdot \left[\sigma_{bz,v} + \sigma_{bz,d} + \frac{\varepsilon_{s,\infty} \cdot E_b}{\varphi_\infty}\right] \cdot \qquad (7.07)$$

Das nicht berücksichtigte quadratische Glied der Reihenentwicklung bringt, auf $\sigma_{z,k+s}$ bezogen, den Beitrag $R_2 = -\dfrac{\alpha\varphi}{2}$. Nimmt man auch das quadratische Glied mit, so erhält man mit

$$1 - e^{-\alpha\varphi} \approx \alpha\varphi \cdot \left(1 - \frac{\alpha\varphi}{2}\right) \approx \frac{\alpha\varphi}{1 + \dfrac{\alpha\varphi}{2}}$$

und

$$(\sigma_{zv} - n \cdot \sigma_{bz,v}) \cdot \left(1 + \frac{\alpha\varphi}{2}\right) = \sigma_{zv} - n \cdot \sigma_{bz,v} \cdot \left(1 + \frac{\varphi}{2}\right)$$

$$\sigma_{z,k+s} = \frac{\sigma_{zv} \cdot n \cdot \varphi}{\sigma_{zv} - n \cdot \sigma_{bz,v} \cdot (1 + \varphi/2)} \cdot \left[\sigma_{bz,v} + \sigma_{bz,d} + \frac{\varepsilon_{s,\infty} \cdot E_b}{\varphi_\infty}\right] \cdot \qquad (7.07\,\text{a})$$

Das nicht berücksichtigte Glied dritten Grades der Reihenentwicklung bringt auf $\sigma_{z,k+s}$ bezogen den Beitrag $R_3 = -\dfrac{(\alpha\varphi)^2}{12}$. Die Gl. (7.07a) ist für die praktische Berechnung allgemein zu empfehlen. Die damit gewonnenen Ergebnisse stimmen in fast allen praktisch vorkommenden Fällen sehr genau mit der exakten Lösung der Differentialgleichung überein. Die Verwendung einer Näherungslösung ist besonders deswegen angebracht, weil die Differentialgleichung (7.04) selbst nur von einer Näherung ausgeht (vgl. Abschnitt 7.1.1). Die gute Übereinstimmung der Gln. (7.05b) u. (7.07a) zeigt folgender spezieller Fall: Es sei $\varphi_\infty = 2$, $n = 6$, $\mu = 1\%$, Rechteckquerschnitt mit $y_{bz} = 0,4\,d$. Die angenäherte Gl. (7.07) gibt in diesem Fall den Spannungsverlust 16% zu groß, die Gl. (7.07a) nur $0,6\%$ zu groß an. Auf die Vorspannkraft bezogen ist der Fehler wesentlich kleiner, da der Spannkraftverlust in der Regel nur etwa 10 bis 15% der Vorspannkraft beträgt. Ist der Bewehrungsprozentsatz gering, dann wird der Faktor $\sigma_{zv}/(\sigma_{zv} - n \cdot \sigma_{bz,v})$ in Gl. (7.07) etwa eins; der Stahlspannungsverlust ist dann angenähert $n \cdot \varphi$ der kriecherzeugenden Betonspannung.

Die Form der Gl. (7.07a) kann man auch direkt aus der Differentialgleichung (7.04) gewinnen. Wir multiplizieren sie zunächst mit E_b. Die

Faktoren stellen dann elastische Spannungen dar. Damit läßt sich Gl. (7.04) in folgender Form schreiben:

$$\left[\frac{d\varphi}{dt}\cdot\sigma_{bz,d}+\frac{d\varphi}{dt}\cdot\left(\sigma_{bz,v}+\sigma_{bz,k+s}(t)\right)+\frac{d\varphi}{dt}\cdot\frac{\varepsilon_{s,\infty}\cdot E_b}{\varphi_\infty}\right.$$

$$\left.+\frac{d\sigma_{bz,k+s}(t)}{dt}-\frac{d\sigma_{z,k+s}(t)}{n\cdot dt}\right]\cdot dt=0\,. \qquad (7.08)$$

(In dem ersten Term ist der Einfluß der Stahlkraft Z_d schon enthalten.) Bei einem einsträngigen Spannglied übt jede Stahlkraft bzw. Spannung, unabhängig vom Lastfall, auf den sie zurückzuführen ist, die gleiche Wirkung auf den Beton aus. Dies erlaubt uns, folgende Beziehung anzuschreiben:

$$\sigma_{bz,k+s}=\frac{\sigma_{z,k+s}}{\sigma_{zv}}\cdot\sigma_{bz,v}\,.$$

Wir führen sie in Gl. (7.08) ein, in der $\sigma_{bz,k+s}$ bzw. deren Differentialquotient nach der Zeit als Unbekannte auftreten. $\sigma_{bz,k+s}$ ist zum Belastungsbeginn $t=t_1$ Null und nimmt zum Zeitpunkt $t=\infty$ seinen Größtwert $\sigma_{bz,k+s,\infty}$ an. Diese Spannung ist im Vergleich zu den übrigen Spannungen klein. Wir können deshalb ohne großen Fehler an Stelle der zeitabhängigen Spannung $\sigma_{bz,k+s}^{(t)}$ im dritten Term der Gl. (7.08) die über den Zeitraum $t=t_1$ bis $t=T$ gemittelte Spannung $\frac{1}{2}\cdot\sigma_{bz,k+s}(T)$ einführen, wodurch eine einfache gliedweise Integration der gesamten Differentialgleichung über die Zeit t möglich ist. Führt man diese Integration in den Grenzen $t=t_1$ bis $t=\infty$ durch, so erhält man:

$$\sigma_{bz,d}\cdot\varphi_\infty+\sigma_{bz,v}\cdot\varphi_\infty\cdot\left(1+\frac{1}{2}\cdot\frac{\sigma_{z,k+s}}{\sigma_{z,v}}\right)+\varepsilon_{s,\infty}\cdot E_b$$

$$+\frac{\sigma_{z,k+s}}{\sigma_{zv}}\cdot\sigma_{bz,v}-\sigma_{z,k+s}/n=0\,. \qquad (7.08\,\text{a})$$

Diese Gleichung läßt sich auf einfache Weise in die Form der Gl. (7.07 a) überführen.

7.2 Vorspannung mit mehreren Spanngliedern

In Abschnitt 7.1.2 — wir wollen im folgenden nur Vorspannung mit Verbund untersuchen — wurde bei der Berechnung der Stahlkraft Z_{k+s} vorausgesetzt, daß in dem Querschnitt nur ein einzelnes Spannglied vorhanden ist. Im allgemeinen liegen in einem Querschnitt jedoch mehrere Spannglieder in verschiedenen Fasern, die verschieden stark vorgespannt sind. Schlaffe Bewehrung stellt den Sonderfall einer Vorspannung Null dar. Die Stahlspannung $\sigma_{z,k+s}=\varepsilon_{bz,k+s}\cdot E_z$ ist in den einzelnen Bewehrungslagen entsprechend der Verzerrung $\varepsilon_{b,k+s}$, die sich über die Höhe des Querschnittes linear ändert, verschieden. Man erkennt sofort, daß die Stahlspannung $\sigma_{z,k+s}$ unabhängig von der Höhe der Vorspannung in den einzelnen Bewehrungslagen ist, wenn die Verteilung der kriecherzeugenden Spannung über den Querschnitt gleich bleibt.

In der größten Zahl der praktischen Fälle werden die Spannglieder zusammen mit der schlaffen Bewehrung in den für die Bemessung maßgeblichen Schnitten maximaler Momente im Verhältnis zur Querschnittshöhe so eng gebündelt sein, daß man sie mit vernachlässigbarem Fehler zu *einem* Bewehrungsglied zusammenfassen kann. Auch weicht dann die Achse der Vorspannkraft Z_v von der Schwerachse der Bewehrung $F_e + F_z$ nur unbedeutend ab, so daß die mit der Stahlkraft Z_{k+s} im Gleichgewicht stehenden Eigenspannungen des Betons denjenigen aus der Vorspannung ähnlich sind. Es können bei einem derartigen Tragwerk die Formeln des Abschnittes 7.1 angewandt werden. Man muß nur berücksichtigen, daß die Stahlspannungen $\sigma_{z,v}$ und $\sigma_{z,k+s}$ auf den Gesamtquerschnitt $F_e + F_z$ zu beziehen sind. Desgleichen muß bei der Berechnung des Steifigkeitsverhältnisses α der gesamte Stahlquerschnitt berücksichtigt werden.

In Querschnitten mit stark wechselnden Beanspruchungen sind die Spannglieder meist über die gesamte Höhe des Querschnittes verteilt. Die exakte Berechnung der Stahlspannung $\sigma_{z,k+s}$ macht es dann erforderlich, die Verträglichkeitsbedingung im Kriechdifferential $d\varphi$ [Gl. (7.04)] für jede der n Stahlfasern einschließlich etwa einliegender schlaffer Bewehrung anzuschreiben. Man erhält n gekoppelte Differentialgleichungen [7.01]. Den mit der strengen Lösung dieses Systems von Differentialgleichungen verbundenen Aufwand wird man bei praktischen

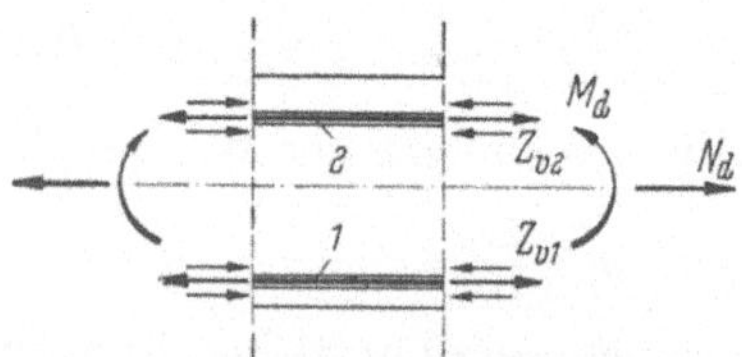

Abb. 7.03. Zweisträngige Bewehrung.

Bauaufgaben gern zu vermeiden suchen. Grundsätzliche Überlegungen, die in Abschnitt 7.1.2 dargelegt sind, rechtfertigen eine vereinfachte Integration dieses Systems, und es soll daher die strenge Lösung hier nicht weiter verfolgt werden. Es werden vielmehr anhand des speziellen Falles einer zweisträngigen Vorspannung ähnlich wie in Abschnitt 7.1.2 die Verträglichkeitsbedingungen auf vereinfachte Weise integriert. Die damit erreichte Genauigkeit ist, wie in Abschnitt 7.1.2 ebenfalls gezeigt ist, in allen praktisch vorkommenden Fällen sehr groß.

Wie in Abb. 7.03 dargestellt, greife in Faser *1* und *2* jeweils eine Vorspannkraft Z_{v1} und Z_{v2} an. Die Vorspannkraft Z_{v1} bewirkt in der Faser *1* eine Betonspannung $\sigma_{b1,v1}$ und in der Faser *2* eine Betonspannung $\sigma_{b2,v1}$. Die Verträglichkeit der Formänderungen zwischen Stahl und Beton in der Faser *1* während des Zeitdifferentials dt liefert eine Differentialgleichung ähnlich der Gl. (7.04), die wir im folgenden direkt in der Form der Gl. (7.08) anschreiben:

$$\left\{ \underbrace{\frac{d\varphi}{dt} \cdot \sigma_{b1,a}}_{\text{①}} + \underbrace{\frac{d\varphi}{dt} \cdot (\sigma_{b1,v1} + \sigma_{b1,v2} + \sigma_{b1,(k+s)1} + \sigma_{b1,(k+s)2})}_{\text{②}} \right.$$

$$+ \underbrace{\frac{d\varphi}{dt} \cdot \frac{\varepsilon_{s,\infty} \cdot E_b}{\varphi_\infty}}_{\text{③}} + \underbrace{\frac{d\sigma_{b1,(k+s)1}}{dt} + \frac{d\sigma_{b1,(k+s)2}}{dt}}_{\text{④}}$$

$$\left. - \underbrace{\frac{d\sigma_{z1,k+s}}{n \cdot dt}}_{\text{⑥}} \right\} dt = 0 \, . \qquad (7.09)$$

Wir führen in Gl. (7.09) folgende Beziehungen ein

$$\sigma_{b1,(k+s)1} = \frac{\sigma_{z1,k+s}}{\sigma_{z1,v}} \cdot \sigma_{b1,v1}$$

$$\sigma_{b1,(k+s)2} = \frac{\sigma_{z2,k+s}}{\sigma_{z2,v}} \cdot \sigma_{b1,v2}$$

und integrieren sie im Bereich $t = t_1$ bis $t = T$ in der gleichen angenäherten Weise wie Gl. (7.08), indem wir im Term ② die Zeitabhängigkeit der Spannungen $\sigma_{z1,k+s}(t)$ und $\sigma_{z2,k+s}(t)$ in Form einer konstanten mittleren Spannung $\frac{1}{2} \sigma_{z,k+s}(T)$ berücksichtigen. Wir erhalten:

$$\varphi \cdot \sigma_{b1,a} + \varphi \cdot (\sigma_{b1,v1} + \sigma_{b1,v2}) + \frac{\varphi}{2} \left(\sigma_{b1,v1} \frac{\sigma_{z1,k+s}}{\sigma_{z1,v}} + \sigma_{b1,v2} \frac{\sigma_{z2,k+s}}{\sigma_{z2,v}} \right)$$

$$+ \varphi \frac{E_b \cdot \varepsilon_{s,\infty}}{\varphi_\infty} + \frac{\sigma_{z1,k+s}}{\sigma_{z1,v}} \sigma_{b1,v1} + \frac{\sigma_{z2,k+s}}{\sigma_{z2,v}} \sigma_{b1,v2} - \sigma_{z1,k+s}/n = 0 \, .$$

Nach den unbekannten Spannungen $\sigma_{z1,k+s}$ und $\sigma_{z2,k+s}$ geordnet erhält man:

$$\sigma_{z1,k+s} \cdot \left[1 - \frac{n \cdot \sigma_{b1,v1}}{\sigma_{z1,v}} \cdot \left(1 + \frac{\varphi}{2} \right) \right] - \sigma_{z2,k+s} \cdot \frac{n \cdot \sigma_{b1,v2}}{\sigma_{z2,v}} \cdot \left(1 + \frac{\varphi}{2} \right)$$

$$= n \cdot \varphi \cdot \left(\sigma_{b1,a} + \sigma_{b1,v} + \frac{E_b \cdot \varepsilon_{s,\infty}}{\varphi_\infty} \right) . \qquad (7.10)$$

Aus der Formänderungsbedingung in der Faser *2* ergibt sich eine gleichartig gebaute Beziehung, die durch Permutation der Indizes sofort gewonnen werden kann:

$$\sigma_{z2,k+s} \cdot \left[1 - \frac{n \cdot \sigma_{b2,v2}}{\sigma_{z2,v}} \cdot \left(1 + \frac{\varphi}{2} \right) \right] - \sigma_{z1,k+s} \cdot \frac{n \cdot \sigma_{b2.v1}}{\sigma_{z1,v}} \cdot \left(1 + \frac{\varphi}{2} \right)$$

$$= n \cdot \varphi \cdot \left(\sigma_{b2,a} + \sigma_{b2;v} + \frac{E_b \cdot \varepsilon_{s,\infty}}{\varphi_\infty} \right) .$$

Aus diesen beiden Gleichungen lassen sich für spezielle numerische Beispiele die unbekannten Spannungen $\sigma_{z1,k+s}$ und $\sigma_{z2,k+s}$ leicht berechnen. Bei einer größeren Zahl von Bewehrungslagen kann in ähnlicher Weise vorgegangen werden. Es ergeben sich dann ebenso viele lineare Gleichungen, wie Bewehrungslagen vorhanden sind.

7.3 Statisch unbestimmte Systeme

In statisch unbestimmten Systemen treten sowohl für die äußeren Lasten als auch im allgemeinen Fall für den Lastfall Vorspannung statisch unbestimmte Momente und Kräfte auf, — die statisch unbestimmten Vorspannmomente haben wir in Kapitel 4 „Zwängungsmomente" genannt — die die Kontinuität des elastisch verformten Tragwerks erzwingen.

Unter den dauernd wirkenden Spannungen (Eigengewicht, Vorspannung) entstehen plastische Kriechverformungen des Betons. Hinzu kommen die Verformungen des Betons aus Schwinden. Diese Verformungen haben, wenn der Beton bewehrt ist, einen in jedem Balkenquerschnitt Gleichgewicht erzeugenden Eigenspannungszustand zur Folge, ebenso wie bei statisch bestimmten Tragwerken (Abschnitt 7.1 u. 7.2). Bei statisch unbestimmten Tragwerken kommen aus Kriechen und Schwinden noch zeitabhängige Zwängungskräfte hinzu. Die auf den Beton wirkenden Eigen- und Zwängungsspannungen stellen dessen gesamte Beanspruchung aus Kriechen und Schwinden dar.

Zur Berechnung der durch Kriechen und Schwinden hervorgerufenen *Zwängungen* müssen wir die einzelnen Verformungsanteile des gesamten Tragwerkes aus diesen Einflüssen unterscheiden. Die einzelnen Verformungsanteile sind:

1. Die Kriech- und Schwindverformungen des Betons.

2. Die elastischen Verformungen, die mit dem Eigenspannungszustand $(Z_{k+s}(t))$ verbunden sind.

3. Die Summe aus 1 und 2 erfüllt im allgemeinen nicht die Randbedingungen des Tragwerks, woraus zeitabhängige *Zwängungen* entstehen. Mit Hilfe der elastischen Verformungen infolge dieser Zwängungen werden die Randbedingungen befriedigt.

Die exakte Berechnung der elastischen Beton- und Stahlspannung aus Kriechen und Schwinden — exakt im Rahmen der unter 7.1 und 7.2 vorgenommenen Näherung — muß im Prinzip folgendermaßen vor sich gehen: Es wird im Zeitdifferential dt, dem ein Kriechdifferential $d\varphi$ zugeordnet ist, die Verträglichkeit der Verformung von Stahl und benachbarter Betonfaser formuliert. Zu der zeitabhängigen Stahlkraft $Z_{k+s}(t)$ der Gl. (7.04), d.h. innerhalb des Eigenspannungszustandes, kommt noch in jedem Schnitt eine von der Zeit und den Systemwerten abhängige Zwängungskraftgruppe $(R_{b,k+s})$ und in jedem dt ein Zuwachs $dR_{b,k+s}$ hinzu. Die exakte Lösung ist mit großem Aufwand verbunden [7.02]. Eine eingehende Darstellung ist in [7.03] und [7.04] zu finden.

Für die Bedürfnisse der Baupraxis empfiehlt sich eine angenäherte Berechnung der elastischen Spannungen aus Kriechen und Schwinden, die in der Regel genügend genau ist. Sie geht von Voraussetzungen aus, die häufig der Berechnung auch dann zugrunde gelegt werden können, wenn sie im Bauwerk nicht streng erfüllt sind: Das Tragwerk soll aus einem Beton mit überall gleichen elastischen Eigenschaften und Kriecheigenschaften bestehen. Alle aus den ständigen Beanspruchungen (Eigengewicht, Vorspannung) zur Zeit der Lastaufbringung resultierenden elastischen Zwängungen leiten sich allein aus den Kontunitätsbedingungen am unverschieblich gelagerten Betontragwerk ab. Es sollen also keine Widerlagerverschiebungen, kein Zusammenwirken mit Stahlzugbändern, keine Montage mit Systemänderungen oder dergleichen vorliegen.

Die Näherung der Berechnung besteht darin, daß wir bei der Ermittlung der Eigenspannungskraft Z_{k+s} aus der Verträglichkeit der Formänderungen in der Stahlfaser [vgl. Gl. (7.04)] von einem statisch bestimmten System ausgehen. Auf dieses statisch bestimmte System lassen wir jedoch die ständigen statisch unbestimmten Schnittkräfte M_d, N_d und M_v^*, N_v^* einwirken, d. h. wir vernachlässigen den meist geringen Einfluß der Zwängungen $R_{b,k+s}$ aus Kriechen und Schwinden auf den Eigenspannungszustand.

Diese Näherung ist gerechtfertigt; denn die Zwängungen aus Kriechen — wir sehen hier zunächst einmal vom Schwinden ab — haben ihren Ursprung nur in den elastischen Betonverformungen, die die Eigenspannungskraft Z_{k+s} hervorruft [Term 4 von Gl. (7.04)]. Diese sind jedoch wesentlich kleiner als die plastischen Betonverformungen [Term 1 und 2 von Gl. (7.04)]. Vernachlässigt man in dem oben definierten Tragwerk die durch die Stahleinlagen hervorgerufenen elastischen Verformungen, dann treten in der Tat keine Zwängungen aus Kriechen auf; die Kriechverformung des Betons allein ist nämlich im Zeitdifferential dt an jeder Stelle des Bauwerks proportional der elastischen Verformung unter den ständig wirkenden Schnittkräften (Vorspannung und Eigengewicht) zum Zeitpunkt der Lastaufbringung. Da diese elastischen Verformungen die Rand- und Kontinuitätsbedingungen des Tragwerks erfüllen, erfüllen auch die Kriechverformungen diese Bedingungen und rufen somit keine elastischen Zwängungskräfte hervor. Dies wird deutlich, wenn wir die Bedingung für die Verträglichkeit der Verformungen an der Wirkungsstelle der Überzähligen X_i zur Zeit t anschreiben:

$$0 = \int M_i \cdot M \cdot \frac{ds}{E \cdot I} \cdot [1 + \varphi(t)] + \int N_i \cdot N \cdot \frac{ds}{E \cdot F} \cdot [1 + \varphi(t)]$$

Wie man sieht, kürzt sich $1 + \varphi(t)$ aus dieser zeitabhängigen Elastizitätsgleichung heraus. Den Einfluß der Bewehrung auf die Zwängungen zu vernachlässigen, entspricht völlig der Berechnung rein elastischer Spannungen in statisch unbestimmten Stahlbetontragwerken: auch dort werden die Kontinuitätsbedingungen an Hand der Verformungen des reinen Betontragwerks (ohne Bewehrung) aufgestellt. Die ermittelte Schnittkraft läßt man dagegen auf den bewehrten Querschnitt wirken, wobei der Stahl einen Teil der Schnittkraft übernimmt. Bei diesem Vergleich entspricht der günstigen Wirkung des Stahles auf die Beanspruchung des Betons beim Spannungsnachweis die ungünstige Wirkung des Stahles auf den Beton beim Eigenspannungszustand aus Kriechen und Schwinden.

Hat man auf diese Weise den Eigenspannungszustand an mehreren Stellen des Tragwerks berechnet, so kann man hieraus wieder entsprechend Abschnitt 4.2 die zugehörigen Zwängungskräfte ermitteln. Diese angenähert berechneten Zwängungen kommen zu dem Eigenspannungszustand (Z_{k+s}) hinzu.

Bei einer gebündelten Spannbewehrung kann man den Einfluß der Zwängungen aus Kriechen und Schwinden auf die Schnittkräfte des Betonquerschnittes wie folgt einfach erfassen: Wir gehen von der vereinfachenden Voraussetzung aus, daß an jeder Stelle des Tragwerks Vorspannkraft und Stahlkraft Z_{k+s} im gleichen Verhältnis stehen. Da beide Stahlkräfte als Teil eines Eigenspannungszustandes die gleiche Wirkung auf den Beton ausüben, können wir die Betonspannung aus der Proportion

$$\sigma_{b,\,k+s} = \frac{Z_{k+s}}{Z_v} \cdot \sigma_{bv} = \frac{\sigma_{z,\,k+s}}{\sigma_{z,\,v}} \cdot \sigma_{bv} \tag{7.11}$$

bestimmen, wobei wieder Z_{k+s} wie oben ohne Berücksichtigung der Zwängungen aus Kriechen und Schwinden errechnet ist.

Die Zwängungen aus den Schwindverformungen bedürfen noch einer besonderen Untersuchung.

Bei Durchlaufträgern, die in der üblichen Art mit $n-1$ beweglichen und einem festen Auflager versehen sind, entstehen infolge Schwindens keine Zwängungen durch die statisch unbestimmte Lagerung. Ist jedoch, wie z. B. bei eingespannten Trägern, Rahmen usw. ein zwängungsfreies Schwinden nicht möglich, so entstehen durch das Schwinden statisch unbestimmte Reaktionen und damit zusätzliche Momente und Längskräfte, die mit elastischen und plastischen Verformungen verbunden sind. Die elastischen Verformungen, die von den statisch unbestimmten Reaktionen aus Schwinden hervorgerufen werden, verkleinern im allgemeinen die „statisch bestimmte" Schwindverformung. Durch die damit verbundenen Kriechverformungen werden wieder unter Ansatz der Vereinfachung $d\varphi^{(n)} = d\varphi^{(1)}$ gemäß Abschnitt 7.1.1 die elastischen Reaktionen aus Schwinden nach dem Gesetz $R_{s+k} = R_s \cdot \dfrac{1 - e^{-\varphi}}{\varphi}$ abgebaut.

Bei der praktischen Berechnung des Spannungsabfalles Z_{k+s} im Stahl wird daher der Spannungsabfall zu groß eingeschätzt, wenn man nur die „statisch bestimmte" Schwindverformung wie in Abschnitt 7.1 berücksichtigt. Damit liegt man auf der sicheren Seite.

Das obengenannte Gesetz gilt ganz allgemein für statisch unbestimmte Tragwerke und soll im folgenden für den Fall des gegen Längsverschiebung starr eingespannten homogenen Stabes abgeleitet werden:

Es sei die Länge des Stabelementes $dx = 1$. Infolge der Einspannung bleibt diese Länge zu jeder Zeit erhalten, d. h., die in jedem Zeitelement dt eintretende Verzerrung ist Null:

$$-d\varepsilon_s + \frac{\sigma}{E_b} \cdot d\varphi + \frac{d\sigma}{E_b} = 0 .$$

Hierin ist

$-d\varepsilon_s$ die Schwindverkürzung am nicht eingespannten (statisch bestimmt gelagerten) Stab

$\frac{\sigma}{E_b} \cdot d\varphi$ die Kriechverzerrung infolge der kriecherzeugenden Spannung $\sigma_{b,k+s}$ (für diese Rechnung wird der Index weggelassen), die durch die Einspannung entsteht und

$\frac{d\sigma}{E_b}$ die elastische Verzerrung durch die Spannungsumlagerung.

Mit $\varepsilon_s = c \cdot \varphi$ (vgl. Abschnitt 7.1.1) erhält man die Differentialgleichung:

$$\frac{d\sigma}{d\varphi} + \sigma - c \cdot E_b = 0 .$$

Die Lösung lautet:

$$\sigma = A \cdot e^{-\varphi} + c \cdot E_b .$$

Zum Zeitpunkt $t = t_1$, d. h. $\varphi = 0$, ist der Stab spannungslos. Aus dieser Anfangsbedingung ergibt sich: $A = -c \cdot E_b$. Die Spannung zum Zeitpunkt t beträgt damit

$$\sigma_{b,k+s} = c \cdot E_b \cdot (1 - e^{-\varphi}) = \varepsilon_s \cdot E_b \cdot \frac{1 - e^{-\varphi}}{\varphi} .$$

Die Spannung $\varepsilon_s \cdot E_b = \sigma_s$ ist gleich der elastischen Spannung, die in dem Stab herrschen würde, wenn durch Kriechen kein Spannungsabbau eingetreten wäre. Eine entsprechende Beziehung gilt für die Schnittkräfte:

$$R_{k+s} = R_s \frac{1 - e^{-\varphi}}{\varphi} .$$

In diesem Zusammenhang soll, ebenfalls für den beiderseits eingespannten Stab, der Kriechverlust von Spannungen aus einer Widerlagerverschiebung gezeigt werden. Durch ähnliche Betrachtungen am Stabelement von der Länge 1 erhält man die Differentialgleichung

$$\frac{d\sigma}{d\varphi} + \sigma = 0 .$$

Mit der Anfangsbedingung $\sigma = \sigma_W = \varepsilon_W \cdot E_b$ zur Zeit $t = t_1$ ($\varphi = 0$) lautet die Lösung

$$\sigma_{W+k} = \varepsilon_W \cdot E_b \cdot e^{-\varphi} = \sigma_W \cdot e^{-\varphi}$$

$$\text{bzw. } R_{W+k} = R_W \cdot e^{-\varphi} .$$

Der Spannungsbau durch Kriechen ist also in diesem Fall sehr erheblich; bauliche Maßnahmen mit dem Ziel, durch Widerlagerverschiebungen eine Vorspannung in das Tragwerk einzuleiten, müssen ohne dauernden Erfolg bleiben. Auch dieses Gesetz gilt ganz allgemein für statisch unbestimmte Tragwerke.

Aus den obigen Darlegungen ergibt sich folgende einfache Regel für die numerische Berechnung der elastischen Spannungen aus Kriechen und Schwinden: Die Eigenspannungen $\sigma_{z,k+s}$ können auch für statisch unbestimmte Systeme gem. Gl. (7.05b) bzw. (7.07a) berechnet werden, wenn man für die Ermittlung der kriecherzeugenden Spannungen $\sigma_{bz,v}$ und $\sigma_{bz,d}$ die statisch unbestimmten Kräfte benutzt. Die Betonspannungen $\sigma_{b,k+s}$, die eine Summe aus Eigenspannungen des Querschnitts und Zwängungen des Systems darstellen, können in den meisten Fällen genügend genau (wie zur Zeit $t = 0$) nach Gl. (7.11) berechnet werden. Will man genauere Werte erzielen, so muß man die aus dem Eigenspannungszustand Z_{k+s} resultierenden Zwängungen sowie gegebenenfalls noch Zwängungen aus einer Schwindbehinderung unabhängig berechnen. Die sich daraus ergebenden Betonspannungen müssen dann den Eigenspannungen des Betons überlagert werden.

7.4 Umlagerung der Schnittkräfte durch Kriechen bei Änderung des statischen Systems

Statisch unbestimmte vorgespannte Bauwerke versieht man während der Herstellung häufig mit provisorischen Gelenken oder beweglichen Lagern, die dann nach dem Aufbringen der Vorspannung blockiert werden. Die elastischen Verformungen aus den Lastfällen „Vorspannung" und „Eigengewicht" treten noch in dem mit Gelenken versehenen System auf, während die damit verbundenen Kriechverformungen das inzwischen geänderte System antreffen. Die Kriechverformungen müssen die Rand- bzw. Übergangsbedingungen an den früheren Gelenkstellen erfüllen, wodurch dort elastische Zwängungskräfte geweckt werden. In der Baupraxis trifft man dieses Herstellungsverfahren häufig bei der Montage von Fertigteilen sowie der feldweisen Herstellung von Durchlaufträgern an. Mitunter will man auch durch Montagegelenke die Zwängungen aus der Vorspannung vermindern. Dieser Maßnahme ist jedoch nur Erfolg beschieden, wenn ein großer Teil der Kriechverformungen noch vor dem Schließen der Gelenke eintreten kann.

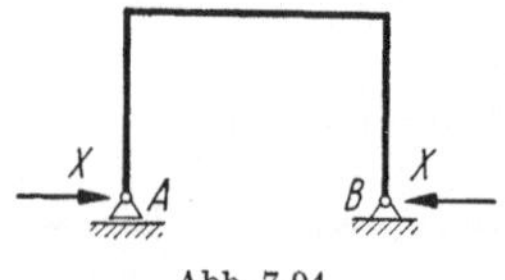

Abb. 7.04.

Die Umlagerung der Schnittkräfte im Bauwerk soll an einem speziellen, charakteristischen Fall gezeigt werden; die Vielzahl der praktischen Möglichkeiten läßt eine allgemeine Diskussion kaum zu. Als Beispiel wollen wir einen in durchgehend gleichartigem Ortbeton hergestellten Zweigelenkrahmen betrachten, dessen Riegel vorgespannt ist, und bei dem durch ein Montagelager A bis zur Beendigung des Spannens der Horizontalschub X_A ausgeschaltet ist (Abb. 7.04). Unter dem Angriff der dauernd wirkenden Beanspruchungen „Eigengewicht" und „Vorspannung" verschiebt sich das Lager im statisch bestimmten Montagesystem elastisch um das Maß $\delta_{A,v+d}$. Bei der Berechnung dieses Wertes ist zu beachten, daß die Längsverformung des Riegels durch die Vorspannkraft berücksichtigt werden muß. Die dauernd wirkenden Beanspruchungen rufen Kriechverformungen entsprechend der dem Zeitpunkt der Lastaufbringung t_1 zugehörigen Kriechfunktion $\varphi^{(1)}$ hervor. Zum Zeitpunkt t_2 werde das Lager blockiert. Bis dahin hat sich das Lager um das Maß $\delta_{A,v+d} \cdot \varphi_2^{(1)}$ verschoben. Die zu dem Zeitabschnitt $t_\infty - t_2$ gehörende Kriechverschiebung $\delta_{A,v+d} \cdot (\varphi_\infty^{(1)} - \varphi_2^{(1)})$ wird verhindert, was elastische Zwängungen hervorruft. Zu ihrer Berechnung stellen wir wie in den früheren Abschnitten die Verträglichkeit der Formänderungen an dem Lager auf, das in einem Zeitdifferential dt geöffnet sei. Ebenso wie in Abschnitt 7.3 vernachlässigen wir bei der Berechnung der Tragwerksverformungen die Zwängungen, die aus Z_{k+s}, d. h. dem Eigenspannungszustand „Kriechen und Schwinden" resultieren. Wir berücksichtigen nur die plastischen Betonverformungen aus Kriechen und Schwinden der unbewehrt gedachten Betonkonstruktion, die jedoch hier im Gegensatz zu den in Abschnitt 7.3 untersuchten Systemen die Kontinuitätsbedingungen nicht erfüllen. Auch die dadurch geweckten Zwängungen stellen Größen dar, die in den Kontinuitätsbedingungen nicht vernachlässigt werden dürfen. Dem Zeitdifferential dt sind Kriechdifferentiale $\dfrac{d\varphi_m^{(n)}}{dt} \cdot dt$ zugeordnet. Wir gehen wieder von der Näherung aus, daß für alle im Zeitdifferential angreifenden Beanspruchungen ohne Rücksicht auf den Zeitpunkt der Lastaufbringung die gleiche Kriechfunktion φ gilt. Dazu wählen wir die Kriechfunktion $\varphi_\infty^{(1)} - \varphi_2^{(1)} = \varphi$. Bezeichnen wir noch mit δ_{A1} die Verschiebung des Lagers auf Grund der Unbekannten $X_A = 1$ in Richtung der Unbekannten, so lautet die Verträglichkeitsbedingung am Lager A in einem beliebigen Zeitpunkt t_m:

$$d\varphi \cdot \delta_{A,v+d} + X_{Ak}(t) \cdot d\varphi \cdot \delta_{A1} + dX_{Ak}(t) \cdot \delta_{A1} = 0$$

$$\frac{dX_{Ak}}{d\varphi} + X_{Ak} + \frac{\delta_{A,v+d}}{\delta_{A1}} = 0$$

$$X_{Ak}(t) = C \cdot e^{-\varphi} - \frac{\delta_{A,v+d}}{\delta_{A1}} \,.$$

Es ist $-\delta_{A,v+d}/\delta_{A1} = X_{A,v+d}$, d. h. gleich der elastischen Horizontalkraft, welche entsteht, wenn der Rahmen mit blockiertem Lager ausgerüstet wird. Führen wir zur Bestimmung der Integrationskonstanten C die Randbedingung $X_{Ak}(t) = 0$ zum Zeitpunkt t_2, $(\varphi = 0)$ ein, so erhalten wir schließlich

$$X_{Ak}(t) = X_{A,v+d}\,(1 - e^{-\varphi})\,. \tag{7.12}$$

Aus Gl. (7.12) ersehen wir die starke Umlagerung der inneren Beanspruchung durch das Kriechen: Wird das Lager sofort nach dem Vorspannen blockiert und setzen wir etwa $\varphi_\infty = 2$ an, so erhalten wir damit

$X_{Ak,\infty} = 0,87 \cdot X_{A,v+a}$. Das in Gl. (7.12) gewonnene Ergebnis ist demjenigen gleich, das sich bei einer Widerlagerverschiebung unter Berücksichtigung des Kriechens ergibt (s. S. 103). Auch die statische Wirkung der Widerlagerverschiebung, die der hier untersuchten Montagemaßnahme entspricht, wird durch das Kriechen weitgehend aufgehoben, wenn sie nicht erst zu einem späteren Zeitpunkt erfolgt. Die auf das Kriechen zurückzuführende Kraftumlagerung beträgt dort ebenfalls $R_W - R_{W+k} = R_W \cdot (1 - e^{-\varphi})$.

Abschnittsweise hergestellte Durchlaufträger haben demnach zur Zeit t folgende Umlagerung der Schnittkräfte aus Eigengewicht und der Zwängung aus Vorspannung erfahren:

$$X_k(t) = (X_D - X_B) \cdot (1 - e^{-\varphi}) . \qquad (7.12a)$$

Darin sind X_D die Schnittkräfte und Zwängungen, welche zu einem in einem Guß hergestellten Durchlaufträger gehören, X_B diejenigen, die sich bei der abschnittsweisen Herstellung ohne Berücksichtigung einer Kriechumlagerung ergeben. (Summe der Bauzustände.) Die Schnittkräfte und Zwängungen zur Zeit t betragen damit

$$X(t) = X_B + X_k(t) = X_B + (X_D - X_B) \cdot (1 - e^{-\varphi}) . \qquad (7.13)$$

Da zu keiner Zeit die zulässigen Spannungen überschritten werden dürfen, liegt es im Interesse des konstruierenden Ingenieurs, die Differenz $(X_D - X_B)$ durch geschickte Anordnung der Arbeitsfugen möglichst klein zu halten.

Zur Verringerung des Rechenaufwandes wird in der Regel der Zeitpunkt der Fertigstellung des letzten Bauabschnittes als Beginn der Kriechumlagerungen angesetzt. Der Einfluß der Kriechumlagerungen während der Herstellung bleibt also unberücksichtigt.

Neuere Untersuchungen [7.06] zeigen, daß unter dieser Annahme eine maximale Abweichung von 15% in der Größe der Umlagerung gegenüber einer strengen Rechnung eintreten kann. Voraussetzung dabei ist, daß die Kriechfähigkeit des Betons noch in genügendem Maße erhalten ist; z. B. sollte das Betonalter beim Vorspannen nicht höher als 10 Tage sein und die Herstellung eines Abschnittes nicht länger als 21 Tage dauern.

Die Formänderungsbeziehung wird in [7.06] dabei in etwas anderer Form als bei *Dischinger* angegeben, so daß anstelle Gl. (7.13) folgende Gleichung entsteht:

$$X(t) = X_B + (X_D - X_B) \frac{\varphi}{1 + \varrho \cdot \varphi} . \qquad (7.13\,a)$$

Hierin ist ϱ ein Relaxationskennwert, der zwischen $\varrho = 0,55$ und $\varrho = 0,95$ liegt und in [7.06] graphisch in Abhängigkeit vom Betonalter bei Belastungsbeginn und von φ dargestellt ist. (Abb. 7.05).

In dieser Arbeit ist auch eine Näherung gemäß Gl. (7.13a) für den Einfluß der Taktzeit durch Ansatz eines oberen und unteren Grenzwertes des Umlagerungsfaktors $\dfrac{\varphi}{1 + \varrho \cdot \varphi}$ angegeben.

Die Eigenspannungskraft Z_{k+s} des Stahles und die damit im Gleichgewicht stehenden Eigenspannungen des Betons wird man zweckmäßig näherungsweise getrennt von den hier ermittelten Umlagerungskräften berechnen.

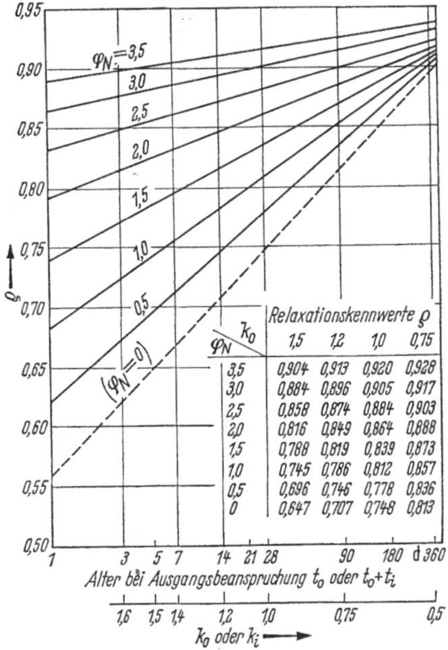

φ_N / k_0	1,5	1,2	1,0	0,75
3,5	0,904	0,913	0,920	0,928
3,0	0,884	0,896	0,905	0,917
2,5	0,858	0,874	0,884	0,903
2,0	0,816	0,849	0,864	0,888
1,5	0,788	0,819	0,839	0,873
1,0	0,745	0,786	0,812	0,857
0,5	0,696	0,746	0,778	0,836
0	0,647	0,707	0,748	0,813

Abb. 7.05. ϱ in Abhängigkeit vom Belastungsalter t_0 oder k_0 (Skala k_0 gilt nur für normal erhärtenden Zement) und dem Normkriechmaß $\varphi_N = \varphi_\infty / k_1$; nach [7.06].

Als kriecherzeugende Schnittkraft wird man die des statisch bestimmten Systems (im letzten Beispiel die der Summe aller Bauzustände) zugrunde legen. Die aus dem Stahlkraftverlust resultierenden Eigenspannungen wird man auf das statisch unbestimmte System (im letzten Beispiel entsprechend dem umgelagerten Zustand) wirken lassen. Diese Überlegung steht in Übereinstimmung mit den Überlegungen von Abschnitt 7.3, wonach das statische System auf die Ermittlung von $Z_{k+s}(t)$ keinen großen Einfluß ausübt.

7.5 Umlagerung der Spannungen durch Kriechen und Schwinden in vorgespannten Stahlbeton-Verbundbalken

Unter einem Stahlbeton-Verbundbalken verstehen wir einen vorgespannten oder schlaff bewehrten Stahlbetonbalken, bei dem einzelne Querschnittsteile nachträglich an schon erhärtete Querschnittsteile anbetoniert sind. Bei vorgespannten Tragwerken des Hoch- und Brückenbaus treffen wir häufig zusammengesetzte Querschnitte in der Form vorgespannter Rippen bzw. Stege mit nachträglich anbetonierten Ortbetonplatten an (s. Abb. 7.06). Dank der Hafteigenschaften des Betons in der Fuge, die im allgemeinen durch Bewehrung sichergestellt werden müssen, verhält sich der Gesamtquerschnitt nach dem Erhärten wie ein monolithischer Querschnitt. Insbesondere zeigt der Querschnitt im Rahmen der technischen Biegelehre ein lineares Verformungsdiagramm.

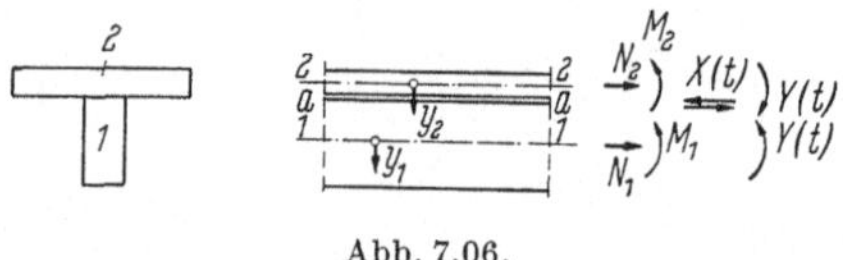

Abb. 7.06.

Gemäß Voraussetzung haben die einzelnen Querschnittsteile verschiedenes Alter und damit verschiedene Kriechfähigkeit; ferner sind in die einzelnen Querschnittsteile vor Herstellung des Verbundes verschiedene Beanspruchungen (Schnittkräfte aus äußeren Lasten und Vorspannung) eingeleitet worden. Aus beiden Gründen entstehen Kriechverformungen des Querschnitts, die mit einem Eigenspannungszustand verbunden sind [7.05]. Dieser Eigenspannungszustand ist oft stärker ausgeprägt als derjenige, der sich zwischen Stahl und Beton als Folge des Kriechens und Schwindens einstellt. Will man die Spannungsnachweise nach DIN 4227 einigermaßen richtig einhalten, dann muß man die Umlagerung der Spannungen berücksichtigen. Die Berechnung soll an dem Beispiel eines aus zwei Teilen zusammengesetzten Querschnitts prinzipiell gezeigt werden. Zur Berechnung der Spannungen des Gesamtquerschnittes aus Vorspannung und äußeren Lasten benutzten wir die in Kapitel 6 angegebenen allgemeinen Formeln. Hierfür beziehen wir die Elastizitätsmoduli der beiden Querschnittsteile auf einen Vergleichsmodul E_c und führen die Werte $n_1 = E_{b1}/E_c$ und $n_2 = E_{b2}/E_c$ ein. Dabei wird der Einfluß der Bewehrung auf die Spannungsumlagerung vernachlässigt. Dieser Einfluß kann näherungsweise getrennt nach den Formeln des Abschnitts 7.1.2 erfaßt werden. Wir untersuchen die Kriech- und Schwindverformungen und die damit verbundene Umlagerung der Spannungen von dem Zeitpunkt $t = t_1$ an, an dem der Gesamtquerschnitt erhärtet ist und die dauernd wirkenden Beanspruchungen aufgebracht sind. Wir gehen wieder von der vereinfachenden Voraussetzung aus, daß die Kriechfunktion φ ihren Nullpunkt zur Zeit $t = t_1$ hat und für alle Spannungsanteile gilt, unabhängig von dem Zeitpunkt des Eintretens dieser Spannungen. Vom Zeitpunkt t_1 an habe der Querschnitt *1* die Kriechfähigkeit $k_1 \cdot \varphi$, der Querschnitt *2* eine solche von $k_2 \cdot \varphi$. Wir denken uns zur Zeit t das Balkenelement von der Länge $dx = 1$ längs der Fuge a zwischen beiden Querschnittsteilen ein Zeitdifferential dt lang aufgeschnitten. Dem Zeitdifferential dt ist ein Kriechdifferential $d\varphi$ zugeordnet. Die beiden Querschnittsteile erleiden im Zeitdifferential dt unter der Einwirkung der ständigen Beanspruchungen Kriechverzerrungen vom $(k_1 \cdot d\varphi)$- bzw. $(k_2 \cdot d\varphi)$-fachen Betrag der elastischen Verzerrungen, die zum Zeitpunkt $t = t_1$ eingetreten wären. Am Ende des Zeitdifferentials dt muß die Verträglichkeit der Querschnittsverformungen, die durch die Kriechverzerrungen gestört wurde, durch elastische Verzerrungen wieder hergestellt werden, die aus inneren Kräftegruppen $dX(t)$ und $dY(t)$ (s. Abb. 7.06) resultieren. Die Verträglichkeit der Formänderungen erfordert, daß der Gesamtquerschnitt eben bleibt, d. h. daß in der Fuge a die benachbarten Fasern der Querschnittsteile *1* und *2* die gleichen Verzerrungen erleiden und daß ferner beide Querschnittsteile die gleiche Krümmung aufweisen. Die erste dieser Formänderungsbedingungen — Gleichheit der Dehnungen σ/E —, bei der die einzelnen Ausdrücke in der gleichen Reihenfolge angeschrieben sind wie in Gl. (7.04), lautet:

$$
\begin{aligned}
&d\varphi \cdot \left(\frac{k_1}{n_1} \cdot \sigma_{1a,\,d+v} - \frac{k_2}{n_2} \sigma_{2a,\,d+v} \right) \\
&+ d\varphi \cdot X(t) \cdot \left(\frac{k_1}{n_1} \cdot \sigma_{1a,\,X} - \frac{k_2}{n_2} \cdot \sigma_{2a,\,X} \right) \\
&+ d\varphi \cdot Y(t) \cdot \left(\frac{k_1}{n_1} \cdot \sigma_{1a,\,Y} - \frac{k_2}{n_2} \cdot \sigma_{2a,\,Y} \right) \\
&+ d\varphi \cdot \frac{E_c}{\varphi_\infty} \cdot (\varepsilon_{s1,\,\infty} - \varepsilon_{s2,\,\infty}) + dX(t) \cdot \left(\frac{\sigma_{1a,\,X}}{n_1} - \frac{\sigma_{2a,\,X}}{n_2} \right) \\
&+ dY(t) \cdot \left(\frac{\sigma_{1a,\,Y}}{n_1} - \frac{\sigma_{2a,\,Y}}{n_2} \right) = 0 \, .
\end{aligned}
\tag{7.14}
$$

Hierbei ist σ_X eine Spannung, die durch $X = 1$, σ_Y eine Spannung, die durch $Y = 1$ hervorgerufen wird. Die zweite Formänderungsbedingung — Gleichheit der Krümmung $M/E\,I$ beider Querschnittsteile — lautet:

$$
\begin{aligned}
&d\varphi \cdot \left(\frac{k_1}{n_1} \cdot \frac{M_{1,\,d+v}}{I_1} - \frac{k_2}{n_2} \cdot \frac{M_{2,\,d+v}}{I_2} \right) + d\varphi \cdot X(t) \cdot \left(\frac{k_1}{n_1 \cdot W_{1a}} + \frac{k_2}{n_2 \cdot W_{2a}} \right) \\
&+ d\varphi \cdot Y(t) \cdot \left(\frac{k_1}{n_1 \cdot I_1} + \frac{k_2}{n_2 \cdot I_2} \right) + dX(t) \cdot \left(\frac{1}{n_1 \cdot W_{1a}} + \frac{1}{n_2 \cdot W_{2a}} \right) \\
&+ dY(t) \cdot \left(\frac{1}{n_1 I_1} + \frac{1}{n_2 I_2} \right) = 0 \, .
\end{aligned}
\tag{7.15}
$$

Die beiden differentiellen Formänderungsbedingungen (7.14) und (7.15) ergeben ein System von gekoppelten Differentialgleichungen, aus dem die Unbekannten $X(t)$ und $Y(t)$ berechnet werden können. In Anlehnung an den in Abschnitt 7.1.2 bei der Ableitung von Gl. (7.08a) beschrittenen Weg wollen wir auch hier die beiden Differentialgleichungen näherungsweise integrieren, indem wir $X(t)$ und $Y(t)$ in den Produkten $X(t) \cdot d\varphi$ und $Y(t) \cdot d\varphi$ als in dem Integrationsbereich $t = t_1$ bis $t = T$ gemittelte konstante Größen $\frac{1}{2} X(T)$ und $\frac{1}{2} Y(T)$ einführen. Wir erhalten dann zwei lineare Gleichungen mit den Unbekannten $X(T)$ und $Y(T)$.

Die Integration der Gl. (7.14) liefert:

$$X(T) \cdot \left[\left(1 + k_1 \cdot \frac{\varphi}{2}\right) \cdot \frac{\sigma_{1a,X}}{n_1} - \left(1 + k_2 \cdot \frac{\varphi}{2}\right) \cdot \frac{\sigma_{2a,X}}{n_2}\right]$$
$$+ Y(T) \cdot \left[\left(1 + k_1 \cdot \frac{\varphi}{2}\right) \cdot \frac{\sigma_{1a,Y}}{n_1} - \left(1 + k_2 \cdot \frac{\varphi}{2}\right) \cdot \frac{\sigma_{2a,Y}}{n_2}\right]$$
$$= -\varphi \cdot \left[\frac{k_1}{n_1} \cdot \sigma_{1a,d+v} - \frac{k_2}{n_2} \cdot \sigma_{2a,d+v} + \frac{E_c}{\varphi_\infty} \cdot (\varepsilon_{s1,\infty} - \varepsilon_{s2,\infty})\right]. \qquad (7.14\mathrm{a})$$

Die Integration der Gl. (7.15) liefert:

$$X(T) \cdot \left[\frac{1 + k_1 \cdot \frac{\varphi}{2}}{n_1 \cdot W_{1a}} + \frac{1 + k_2 \cdot \frac{\varphi}{2}}{n_2 \cdot W_{2a}}\right] + Y(T) \cdot \left[\frac{1 + k_1 \cdot \frac{\varphi}{2}}{n_1 \cdot I_1} + \frac{1 + k_2 \cdot \frac{\varphi}{2}}{n_2 \cdot I_2}\right]$$
$$= -\varphi \cdot \left[\frac{k_1 \cdot M_{1,d+v}}{n_1 \cdot I_1} - \frac{k_2 \cdot M_{2,d+v}}{n_2 \cdot I_2}\right]. \qquad (7.15\mathrm{a})$$

Aus den Gln. (7.14a) und (7.15a) können $X(t)$ und $Y(t)$ für beliebige Kriechmaße φ berechnet werden. Für die Durchführung der Rechnung sei auf Beispiel 12.4 verwiesen.

7.6 Plastische Durchbiegungen statisch bestimmter vorgespannter Träger

In einem mit einem Spannstrang vorgespannten Träger haben wir das dauernd wirkende Moment

$$M_{b,d+v+k+s} = M_{b,d+v} - Z_{k+s}(t) \cdot y_{bz}.$$

In jedem Zeitelement dt tritt infolge des Kriechens und Schwindens das differentielle Moment hinzu

$$dM_b = -dZ_{k+s}(t) \cdot y_{bz}$$
$$\text{mit} \quad \int_{t=t_1}^{t=T} dZ_{k+s}(t) = Z_{k+s}(T).$$

Die aus Kriechen und Schwinden entstehenden Balkenverformungen setzen sich aus den plastischen und den elastischen Verformungen des

Eigenspannungszustandes zusammen. Der Biegewinkel eines Balkenelementes von der Länge $ds = 1$ beträgt für das Kriechdifferential $d\varphi$, das dem Zeitdifferential dt zugeordnet ist:

$$\frac{d\chi_{k+s}}{d\varphi} \cdot d\varphi = \frac{1}{E_b\,I_b}\left\{[M_{b,a+v} - Z_{k+s}(t) \cdot y_{bz}] \cdot d\varphi - dZ_{k+s} \cdot y_{bz}\right\}.$$

Die Integration dieser Verformungsdifferentiale führen wir in Anlehnung an den in Abschnitt 7.1.2 gezeigten Weg wieder näherungsweise durch, indem wir für die im Integrationsbereich von Null auf den Wert $Z_{k+s}(T)$ zunehmende Stahlkraft $Z_{k+s}(t)$ den Mittelwert $\frac{1}{2}Z_{k+s}(T)$ einsetzen. Wir erhalten den Biegewinkel

$$\chi_{k+s}(T) = \int\limits_{t=t_1}^{t=T} d\chi_{k+s}$$

$$= \frac{1}{E_b\,I_b} \cdot \left\{\left[M_{b,a+v} - \frac{1}{2}Z_{k+s}(T) \cdot y_{bz}\right] \cdot \varphi - Z_{k+s}(T) \cdot y_{bz}\right\}$$

$$= \frac{\overline{M}_{k+s}}{E_b\,I_b}. \tag{7.16}$$

Man kann die nach dem Ausrüsten aus Kriechen und Schwinden entstehende Durchbiegung nach den bekannten Methoden ermitteln, indem man der Formänderungsberechnung ein Moment von der Größe $\overline{M}_{k+s}$ zugrunde legt. Bei schwacher Bewehrung genügt es jedoch in der Regel, den Eigenspannungszustand aus Kriechen und Schwinden zu vernachlässigen (vgl. z. B. Abschnitt 7.4). Es ist dann $\overline{M}_{k+s} = M_{b,a+v} \cdot \varphi$.

Man liegt auf der sicheren Seite, wenn man in der praktischen Rechnung den größten, d. h. den ungünstigsten Stahlkraftverlust konstant über die ganze Trägerlänge annimmt. Dann läßt sich die Kriechdurchbiegung mit Hilfe des in Kapitel 8 erläuterten, sich aus der Rechnung an der ungünstigsten Stelle ergebenden Abminderungsfaktors c für den Stahlkraftverlust aus den elastischen Durchbiegungen einfach angeben: Mit (7.16) gilt:

$$\overline{M}_{k+s} = M_{b,a} \cdot \varphi + M_v \cdot [1 - 0{,}5 \cdot (1-c)] \cdot \varphi - (1-c) \cdot M_v$$

und damit ergibt sich aus der Formänderungsberechnung:

$$\delta_{k+s} = [\delta_{b,a} + (0{,}5 + 0{,}5 \cdot c) \cdot \delta_{b,v}] \cdot \varphi - (1-c) \cdot \delta_{b,v} \tag{7.17}$$

Hierin sind:

$\delta_{b,a}$ elastische Durchbiegung aus Dauerlasten.

$\delta_{b,v}$ elastische Durchbiegung aus $Z_{t=0}$.

Wenn das ständige Moment M_d gegenüber dem Moment max M gering ist, ist das dem ständigen Moment M_d meist entgegenwirkende Moment M_v dem Betrage nach größer als M_d. Auch $\overline{M}_{k+s}$ ist dann, selbst bei Berücksichtigung der Eigenspannungskraft Z_{k+s} entsprechend Gl. (7.16), in der Regel dem Moment M_d entgegengerichtet. $\overline{M}_{k+s}$ wirkt dann durchbiegungsbildend gegen den Sinn von M_d im nicht vorgespannten Balken, beispielsweise beim Balken auf zwei Stützen nach oben. Derartige negative Durchbiegungen sind oft bei Spannbetonfertigteilen zu beobachten, insbesondere, wenn sie vor dem Einbau bzw. vor dem Aufbringen der vollen ständigen Last längere Zeit lagern.

Literatur zu Kapitel 7

7.01. *Busemann:* Kriechberechnung von Verbundträgern unter Benutzung von zwei Kriechfasern. Bauingenieur 25 (1950) S. 418.

7.02. *Säger:* Der Einfluß des Kriechens und Schwindens in Spannbetonkonstruktionen, Düsseldorf 1955.

7.03. *Sattler:* Theorie der Verbundkonstruktionen, Berlin: Ernst & Sohn 1959.

7.04. *Wippel:* Berechnung von Verbundkonstruktionen aus Stahl und Beton, Berlin/Göttingen/Heidelberg: Springer 1963.

7.05. *Rühle:* Ergebnisse von Dauerstand- und Bruchlastversuchen an schlaff bewehrten Betonverbundbalken. Bauplanung-Bautechnik 11 (1957) S. 75.

7.06. *Trost* u. *Wolff:* Zur wirklichkeitsnahen Ermittlung der Beanspruchungen in abschnittsweise hergestellten Spannbetontragwerken. Bauingenieur 45 (1970) S. 155.

8. Bemessung von Spannbetonquerschnitten auf Biegung

Die Bemessung von (symmetrischen) Spannbetonquerschnitten ist komplizierter als die von schlaffbewehrten Querschnitten, und zwar im wesentlichen aus folgenden Gründen:

a) Es ist nötig, sowohl das kleinste wie das größte Biegemoment zu beachten, auch wenn sie das gleiche Vorzeichen haben. Das erklärt sich daraus, daß sich die Wirkungen der Vorspannkraft sowohl der Schnittgröße min M wie max M überlagern. Wir werden sehen, daß bei gleichbleibendem max M die Bemessung um so unbequemer wird, je kleiner das zugeordnete min M bzw. je größer $\Delta M = \max M - \min M$ wird.

b) Für beide Extremwerte sind jeweils beide Betonrandspannungen zu betrachten.

Zur Berechnung der Betonrandspannungen legen wir nur die Werte des Betonquerschnitts zugrunde. Diese Näherung ist, wie in Kapitel 6 näher begründet, für unsere folgenden Untersuchungen zulässig.

c) Die Bemessung schließt noch nicht den Bruchsicherheitsnachweis ein. Die geforderte Bruchsicherheit macht unter Umständen eine Vergrößerung des Beton- oder Stahlquerschnitts gegenüber den Ergebnissen der in diesem Kapitel abgeleiteten Bemessungsformeln notwendig.

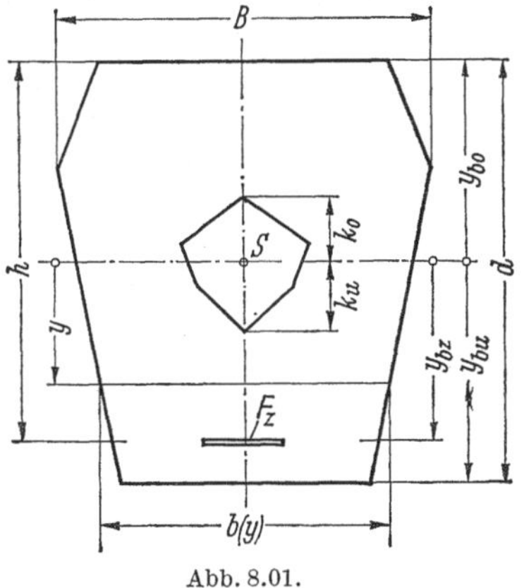

Abb. 8.01.

Außer den am Anfang des Buches zusammengestellten bedienen wir uns hier noch folgender Bezeichnungen (s. auch Abb. 8.01):

max M Dem Betrag nach größtes Biegemoment eines Querschnitts aus äußeren Lasten, im folgenden immer positiv

min M kleinstes Biegemoment (positiv oder auch negativ) eines Querschnitts aus äußeren Lasten

$c \cdot Z_v$ Vorspannkraft zur Zeit $t = \infty$

σ_{oD} zul. Betondruckspannung am oberen Trägerrand (hier absolut eingesetzt)

σ_{uD} zul. Betondruckspannung am unteren Trägerrand (hier absolut eingesetzt)

σ_{oZ} zul. Betonzugspannung am oberen Trägerrand

σ_{uZ} zul. Betonzugspannung am unteren Trägerrand

k_u $W_o/F = \varkappa_u \cdot d =$ untere Kernweite

k_o $W_u/F = \varkappa_0 \cdot d =$ obere Kernweite

y_{bz} Hebelarm der Vorspannkraft in bezug auf die Schwerlinie des Querschnittes

y_{bo} $\xi_0 \cdot d$, (hier absolut eingesetzt, d. h. immer positiv!) = Abstand der Querschnittsschwerlinie vom oberen Querschnittsrand

W_o $I/y_{bo} = \alpha_0 \cdot B \cdot d^2 =$ Oberes Widerstandsmoment (hier absolut eingesetzt, d. h. immer positiv!)

e wirksame Exzentrizität der Vorspannung. Für die Vorspannkraft 1 Mp entspricht sie dem Moment aus Vorspannung: $M^*_{(Z=1)} = 1 \cdot e$.

  a) bei statisch bestimmten Systemen entspricht e dem Abstand der Schwerlinie der Spannglieder zur Schwerachse; $e = y_{bz}$

  b) bei statisch unbestimmten Systemen bedeutet $e = y_{bz} + M_{zw(Z=1)}$; mit $M_{zw(Z=1)} \triangleq$ Zwängungsmoment für die Einheitsvorspannung $Z_v = 1{,}0\ t$.

Mit min. M verbinden wir Z_v zur Zeit $t = 0$, da dieser Lastfall zusammen mit der größten Spannkraft die ungünstigsten Beanspruchungen ergibt.

Mit max. M verbinden wir die nach der Wirkung von Kriechen und Schwinden verbleibende kleinste Spannkraft $c \cdot Z_v$ zum Zeitpunkt $t = \infty$, weil auch bei dieser noch die je nach Vorspanngrad geforderten Randbedingungen eingehalten bleiben müssen. Mit $0 < c < 1$ ist der auf Kriechen und Schwinden zurückzuführende Abminderungsfaktor der Vorspannkraft ausgedrückt. Ferner wird die Größe $\Delta M = \max M - \min M$ eingeführt, die beim frei auf zwei Stützen gelagerten Balken dem Verkehrsmoment M_p entspricht.

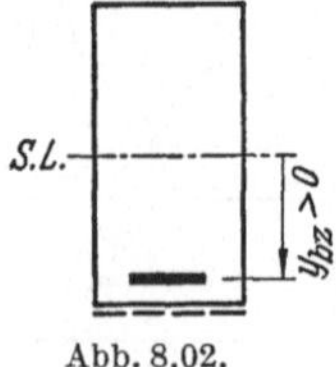

Abb. 8.02.

Zur Vereinfachung der Untersuchungen nehmen wir an, daß wie in Abb. 8.02 die Bezugsfaser für das Vorzeichen des Schnittmomentes auf der Querschnittsunterseite liegt. Da max. M positiv sein soll (s. o.), liegt die Bewehrung unterhalb der SL. Sind diese Bedingungen in einem

Querschnitt nicht erfüllt, so ist bei Verwendung der Tafeln gegebenenfalls durch Drehen des Querschnitts oder Vorzeichenwechsel bei den Momenten der den Untersuchungen zugrunde gelegte Fall zu realisieren.

Als eine kennzeichnende Größe erweist sich das Momentenverhältnis $\beta = \dfrac{\Delta M}{\max M}$. Gemäß vorstehenden Festlegungen ist es stets positiv und kann nur in dem Bereich $0 < \beta < 2$ variieren, da der Querschnitt zu drehen ist, falls β sich außerhalb dieser Schranke ergibt.

Wir erhalten folgende Ungleichungen

$$
\begin{array}{llllll}
t = \infty: & \sigma_{bu,(v+k+s+g+p_{\max})} & \leq \sigma_{uZ} & \left.\begin{array}{c}\\\\\\\end{array}\right\}\text{für beschränkte Vorspannung} & \leq 0 & \left.\begin{array}{c}\\\\\\\end{array}\right\}\text{für volle Vorspannung} \quad (8.01) \\
t = \infty: & \sigma_{bo,(v+k+s+g+p_{\max})} & \geq -\sigma_{oD} & & \geq -\sigma_{oD} & (8.02) \\
t = 0: & \sigma_{bu,(v+g+p_{\min})} & \geq -\sigma_{uD} & & \geq -\sigma_{uD} & (8.03) \\
t = 0: & \sigma_{bo,(v+g+p_{\min})} & \leq \sigma_{oZ} & & \leq 0 & (8.04)
\end{array}
$$

Schreibt man die einzelnen Spannungsanteile an, so ergibt sich:

$$
\begin{array}{lcc}
& \text{beschr.} & \text{volle} \\
& \multicolumn{2}{c}{\text{Vorspannung}} \\[4pt]
-c \cdot Z_v\left(\dfrac{1}{F} + \dfrac{e}{W_u}\right) + \dfrac{\max M}{W_u} & \leq \sigma_{uZ} & \leq 0 \qquad (8.01\,a) \\[10pt]
-c \cdot Z_v\left(\dfrac{1}{F} - \dfrac{e}{W_o}\right) - \dfrac{\max M}{W_o} & \geq -\sigma_{oD} & \geq -\sigma_{oD} \qquad (8.02\,a) \\[10pt]
-Z_v\left(\dfrac{1}{F} + \dfrac{e}{W_u}\right) + \dfrac{\min M}{W_u} & \geq -\sigma_{uD} & \geq -\sigma_{uD} \qquad (8.03\,a) \\[10pt]
-Z_v\left(\dfrac{1}{F} - \dfrac{e}{W_o}\right) - \dfrac{\min M}{W_o} & \leq \sigma_{oZ} & \leq 0 \qquad (8.04\,a)
\end{array}
$$

Die Formulierung des mechanischen Problems führt also auf ein System von 4 Ungleichungen. Die fünf variablen Größen sind: Die Breite B — die Höhe d — die Funktion $f(y/d)$ — die Vorspannkraft Z_v — die wirksame Exzentrizität e der Vorspannkraft (bei statisch unbestimmten Systemen also einschließlich der Zwängungsmomente [vgl. oben]).

Die die Querschnittskontur beschreibende Funktion $f(y/d)$ erscheint jedoch nicht explizit, sondern mittelbar als die bei gegebenem B und d den Querschnittskern, die Schwerpunktslage, das Trägheitsmoment und damit das Widerstandsmoment festlegende Größe. Jede der fünf Unbekannten ist nun in eine den vier Ungleichungen genügende funktionale Abhängigkeit von zwei unabhängigen Variablen, nämlich den Momenten $\min M$ und ΔM zu bringen. Die Tatsache, daß diese Momentengrößen über das Eigengewicht auch von den querschnittsbezogenen Unbekannten abhängig sind, wird hier, wie bei der Bemessung im allgemeinen üblich, nicht in Betracht gezogen.

Zur Bestimmung der fünf Unbekannten sind die vier Ungleichungen nicht ausreichend. Besondere Schwierigkeiten macht außerdem die Größe $f(y/d)$. Da in der Praxis die Querschnittsform $f(y/d)$ und die Breite B

8*

auf Grund konstruktiver Gegebenheiten weitgehend festliegen, kann man diese beiden Größen als Parameter betrachten. Auch wird zunächst die

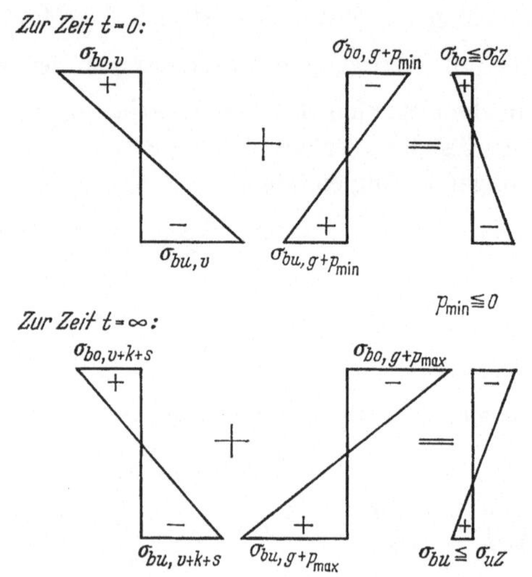

Abb. 8.03a. Für die Bemessung maßgebende Spannungszustände bei beschränkter Vorspannung.

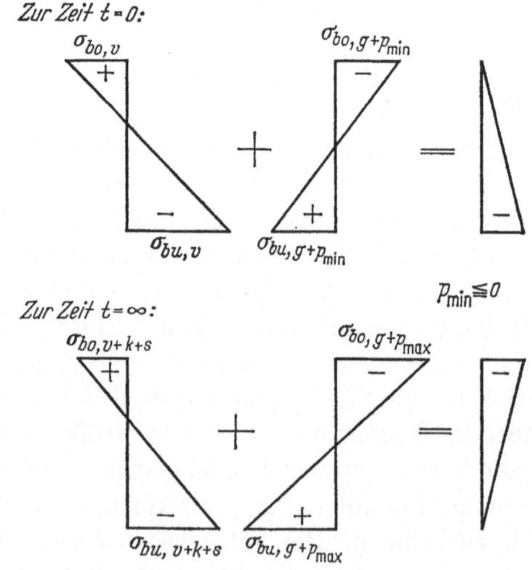

Abb. 8.03b. Für die Bemessung maßgebende Spannungszustände bei voller Vorspannung.

Größe e/d als Konstante angesehen. Dann erhält man ein System von vier Ungleichungen, die in den nunmehr noch verbleibenden zwei Unbekannten Z_v und d nichtlinear sind.

Das Bemessungsproblem stellt sich nun in der Praxis so dar, daß für die oben gewählten Parameter die *Mindestkonstruktionshöhe d* und die zugehörige Vorspannkraft Z_v bei gegebenem max M und min M gesucht werden. In diesem Fall erreichen im allgemeinen zwei der vier entscheidenden Randspannungen die zulässige Grenze, d. h. es werden zwei Ungleichungen zu Gleichungen. Die beiden restlichen Ungleichungen müssen dabei erfüllt bleiben und liefern zwei Grenzwerte β, in deren Bereich die beiden zulässigen Randspannungen erreicht werden können. Die Zahl der Kombinationsmöglichkeiten von je zwei Randspannungen der insgesamt vier, die die zulässige Grenze erreichen können, beträgt sechs. Bei der Art der Problemstellung sind jedoch nur drei Kombinationen von zulässigen Spannungen bzw. Gleichungen (8.01) bis (8.04) von praktischem Interesse; denn aus Gründen der Wirtschaftlichkeit wird man immer bestrebt sein, bei max. M und $c \cdot Z_v$ die zulässige Randspannung an der Querschnittsunterkante zu erreichen, d. h. man führt Ungleichung (8.01a) immer als Gleichung ein und erhält damit folgende drei Kombinationsmöglichkeiten (die den Ungleichungen (8.01a) bis (8.04a) entsprechenden Gleichungen werden mit „b" gekennzeichnet):

$$\text{Fall} \quad \text{I: } (8.01\,\text{b}) + (8.02\,\text{b})$$

$$\text{Fall} \quad \text{II: } (8.01\,\text{b}) + (8.03\,\text{b})$$

$$\text{Fall III: } (8.01\,\text{b}) + (8.04\,\text{b}).$$

8.1 Bemessungsformeln

8.1.1 Ableitung für beschränkte Vorspannung

Im Fall I, d. h. Einhaltung der beiden Randbedingungen im Endzustand $t = \infty$, ergibt sich aus (8.01a) und (8.02a) die zugehörige Spannkraft:

$$Z_{\text{zug}} = \frac{\sigma_{oD} \cdot W_o - \sigma_{uZ} \cdot W_u}{c \cdot (W_u + W_o)} \cdot F \tag{8.05}$$

und mit diesem Ausdruck aus (8.01a) durch Einsetzen:

$$\max M_{\text{zul}} = c \cdot Z_{\text{zug}} \cdot \left(\frac{W_u}{F} + e \right) + \sigma_{uZ} \cdot W_u \tag{8.06}$$

Z_{zug} aus (8.05) in (8.03a) bzw. (8.04a) eingesetzt, ergibt die Nebenbedingungen:

$$\min M_{\text{zul}} = Z_{\text{zug}} \cdot \left(\frac{W_u}{F} + e \right) - \sigma_{uD} \cdot W_u \tag{8.07}$$

bzw.

$$\min M_{\text{zul}} = Z_{\text{zug}} \cdot \left(e - \frac{W_o}{F} \right) - \sigma_{oZ} \cdot W_o \tag{8.08}$$

Es läßt sich zeigen, daß die Gl. (8.07) die maßgebende ist, wenn folgendes Kriterium erfüllt ist:

$$W_u \cdot \left(\sigma_{uD} - \frac{Z_{zug}}{F}\right) \leq W_o \cdot \left(\frac{Z_{zug}}{F} + \sigma_{oZ}\right) \qquad (8.07\,\text{a})$$

Ist dieses Kriterium nicht erfüllt, gilt Gl. (8.08). Die vorstehenden Gl. (8.05) bis (8.08) werden zu Bemessungsformeln, wenn die Querschnittswerte F, W_o und W_u als Funktion von B und d angegeben werden können. Unter Voraussetzung der Querschnittsform, z. B. Plattenbalken- oder I-Querschnitt, und der Verhältnisse der Querschnittsteile zueinander sind im Anhang Tabellen für die Querschnittswerte der meistverwendeten Rechteck-, Plattenbalken- und Hohlquerschnitte angegeben. Aus ihnen lassen sich die gesuchten Querschnittswerte in folgender Form entnehmen:

$$\begin{aligned} F \;\;&= \alpha_F \cdot B \cdot d \\ W_o &= \alpha_o \cdot B \cdot d^2 \\ W_u &= \alpha_u \cdot B \cdot d^2 \end{aligned}$$

(Im Computerausdruck der Querschnittstabellen stehen anstelle der Bezeichnungen α_F, usw. die Bezeichnungen F, usw.)

Führt man diese Werte in die Gln. (8.05) — (8.08) ein, so ergibt sich:

$$Z_{zug} = \frac{\left(\alpha_o - \dfrac{\sigma_{uZ}}{\sigma_{oD}} \cdot \alpha_u\right) \cdot \alpha_F}{c \cdot (\alpha_u + \alpha_o)} \cdot \sigma_{oD} \cdot B \cdot d \qquad (8.09)$$

bzw.

$$Z_{zug} = \alpha_Z \cdot \sigma_{oD} \cdot B \cdot d . \qquad (8.09\,\text{a})$$

Damit gilt:

$$\max M_{zul} = \left[c \cdot \alpha_Z\left(\frac{\alpha_u}{\alpha_F} + \frac{e}{d}\right) + \frac{\sigma_{uZ}}{\sigma_{oD}} \cdot \alpha_u\right] \sigma_{oD} \cdot B \cdot d^2 \qquad (8.10)$$

$$\min M_{zul} = \left[\alpha_Z\left(\frac{\alpha_u}{\alpha_F} + \frac{e}{d}\right) - \frac{\sigma_{uD}}{\sigma_{oD}} \cdot \alpha_u\right] \cdot \sigma_{oD} \cdot B \cdot d^2 , \qquad (8.11)$$

bzw.

$$\min M_{zul} = \left[\alpha_Z\left(\frac{e}{d} - \frac{\alpha_o}{\alpha_F}\right) - \frac{\sigma_{oZ}}{\sigma_{oD}} \cdot \alpha_o\right] \cdot \sigma_{oD} \cdot B \cdot d^2 , \qquad (8.12)$$

Gleichung (8.11) ist maßgebend, wenn:

$$\alpha_u\left(\frac{\sigma_{uD}}{\sigma_{oD}} - \frac{\alpha_Z}{\alpha_F}\right) \leq \alpha_o\left(\frac{\alpha_Z}{\alpha_F} + \frac{\sigma_{oZ}}{\sigma_{oD}}\right), \qquad (8.11\,\text{a})$$

In den Gln. (8.10), (8.11) bzw. (8.12) stellt der Klammerausdruck den Faktor dar, der das bekannte Produkt $B \cdot d^2$ zum Widerstandsmoment macht. In diesem Faktor ist durch den Unterfaktor α_z die Wirkung der Vorspannung berücksichtigt.

Bei vorgegebener Betongüte und damit zulässigen Spannungen lassen sich aus vorstehenden Formeln in einfacher Weise bei gewählter Breite B oder Höhe d die Spannkraft Z und die Höhe d bzw. Breite B ermitteln.

Mit den vorstehenden Gln. (8.10), (8.11) bzw. (8.12) ist das von der Querschnittsausnutzung her mögliche Verhältnis

$$\beta_{zul} = \frac{\Delta M_{zul}}{\max M_{zul}} = \frac{\max M_{zul} - \min M_{zul}}{\max M_{zul}}$$

festgelegt.

Überschreitet das aus der statischen Berechnung geforderte Verhältnis β_{vorh} das aus dem vorstehenden ersten Bemessungsschritt ermittelte mögliche Verhältnis β_{zul}, so muß der Bereich Fall I verlassen werden, d. h. die zulässige obere Randdruckspannung ist nicht mehr ausnutzbar. Gleichung (8.09) wird zur Ungleichung und kann nicht mehr zur Bestimmung von α_z herangezogen werden. Ob dann der Bereich Fall II oder III für die Bestimmung von α_z maßgebend ist, regelt das Kriterium (8.11a). Löst man es nach α_z auf, so gilt:

$$\alpha_Z \geq \frac{(\alpha_u \cdot \sigma_{uD} - \alpha_o \cdot \sigma_{oZ}) \cdot \alpha_F}{\sigma_{oD} \cdot (\alpha_u + \alpha_o)}$$

Bis zum Erreichen des Grenzwertes α_z^* ist dann Gl. (8.11), d. h. der Bereich Fall II maßgebend. Diese Grenze lautet:

$$\alpha_z^* = \frac{(\alpha_u \cdot \sigma_{uD} - \alpha_o \cdot \sigma_{oZ}) \cdot \alpha_F}{\sigma_{oD} \cdot (\alpha_o + \alpha_u)} \tag{8.11 b}$$

Es sind also zwei Fälle zu unterscheiden:
1. Das Kriterium (8.11a) ist erfüllt, Bereich II ist maßgebend [Gl. (8.11)]. Dann gilt:

$$\frac{\max M}{\sigma_{oD} \cdot B \cdot d^2} = c \cdot \alpha_Z \left(\frac{\alpha_u}{\alpha_F} + \frac{e}{d}\right) + \frac{\sigma_{uZ}}{\sigma_{oD}} \cdot \alpha_u \,, \tag{8.10 a}$$

$$\frac{\min M}{\sigma_{oD} \cdot B \cdot d^2} = \alpha_Z \left(\frac{\alpha_u}{\alpha_F} + \frac{e}{d}\right) - \frac{\sigma_{uD}}{\sigma_{oD}} \cdot \alpha_u \,. \tag{8.11 c}$$

Bildet man damit das Verhältnis

$$\beta = \frac{\max M - \min M}{\max M}$$

und löst nach α_z auf, so erhält man:

$$\alpha_Z = \frac{\dfrac{\alpha_u}{\sigma_{oD}} \cdot [\sigma_{uZ}(1-\beta) + \sigma_{uD}]}{\left(\dfrac{\alpha_u}{\alpha_F} + \dfrac{e}{d}\right) \cdot [1 - c \cdot (1-\beta)]} \tag{8.13}$$

2. Unterschreitet der nach (8.13) bestimmte Beiwert α_z den Grenzwert α_z^* oder ist bereits von vornherein mit α_z nach (8.09) das Kriterium (8.11a) nicht erfüllt, so wird der Bereich Fall III maßgebend. Für $\min M$ gilt dann:

$$\frac{\min M}{\sigma_{oD} \cdot B \cdot d^2} = \alpha_Z \left(\frac{e}{d} - \frac{\alpha_o}{\alpha_F}\right) - \frac{\sigma_{oZ}}{\sigma_{oD}} \cdot \alpha_o \tag{8.12 b}$$

Bildet man wieder mit (8.10a) und (8.12b) das Verhältnis β und löst nach α_z auf, so erhält man:

$$\alpha_z = \frac{(\sigma_{oZ} \cdot \alpha_o + \sigma_{uZ} \cdot \alpha_u [1 - \beta]) \cdot \alpha_F}{\sigma_{oD} \cdot \left[\dfrac{e}{d} \cdot \alpha_F (1 - c \cdot [1 - \beta]) - \alpha_u \cdot c \cdot (1 - \beta) - \alpha_o \right]} \tag{8.14}$$

Aus wirtschaftlichen Gründen wird man die Anpassung des Querschnittes und der Vorspannkraft auf vorstehendem Weg unter Beibehaltung der konstruktiv möglichen Exzentrizität e vornehmen, sofern nicht der Bruchsicherheitsnachweis oder eine zu große erforderliche Bauhöhe dem eine Grenze setzen.

In solchen Fällen ist es dann zweckmäßig, die wirksame Exzentrizität zu verkleinern, d. h. zentrischer vorzuspannen. Es ist dabei am wirtschaftlichsten, jenes $\overline{\alpha_z}$ einzusetzen, das die Bruchsicherheit gerade noch einhält. Dieser Wert läßt sich jedoch nicht explizit angeben. Man wird ihn daher aufgrund eines ersten Bemessungsschrittes nach (8.13) bzw. (8.14) schätzen.

Im Fall $\overline{\alpha_z} \geq \alpha_z{}^*$ (Bereich II) bildet man nun wieder das Verhältnis β, löst aber diesmal nach e/d auf:

$$\frac{e}{d} = \frac{\alpha_u}{\overline{\alpha_Z} \cdot \sigma_{oD}} \cdot \frac{\sigma_{uZ}(1 - \beta) + \sigma_{uD}}{1 - c \cdot (1 - \beta)} - \frac{\alpha_u}{\alpha_F} \tag{8.15}$$

Für den Fall, daß $\overline{\alpha_z} < \alpha_z{}^*$ (Bereich III), gilt:

$$\frac{e}{d} = \frac{\sigma_{oD} \cdot \dfrac{\overline{\alpha_Z}}{\alpha_F} [\alpha_u \cdot c \cdot (1 - \beta) + \alpha_o] + \sigma_{uZ} \cdot \alpha_u (1 - \beta) + \sigma_{oZ} \cdot \alpha_o}{\sigma_{oD} \cdot \overline{\alpha_Z} [1 - c \cdot (1 - \beta)]} \tag{8.15a}$$

Mit diesen beiden Gleichungen läßt sich dann die maximal mögliche Exzentrizität e bestimmen.

8.1.2 Volle Vorspannung

Die Gleichungen des Abschnittes 8.1.1 gelten unverändert, nur ist $\sigma_{uZ} = \sigma_{oZ} = 0$ zu setzen.

Aus Gl. (8.14) ist zu ersehen, daß der Bereich Fall III für eine Anpassung an das Verhältnis β nicht mehr ausnutzbar ist. In diesem Fall ist die Anpassung nur durch eine Verkleinerung der wirksamen Exzentrizität e möglich.

In dem Fall, daß α_z nach Gl. (8.09) größer als $\alpha_z{}^*$ war, wird man bis $\alpha_z{}^*$ abmindern und dann e mit $\overline{\alpha_z} = \alpha_z{}^*$ bestimmen.

8.1.3 Zusammenfassung der Abschnitte 8.1.1 und 8.1.2

Eine wesentliche Rolle spielt bei der Bemessung im Spannbeton die Momentendifferenz $\Delta M = \max M - \min M$. Das auf das maximale

Moment bezogene Momentenverhältnis $\beta = \dfrac{\Delta M}{\max M}$ wird dabei zur kennzeichnenden Größe. Durch sie wird bestimmt, ob von den vier Ungleichungen des Systems (8.01) bis (8.04) drei oder zwei Randbedingungen für die Bemessung ausnutzbar sind. Es entstehen für beschränkte Vorspannung drei, für volle Vorspannung zwei Bereiche, die für die Mindestquerschnittshöhe und die erforderliche Spannkraft maßgebend sind.

Im Normalfall können im Bereich I beide Randbedingungen im Endzustand $(t = \infty)$ und eine Nebenbedingung des Anfangszustandes $(t = 0)$ ausgenutzt werden. Welche der beiden Nebenbedingungen $(t = 0)$ maßgebend ist, wird durch das Kriterium (8.11a) geregelt. Es lassen sich in Abhängigkeit von den Querschnittswerten und zulässigen Spannungen die für die Bemessung maßgebenden Höchstwerte $\max M_{\mathrm{zul}}$ und $\min M_{\mathrm{zul}}$ angeben. Damit ist auch das mögliche Momentenverhältnis $\beta_{\mathrm{zul}} = \dfrac{\Delta M_{\mathrm{zul}}}{\max M_{\mathrm{zul}}}$ festgelegt.

Ist das aus der statischen Berechnung geforderte β_{vorhd} größer als β_{zul}, so kann die obere Randbedingung des Endzustandes nicht mehr ausgenutzt werden. Es muß entweder die zugehörige Spannkraft oder die wirksame Exzentrizität, bzw. beide, vermindert werden, um das geforderte β_{vorhd} zu erreichen. Wirtschaftlich ist es dabei, die Spannkraft (gekennzeichnet durch α_z) bei größtmöglicher Exzentrizität e soweit zu vermindern, wie die Bruchsicherheitsforderung dies zuläßt, und erst dann, falls β_{vorhd} noch nicht erreicht ist, auch die Exzentrizität e zu verkleinern. Welche der beiden Nebenbedingungen dabei maßgebend wird, regelt auch in diesen Fällen das Kriterium (8.11a), für das sich der Grenzwert α_z^* angeben läßt, der Bereich II von Bereich III trennt.

Mit Hilfe der im nächsten Abschnitt erläuterten Querschnittstabellen lassen sich die angegebenen Bemessungsgleichungen relativ rasch auswerten. Zur Erläuterung wird in Abschnitt 12.3 ein Bemessungsbeispiel für volle und beschränkte Vorspannung gezeigt, bei dem die kennzeichnende Größe β entsprechend variiert wird.

8.2 Praktische Anwendung der Bemessungsformeln

8.2.1 Freie Bemessung

Mit der Wahl der Betongüte und des Vorspanngrades, d. h. volle oder beschränkte Vorspannung, sind die zulässigen Betonspannungen gemäß DIN 4227 festgelegt. Für eine vorgegebene Querschnittsform können die Beiwerte α_F, α_o und α_u aus den im Anhang angegebenen Tabellen entnommen werden. Nun muß noch eine Schätzung des Kriechverlustes, der durch den Beiwert c berücksichtigt wird, getroffen werden. Im allgemeinen sei empfohlen, $c = 0{,}85$ anzunehmen. Damit kann aus Gl. (8.09) der Beiwert α_z berechnet werden. Aus Gl. (8.10) und (8.11) bzw. (8.12) erhält man weiter Ausdrücke für $\max M$ bzw. $\min M$ als Funktion von $B \cdot d^2$, womit bei Wahl einer dieser beiden Größen die andere bestimmt ist. Der gesamte Bemessungsvorgang reduziert sich mit Hilfe der Querschnittstabellen im Anhang auf die Auswertung der drei Gln. (8.10), (8.11) und (8.12), wobei diese auch die Berücksichtigung der in statisch unbestimmten Systemen auftretenden Zwängungsmomente gestatten.

Die bezogene wirksame Exzentrizität e/d kann je nach Spanngliedlage und Zwängungsmomenten sehr verschieden ausfallen, und der Tabellenumfang würde bei Einführung eines weiteren Parameters e/d den Rahmen dieses Buches zudem überschreiten.

Die numerische Handhabung der genannten drei Gleichungen ist auch so einfach, daß auf eine solche weitergehende Tabulierung leicht verzichtet werden kann.

Für die Bemessungsgleichungen (8.09) bis (8.12) ist in Abhängigkeit von folgenden Parametern die Querschnittswerttabelle elektronisch berechnet worden (vgl. Abb. 8.04):

$\gamma = d_u/d_o$; (im gebräuchlichen Bereich von kleinem Einfluß)

$$\varrho = F_{plu}/F_{plo}; \qquad \varepsilon = b_o/B; \qquad \delta = d_o/d .$$

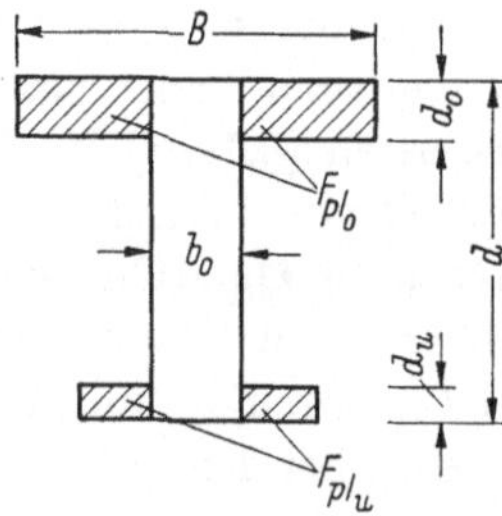

Abb. 8.04. Querschnittsverhältnisse.

In den Tabellen entsprechen die Bezeichnungen:

$F \triangleq \alpha_F$ Beiwert für die Fläche;

$I \triangleq \alpha_I$ Beiwert für das Trägheitsmoment,

$W_o \triangleq \alpha_o$ Beiwert für das obere Widerstandsmoment,

$W_u \triangleq \alpha_u$ Beiwert für das untere Widerstandsmoment.

Die Schwerlinienabstände ergeben sich damit zu

$$y_o = \frac{\alpha_I}{\alpha_o} \cdot d , \quad \text{bzw.} \quad y_u = \frac{\alpha_I}{\alpha_u} \cdot d .$$

Die Tabellen sind im Anhang abgedruckt.

8.2.2 Gebundene Bemessung (Ermittlung der erforderlichen Vorspannkraft bei vorgegebenem Querschnitt; häufig vorkommend)

Angesichts der recht aufwendig erscheinenden Gln. (8.13) bis (8.15) sei der Leser getröstet, daß in den meisten Ausführungsfällen, wie die Erfahrung zeigt, der erste Bemessungsschritt genügt, d. h. $\beta_{zul} > \beta_{vorhd}$ ist. Außerdem sind in der praktischen Berechnung, insbesondere im Brückenbau, häufig die Betonquerschnitte bereits durch konstruktive und betriebliche Gegebenheiten festgelegt; bzw. der an der ungünstigsten Stelle erforderliche Querschnitt wird auch in den minder beanspruchten Bereichen der Konstruktion beibehalten. In diesen Fällen stellt sich die Aufgabe, bei bekannten Querschnittswerten F, W_o, W_u und e die erforderliche Mindestspannkraft zu ermitteln. Am zweckmäßigsten werden hierfür die Gln. (8.05) bis (8.08) ausgewertet.

Bei **beschränkter** Vorspannung ermittelt sich Z_{erf} aus (8.06) zu:

$$Z_{erf} = \frac{\max M_{vorhd} - \sigma_{uZ} \cdot W_u}{c \cdot \left(\dfrac{W_u}{F} + e\right)} \tag{8.16}$$

min. M muß mit vorstehendem Z_{erf} nach Gl. (8.07) bzw. (8.08) kontrolliert werden.

Bei **voller** Vorspannung ergibt sich dann:

$$Z_{erf} = \frac{\max M_{vorhd}}{c \cdot \left(\dfrac{W_u}{F} + e\right)} \tag{8.16a}$$

oder falls die zulässigen Werte Z_{zul}, max. M_{zul} und min. M_{zul} berechnet waren:

$$Z_{erf} = \frac{\max M_{vorhd}}{\max M_{zul}} \cdot Z_{zul} \tag{8.17}$$

min M bleibt eingehalten, wenn $\beta_{vorhd} < \beta_{zul}$ war.

Ist $\beta_{zul} < \beta_{vorhd}$, so geht man sinngemäß wie in Abschnitt 8.1.1 angegeben vor: $\left(\beta_{vorhd} = \dfrac{\Delta M}{\max. M}\right)$, worin Z und e noch zu bestimmen sind. Grenzwert

$$Z^* = \frac{(\sigma_{uD} \cdot W_u - \sigma_{oZ} \cdot W_o) \cdot F}{W_u + W_o}$$

Im Brückenbau und bei Bauten im Freien schlechthin ist bei beschränkter Vorspannung zu beachten, daß unter Einschluß der halben, bzw. der ständigen Verkehrslast *keine* Zugspannungen in der Zugzone auftreten dürfen (DIN 4227, 10.1.2). Häufig ist diese Bedingung für die Bemessung, bzw Z_{erf} maßgebend.

8.2.3 Einige prinzipielle Überlegungen über das Verhalten einiger ausgewählter Querschnittsformen und Spanngliedlagen

In den vorhergehenden Auflagen dieses Buches wurden für fünf ausgewählte Querschnittsformen und einige Spanngliedlagen Bemessungsdiagramme in Abhängigkeit vom Momentenverhältnis $\beta = \Delta M / \max M$ für die Querschnittshöhe und die zugehörige Spannkraft angegeben. Obwohl die im Anhang beigegebenen Tabellen wesentlich mehr Querschnittsparameter in übersichtlicher Form zu berücksichtigen gestatten, sollen diese o. g. Diagramme wieder angegeben werden, da aus ihnen das charakteristische Tragverhalten verschiedener Querschnittstypen gut zu ersehen ist.

Die Darstellung der beiden gesuchten Bemessungsgrößen lautet:

$$d = k_d(\beta) \cdot \sqrt{\frac{\max M}{B \cdot \sigma_{oD}}} \; ; \qquad Z_v = k_v(\beta) \cdot \sqrt{\max M \cdot B \cdot \sigma_{oD}}$$

Hierin ist σ_{oD} absolut einzusetzen. Auf eine Herleitung der Koeffizienten $k_d(\beta)$ und $k_v(\beta)$ wird hier aus Platzgründen verzichtet, da die Kurven mittels der Gleichungen in Abschnitt 8.1 in Verbindung mit den Querschnittstabellen im Anhang leicht punktweise kontrolliert werden können.

Die Tafeln 8.01 bis 8.04 (Beschränkte Vorspannung) zeigen folgende interessante Ergebnisse:

a) Einen relativ weiten β-Bereich für ein bestimmtes $\max M$ und $\lambda = h/d$, in dem eine Bemessung mit zulässigen Betonrandspannungen vorgenommen werden kann, weist der doppelsymmetrische I- bzw. der gleichwertige Kastenquerschnitt auf, den man sich durch Wegschneiden entsprechender Flächenanteile aus einem Rechteckquerschnitt entstanden denken möge. Je mehr er sich auf diese Weise von dem vollen Rechteck entfernt — er vergrößert dabei seine Kernweite —, einen um so größeren ΔM-Bereich vermag er bei vorgegebenem $\max M$ zu decken. Die erforderlichen Querschnittshöhen nehmen für vorgegebene Werte ΔM und $\max M$ vom Vollquerschnitt zum aufgelösten Querschnitt hin zu, die Vorspannkräfte — in stärkerem Maße — ab.

Es ist bemerkenswert, daß sowohl der Vollquerschnitt wie der doppelsymmetrische aufgelöste Querschnitt innerhalb der ihnen zugewiesenen β-Bereiche bei voller Vorspannung einen nur von $\max M$, nicht von ΔM bestimmten Anspruch an Höhe und Vorspannkraft haben; die k_d- und k_v-Linien laufen zur β-Achse parallel. Dies ist mit der Aussage identisch, daß diese Querschnitte nur *einen* „Bereich" im Sinne von Abschnitt 8.1.1 haben.

b) Ähnlich wie der doppelsymmetrische Querschnitt verhält sich der umgekehrte Plattenbalken, dem ebenfalls nur ein β-Bereich zu eigen ist.

Die in a) beschriebenen Zusammenhänge sind hier noch stärker ausgeprägt. Der von ihm beherrschte ΔM-Bereich bei vorgegebenem max M ist etwa ebenso groß wie der des doppelsymmetrischen Querschnitts. Die geforderten Höhen sind dabei größer, die Vorspannkräfte geringer.

c) Der Plattenbalkenquerschnitt ist durch zwei Bereiche gekennzeichnet. Im ersten Bereich ist er hinsichtlich des Anspruchs an Höhe dem doppelsymmetrischen Querschnitt gleich, an Vorspannkraft sogar etwas überlegen. Dieser Bereich ist aber relativ klein. Im zweiten Bereich steigt sein Anspruch an Höhe mit zunehmendem β an und entsprechend sinkt der Anspruch an Vorspannkraft. Dieser zweite Bereich deckt aber bei weitem nicht den β-Bereich des doppelsymmetrischen aufgelösten Querschnitts. Es ist eben nur im schlaffbewehrten Stahlbetonbau sinnvoll, den T-Querschnitt auf Biegung zu benutzen, weil dort die Zugzone sich über den größeren Teil des Stegs erstreckt und, da der Beton auf Zug nicht mitwirkt, auf dasjenige äußerste Maß eingeschränkt wird, das in Hinsicht auf die Schubspannungen noch erträglich ist. Die T-Form wird aber — analog zum Stahlbau — als Biegequerschnitt in weiten β-Bereichen ungünstig, weil die Vorspannung den gesamten Querschnitt zur Mitwirkung heranzieht.

d) Der Plattenbalken mit oberem und davon verschiedenem unterem Gurt verhält sich grundsätzlich wie der Plattenbalken, nur sind die Abweichungen vom doppelsymmetrischen aufgelösten Querschnitt abgeschwächt.

e) Wegen der Zulässigkeit von Zugspannungen ist die beschränkte Vorspannung gegenüber der vollen zur Aufnahme größerer Momentenschwankungen ΔM besser geeignet. Während die Spannungsresultierende bei voller Vorspannung immer innerhalb der beiden Querschnittskernpunkte bleiben muß, kann sie bei beschränkter Vorspannung bis zu einem gewissen Maß auch außerhalb dieser liegen. Die mögliche Momentenschwankung wird daher größer. Ein Vergleich der dargestellten Diagramme bestätigt dieser Überlegungen.

f) Volle Vorspannung. Der Fall III liefert jetzt keine Vorspannungsmöglichkeit mehr.

Es wurden die gleichen Querschnitte wie für beschränkte Vorspannung numerisch ausgewertet; die Ergebnisse sind in Tafel 8.01a bis 8.03a (für $\beta \geqq 0$) und in Tafel 8.04a graphisch dargestellt.

Tafel 8.01

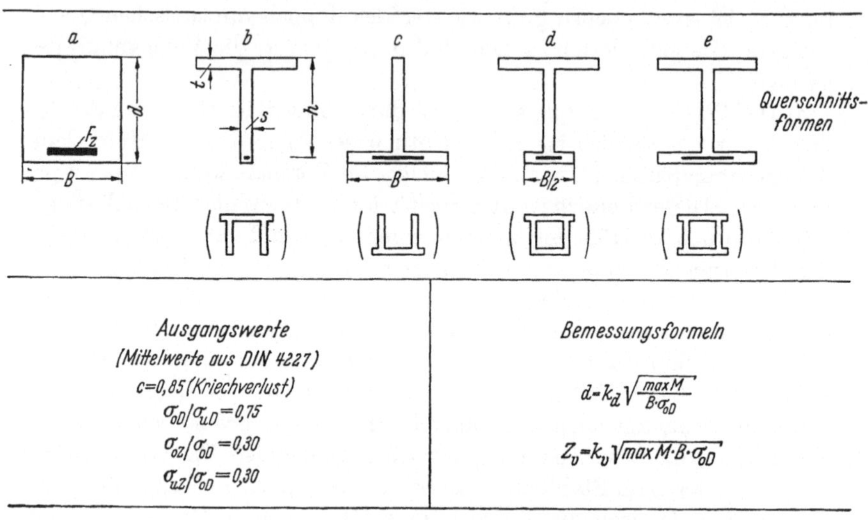

Ausgangswerte
(Mittelwerte aus DIN 4227)
$c = 0{,}85$ (Kriechverlust)
$\sigma_{oD}/\sigma_{uD} = 0{,}75$
$\sigma_{oz}/\sigma_{oD} = 0{,}30$
$\sigma_{uz}/\sigma_{oD} = 0{,}30$

Bemessungsformeln

$$d = k_d \sqrt{\frac{\max M}{B \cdot \sigma_{oD}}}$$

$$Z_v = k_v \sqrt{\max M \cdot B \cdot \sigma_{oD}}$$

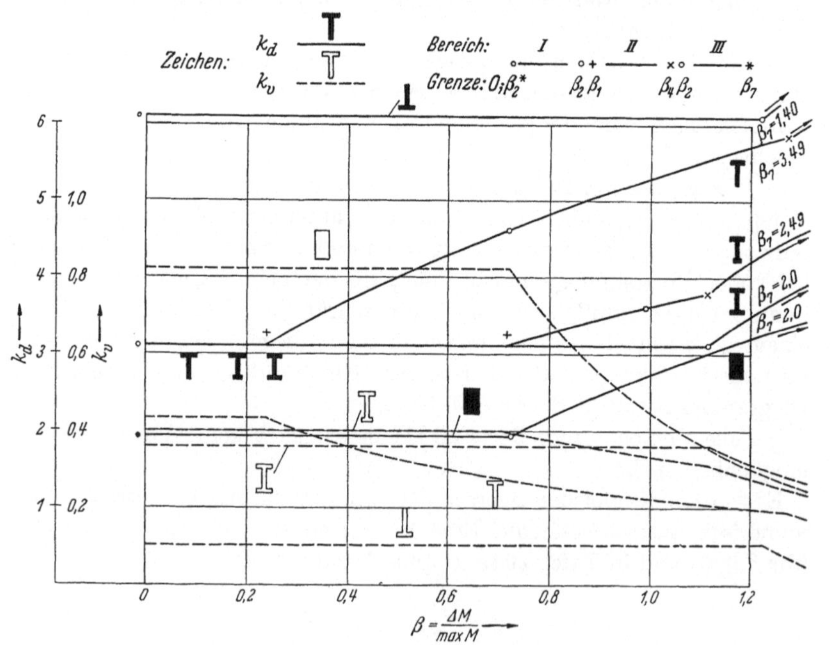

Beschränkte Vorspannung

Bemessungskurven für Querschnittsformen I
$(t = 0{,}1\,d;\ s = 0{,}1\,B;\ h = 0{,}95\,d)$

Tafel 8.02

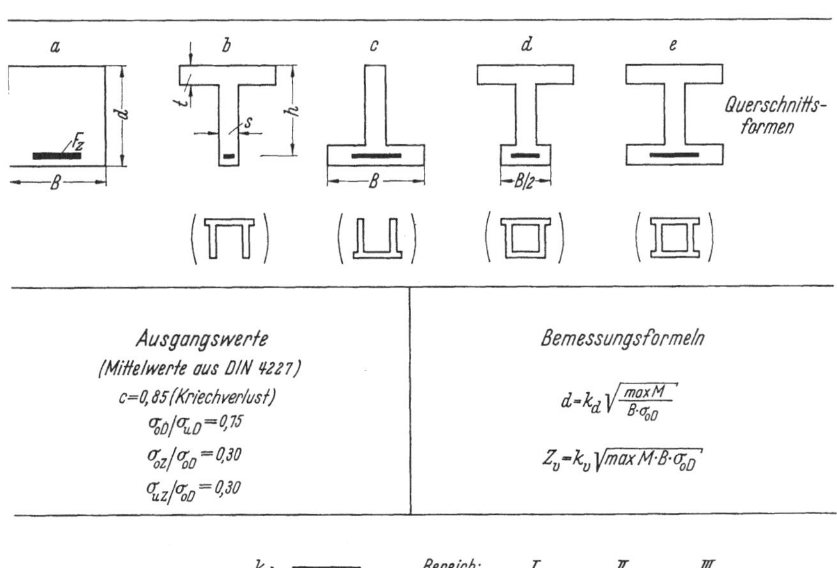

$$\sigma_{oD}/\sigma_{uD} = 0{,}75$$
$$\sigma_{oz}/\sigma_{oD} = 0{,}30$$
$$\sigma_{uz}/\sigma_{oD} = 0{,}30$$

$$d = k_d \sqrt{\frac{\max M}{B \cdot \sigma_{oD}}}$$

$$Z_v = k_v \sqrt{\max M \cdot B \cdot \sigma_{oD}}$$

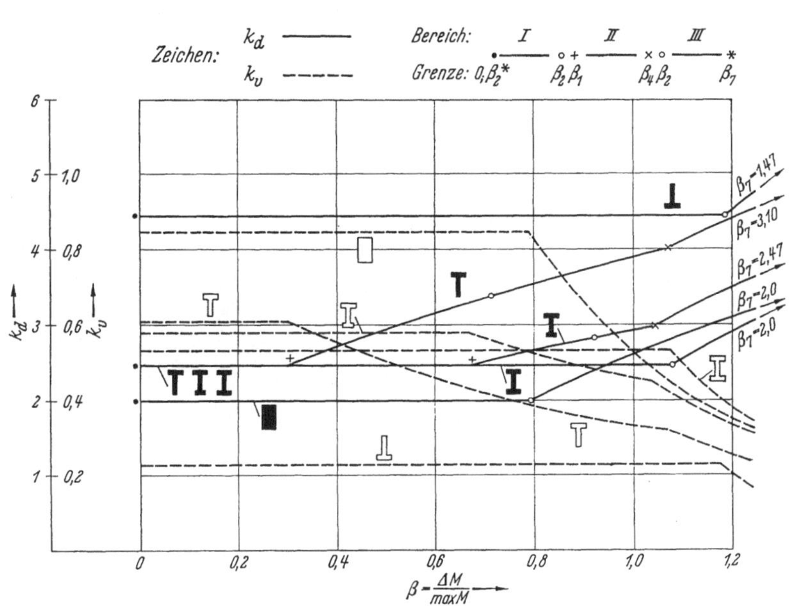

Beschränkte Vorspannung

Bemessungskurven für Querschnittsformen II
($t = 0{,}2\,d$; $s = 0{,}2\,B$; $h = 0{,}90\,d$)

Tafel 8.03

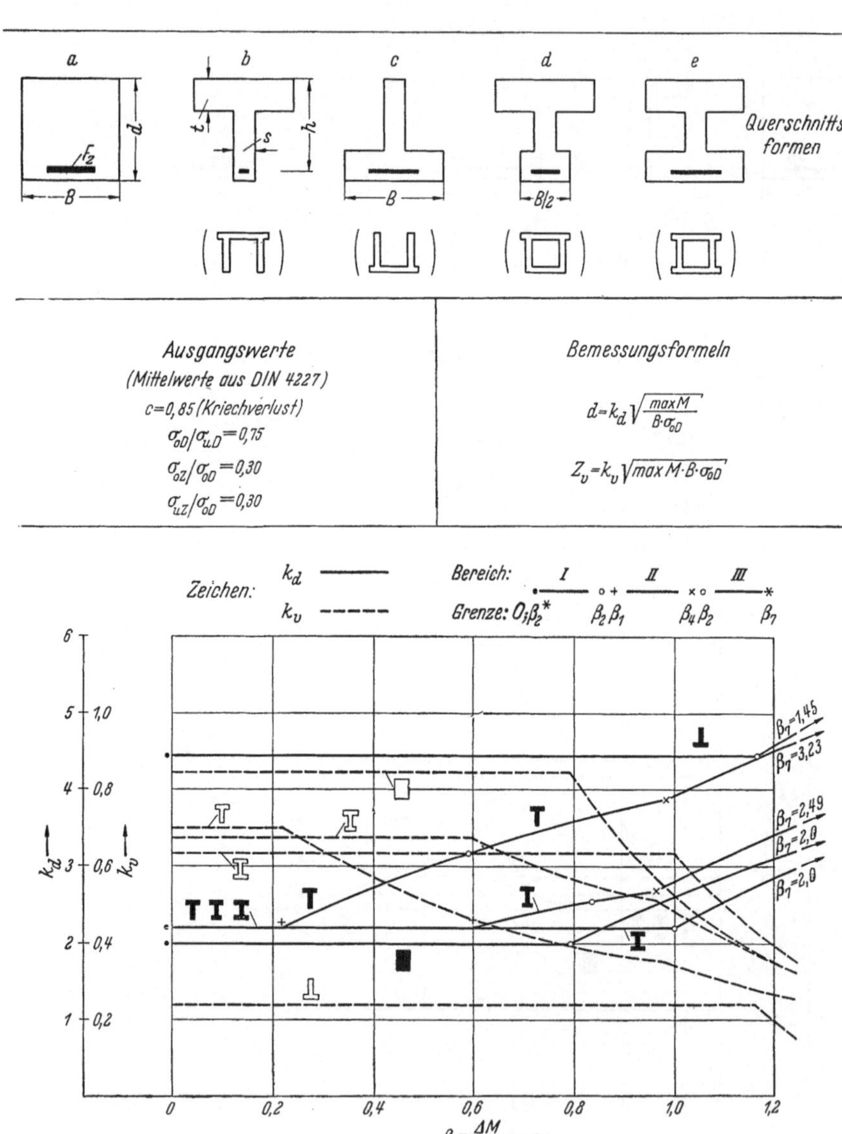

Beschränkte Vorspannung

Bemessungskurven für Querschnittsformen III
$(t=0,3d:\ s=0,2B:\ h=0,90\,d)$

Tafel 8.04

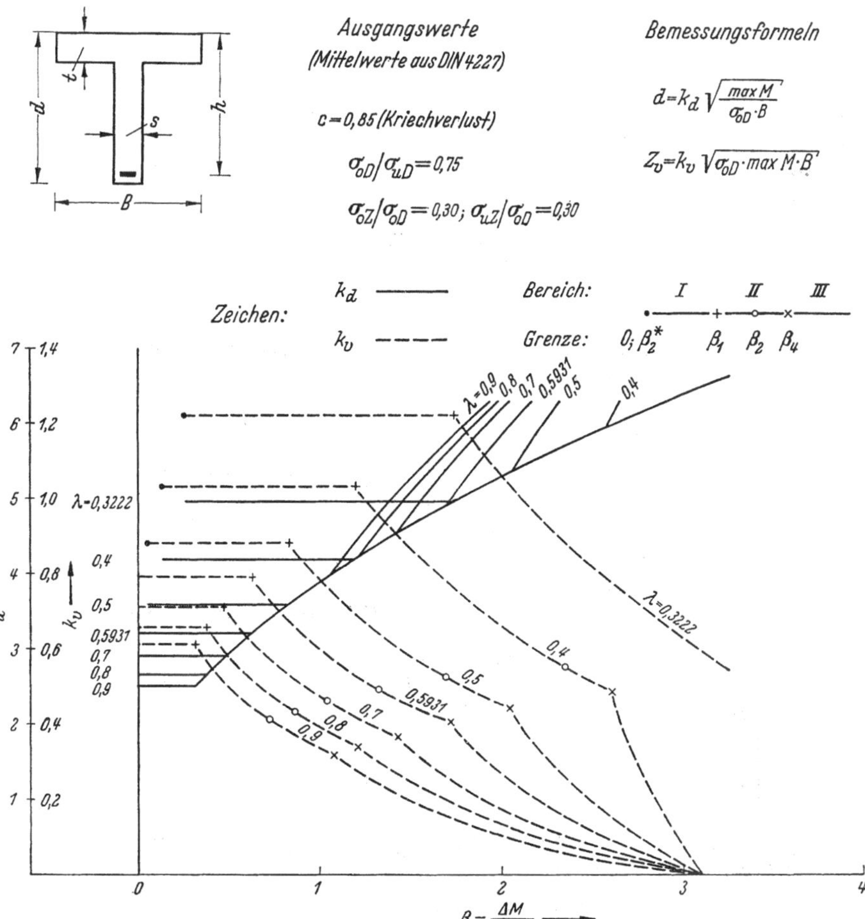

Beschränkte Vorspannung

Bemessungskurven für Querschnittsformen II (b)
bei veränderlichem $h = \lambda \cdot d$

Tafel 8.01 a

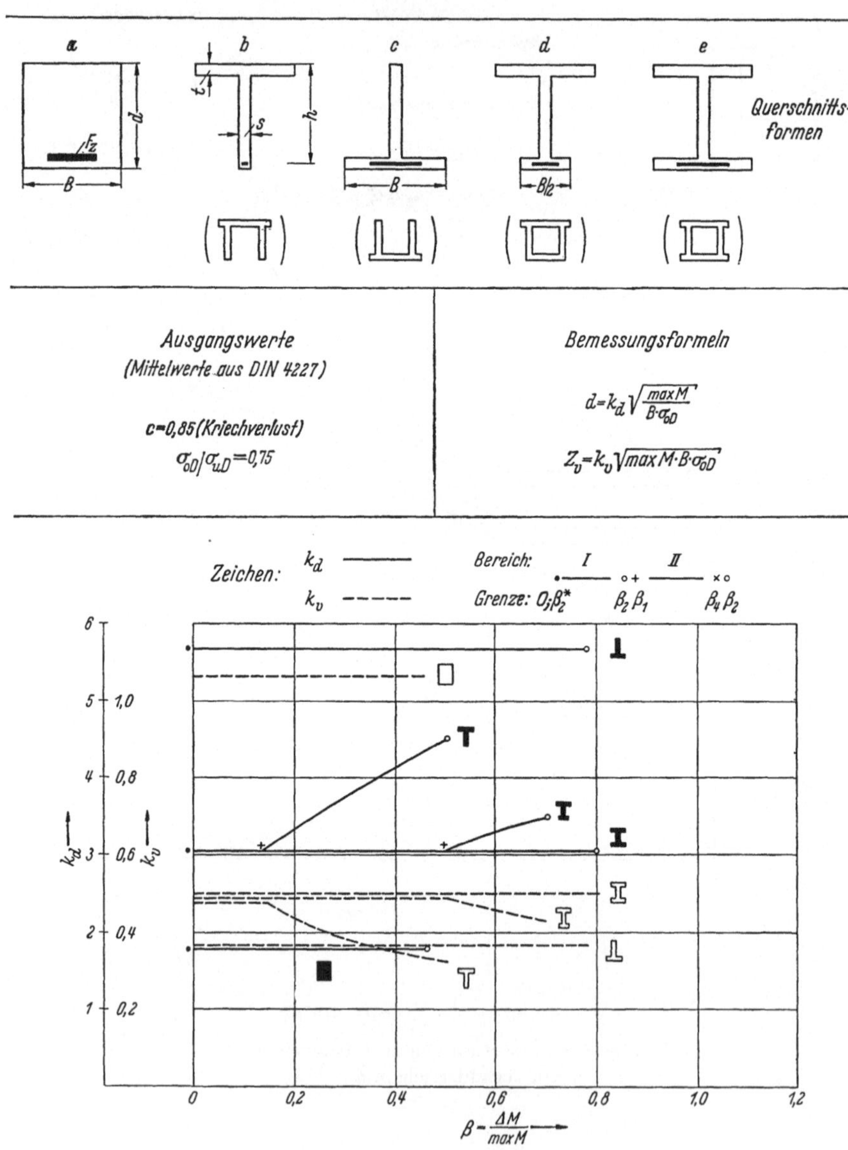

$$d=k_d\sqrt{\frac{maxM}{B\cdot\sigma_{0D}}}$$

$$Z_v=k_v\sqrt{maxM\cdot B\cdot\sigma_{0D}}$$

Volle Vorspannung

Bemessungskurven für Querschnittsformen I
($t = 0{,}1\,d$; $s = 0{,}1\,B$; $h = 0{,}95\,d$)

Tafel 8.02a

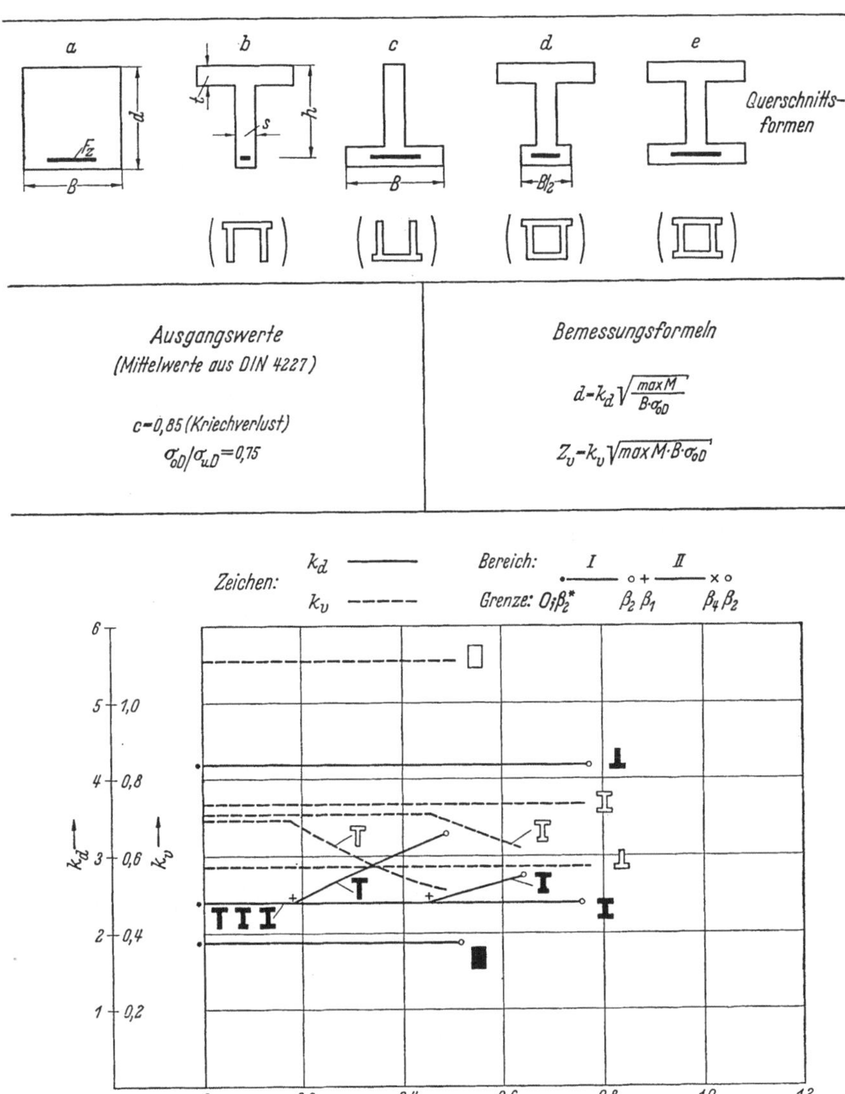

Volle Vorspannung

Bemessungskurven für Querschnittsformen II
$(t = 0{,}2\,d;\ s = 0{,}2\,B;\ h = 0{,}90\,d)$

9*

Tafel 8.03 a

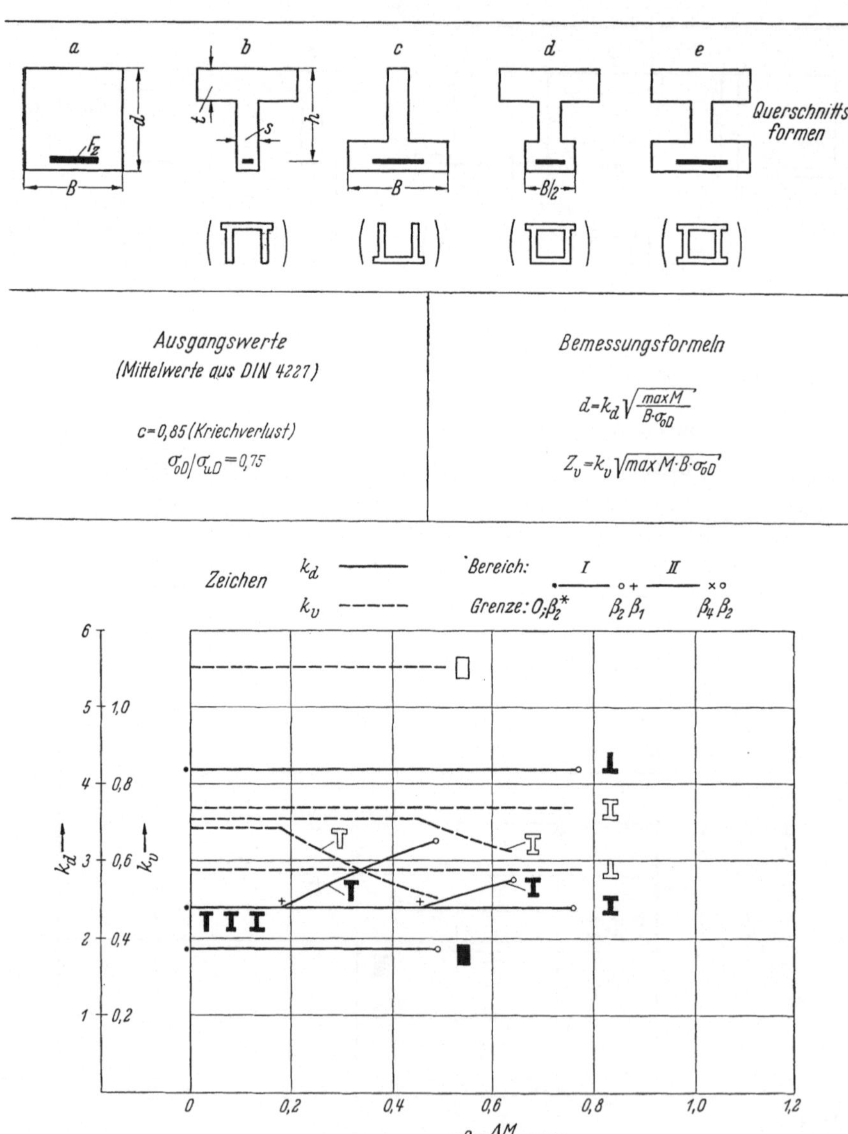

Volle Vorspannung

Bemessungskurven für Querschnittsformen III
$(t = 0,3\,d;\ s = 0,2\,B;\ h = 0,90\,d)$

Tafel 8.04a

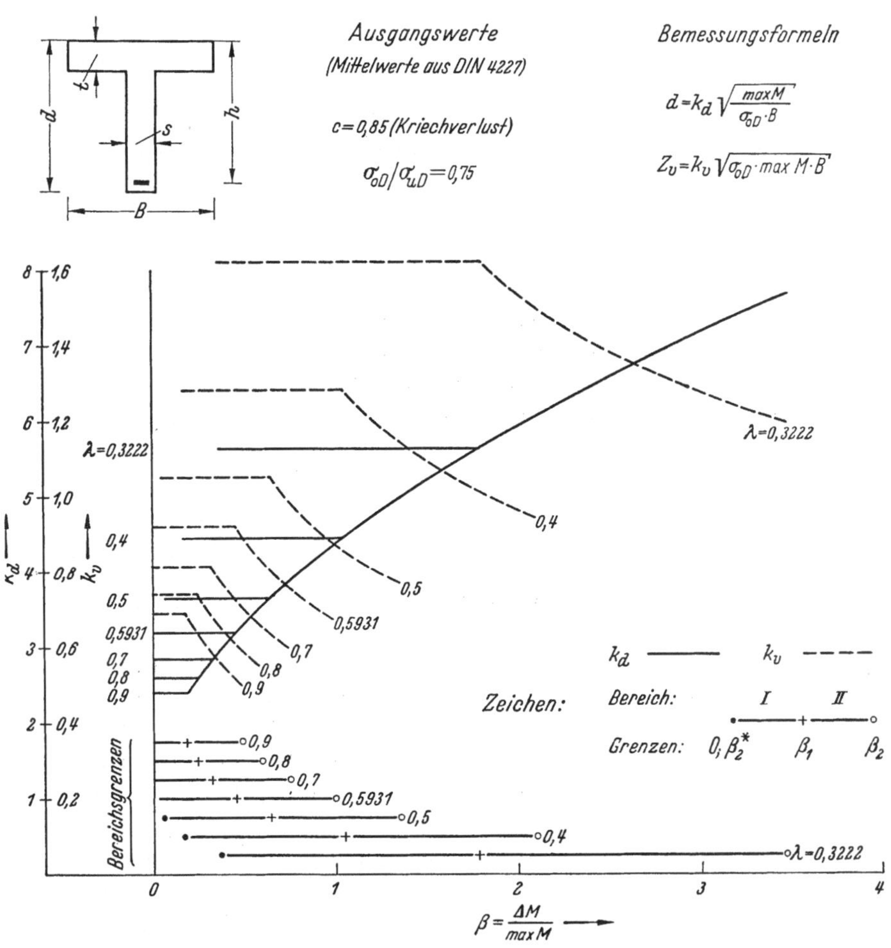

Volle Vorspannung

Bemessungskurven für Querschnittsform II (b) bei veränderlichem $h = \lambda \cdot d$

9. Tragfähigkeit von Spannbetonbalken bei Beanspruchung durch Biegung und Normalkraft

9.1 Sicherheiten

Vorgespannte Bauteile weisen unter der Gebrauchslast ($v + k + s + g + p$) einen homogen wirkenden Querschnitt auf. Bei einem weiteren Anwachsen der äußeren Last nehmen die Spannungen nicht linear mit der Laststeigerung zu, da die Vorspannkraft sich nicht ändert. Überschreitet dabei die Randspannung die Betonzugfestigkeit, so geht außerdem der Querschnitt aus dem homogenen Zustand I in den inhomogenen Zustand II mit gerissener Zugzone über (vgl. Abb. 6.08). Man kann also die Sicherheit eines Bauteiles, d. h. das Verhältnis der Last, bei der das Versagen des Betons bzw. der Bewehrung eintritt, zur Gebrauchslast nicht aus dem Abstand der Spannungen des Gebrauchszustandes von den Bruchfestigkeiten der Baustoffe ersehen. Dies würde eine mit dem Anwachsen der äußeren Last lineare Zunahme der Spannungen voraussetzen.

Insbesondere wächst die im Gebrauchszustand bereits hohe Stahlspannung von $\sigma_{zul} = 0{,}55 \cdot \beta_z$ bzw. $0{,}75 \cdot \beta_s$ bei weiterer Laststeigerung nur langsam, so daß aus dem Verhältnis dieser Spannung zur Fließspannung keine Rückschlüsse auf die Sicherheit der Bewehrung gezogen werden können. Es ist daher neben dem Spannungsnachweis im Gebrauchszustand die Tragfähigkeit des Bauteils im Bruchzustand zu bestimmen. Dies geschieht gemäß DIN 4227 mit dem sog. Traglastverfahren, das weiter unten behandelt wird.

Als rechnerische Bruchlast gilt bei statisch bestimmt gelagerten Spannbetontragwerken die mit dem Sicherheitsbeiwert v ($= 1{,}75$) vervielfachte Summe von ständiger Last und Verkehrslast. Bei statisch unbestimmt gelagerten Tragwerken tritt außerdem die mit $v = 1{,}0$ vervielfachte Zwangsbeanspruchung infolge Schwinden, Temperaturänderung, wahrscheinlicher Baugrundbewegung, sowie die 1,0-fache Zwängungsschnittkraft aus Vorspannung hinzu. Die so ermittelte Bruchlast muß vom Querschnitt, wie in den Abschnitten 9.2 und 9.3 näher beschrieben, aufgenommen werden können.

Der Bruchsicherheitsnachweis hat nicht nur den Zweck, eine unplanmäßige Laststeigerung aufzufangen. Er soll auch gleichzeitig einen Schutz gegen Unsicherheiten in den Berechnungsannahmen, sowie gegen Unzulänglichkeiten in der Bauausführung d. h. bei der Einhaltung der Werkstoffgüten, bieten. DIN 4227 fordert daher die Aufnahme folgender rechnerischer Bruchschnittgrößen: (Hier z. B. für das Bruchmoment angeschrieben).

$$M_U \geq 1{,}75 \cdot (M_g + M_p) + 1{,}0 \cdot (M_s + M_t) + 1{,}0 \cdot M_{v\infty} . \qquad (9.01)$$

Hierin bedeutet $M_{v\infty}$ das Zwängungsmoment aus der Vorspannung bei statisch unbestimmten Systemen nach Kriechen und Schwinden.

Der Zwang aus Schwinden und Temperatur wird in dieser Ungleichung etwas günstiger behandelt als die Beanspruchungen aus äußeren Lasten. Dies beruht auf der Überlegung, daß bei Belastung oder Festigkeitsschwächung bis zum Bruch der Zwang durch die dabei auftretenden Verformungen teilweise abgebaut wird. Zudem ist die Wahrscheinlichkeit gering, daß die ungünstigsten Zwängungen gleichzeitig mit den ungünstigsten Lasten auftreten. Für das Zwängungsmoment aus der Vorspannung $M_{v\infty}$ wird hier der Normalfall angenommen, daß es den Lasten entgegenwirkt. Dann ist es am ungünstigsten, wenn der kleinste Wert nach Kriechen und Schwinden angenommen wird[1]. Die Einhaltung der obigen Ungleichung (9.01) verlangt von beiden Verbundbaustoffen, dem Beton und dem Stahl, die gleiche Sicherheit gegen Versagen, bzw. Erreichen des kritischen Zustandes.

Der *Beton* im Bauwerk unterliegt, begründet durch die Eigenart seiner Herstellung und Verarbeitung, größeren Streuungen in bezug auf seine physikalischen Beiwerte, insbesondere seiner Festigkeitswerte, als der Stahl. Daher ist beim Beton eine zusätzliche Sicherheit einzuführen, die wir als technologische Sicherheit bezeichnen wollen.

Bezugspunkt für die Feststellung der Betonfestigkeit ist der Zeitpunkt 28 Tage nach der Herstellung. Als Maß für die Festigkeit wird die Nennfestigkeit Bn zugrunde gelegt. Bn wird aus dem 3-Würfelsatz bestimmt, der gemäß DIN 1048 herzustellen, zu lagern und zu prüfen ist.

Die Nennfestigkeit Bn entspricht dabei dem Wert, der 50 kp/cm² niedriger als die festgestellte Serienfestigkeit β_{ws} (Mittelwert) des Würfelsatzes ist. Der Würfel mit der geringsten Festigkeit β_{wN} muß jedoch noch die Nennfestigkeit erreichen. — Bei einer größeren Serie (9 Würfel) soll noch die 5% Fraktile der Grundgesamtheit (20% unter Bn) erreicht werden.

Für die Berechnung des Bruchmomentes wird noch berücksichtigt, daß in der Biegedruckzone die Festigkeit der Druckfasern der Prismenfestigkeit gleichgesetzt wird, die etwa 85% der Würfelfestigkeit beträgt, und daß bei dauernd einwirkender hoher Spannung eine weitere Verminderung der Druckfestigkeit eintritt [9.01]. Im Bereich der starken

---

[1] In Fällen mit großen Zwängungsmomenten (Randstörung von Schalen, Trägerroste) ist es zweckmäßig, mit partiellen Sicherheitskoeffizienten zu rechnen. (Vergl. auch Rüsch-Kupfer, Bemessung von Spannbetonbauteilen, Betonkalender.)

Bewehrung (näheres hierzu in Abschnitt 9.2) tritt der Bruch auf der Druckseite ohne Vorankündigung durch Risse auf der Zugseite schlagartig ein. Diesem Umstand soll durch eine zunehmende Erhöhung des Sicherheitsbeiwertes von $\nu = 1{,}75$ auf $\nu = 2{,}1$ Rechnung getragen werden. Um in der Praxis aufwendige Rechnungen zu vermeiden, wird vereinfacht für den gesamten Bereich, also auch für die schwache Bewehrung, diese Erhöhung beibehalten.

Man ist daher aus den verschiedenen vorgenannten Gründen übereingekommen, als ungünstigsten Rechenwert für die Randspannung der Biegedruckzone $\beta_R = 0{,}6 \cdot Bn$ einzusetzen.

Den Unsicherheiten in den technologischen Eigenschaften, d. h. den Baustoffeigenschaften, des Betons wird insgesamt damit Rechnung getragen.

Die Festigkeitseigenschaften des *Stahles* werden im Kurzzeit-Zugversuch festgestellt und dem Bruchsicherheitsnachweis zugrunde gelegt. Dabei zeigen einige Spannstähle eine ausgeprägte Fließgrenze, andere bei weichen Arbeitslinien einen Bereich großer Verformung mit geringer Spannungszunahme (s. Abb. 2.07a). Die großen Verformungen im Fließbereich bzw. jenseits der technischen Fließgrenze sind in den meisten Fällen die Ursache für den Bruch des vorgespannten Stahlbeton-Verbundkörpers. Gegen schwellende Beanspruchung ist der Spannstahl, wie die Dauerfestigkeitsbilder nach *Smith* zeigen (Abb. 2.07c), sehr empfindlich. Insbesondere ist die Schwingweite der vergüteten Stähle im Vergleich zur Fließgrenze gering und beträgt zum Teil nur 30 kp/mm². Sie kann im Bauwerk aus verschiedenen Gründen (z. B. Querpressung) noch tiefer liegen. Solange die Konstruktion im Gebrauchszustand im Stadium I bleibt, d. h. der Beton auf Zug mitwirkt, bleibt die Schwingweite wegen $\Delta \sigma_z = n \cdot \Delta \sigma_{bz}$ klein. Wird jedoch durch eine Überbelastung oder durch die anderen genannten Unsicherheiten Stadium II erreicht, so kann der Stahl der oben genannten Schwingweite sehr wohl ausgesetzt sein. Zwischen der Rißlast, die bei beschränkter Vorspannung meist nahe der zulässigen Gebrauchslast liegt, und der Bruchlast steigt die Stahlspannung etwa linear mit dem Moment an (s. Abb. 6.07). Man sieht, daß im vorgespannten Stahlbeton-Verbundkörper der Spannstahl bei Schwellbeanspruchung meist nicht diejenige rechnerische Sicherheit gegen den kritischen Zustand aufweist, die auf den Kurzzeitversuch gegründet ist. Dynamische Versuche, wie sie z. B. beim Bau der Weinlandbrücke in der Schweiz durchgeführt wurden [9.03], zeigen Sprödbrüche des Stahles bei einer Oberlast von nur 60—70% der Bruchlast im Kurzzeitversuch.

Man kann die Sicherheit verbessern, indem man die mögliche kritische Schwingweite verringert, d. h. indem man stärker und zwar über die nach DIN 4227 zulässige Spannung vorspannt und so die Rißlast näher an die Bruchlast bringt.

Den Einfluß einer erhöhten Vorspannung auf die Funktion $\sigma_z = f\,(M_q)$ kann man aus Abb. 6.08 erkennen: Die kritische Schwingweite $\sigma_s - \sigma_z\,(\min M)$ wird verringert. Diese Überlegungen werden auch durch Versuche bestätigt, die in Frankreich durchgeführt wurden [9.04]: Mehrere Balken von gleichen Stahl- und Betonquerschnitt, die jedoch verschieden stark vorgespannt waren, wurden einer Schwellbelastung unterworfen. Dabei hat sich deutlich gezeigt, daß die Dauerbruchlast mit der Vorspannung steigt. Diesem Weg ist naturgemäß durch das Stahlkriechen eine Grenze gesetzt.

Aus vorstehenden Betrachtungen folgt, daß bei dynamischer Beanspruchung die volle der beschränkten Vorspannung überlegen ist und bei stärkerer dynamischer Beanspruchung, d. h. großer Schwingbreite $\Delta M = \max M - \min M$, daher volle Vorspannung angebracht ist.

Erscheinen genauere Untersuchungen angebracht, so sei auf die Darstellung in [9.03 und 9.03 a] verwiesen.

9.2 Die mechanischen Grundlagen zur Berechnung des Bruchmomentes

Im Bereich der Gebrauchsspannungen geht man bei der Berechnung von einer linearen Spannungs-Dehnungs-Linie des Betons aus. Diese Vereinfachung ist im Bereich höherer Betonspannungen nicht mehr anwendbar, da hier die rechnerische Spannungsdehnungslinie — die „Umhüllende", wie weiter unten dargestellt, — mit zunehmender Spannung

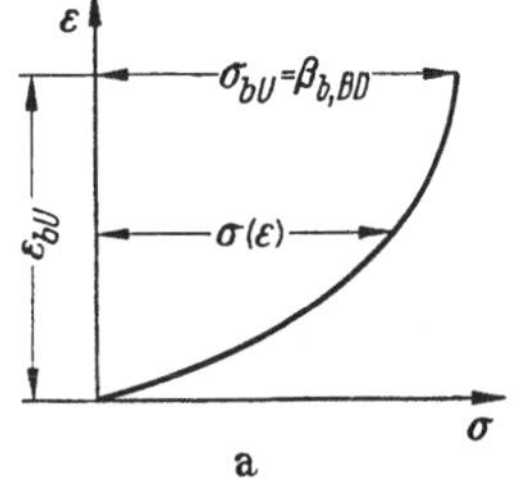

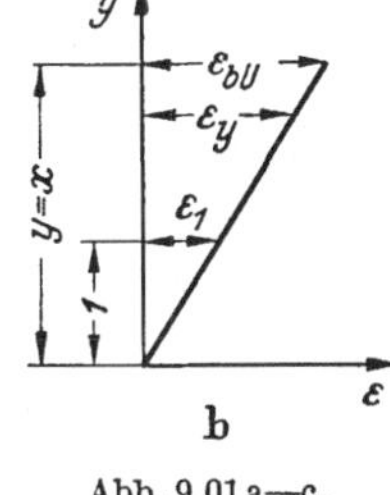

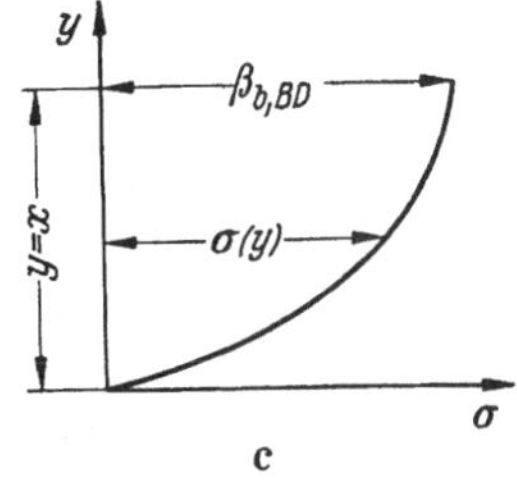

Abb. 9.01 a—c.

die Hookesche Gerade verläßt und sich der E-Achse zuneigt. Wir gehen von einer solchen, hier nicht näher definierten, sondern nur prinzipiell dargestellten Linie in Abb. 9.01 aus. Ferner nehmen wir an, daß die Querschnitte bis zum Bruch eben bleiben. Diese Voraussetzung ist zwar an einer Rißstelle offensichtlich nicht erfüllt; denn für ein Balkenstück der Länge ds ist daselbst die Verzerrung am Druckrand von differentieller, am Zugrand aber von endlicher Größe; wir wollen jedoch, wie üblich, von dieser Überlegung absehen. Dann ist die Dehnung jeder Faser proportional ihrem Abstand von der Nullinie und ergibt sich zu $\varepsilon_y = y \cdot \varepsilon_1$ und damit $y = \varepsilon_y/\varepsilon_1$. In Abb. 9.01 b, c ist der Verlauf der Dehnungen und Spannungen im Betondruckbereich bei Bruchlast unter der Voraussetzung dargestellt, daß die σ-ε-Linie des verwendeten Betons eine unveränderliche Materialkonstante ist, d. h., jedem ε-Wert ist ein unveränderlicher σ-Wert zuzuordnen:

$$\sigma\,(\varepsilon) = \sigma\,(y = \varepsilon_y/\varepsilon_1)$$

mit

$$\varepsilon_y = \varepsilon_{bU}\cdot y/x\,.$$

Das bedeutet, daß sich bei jeder beliebigen Lage der Nullinie eine Verteilung der Betondruckspannungen über y ergibt, die der σ-ε-Linie des Betons affin ist mit dem Affinitätsfaktor $\varepsilon_1 = 1/x\cdot\varepsilon_{bU}$.

Die Betondruckkraft ist größer als bei dreieckförmiger Verteilung der Spannungen. Bezeichnet k_v das Verhältnis der Druckspannungsfläche $\int_0^x \sigma\cdot dy$ zu dem umschriebenen Rechteck $\beta_{b,BD}\cdot x$ und k_a das Verhältnis von Schwerpunktabstand dieser Fläche zu Nullinienabstand, gemessen vom oberen Querschnittsrand, so erhält man bei einer Biegedruckzone mit rechteckigem Querschnitt

die maximale Druckkraft

$$D = k_v\cdot b\cdot x\cdot\beta_{b,BD} \tag{9.01a}$$

und den Schwerpunktabstand

$$a = k_a\cdot x\,. \tag{9.02}$$

In der praktischen Rechnung wird (vgl. Abschnitt 9.1) $\beta_{b,BD} = \beta_R$ eingesetzt und damit wird

$$D_b = k_v\cdot b\cdot x\cdot\beta_R; \tag{9.01b}$$

die Bruchdehnung wird dabei nicht reduziert.

Die in dieser Weise vorgenommene Reduktion der Betondruckkraft birgt einen Widerspruch hinsichtlich des Zusammenhanges von Bruchdehnung und Bruchspannung in sich, liegt aber auf der sicheren Seite.

Bis vor einigen Jahren galt es als selbstverständlich, die Spannungsverteilung über die Druckzone im Bruchzustand durch affine Verzerrung der im Kurzzeitversuch festgestellten Arbeitslinie auf die Höhe der Biegedruckzone zu gewinnen [9.05, 9.06]. Im Zuge eingehender Forschungen [9.07, 9.08] wurde jedoch erkannt, daß diese Auffassung nicht zutreffend ist.

In der Biegedruckzone ist jede Faser einer anderen Beanspruchung unterworfen. Für die Stauchungen darf das Ebenbleiben der Querschnitte weiter beibehalten werden.

Bei Schwell- oder Standbelastung nehmen die Stauchungen infolge Kriechens des Betons mit der Belastungsdauer zu, und zwar derart, daß die plastischen Stauchungen stärker zunehmen, als die elastischen, und zwar um so mehr, je höher die Spannung ist. Die zutreffende Spannungsverteilung ist deshalb aus einer Zahl von Versuchen mit verschieden hoher Spannung σ_0 bzw. σ_D so zu bestimmen, daß jeder Faser entsprechend ihrer Stauchung diejenige Spannung σ_0 bzw. σ_D zugeordnet wird, die in einem für alle Fasern gleichen Zeitpunkt gerade diese Stauchung hervorruft [9.08]. In Abb. 9.02a sind für vier Einzelversuche

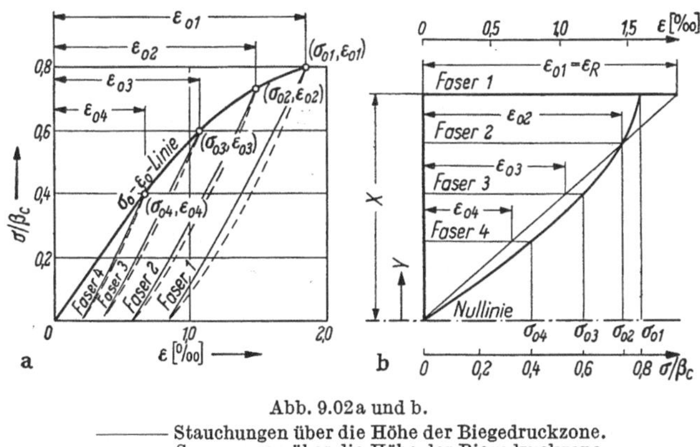

Abb. 9.02a und b.
—————— Stauchungen über die Höhe der Biegedruckzone.
━━━━━━ Spannungen über die Höhe der Biegedruckzone.

mit verschiedener Oberspannung die σ-ε-Linien nach $2 \cdot 10^6$ Lastwechseln aufgetragen. Die Verbindungslinie ihrer maximalen σ_0-ε_0-Paare liefert als „Umhüllende" eine „Spannungsdehnungslinie" und gibt affin über die Biegedruckzone verzerrt (Abb. 9.02b) die Spannungsverteilung eines mit $2 \cdot 10^6$ Lastspielen beanspruchten Balkens wieder. Dabei ist zu beachten, daß die Tangente an einem Punkt der Umhüllenden nicht mit dem E-Modul identisch ist. Aus den Erläuterungen zu Abb. 2.01 in Abschnitt 2.1 ist dies ersichtlich. Weitere Untersuchungen ergaben, daß eine Dauerbeanspruchung auch bei Belastungsstufen, die niedriger als die im Kurzzeitversuch festgestellte Bruchlast liegen, nach einiger Zeit noch zum Bruch führte [9.09]. Die zu dieser kleinsten Festigkeit führende Belastungsdauer, die sog. kritische Standzeit, ist verschieden lang, je nach dem ob es sich um eine zentrische Druckbeanspruchung, exzentrische Druckbeanspruchung oder reine Biegung handelt [9.01].

Aufgrund der angedeuteten Untersuchungen wurde für die Neufassung der DIN 4227 eine rechnerische Spannungsdehnungslinie festgelegt, die alle möglichen Beanspruchungsarten und alle vorkommenden Querschnitte hinreichend sicher erfaßt. (Abb. 9.03). Die maximale Bruchstauchung beträgt dabei für exzentrisch gedrückte bzw. durch Biegung beanspruchte Querschnitte $\varepsilon_{bU} = -3{,}5^0/_{00}$. Als maximale Bruchspannung wird der, wie in Abschnitt 9.1 erläutert, aus obigen Gründen gegenüber der Nennfestigkeit abgeminderte Rechenwert β_R verwendet.

Für den Rechteckquerschnitt ergeben sich aus dem Parabel-Rechteckdiagramm ein Völligkeitsbeiwert $k_v = 0{,}81$ und der Beiwert für den Abstand der Spannungsresultierenden vom Druckrand zu $k_a = 0{,}416$.

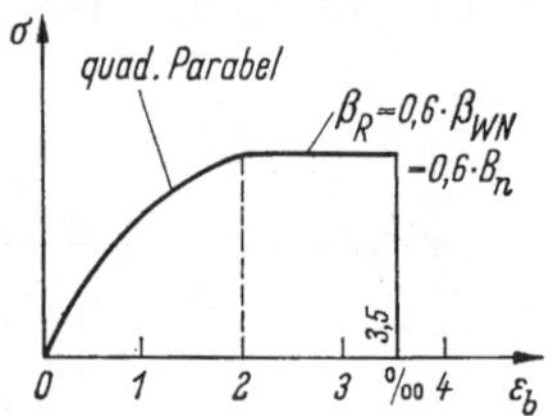

Abb. 9.03. Rechnerische Spannungsverteilung in der Biegedruckzone nach DIN 4227.

Bereich 2: Biegung mit oder ohne Längskraft unter Ausnutzung der Stahlstreckgrenze $(\varepsilon_z - 5\,^o/_{oo} > \varepsilon_s)$

Bereich 3: Biegung mit oder ohne Längskraft bei Ausnutzung der Betonfestigkeit und der Stahlstreckgrenze. Linie a Grenze zwischen schwacher und starker Bewehrung.

Bereich 4: Biegung mit oder ohne Längskraft ohne Ausnutzung der Streckgrenze $(\varepsilon_z < \varepsilon_s)$ (starke Bewehrung)

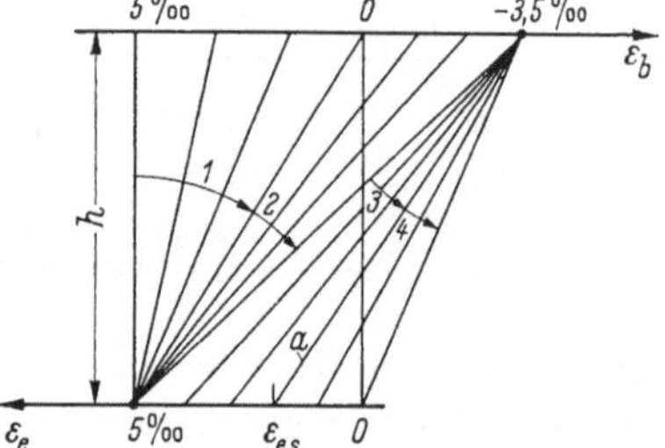

Abb. 9.04. Rechnerisch mögliche Dehnungsdiagramme im Bruchzustand nach DIN 4227.

In der baupraktischen Anwendung ist es nun zweckmäßig, nicht das eigentliche Bruchmoment, das im allgemeinen bei sehr großen Dehnungen auf der Stahlseite durch Brechen der Druckzone eintritt, sondern einen früher eintretenden Verformungszustand als kritischen Zustand zu betrachten.

In der Neufassung der DIN 4227 ist als dieser kritische Zustand definiert, wenn auf der Stahlseite eine Dehnung von $\varepsilon_{bz} = 5\,^o/_{oo}$ erreicht wird. Diesem Zustand entspricht gedanklich ein Rißbild von fünf 1 mm breiten Rissen je Meter Balkenlänge. Diese Begrenzung der Stahldehnung führt zu dem möglichen Dehnungsdiagramm im Bruchzustand. (Abb. 9.04). Für unsere Überlegungen beim Spannbeton interessieren nur die Bereiche 2, 3 und 4.

Die Begrenzung der Dehnung auf der Stahlseite ist auch aus einem anderen Gesichtspunkt heraus sinnvoll. Die Wirkung der Vorspannung beruht darauf, daß durch das Anspannen eine Dehnung $\varepsilon_z{}^{(0)}$ des Stahles gegenüber dem Beton vorweggenommen wird. Die Gesamtdehnung des Stahles beträgt im Bruchzustand somit:

$$\varepsilon_{zU} = \varepsilon_{bzU} + \varepsilon_z{}^{(0)}\,. \tag{9.03}$$

Für einen Stahl St. 145/160 beträgt z. B. die Vordehnung ungefähr (Kriechen und Schwinden vernachlässigt):

$$\varepsilon_z{}^{(0)} = \frac{0{,}55 \cdot 16\,000}{2{,}1 \cdot 10^6} = 4{,}2\,{}^0/_{00}\,.$$

Seine Streckgrenze erreicht dieser Stahl bei $\varepsilon_s = 7{,}5\,{}^0/_{00}$ gemäß Spannungsdehnungslinie. (Bei dieser Betrachtung wird die echte, im Versuch festgestellte Linie benutzt.)

Nimmt man nun an, daß durch eine vorübergehende Überbelastung gerade die Streckgrenze im Stahl erreicht wird, so gilt:

$$\varepsilon_{zU} = \varepsilon_s = 7{,}5\,{}^0/_{00} = \varepsilon_{bzU} + 4{,}2\,{}^0/_{00}\,,$$

woraus sich eine Stahldehnung von $\varepsilon_{bzU} = 3{,}3\,{}^0/_{00}$ errechnet. Bei Entlastung auf den Gebrauchszustand stellt sich die alte Vordehnung wieder ein, die Vorspannwirkung bleibt voll erhalten. Wird jedoch die Streckgrenze überschritten, wie z. B. im Grenzzustand $\varepsilon_{bzU} = 5\,{}^0/_{00}$, so gilt:

$$\varepsilon_{zU} = 5\,{}^0/_{00} + \varepsilon_z{}^{(0)} = 9{,}2\,{}^0/_{00}\,.$$

Dabei tritt eine plastische Dehnung von $\varepsilon_{pl} = \varepsilon_{zU} - \varepsilon_s = (9{,}2 - 7{,}5)\,{}^0/_{00} = 1{,}7\,{}^0/_{00}$ ein. Entlastet man nun wieder in den Gebrauchszustand, so beträgt die noch verbleibende Vordehnung (nur der elastische Bereich $o - \varepsilon_s$ bleibt wirksam!)

$$\varepsilon_{z1}{}^{(0)} = \varepsilon_s - 5\,{}^0/_{00}\,.$$

D. h. das Maß der „Überdehnung" geht an Vorspannwirkung verloren, hier $\frac{1{,}7}{4{,}2} = 40\%$. Die in DIN 4227 festgelegte Grenze verhindert also eine zu starke Abminderung der Vorspannwirkung in allen Fällen, bei denen eine Überlastung in die Nähe des kritischen Zustandes führt.

Man könnte auch mit obigen Überlegungen für die im Abschnitt 9.1 erwähnte dynamische Beanspruchung eine Sicherheit für gelegentliche Überbelastung finden, indem man das Erreichen der Streckgrenze für diesen Fall als kritischen Zustand betrachtet.

Im Spannbetonbau unterscheidet man zwischen schwacher und starker Bewehrung. Als Grenze gilt dabei der Zustand, in dem der Stahl die Fließgrenze ε_s und auf der Betonseite die maximale Stauchung $\varepsilon_{bU} = -3{,}5\,{}^0/_{00}$ erreicht (vgl. Dehnungsdiagramm: Bereich 2 und 3 entsprechen schwacher, Bereich 4 entspricht starker Bewehrung, Abb. 9.04). Es ist nun im Bereich der schwachen Bewehrung darauf zu achten, daß nicht der Fall der „extrem schwachen" Bewehrung eintritt. Dieser Fall liegt dann vor, wenn das Tragmoment eines Spannbetonquerschnittes im ungerissenen Zustand (Zustand I) größer als im gerissenen Zustand ist. Der Bruch tritt dann schlagartig ein.

Bei Bemessung nach den üblichen Regeln ist zwar eine mindestens 1,75 fache Bruchsicherheit vorhanden. Extrem schwach bewehrte Querschnitte sollten aber trotzdem vermieden werden, um der Konstruktion die Möglichkeit zu belassen, durch größere Verformungen dem schlagartigen Bruch auszuweichen.

Bezeichnet man mit W_u das Widerstandsmoment in bezug auf den unteren Querschnittsrand, mit σ_{buv} die in dieser Faser durch Vorspannung hervorgerufene Betondruckspannung, mit $\beta_{z,z}$ die Stahlzugfestigkeit, mit $\beta_{b,z}$ die Betonbiegezugfestigkeit, mit M_q das (positive) Schnittmoment aus äußeren Lasten und mit M_{II} das größte im gerissenen Zustand mit $\sigma_e = \beta_{z,z}$ aufnehmbare Moment, so lautet die Bedingungsgleichung für extrem schwache Bewehrung eines vorgespannten Querschnitts:

$$M_{II} \leq (\beta_{b,z} - \sigma_{buv})\, W_u \tag{9.02a}$$

Führt man die Verhältnisse ein:

$$\alpha = \frac{M_q}{-\sigma_{buv} \cdot W_u} \quad \text{und} \quad \nu_z = \frac{M_{II}}{M_q}, \quad \text{so wird hieraus}$$

$$-\nu_z\, \alpha\, \sigma_{buv} \cdot W_u \leq (\beta_{b,z} - \sigma_{buv})\, W_u \quad \text{oder} \quad \nu_z \leq \frac{1 - \dfrac{\beta_{b,z}}{\sigma_{buv}}}{\alpha}. \tag{9.02b}$$

Der Wert ν_z bedeutet die Sicherheit gegen Erreichen der Zugfestigkeit, ν_s die Sicherheit gegen Erreichen der Fließgrenze des Stahles. Bei den heute gebräuchlichen Spannstählen ist $\nu_z \approx 1{,}1\,\nu_s$. In Abb. 9.05 ist die Auswertung der Gl. (9.02b) dargestellt.

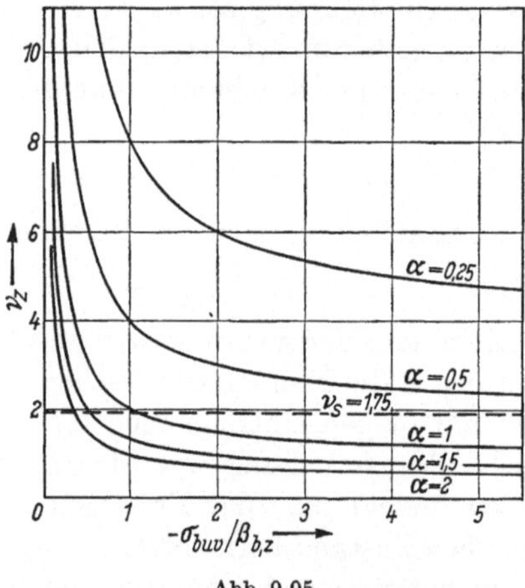

Abb. 9.05.

Man kann daraus ersehen, daß die zur Vermeidung der extrem schwachen Bewehrung erforderlichen Sicherheiten mit wachsendem $\dfrac{-\sigma_{buv}}{\beta_{b,z}}$ abnehmen und mit abnehmendem α zunehmen. Bei beschränkter Vorspannung ($\alpha > 1$) z. B. ist es nur dann erforderlich, mit der Bruchsicherheit über das vorgeschriebene Maß von $\nu_z \approx 1{,}1\,\nu_s$ (mit $\nu_s = 1{,}75$) hinauszugehen, wenn $\dfrac{-\sigma_{buv}}{\beta_{b,z}} < 1$ ist. Wenn man davon ausgeht, daß in der Regel $|\sigma_{buv}| > |\beta_{b,z}|$ ist, ferner daß bei voller Vorspannung (d. h. $\alpha \leq 1$) für die kritischen Querschnitte der Tragwerke der Wert $\alpha = 1$ aus wirtschaftlichen Gründen meist nur geringfügig unterschritten wird, so kann man sagen, daß extrem schwache Bewehrung in dem oben definierten Sinn im Spannbetonbau nur selten vorkommen wird.

Im schlaff bewehrten Stahlbetonbau gilt Gl. (9.02a) ebenfalls, wenn man $\sigma_{buv} = 0$ setzt. Extrem schwache Bewehrung kann sich hier bei Bemessung mit zulässiger Stahlspannung nur bei überdimensionierten Betonquerschnitten, d. h. solchen mit geringer Biegedruckspannung ergeben, z. B. für Rechteckquerschnitte:

$$\beta_{z,z} \cdot F_e \cdot z \le \beta_{b,z} \cdot \frac{b\,d^2}{6} \cdot \qquad (9.02\,c)$$

9.3 Ermittlung des Bruchmomentes

In Abschnitt 9.2 sind Verformungen und Spannungsverlauf über den Balkenquerschnitt im Bruchzustand dargestellt. Zur Ermittlung des Bruchmomentes ist die statische Äquivalenz von Schnittkraft und Querschnittskräften herzustellen. Bei Berücksichtigung einer Normalkraft läßt sich diese Äquivalenz folgendermaßen formulieren (vgl. Abb.9.06 b, e):

1. Äquivalenz der Normalkräfte:

$$-D_{bU} + \sum_{1}^{n} Z_{nU} = N_U. \qquad (9.04)$$

2. Äquivalenz der Momente: (Hier bezogen auf den Schwerpunkt der Spannbewehrung 1)

$$+D_{bU} \cdot z - \sum_{1}^{n} Z_{nU} \cdot y_{1n} = M_U - N_U \cdot e \qquad (9.05)$$

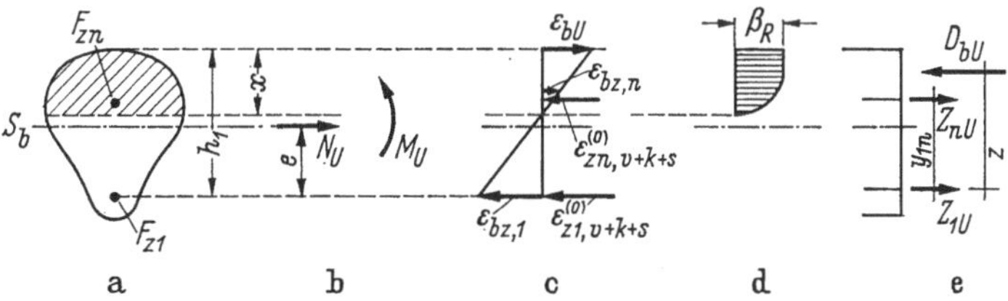

Abb. 9.06 a—e. Äquivalenz der Schnitt- und Querschnittskräfte.
a) Querschnitt; b) Schnittkräfte; c) Verzerrung für einen beliebigen Bruchzustand; d) Spannungsverlauf in der Druckzone; e) Querschnittskräfte.

Zur Befriedigung der Gln. (9.04) und (9.05) kann man sich zeichnerischer Verfahren oder der Rechnung bedienen. Das zeichnerische Verfahren ist immer dann zu empfehlen, wenn der Querschnitt der Druckzone vom Rechteck abweicht oder mehrere Bewehrungslagen mit merklichem Abstand voneinander vorhanden sind. In der großen Zahl der praktischen Fälle, in denen nur eine Bewehrungslage und eine rechteckige Druckzone vorhanden sind — das gilt auch meist für Plattenbalken mit geringer Druckzonenhöhe — führt die Berechnung des Bruchmomentes bzw. die Bemessung der Bewehrung schneller zum Ziel.

9.3.1 Zeichnerisches Verfahren

Das Verfahren wird für einen einfach symmetrischen Querschnitt dargelegt, der in mehreren Lagen bewehrt ist; der Momentenvektor steht senkrecht zur Symmetrieachse (s. Abb. 9.06a). Die am Zugrand gelegene Hauptbewehrung wird mit F_{z1} bezeichnet. Die weiteren Bewehrungslagen werden stellvertretend durch eine Bewehrung F_{zn} dargestellt. In vereinfachter Form wurde das geschilderte Verfahren von *Mörsch* [9.10] vorgeschlagen.

Es sind zwei Fälle zu unterscheiden:

1. Auf der Zugseite wird die Grenz-Stahldehnung $\varepsilon_{bzU} = 5^0/_{00}$ erreicht, d. h. der Stahl überschreitet bzw. erreicht die Streckgrenze β_s, die maximale Druckrandstauchung von $3,5^0/_{00}$ wird dabei noch nicht oder gerade erreicht.

2. Die Druckrandstauchung von $3,5^0/_{00}$ wird erreicht, auf der Zugseite bleibt die Stahldehnung unter $5^0/_{00}$.

In der Praxis kommt der *1. Fall*, d. h. der Bereich schwach bewehrter Querschnitte, häufiger vor. Von der Grenz-Stahldehnung $\varepsilon_{bzU} = 5^0/_{00}$ ausgehend zeichnet man sich verschiedene ε-Geraden im Querschnitt

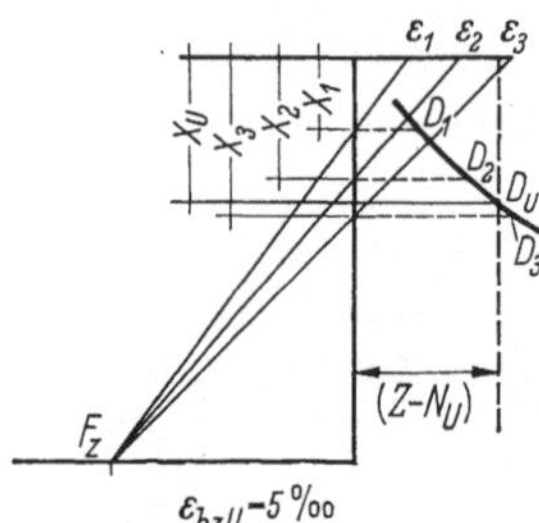

Abb. 9.07. Zeichnerische Ermittlung der Nullinie im Fall 1 ($\varepsilon_{bzU} = 5\%_0$ maßgebend).

ein. Dadurch werden verschiedene Nullinienlagen x_1, x_2, x_3 usw. festgelegt. Zu jeder Nullinienlage bestimmt man sich die zugehörige Betondruckkraft D_{bU}, die Stahlkräfte Z_{1U}, Z_{2U}. (vgl. Abb. 9.07). Die Betondruckkraft berechnet sich im allgemeinen Fall dabei zu:

$$D_{bU} = \int \sigma_{bD} \cdot dF. \tag{9.06}$$

Die Stahlkraft ergibt sich aus

$$Z_{nU} = F_{zn} \cdot \sigma_{znU}. \tag{9.07}$$

Die Spannung σ_{zU} entnimmt man dabei dem σ-ε Diagramm der Zulassung des betreffenden Stahles, wobei jedoch anzunehmen ist, daß die Spannung oberhalb der Streck- bzw. der $\beta_{0,2}$-Grenze nicht mehr ansteigt. Dabei ist zu beachten, daß zur Stahldehnung ε_{bzU} noch die Vordehnung des Stahles gegenüber dem Beton, die einer Spannbettdehnung entspricht, hinzukommt:

$$\varepsilon^{(0)}_{z,\,v+k+s} = \frac{1}{E_z}\,(\sigma_{z,\,v+k+s} - n \cdot \sigma_{bz,\,v+k+s})\,. \tag{9.08}$$

Die gesamte Stahldehnung beträgt damit:

$$\varepsilon_{zU} = \varepsilon_{bzU} + \varepsilon^{(0)}_{z,\,v+k+s}\,, \tag{9.03a}$$

Im hier betrachteten Fall wird bei den zur Zeit verwendeten Spannstählen bei der Grenzdehnung von $5^0/_{00}$ mit der Vordehnung immer die Streckgrenze im Stahl erreicht. Im Fall einer einlagigen Bewehrung ist daher für alle von $5^0/_{00}$ ausgehenden ε-Geraden der Ausdruck

$$Z_{1U} = F_{z,1} \cdot \beta_s$$

ein konstanter Wert. Kann die Normalkraft N_U als bekannt vorausgesetzt werden, (z. B. $N_U = 0$ für reine Biegung), so dient Gl. (9.04) als Bedingungsgleichung:

$$-D_{bU} = N_U - \sum_1^n Z_{nU} \tag{9.04}$$

Man trägt also in jeder Nullinie $x_1, x_2, x_3 \ldots$ die zugehörige Druckkraft D_{bU} auf und verbindet die Endpunkte zur Kurve. Die Summe $N_U - \sum_1^n Z_{nU}$ wird in gleicher Weise abgetragen und zur Kurve verbunden.

Der Schnittpunkt beider Kurven liefert die gesuchte Nullinienlage x_U. Hierzu bestimmt man sich nun den Abstand der Wirkungslinie der zugehörigen Druckkraft vom oberen Querschnittsrand:

$$a = \frac{\int \sigma_{bD} \cdot y_0 \cdot dF}{\int \sigma_{bD} \cdot dF}\,. \tag{9.09}$$

Der Hebelarm z der Druckkraft ergibt sich damit zu:

$$z = h - a \tag{9.10}$$

Damit kann das Bruchmoment nach Gl. (9.05) berechnet werden.

Ist $\varepsilon_{bz} \leq 5^0/_{00}$ und $\varepsilon_{bU} = -3{,}5^0/_{00}$, so kommt der 2. *Fall* in Betracht. (Abb. 9.08). Man zeichnet nun die ε-Geraden vom Druckrand mit $\varepsilon_{bU} = -3{,}5^0/_{00}$ ausgehend und trägt sich wieder die Kurven für D_{bU} und für die Summe $\sum_1^n Z_{nU} - N_U$ auf. Der Schnittpunkt beider Kurven liefert die gesuchte Nullinie x_U.

Damit lassen sich, wie unter 1. beschrieben, Randabstand a, Hebelarm z und das Bruchmoment bestimmen.

10   Mehmel, Vorgespannter Beton, 3. Aufl.

Bei dem vorstehenden Verfahren besteht eine Schwierigkeit bei dem Vorhandensein einer Normalkraft darin, daß N_U bereits bekannt sein muß. — In der Praxis begnügt man sich jedoch meist mit dem Nachweis, daß die vorhandene Bruchsicherheit größer als die geforderte ist.

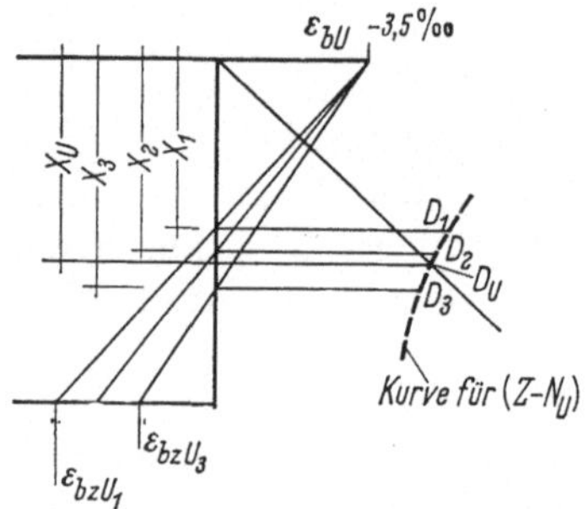

Abb. 9.08. Zeichnerische Ermittlung der Nullinie im Fall 2 ($\varepsilon_{bU} = 3{,}5$%o maßgebend).

Man kann daher in vorliegendem Fall

$$N_{U\,\mathrm{erf}} = N_{(\mathrm{verf}.\,q\max)} \tag{9.11}$$

in die Gl. (9.03a) einsetzen und in der beschriebenen Weise das zugehörige M_U ermitteln. Der Nachweis ausreichender Bruchsicherheit ist erbracht, wenn

$$\nu_{\mathrm{vorhd}} = \frac{M_U}{M_{q\max}} \geq \nu_{\mathrm{erf}} \tag{9.12}$$

ist. Will man die genaue Bruchsicherheit ermitteln, so kann man iterativ vorgehen, indem für den 2. Schritt ein etwas kleinerer Wert $\nu_{\mathrm{vorhanden}}$ als im 1. Schritt nach (9.12) ermittelt in (9.11) eingesetzt wird.

9.3.2 Rechnerisches Verfahren

Bei der rechnerischen Ermittlung des Bruchmomentes wird nur eine Bewehrungslage F_z vorausgesetzt; für den Stahl wird eine ideal elastisch-plastische Arbeitslinie angenommen (siehe vor). Weiter soll die Druckzone des Querschnittes rechteckig sein.

Das Moment wird wieder auf die Schwerlinie der Bewehrung bezogen:
$(e = y_{b,z})$

$$M_U - N_U \cdot y_{bz} = M_{zU} = D_{bU} \cdot (h - a) \tag{9.13}$$

mit

$$D_{bU} = k_v \cdot \beta_R \cdot k_x \cdot b \cdot h \tag{9.01c}$$

und

$$a = k_a \cdot k_x \cdot h \tag{9.02a}$$

gilt:

$$M_{zU} = k_v \cdot \beta_R \cdot k_x \cdot b \cdot h^2 \, (1 - k_a \cdot k_x) \tag{9.14}$$

Auch hier bietet sich wieder der in Abschnitt 9.3.1 geschilderte Weg an, einen Bruchsicherheitsnachweis anstelle der Berechnung der Bruchsicherheit zu führen.

Dazu bildet man das dimensionslose bezogene Moment:

$$\frac{M_{zU}}{\beta_R \cdot b \cdot h^2} = m_{zU} = k_v \cdot k_x (1 - k_a \cdot k_x) \tag{9.15}$$

Die Gl. (9.15) wird nach k_x aufgelöst:

$$k_x = \frac{1}{2 \cdot k_a} \left[1 - \sqrt{1 - \frac{4 \cdot k_a \cdot m_{zU}}{k_v}} \right] \tag{9.16}$$

Das Ebenbleiben der Querschnitte bedingt:

$$k_x = \frac{-\varepsilon_{bU}}{-\varepsilon_{bU} + \varepsilon_{bzU}} \cdot \tag{9.17}$$

Aus (9.17) läßt sich ε_{bzU} errechnen und mit der Spannungsdehnungslinie σ_{zU} bestimmen. Damit ergibt sich:

$$\text{erf } F_z = \frac{1}{\sigma_{zU}} \left(\frac{M_{zU}}{k_z \cdot h} + N_U \right). \tag{9.18}$$

In der baupraktischen Rechnung geht man nun so vor, daß man sich mit ν_{erf} die rechnerischen Bruchschnittkräfte $M_{U,R}$, $N_{U,R}$ ermittelt. Dann kann $m_{zU,R} = \frac{M_{zU,R}}{\beta_R \cdot b \cdot h^2}$ gebildet und hieraus k_x, k_z, σ_{zU} bestimmt werden. Die Bruchsicherheit ist nachgewiesen, wenn nach (9.18)

$$\text{erf } F_z \leq \text{vorh } F_z$$

ist. Vorhanden F_z wurde bereits aus der Bemessung für den Gebrauchszustand gefunden.

Die Auflösung der Gl. (9.16) bereitet wie beim zeichnerischen Verfahren in dem Fall Schwierigkeiten, daß die Stahldehnung $\varepsilon_{bz} = 5^0/_{00}$ erreicht ist und die maximale Druckrandstauchung nicht mehr ausgenutzt werden kann. Dann sind die Hilfswerte k_v und k_a keine Konstanten mehr, sondern hängen von der jeweiligen Betonstauchung ε_{bU} ab.

Hier geht man nun von Gl. (9.17) aus. Aus ihr läßt sich mit $\varepsilon_{bzU} = 5^0/_{00}$ und vorgegebenem k_x die zugehörige Druckrandstauchung bestimmen. Mit den Gln. (9.05) und (9.08) lassen sich D_{bU}, bzw. k_v und a, bzw. k_a ermitteln. Aus Gl. (9.15) folgt dann das zugehörige m_{zU}.

In der vorstehend geschilderten Weise können nun abschnittsweise bzw. punktweise Kurven für k_x, k_z, ε_{bzU}, ε_{bU} in Abhängigkeit von m_{zU} gewonnen und als Diagramm aufgetragen werden (s. Abb. 9.09).

Bei der praktischen Anwendung wird mit der geforderten Sicherheit ν_{erf} das $_{\text{erf}} m_{zU}$ errechnet, aus dem Diagramm k_z, ε_{bzU} entnommen und aus

10*

letzterem unter der Berücksichtigung der Vordehnung $\varepsilon_z^{(0)}$ die Stahlspannung σ_{zU} aus der zugehörigen Spannungsdehnungslinie bestimmt. Mit Gl. (9.18) wird nun nachgewiesen, daß erf. $F_z \leq$ vorhd. F_z ist.

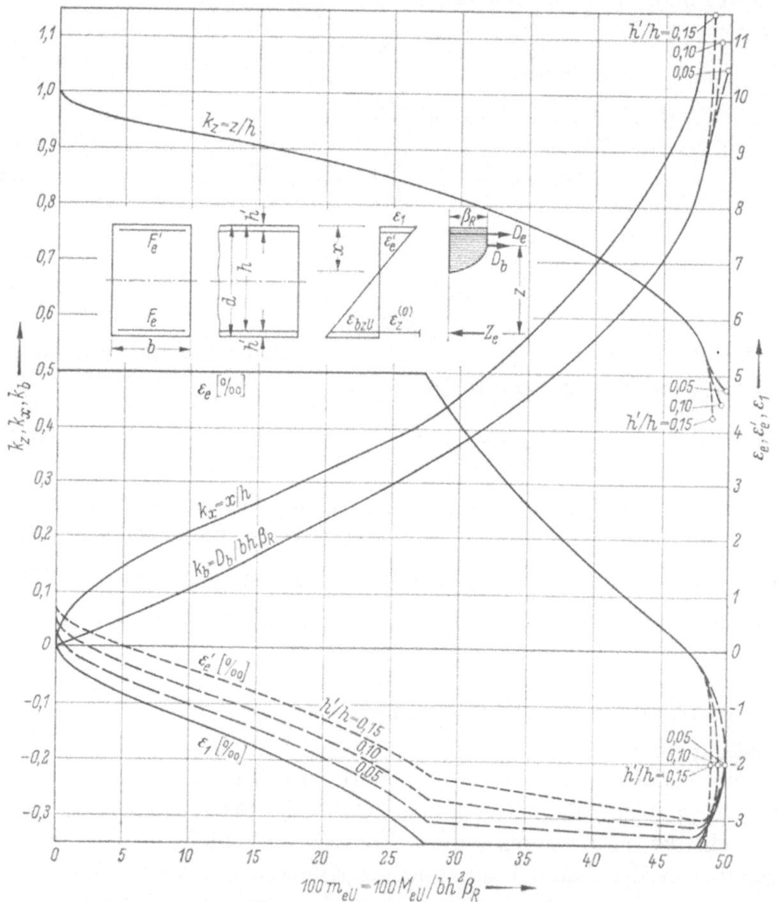

Abb. 9.09. Bemessungsdiagramm für Rechteckquerschnitte [Nach BK 71].
(ε_e lies ε_{bzU})

9.3.3 Überschlägliche Ermittlung des Bruchmomentes

Bei dem Entwurf von Spannbetonquerschnitten ist eine überschlägliche Formel für das Bruchmoment wünschenswert, um die Bemessung nach der Gebrauchslast rasch überprüfen zu können.

Aus der Erfahrung, daß meist schwach bewehrte Querschnitte verwendet werden, kann als erste Näherung Fließen im Stahl angenommen werden.

Für reine Biegung ($N_U = 0$) gilt dann:

$$Z = \beta_s \cdot F_z = D \qquad\qquad (9.04\,\mathrm{b})$$

für Biegung mit Längskraft

$$D = \beta_s \cdot F_z - N_{(\text{verf} \cdot q\max)} \qquad\qquad (9.04\,\mathrm{c})$$

hierin ist N als Druckkraft negativ einzusetzen. Der Hebelarm z muß geschätzt werden.

Für ausgeprägte Plattenbalkenquerschnitte ergibt sich:

$$z = h - d_0/_2 \,.$$

Für gedrungene Querschnitte gilt mit:

$$\varepsilon_{bzU} = \varepsilon_s - \varepsilon_z^{(0)} \quad \text{und} \quad \varepsilon_{bU} = -3{,}5\,{}^0\!/_{00}:$$

$$x = \frac{3{,}5}{3{,}5 + \varepsilon_{bzU}} \cdot h; \quad \text{als Randabstand geschätzt:} \quad a \approx 0{,}4 \cdot x$$

$$z = h - a \,.$$

Das gesuchte Bruchmoment ergibt sich wie in den vorhergehenden Abschnitten zu:

$$M_U = D \cdot z$$

Bei einem Stahl der Güte St 145/160 mit $\varepsilon_z^{(0)} \approx 4{,}2\,{}^0\!/_{00}$ und $\varepsilon_s = 7{,}5\,{}^0\!/_{00}$ errechnet sich z. B.:

$$\varepsilon_{bzU} = (7{,}5 - 4{,}2)\,{}^0\!/_{00} = 3{,}3\,{}^0\!/_{00}$$

$$x = \frac{3{,}5}{3{,}5 + 3{,}3} \cdot h = 0{,}515 \cdot h \,, \text{ daraus } a \approx 0{,}20 \cdot h \text{ und } z = 0{,}8h \,.$$

Somit bei reiner Biegung (für St. 145/160):

$$M_U \approx 0{,}8 \cdot \beta_s \cdot F_z \cdot h \,.$$

Da der Hebelarm hierbei meist zu klein eingeschätzt wird, liegt M_U im allgemeinen auf der sicheren Seite.

9.4 Nachweis der Bruchsicherheit in statisch unbestimmten Systemen

Die Schnittkräfte in statisch unbestimmten Systemen werden für den Spannungsnachweis unter zulässigen Lasten unter der Voraussetzung berechnet, daß alle Verformungen elastisch, d. h. proportional den Beanspruchungen sind. Die Verformungen der schlaff bewehrten als auch der vorgespannten Stahlbetonbalken (gegenseitige Verdrehung $d\vartheta/ds = M_b/E_b I_b$ und gegenseitige Verschiebung $\varepsilon = N_b/E_b F_b$ zweier Querschnittsflächen im Abstand $ds = 1$) werden dabei unter der vereinfachenden Annahme bestimmt, daß nur der Querschnitt des unbewehrten Betons statisch wirksam ist, d. h. daß die Schnittkräfte des Betonquerschnitts gleich den Balkenschnittkräften sind. Diese Annahme trifft für vorgespannte Konstruktionen recht gut zu, da der Anteil des $(n-1)$fachen Stahlquerschnitts am ideellen Gesamtquerschnitt gering ist. Schlaff bewehrte Konstruktionen sind unter zulässiger Last schon weitgehend gerissen; der Einfluß des Stahles auf die Verformungen ist dort von größerer Bedeutung. Trotzdem liefert die statisch unbestimmte Rechnung, die mit Betonquerschnitten arbeitet, mit der Wirklichkeit in befriedigendem Maße übereinstimmende Ergebnisse. Der Grund ist darin zu suchen, daß nach Überschreiten der Rißlast die Verformungen weiterhin etwa linear ansteigen, wenn auch in einem anderen Maße als vorher. Wenn dann das Tragwerk weitgehend gerissen ist, verhält es sich ähnlich dem ursprünglichen System.

In der Nähe des Bruchzustandes wird die Abweichung vom elastischen Kraft- und Verformungszustand größer. Bei vorgespannten Systemen kommt hinzu, daß die Querschnitte aufreißen und die Vorspannung an

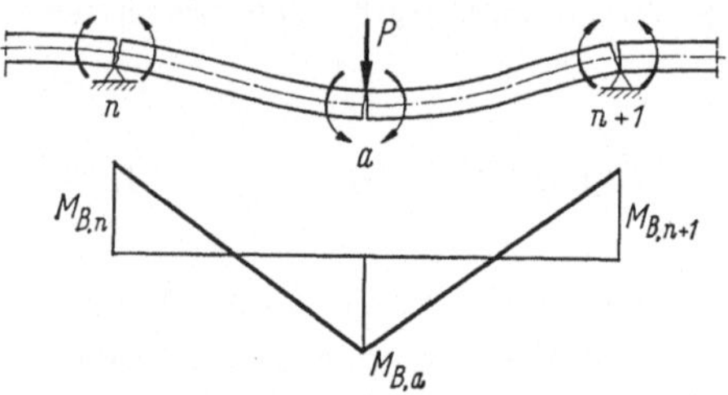

Abb. 9.10. Durchlaufträger mit Fließgelenken.

den Stellen der größten Beanspruchungen zum Teil verlorengeht (s. Abschnitt 6.4). Ist an einer Stelle des Balkens die Fließspannung des Stahles erreicht, so nimmt bei weiterer Laststeigerung das Moment dieses Querschnitts nur noch unwesentlich zu, d. h. es ist annähernd das Bruchmoment erreicht. Meist besitzt der Querschnitt aber noch eine mehr oder weniger große Dreh- bzw. Dehnfähigkeit, bis die Tragkraft abfällt. Man bezeichnet derartige Querschnitte im Falle einer Biegungsbeanspruchung als Fließgelenke. Da in ihnen das Moment bekannt und gleich dem Bruchmoment ist, wird in der Berechnung die statische Unbestimmtheit des Systems je Gelenk um einen Grad vermindert. Setzt man eine unbeschränkte Drehfähigkeit dieser Fließgelenke voraus, so ist die Tragfähigkeit des Systems erst erschöpft, wenn sich eine „kinematische Kette" von Fließgelenken eingestellt hat, wie sie schematisch in Abb. 9.10 für den Fall eines Durchlaufträgers dargestellt ist.

Es bestanden vielfach Bestrebungen, den Bruchsicherheitsnachweis auf dieses mechanische System zurückzuführen. Diese Art des Nachweises ist vor allem aus dem Stahlbau bekannt. Versuche an vorgespannten

Durchlaufträgern aus Stahlbeton [9.11] haben gezeigt, daß die Umlagerung der inneren Kräfte vom ursprünglichen elastischen auf das Gelenksystem nur in beschränktem Maße eintritt. Der Grund ist darin zu suchen, daß die „Drehfähigkeit" der Gelenke beschränkt ist. Der auf der Existenz von Fließgelenken aufgebaute Bruchsicherheitsnachweis kann daher nicht ohne Bedenken angewandt werden, weil nicht immer die nachgewiesene Bruchsicherheit gewährleistet ist.

Das Verfahren verstößt aber auch im Hinblick auf die Gebrauchsfähigkeit gegen das allgemeine konstruktive Prinzip, daß jeder Querschnitt eines Tragwerks mit gleicher Sicherheit, bei Stahlbetonkonstruktionen nicht nur in bezug auf die Tragfähigkeit, sondern auch in bezug auf große Verformungen bemessen werden·soll. In einem Tragwerk, dessen Bruchsicherheit nur mit Hilfe von Fließgelenken nachgewiesen werden kann, werden die Fließgelenke schon vor einer ν-fachen Laststeigerung größere Verdrehungen und damit große Risse aufweisen. Auch der Rißbeginn wird sich dort bei verhältnismäßig geringen Überlastungen einstellen.

DIN 4227 schreibt daher vor, die Schnittkräfte im Bruchzustand aus den einzelnen Lastfällen nach der Elastizitätstheorie (Stadium I oder Stadium II) zu ermitteln. Das Bruchmoment des Querschnittes muß dabei der Ungleichung (9.01) genügen. Die Voraussetzung, daß sich das System bis zum Bruchbeginn elastisch verhält, stimmt zwar nicht ganz mit den Versuchen und den Annahmen im Bruchzustand (geringfügiges Überschreiten der Fließgrenze im Stahl) überein. Durch dieses Bemessungsprinzip wird aber ein weitgehendes Gleichmaß an Widerstandsfähigkeit des Bauwerkes erreicht. Die Forderung einer Sicherheit gegen einen Grenzzustand der Gebrauchsfähigkeit durch die Begrenzung der Stahldehnung auf $5^0/_{00}$ bewirkt, daß das Zwängungsmoment im Grenzzustand noch weitgehend vorhanden ist. Wie im Abschnitt 9.2 gezeigt wird, bleibt nämlich dadurch die Wirkung der Vorspannkraft weitgehend erhalten. Hierbei ist noch zu bedenken, daß im allgemeinen der Bruchbeginn oder die Erreichung des Grenzzustandes sich nur auf einen kleinen Balkenbereich beschränkt. Das Zwängungsmoment aus Vorspannung kann daher wie in Ungleichung (9.01) vorausgesetzt als voll wirksam betrachtet werden.

9.5 Nachweis der Bruchsicherheit in Flächentragwerken

Beim Nachweis der Bruchsicherheit in Flächentragwerken gehen wir von den grundsätzlichen Überlegungen aus, die in Abschnitt 9.4 für statisch unbestimmte Balkensysteme im Hinblick auf die Verformungen zu Beginn des Bruchzustandes dargelegt sind; denn Flächentragwerke sind im Prinzip auch statisch unbestimmte Systeme. Unter Berück-

sichtigung der Verträglichkeit der elastischen Verformungen werden die
Schnittkräfte für den Lastfall $v \cdot (g + p) + v$ zu Beginn des Bruchzustandes ermittelt. Die Vorspannung liefert als Anteil zu diesen Schnittkräften
aus äußeren Lasten die Zwängungen, deren Berechnung in Abschnitt 4.3
gezeigt ist. Die Normalkraft und das Moment der Querschnittskräfte im
Bruchzustand müssen an jeder Stelle des Bauwerks größer sein als die
oben angegebenen Schnittkräfte aus äußeren Lasten.

In einem Flächentragwerk herrscht im allgemeinen ein zweiachsiger
Spannungszustand, der auch ein zweiachsiges Bewehrungsnetz erforder-
lich macht, zumal die Richtung der Hauptspannungen mit verschiedenen
Lastzuständen wechselt. Die Berechnung derartiger Bewehrungsnetze

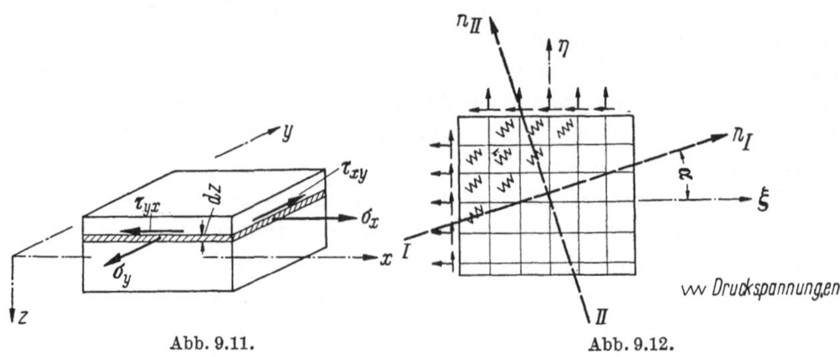

Abb. 9.11.　　　　　　　　　　　Abb. 9.12.

bei gerissenem Beton (ohne Berücksichtigung der Verformungsbedin-
gungen) ist von *Leitz* [9.12] für den Sonderfall orthogonaler Netze und
von *Kuyt* [9.13] bzw. von *Luza* [9.14] für den allgemeinen Fall schief-
winkliger Netze angegeben worden. Die genannten Untersuchungen
gehen von einem ebenen Scheibenspannungszustand mit den Haupt-
kräften n_I und n_{II} aus. Die Bemessung einer netzförmigen Platten-
bewehrung, die zur Aufnahme von Momenten dient, kann man auf diejenige einer Scheibe zurückführen, da in dem Element einer elastischen
Platte von der Stärke dz (s. Abb. 9.11) ein Scheibenspannungszustand
herrscht. In einer gerissenen Stahlbetonplatte ist der Proportionalitäts-
faktor zwischen den Größen n (Biegezug- und Biegedruckkraft) und dem
Moment m gleich dem Hebelarm z. Ein Bewehrungsnetz, das in Richtung
der Hauptkräfte einer Scheibe liegt, wird in diesen Richtungen nach den
gleichen Regeln bemessen wie in einer einachsig beanspruchten Scheibe.
Weicht die Bewehrungsrichtung von derjenigen der Hauptkräfte ab, so
wirken bei einem orthogonalen Netz in den Richtungen der Bewehrungen
ξ und η die Normalspannungsresultanten (Abb. 9.12):

$$n_\xi = n_I \cdot \cos^2 \alpha + n_{II} \cdot \sin^2 \alpha,$$

$$n_\eta = n_I \cdot \sin^2 \alpha + n_{II} \cdot \cos^2 \alpha.$$

Die Tangentialspannungsresultante beträgt

$$n_{\xi\eta} = (n_I - n_{II}) \sin\alpha \cdot \cos\alpha = T'.$$

Die Normalspannungsresultanten n_ξ und n_η werden der Bewehrung unmittelbar zugewiesen. Die Tangentialspannungsresultante T' wird nach den Grundsätzen der Bemessung von Verbundkonstruktionen von einer ebenfalls in den Richtungen ξ und η liegenden zusätzlichen Bewehrung aufgenommen. Wir können somit insgesamt ideelle Bemessungsresultanten einführen von der Größe

$$\overline{n}_\xi = n_I \cdot \cos^2\alpha + n_{II} \cdot \sin^2\alpha + \left| (n_{II} - n_I)\sin\alpha \cdot \cos\alpha \right|, \quad (9.19)$$

$$\overline{n}_\eta = n_I \cdot \sin^2\alpha + n_{II} \cdot \cos^2\alpha + \left| (n_{II} - n_I)\sin\alpha \cdot \cos\alpha \right|$$

Auf die gleiche Weise kann ein Bewehrungsnetz einer durch Biegemomente beanspruchten Platte bemessen werden, wie aus den oben gezeigten Zusammenhängen zwischen n und m hervorgeht. Es müssen in der Gl. (9.19) nur formal die Normalkräfte n durch Momente m ersetzt werden. Mit den „Bemessungsmomenten" $\overline{m}_\xi$ und $\overline{m}_\eta$ ist dann bei einem vorgespannten Bauwerk der gleiche Nachweis zu führen wie bei einem Balken: Man bestimmt im Falle eines reinen Biegezustandes aus der Momentensumme $\nu \cdot (m_g + m_p) + m_v$ die Hauptmomente m_I und m_{II}, berechnet daraus die „Bemessungsmomente" $\overline{m}_\xi$ und $\overline{m}_\eta$, die kleiner sein müssen als das Moment der Querschnittskräfte im Bruchzustand gemäß Abschnitt 9.3. Dabei muß beachtet werden, daß ein zweiachsiger Momentenzustand, sofern die Hauptmomente verschiedenes Vorzeichen haben, ein oberes und ein unteres Bewehrungsnetz erforderlich macht. Das Vorzeichen eines Hauptmomentes m_I bzw. m_{II} ist immer positiv in die der Gl. (9.19) entsprechende Momentengleichung einzusetzen, wenn an der Seite der Platte, wo der Nachweis geführt wird, Zug entsteht.

Die gleichen Überlegungen gelten auch für schiefwinklige Netze, wobei $\overline{n}_\xi$ und $\overline{n}_\eta$ entsprechend [9.13; 9.14] abzuwandeln sind.

Den Spannungsnachweis unter *zulässigen Lasten* führen wir, wie unter Abschnitt 4.3 dargelegt, in Richtung der Hauptspannungen. Wegen der Normalkräfte haben diese an der Ober- und Unterseite der Platte nicht die gleiche Richtung. Im *Bruchzustand* wirken im allgemeinen in einer Platte auch Normalkräfte, die durch äußere Kräfte oder Zwängungen aus der Vorspannung hervorgerufen werden. Die genannten Normalkräfte und die Momente, die im allgemeinen verschiedene Hauptrichtungen haben, lassen sich im Bruchzustand nicht mehr so einfach zu einer Hauptkraft superponieren und einem rechnerischen Bruchzustand gegenüberstellen wie die Spannungen unter zulässigen Lasten. Da der Einfluß der Normalkräfte auf die inneren Beanspruchungen einer Platte im allgemeinen klein ist, wird man sich damit begnügen, den Bemessungsmomenten in Richtung der Bewehrung noch die Bemessungsnormalkräfte in dieser Richtung zuzuordnen.

9.6 Bemessung von vorgespannten Stahlbetonträgern ohne Verbund im Bruchzustand

Die Formeln dieses Kapitels gelten nur für den speziellen Fall eines Balkens mit rechteckiger Druckzone und gebündeltem Spannstrang. Die Berechnungsmethode kann jedoch auch für allgemeinere Fälle Anwendung finden. Es wird weitgehend auf die Ausführungen in Abschnitt 6.5 und 9.3 zurückgegriffen. Die Bemessung des Stahlquerschnittes ist im Gegensatz zu der Berechnung des Bruchmomentes ohne Iteration möglich.

Der erste Schritt der Bemessung besteht darin, die Druckzonenhöhe $k_x \cdot h$ an derjenigen Stelle des Balkens zu bestimmen, an der der Bruch zu erwarten ist; das ist in der Regel die Stelle der größten Schnittkräfte zwischen den Verankerungen. Die Bestimmung der Druckzonenhöhe $k_x \cdot h$ unterscheidet sich nicht von derjenigen eines Balkens mit Verbund (s. Gl. (9.16) bzw. Abb. 9.09); denn die Verträglichkeit der Verformungen von Stahl und Betonbalken wird erst im zweiten Schritt der Bemessung bei der Berechnung des Stahlquerschnittes [vgl. Gl. (9.18)] berücksichtigt. Aus der Verträglichkeitsbedingung gewinnen wir die Dehnung des Stahles, gemessen vom unverformten Betonquerschnitt; bei einem Balken mit Verbund sind nach der Herstellung des Verbundes die Verzerrungen von Beton und Stahl in jedem Balkenelement gleich. Bei einem Balken ohne Verbund sind nur die Verlängerungen von Beton und Stahl zwischen zwei Ankerstellen gleich groß:

$$\bar{\varepsilon}_{zU} \cdot l = \int \varepsilon_{bzU} \cdot ds = \delta_{bzU}. \tag{9.20}$$

$\bar{\varepsilon}_{zU}$ ist die gemittelte Stahldehnung, zu der noch die Spannbettdehnung hinzukommt. δ_{bzU} berechnen wir auf ähnliche Weise wie in Abschnitt 6.5: Mit der Nullinienhöhe x im Bruchquerschnitt des Balkens ist dort der Hebelarm z zwischen Biegedruck- und Stahlzugkraft gegeben. Ebenso ist er in den übrigen Balkenquerschnitten gem. Gl. (6.29) festgelegt. Die Druckkraft D_{bU} hat nun in weiten Bereichen des Balkens Betonspannungen zur Folge, für die nicht mehr das Hookesche Gesetz gilt. Damit gelten auch nicht mehr die einfachen Zusammenhänge zwischen den Betonverzerrungen und Kräften gem. Gl. (6.28). Diese Zusammenhänge können streng genommen nur im Versuch gemessen werden, wobei als Parameter neben der Querschnittsform u. a. auch die Art der Lastaufbringung eingeht. Wir gehen jedoch wieder von der in Abschnitt 9.2 erläuterten idealisierten Arbeitslinie bzw. Spannungsverteilung der Biegedruckzone aus.

Zur Berechnung der Balkenverformungen ist es nun zweckmäßig, den Spannungsverlauf in der Biegedruckzone noch weiter zu idealisieren, indem man eine Biege-Arbeitslinie mit linearer Spannungsverteilung in der Druckzone des Betons einführt. Das Bildungsgesetz dieser Biege-Arbeitslinie ist aus Abb. 9.13 ersichtlich: Den Verzerrungen ε_b des Betons sind Spannungen σ_b zugeordnet, die über die Druckzone entsprechend der Arbeitslinie des Betons einen nichtlinearen Verlauf haben. Die

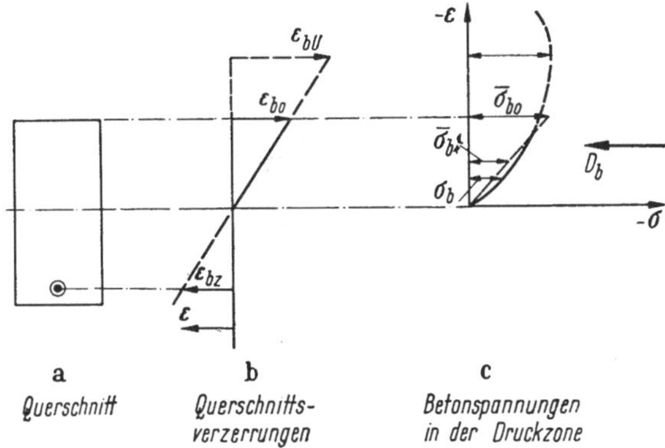

Abb. 9.13 a—c. Konstruktion der Biege-Arbeitslinie.

idealisierten Spannungen $\bar{\sigma}_b$ sollen der Bedingung genügen, daß sie die gleiche Biegedruckkraft D_b liefern wie die Spannungen σ_b. Ferner sollen die Randstauchungen ε_{bo} in beiden Fällen gleich sein. Diese Bedingung läßt sich für einen Rechteckquerschnitt wie folgt formulieren:

$$\frac{1}{2}\,\bar{\sigma}_{bo} \cdot \varepsilon_{bo} = \int_0^{\varepsilon_{bo}} \sigma_b \cdot d\varepsilon \tag{9.21}$$

Die beiden Arbeitslinien sind, wenn wir einmal von den fiktiven Spannungswerten absehen, somit im Hinblick auf die Randstauchung und die Größe der Biegedruckkraft gleichwertig. Der Unterschied besteht nur darin, daß die Wirkungslinien der Druckkraft nicht übereinstimmen. Der dadurch bedingte Fehler ist jedoch klein und liegt, bezogen auf den Hebelarm z, in der Größenordnung von 3 bis 5%. In Abb. 9.14 sind die für den Bruchsicherheitsnachweis vorgeschlagene Arbeitslinie des Betons gem. DIN 4227 und die daraus konstruierte Biege-Arbeitslinie dargestellt. Gemäß Definition stellt diese Arbeitslinie nur die Beziehung zwischen den fiktiven Spannungen und den Verzerrungen am Rand der Druckzone dar.

Die weitere Bemessung kann mit Hilfe dieser Biege-Arbeitslinie leicht durchgeführt werden: Wir berechnen das Integral der Gl. (9.20) zweckmäßig numerisch und bestimmen dazu in mehreren äquidistanten Querschnitten des Balkens die Druckzonenhöhe $x = 3\,a$, die mit dem Hebelarm z gem. Gl. (6.29) festgelegt ist. Daraus ergibt sich die Randspannung

$$\overline{\sigma}_{bo} = \frac{-2 \cdot D_{bu}}{b \cdot x} \,.$$

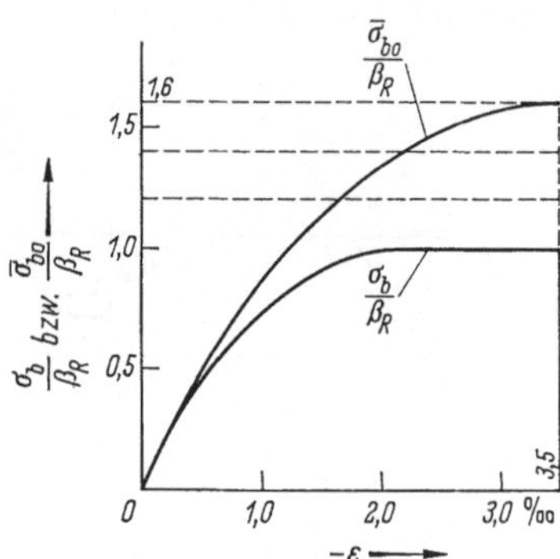

Abb. 9.14. Biege-Arbeitslinie.

Der Abb. 9.14 entnimmt man die der Randspannung σ_{bo} entsprechende Verzerrung des Betons ε_{bo}. Damit läßt sich die Verzerrung des Betons in Höhe der Bewehrung

$$\varepsilon_{bz\,U} = (-\varepsilon_{bo}) \, \frac{h-x}{x}$$

und durch Integration gem. Gl. (9.20) die gemittelte Dehnung des Stahles $\overline{\varepsilon}_{z\,U}$ berechnen. Zu dieser Dehnung kommt noch die Spannbettdehnung des Stahles hinzu. Die der gesamten Dehnung entsprechende Stahlspannung $\sigma_{z\,U}$ entnehmen wir der Arbeitslinie des Stahles und können mit den Schnittkräften und Querschnittswerten des Bruchquerschnittes den erforderlichen Stahlquerschnitt gem. Gl. (9.18) berechnen.

Belastungsversuche, die bis zum Bruch durchgeführt wurden, sowie die Berechnung von Spannungen und Verformungen nach oben dargelegten Grundsätzen zeigen jenseits der Rißlast ein unterschiedliches Verhalten von vorgespannten Stahlbetonbalken ohne und mit Verbund, das schon in Abschn. 6.5 diskutiert wurde. Der Balken ohne Verbund ist demjenigen mit Verbund im Hinblick auf die Betonbeanspruchungen, die Verformungen und das Rißbild unterlegen. Die Bruchlast ist meist niedriger als beim Balken mit Verbund. [9.15]

Auch die Rißbilder unterscheiden sich bei beiden Balkenarten (Abb. 9.15) [9.16]. Der Verbund erzeugt eine Rißfolge, die um so enger ist, je größer die aufnehmbare Haftkraft im Verhältnis zur Stahlkraft ist. Bei fehlendem Verbund breiten sich die im Rißquerschnitt allein durch die Druckzone laufenden Betonspannungen neben dem Riß ohne Mithilfe des Stahles über den gesamten Betonquerschnitt aus (Abb. 9.16.) Ein annähernd lineares Spannungsdiagramm kann sich erst in einem Abstand vom vorhandenen Riß ausbilden, der dem St. Venantschen Störungsbereich gleich ist. Dort herrscht eine Betonzugspannung, die, wenn sie die Biegezugfestigkeit erreicht, zu einem neuen Riß Anlaß geben kann. Die Risse haben aus diesem Grund einen Abstand, der etwa gleich

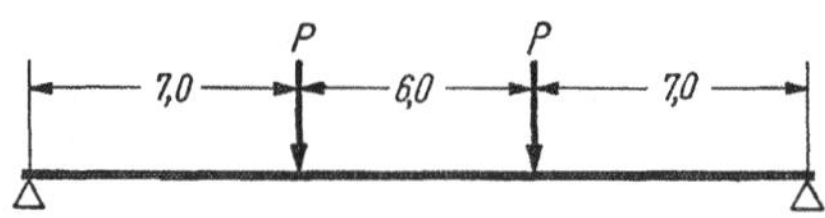

Abb. 9.15a. Belastungsskizze.

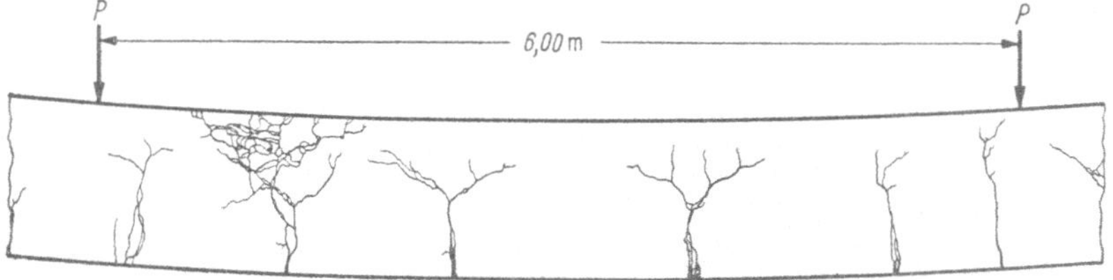

Abb. 9.15b. Rißbild eines Versuchsträgers ohne Verbund. Ansicht des mittleren Trägerteils nach dem Versuch.

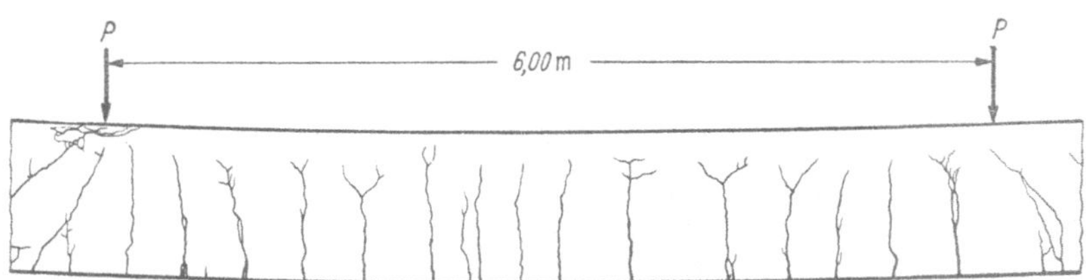

Abb. 9.15c. Rißbild eines Versuchsträgers mit Verbund. Ansicht des mittleren Trägerteils nach dem Versuch.

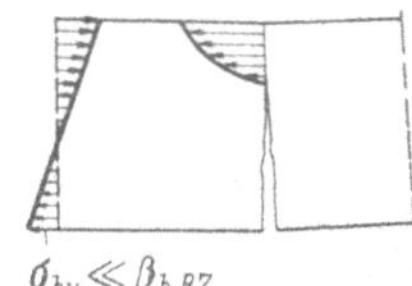

Abb. 9.16. Spannungsverlauf im Rißbereich.

dem Störungsbereich ist. Dieser entspricht etwa der Höhe des Balkens. Die Spannungsausbreitung vom Riß aus ist auch mit Querzugspannungen normal zur Balkenachse verbunden (vgl. Abschn. 11.2), die zu einer Gabelung der Risse in Höhe der Nullinie führen.

Die DIN 4227 verlangt in Abschnitt 10.2.2 für vorgespannte Träger ohne Verbund (bei nachträglichem Verbund nur für Lastfälle vor Herstellung des Verbundes) einen zusätzlichen Nachweis der Rißbeschränkung, der bei einer Überbelastung eine genügend feine Verteilung der

Risse bewirken soll. Als Näherungsformel für die im Bruchzustand auftretende Stahlspannung gibt DIN 4227

$$\sigma_{zU} = \sigma_{z,v+q+k+s} + 1400 \text{ kp/cm}^2$$

an. Dieser aufgrund von Versuchen angegebene Wert liegt für den Träger auf 2 Stützen im allgemeinen auf der sicheren Seite. Die so berechnete Spannung darf nicht höher werden als die Streckgrenze des Spannstahles.

Literatur zu Kapitel 9

9.01. *Rüsch:* Vortrag auf dem Deutschen Betontag 1961, Deutscher Betonverein.

9.02. *Rüsch:* Versuche zur Festigkeit der Biegedruckzone, Deutscher Ausschuß für Stahlbeton, H. 120, Berlin 1955.

9.03. *Birkenmayer* und *Jakobson:* Schweizerische Bauzeitung 77 (1959) H. 15.

9.03a. *Ekberg, Walther* u. *Slutter:* Fatigue resistance of prestressed concrete beams in bending.
Deutscher Auszug:
Franz: Ermüdungsfestigkeit von vorgespannten auf Biegung beanspruchten Querschnitten. Der Bauingenieur (1959) S. 205.

9.04. *Xercavins:* Recherche de la valeur optimum de la tension des armatures de précontrainte, Zweiter Kongreß der F. I. P., Sitzung I b, Beitrag Nr. 5.

9.05. *Mörsch:* Die Ermittlung des Bruchmomentes von Spannbetonbalken. Beton- und Stahlbetonbau 45 (1950) S. 149.

9.06. *Rüsch:* Über eine Theorie der Biegung, Vorträge auf dem Betontag 1959, Deutscher Betonverein.

9.07. Forschungsberichte verschiedener Autoren in: Deutscher Ausschuß für Stahlbeton, Hefte 139, 154, 190, 191, 196, 198, 207.

9.08. *Mehmel* u. *Kern:* Elastische und plastische Stauchungen von Beton infolge Druckschwell- und Standbelastung. Deutscher Ausschuß für Stahlbeton, H. 153 (1962).

9.09. *Rüsch, Sell, Rasch, Grasser, Hummel, Wesche* u. *Flatten:* Festigkeit und Verformung von unbewehrtem Beton unter konstanter Dauerlast (1968).

9.10. *Mörsch:* Die Ermittlung des Bruchmomentes von Spannbetonbalken. Beton und Stahlbetonbau 45 (1950) S. 149.

9.11. *Macchi:* Zweiter Kongreß der F. I. P., Sitzung III a, Beitrag Nr. 2.

9.12. *Leitz:* Bewehrung von Scheiben und Platten. Die Bautechnik (1923) S. 155.

9.13. *Kuyt:* Zur Frage der Netzbewehrung von Flächentragwerken. Beton- und Stahlbetonbau (1964) S. 158.

9.14. *Luza:* Netzbewehrungen. Beton- und Stahlbetonbau (1971) S. 65.

9.15. *Rüsch, Kordina* u. *Zelger:* Bruchsicherheit bei Vorspannung ohne Verbund. Deutscher Ausschuß für Stahlbeton H. 130 (1959).

9.16. Die Versuche der Bundesbahn an Spannbetonträgern in Kornwestheim. Deutscher Ausschuß für Stahlbeton, H. 115 (1954).

10. Schubsicherung

10.1 Schubsicherung bei Querkraftbeanspruchung

Aus Versuchen an schlaff bewehrten Stahlbetonbalken ohne Schubbewehrung (Bügel oder Schrägstäbe) zeigt sich, daß die Querkraft in Verbindung mit dem Biegemoment den Bruch des Tragwerkes schon früher herbeiführen kann, als dies aus der Beanspruchung durch das Moment allein zu erwarten wäre. Der Schubbruch ist durch einen sich vor dem Bruch schnell öffnenden Schrägriß gekennzeichnet (Abb. 10.01).

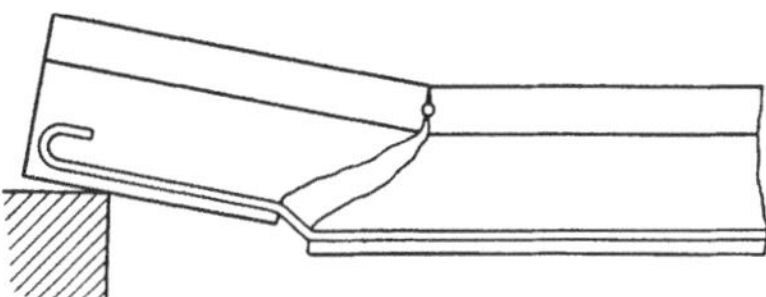

Abb. 10.01. Schubbruch eines schlaff bewehrten Betonbalkens.

Als Schubbruch sei ganz allgemein der Bruch bezeichnet, der durch eine Schnittkraftkombination von Querkraft mit einem geringeren als dem maximal möglichen Biegemoment ausgelöst wird. Der schräge Riß führt zu einer starken Einschnürung der Druckzone, die schließlich den Bruch zur Folge hat. Der Riß verläuft dabei im Prinzip normal zu den Hauptzugspannungen, die im Bereich der Querkraftbeanspruchung schräg gerichtet sind.

Es ist naheliegend, durch Einlegen einer Bewehrung, welche die Schrägrisse kreuzt, die Tragfähigkeit des Balkens zu erhöhen. Die Bewehrung sollte dabei so groß gewählt werden, daß mindestens die Tragfähigkeit des Balkens, die sich aus der Biegebemessung für das größte Moment ergibt, erreicht wird.

Beim schlaff bewehrten, mit M und Q beanspruchten Stahlbetonbalken geht die heutige Lehrmeinung im Stadium II von der Vorstellung der bis zur Nullinie gerissenen Zugzone aus; der Querschnitt besteht nur noch aus der Betondruckzone und der Bewehrung. Der Schubfluß beträgt von der Nullinie bis zur Bewehrung $T_{o,\mathrm{II}}' = \dfrac{Q}{z}$, was zu der bekannten Schubspannungsformel im gerissenen Zustand führt:

$$\tau_{o,\mathrm{II}} = \frac{Q}{b_o \cdot z} . \tag{10.01}$$

Daß dieser Wert nur ein fiktiver, d. h. ein Rechenwert ist, veranschaulicht die theoretische Untersuchung eines Balkens mit Schlitz („Riß") in der Zugzone. (Abb. 10.01a.) Es handelt sich hier um ein bisher unveröffentlichtes Spannungsbild, das im Rahmen einer wissenschaftlichen Arbeit am Lehrstuhl des Verfassers mit Hilfe der Stabwerkmethode für ebene Kontinua [10.00] gewonnen wurde. Im Schlitzbereich

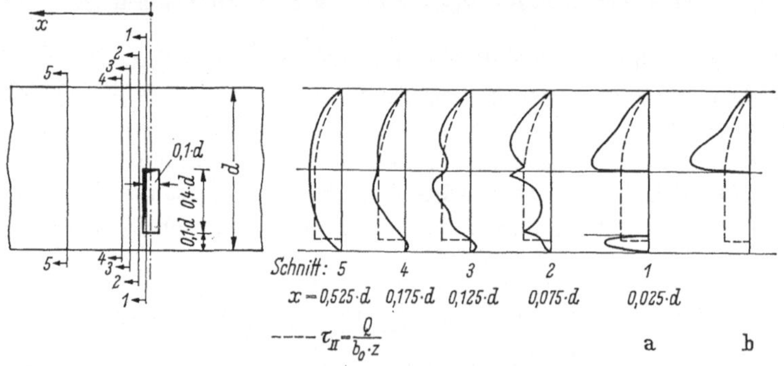

Abb. 10.01a. Schubspannungsverteilung in einer Scheibe mit Schlitz.

wird die Querkraft in der Hauptsache in der Druckzone übertragen, wobei in Höhe der Nullinie (oberer Schlitzrand) eine Spannungsspitze auftritt.

Im Balkenbereich neben dem Schlitz bildet sich überraschend schnell wieder die Schubspannungsverteilung des ungerissenen Zustandes aus. Die St. Venantsche Entfernung, innerhalb derer die Parabel wieder ungestört auftritt, beträgt nur etwa $0,5 \cdot d$; bereits etwa im Bereich $0,2 \cdot d$ verteilen sich die Schubspannungen schon wieder über den ganzen Querschnitt.

In Anwendung dieser Spannungsbilder auf den gerissenen Stahlbetonquerschnitt muß gelten:

Nach dem Gesetz der Gleichheit der Schubspannungen ist am Riß die Haftung zwischen Stahl und Beton aufgehoben, und eine Zunahme $dZ = d\sigma_e \cdot F_e$ kann im Riß nicht geschehen. Auch durch die Dübelwirkung des Stahles kann kein Querkraftanteil im Riß übertragen werden, da die Betonüberdeckung dafür nicht ausreicht: insgesamt muß am Riß die volle Querkraft innerhalb der Betondruckzone aufgenommen werden (Abb. 10.01a, b).

Die gestrichelt eingetragene rechnerische Schubspannungsverteilung τ_{II} läßt deutlich erkennen, daß es sich bei dieser um einen Mittelwert handelt, der schon sehr bald neben dem Riß als genügend genauer Rechenwert für die Bemessung der Schubbewehrung angesehen werden kann.

Beim Spannbeton hat die durch die Vorspannung erzeugte Normaldruckkraft im Querschnitt wesentlichen Einfluß:

Im Gebrauchszustand werden die Lastspannungen so überdrückt, daß die Zugfestigkeit des Betons nicht überschritten wird. In diesem Fall sind daher die am homogenen Träger berechneten, durch die Wirkung der Längsdruckspannungen jedoch steiler zur Stabachse gerichteten „schiefen" Hauptzugspannungen die maßgebende Größe.

Im Bruchzustand können jedoch auch querkraftbeanspruchte Bereiche entstehen, in denen die Zugfestigkeit des Betons überschritten wird, so daß sich hier wieder Verhältnisse wie beim schlaff bewehrten Stahlbetonbalken mit gerissener Zugzone einstellen. Wie schon aus dem in Abb. 10.01a dargestellten Vergleich hervorgeht, sind die wirklichen Verhältnisse komplexer, und der Bruch wird von einer Vielzahl von Komponenten beeinflußt. In den letzten Jahren wurde eine große Zahl von Forschungsarbeiten zu dieser Frage ausgeführt, auf die im Rahmen dieses Buches nur hingewiesen werden kann [10.01, 10.02, 10.03, 10.04].

Nach obigen Erörterungen ist es zweckmäßig, im Bruchzustand bei vorgespannten Stahlbetonbalken längs der Trägerachse zwei Bereiche zu unterscheiden (Abb. 10.02):

1. Zone a, in der der Schubriß im Steginneren beginnt,
2. Zone b, in der sich der Schubriß aus einem Biegeriß entwickelt.

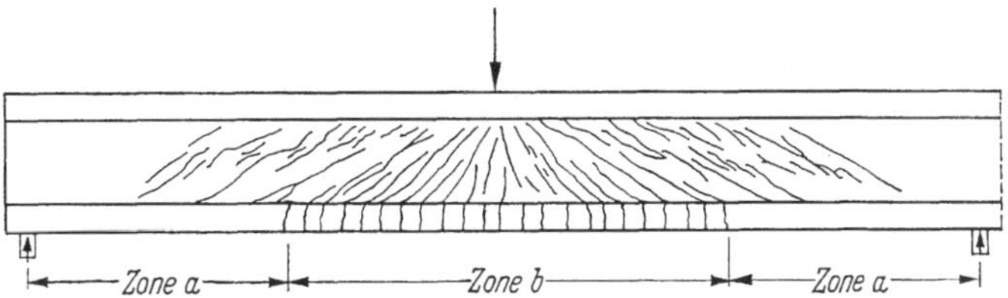

Abb. 10.02. Schubrißbereiche bei einem vorgespannten Stahlbetonbalken.

Als Kriterium für die Abgrenzung der beiden Zonen dienen die Längsbiegespannungen, die sich unter rechnerischer Bruchlast (ν-fache Gebrauchslast und Vorspannung) für den ungerissenen Querschnitt (Zu-

Tabelle 10.1

Betongüte:	Bn 250	Bn 350	Bn 450	Bn 550
σ_{bz} in kp/cm²:	25	28	32	35

stand I) ergeben. Überschreiten die so errechneten Längsbiegespannungen an irgendeiner Stelle im Querschnitt die Betonzugfestigkeit nicht, so befindet sich der Querschnitt in der Zone a. Im anderen Fall, d. h. die Längsbiegespannungen überschreiten die Betonzugfestigkeit an

11 Mehmel, Vorgespannter Beton, 3. Aufl.

einer Stelle des Querschnittes, befindet sich der Querschnitt in der Zone b.
In DIN 4227 sind diese Grenzwerte für die einzelnen Betongüten angegeben (Tab. 10.1).

Mörsch ging beim schlaff bewehrten Stahlbetonbalken für die Ermittlung der notwendigen Schubbewehrung von parallelgurtigen Fach-
werken mit unter 45° geneigten Druckstreben aus (Abb. 10.03). Er ver-
nachlässigte dabei das Zusammenwirken der Biegenormal- und der
Schubspannungen in der Druckzone.

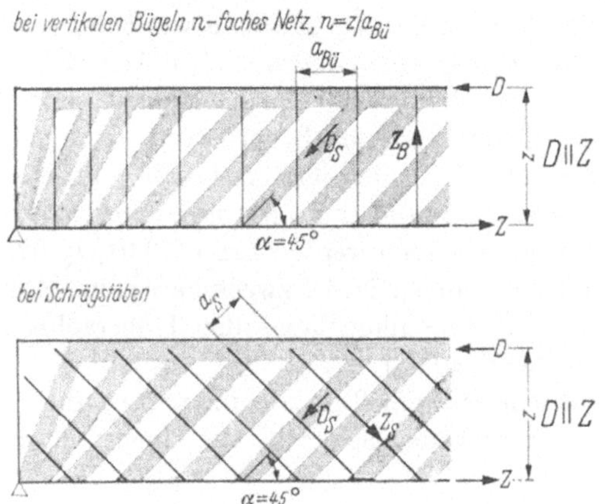

Abb. 10.03. Übliche Annahmen der klassischen Fachwerkanalogie nach *Mörsch*,
parallele Gurte, 45°-Druckstreben.

Es ergeben sich für jede Faser y, in der eine Längsspannung $\sigma_x(y)$,
eine Querspannung $\sigma_y(y)$ und eine Schubspannung $\tau(y)$ wirken, Hauptspannungen σ_I und σ_II, die sich nach der bekannten Gleichung berechnen lassen:

$$\sigma_{\mathrm{I,\,II}} = \frac{1}{2}\,(\sigma_x + \sigma_y) \pm \frac{1}{2}\,\sqrt{(\sigma_x - \sigma_y)^2 + 4\,\tau^2} \qquad (10.02)$$

σ_I ist darin die Hauptzug-, σ_II die Hauptdruckspannung. Ihre Neigung
unter dem Winkel $(\pi/2 + \varphi)$ bzw. φ gegen die x-Achse (hier Trägerachse)
berechnet sich aus:

$$\tan 2\varphi = \frac{2\,\tau}{\sigma_x - \sigma_y}\,. \qquad (10.02\,\mathrm{a})$$

Querspannungen σ_y treten normalerweise nur bei vorgespannter
Schubbewehrung, sowie im Auflagerbereich der Träger auf. Je nach
Unterstützungsart, entweder direkt am unteren Trägerrand oder in-
direkt, ergeben sich σ_y-Druck- oder σ_y-Zugspannungen, wodurch die
Hauptspannungen günstig oder ungünstig beeinflußt werden. (Vgl. S. 169)

Aus der Abb. 10.04 sieht man, daß über die Höhe der Druckzone
der Winkel φ mit zunehmendem y abnimmt, d. h. die Neigung der

Hauptdruckspannungen gegen die x-Achse wird immer flacher. Bildet man nun in jeder Ebene $y = \text{const}$ die Spannungsresultante $n_{II} = \sigma_{II} \cdot b(y)$ und integriert über die Höhe der Druckzone, so erhält man die resultierende Druckkraft

$$D_{II} = \int\limits_{y=0}^{y=\xi \cdot h} n_{II} \cdot dy = \int\limits_{y=0}^{y=\xi \cdot h} \sigma_{II} \cdot b(y) \cdot dy \,,$$

die zwischen $0°$ und $45°$ geneigt ist. Die numerische Integration mit endlichen Teilflächen liefert leicht Größe, Richtung und Angriffspunkt im Querschnitt.

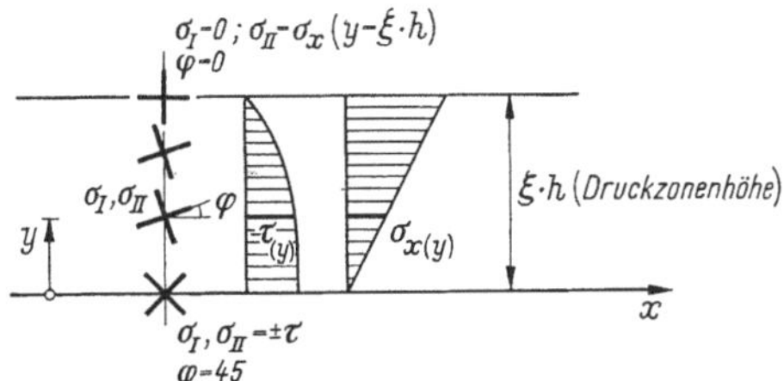

Abb. 10.04. Hauptspannungsrichtungen in der Druckzone ($\sigma_y = 0$).

Die lotrechte Komponente der so bestimmten Druckkraft D_{II} übernimmt aus Gleichgewichtsgründen einen Anteil der Querkraft in gleicher Größe, bzw. ist ihm äquivalent. Die Neigung φ hängt von den Koordinatenspannungen σ_x, σ_y und τ in jeder Faser ab, d. h. zum Beispiel vom statischen System, von der Querschnittsform, von der Lastfunktion usw. So werden im vorgespannten Träger durch die zusätzlichen σ_x-Druckspannungen aus der Vorspannung gegenüber dem schlaff bewehrten Träger die Druckstreben flacher verlaufen. Versuche bestätigen diese einfachen mechanischen Überlegungen.

Aufgrund dieser beiden Einflüsse benutzt die heutige Auffassung nach der sogenannten „erweiterten Fachwerkanalogie" für die Berechnung der Schubbewehrung Fachwerke mit geneigten Druckgurten und Druckstreben, die von $45°$ bis $30°$ geneigt sind (Abb. 10.05).

Man kommt auf diese Weise zu einer verminderten Schubdeckung gegenüber der klassischen Analogie des parallelgurtigen Fachwerkes. Der Schubdeckungsgrad $\eta < 1$ gibt dabei das Verhältnis der verminderten zur klassischen Schubdeckung nach *Mörsch* an.

Beim vorgespannten Stahlbetonbalken entsteht im Bereich der **Zone b** eine ähnliche Tragwirkung wie bei einem schlaff bewehrten Balken. Man kann daher für diesen Bereich wie beim schlaff bewehrten Stahlbetonbalken die erforderliche Schubbewehrung von dem Rechenwert der Schubspannung $\tau_0 = \dfrac{Q}{b_0 \cdot z}$ abhängig machen. DIN 4227 schreibt entsprechend vor, in der Zone b die Schubspannungen im Bruchzustand

11*

nach Zustand II gemäß vorstehender Gleichung zu ermitteln, wobei
für z der Hebelarm der inneren Kräfte eingesetzt werden darf, wie er
sich beim Nachweis der Biegebruchsicherheit im betrachteten Schnitt

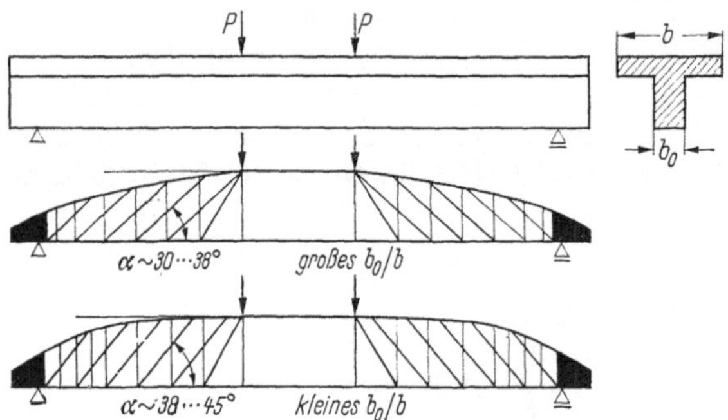

Abb. 10.05. Fachwerksysteme der erweiterten Fachwerkanalogie für Einfeld-Balken mit den
bevorzugt von b_0/b und η abhängigen Variablen.

ergibt. Die in dieser Weise ermittelten Schubspannungen sind als die
maßgebenden schiefen Hauptzugspannungen zu betrachten und dürfen
einen zulässigen Höchstwert nicht überschreiten. Die geschilderten
günstigen Einflüsse auf die Schubdeckung werden vereinfacht so berücksichtigt, daß unterhalb einer bestimmten oberen Grenze die Schubbewehrung aus einer reduzierten Hauptzugspannung red. $\tau_{0,U}$ berechnet wird:

$$\text{red. } \tau_{0,U} = \frac{\tau_{0,U}}{\text{zul. } \sigma_I} \cdot \tau_{0,U}. \tag{10.01a}$$

Darin ist $\tau_{0,U}$ die für den Lastfall rechnerische Bruchlast ermittelte
Schubspannung im Zustand II; zul. σ_I die für die entsprechende Betongüte größte zulässige Hauptspannung nach DIN 4227. Der Reduktionsfaktor $\eta = \tau_{0,U}/\text{zul.}\,\sigma_I$ darf nicht kleiner als 0,4 werden.

Im sogenannten „Stegschubrißbereich", d. h. der **Zone a**, überschreiten die Biegelängsspannungen gemäß Definitionskriterium die Zugfestigkeit des Betons noch nicht. Es ist deshalb für diesen Bereich zutreffend, die Hauptzugspannungen nach Stadium I (ungerissener Querschnitt) zu ermitteln.

DIN 4227 schreibt daher für Zone a vor, daß die nach Zustand I
ermittelten schiefen Hauptzugspannungen ohne Berücksichtigung etwa
auftretender Querbiegespannungen zulässige Höchstwerte nicht überschreiten. Gegebenenfalls ist dabei ein von zusätzlicher vorgespannter
Schubbewehrung erzeugter Spannungszustand zu berücksichtigen, d. h.
hier ist $\sigma_y \neq 0$.

Die Hauptzugspannungen werden hierbei für rechnerische Bruchlast
unter Einschluß der Vorspannung ermittelt: Den ν-fachen Schnitt-

kräften aus äußeren Lasten werden die Schnittkräfte M_{bv}, N_{bv} und Q_{bv} überlagert. Die Hauptzugspannung, sowie ihre Neigung zur Stabachse in einem beliebigen Punkt des Balkens ergeben sich nach den Gln. (10.02) und (10.02a).

In der Abb. 10.06 ist für einen Rechteckquerschnitt der Verlauf der Hauptzugspannungen nach Stadium I über die Querschnittshöhe bei voller (a) und bei beschränkter (b) Vorspannung aufgetragen. Für die Bemessung der Schubbewehrung ist der Maximalwert der Hauptzugspannung maßgebend.

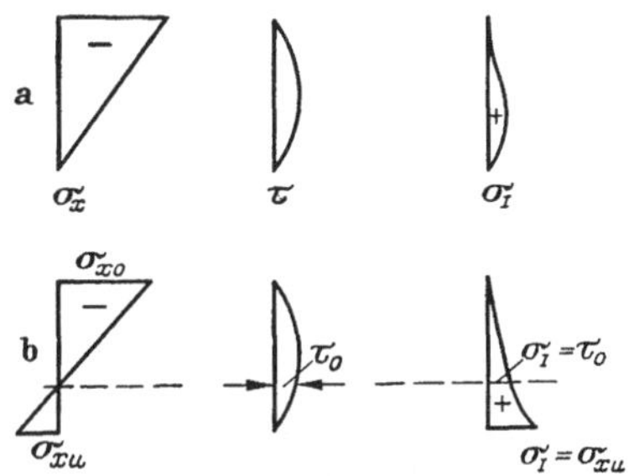

Abb. 10.06a und b.

Der geschilderten günstigen Wirkung der flach geneigten Druckstreben trägt DIN 4227 wieder vereinfacht dadurch Rechnung, daß für die Ermittlung der Schubbewehrung unterhalb einer oberen Grenze der Hauptzugspannung von einer reduzierten Hauptzugspannung ausgegangen werden darf [in Analogie zu Gl. (10.01)]:

$$\text{red. } \sigma_{I,U} = \frac{\text{vorhd. } \sigma_{I,U}}{\text{zul. } \sigma_I} \cdot \text{vorhd. } \sigma_{I,U} \, . \tag{10.03}$$

Der Reduktionsfaktor $\eta = \dfrac{\text{vorhd. } \sigma_{I,U}}{\text{zul. } \sigma_I}$ darf nicht kleiner als 0,4 werden.

Bei nachträglich ergänzten Querschnitten, wie bei durch Ortbeton ergänzten Fertigteilen oder bei Arbeitsfugen in Längsrichtung des Tragwerkes muß für die Querkraftbeanspruchung in jedem Falle volle Schubdeckung vorgesehen werden.

In Fällen, bei denen die Stegbreite im Verhältnis zur Gurtbreite sehr schmal wird, können im Bereich der Zone a auch die Hauptdruckspannungen so stark ansteigen, daß die Druckstreben versagen. In DIN 4227 ist daher auch der Nachweis der schiefen Hauptdruckspannungen für Zone a gefordert. Obwohl es sich hier um die Zone a handelt, soll hierbei die Betonzugfestigkeit nicht in Betracht gezogen werden. Als Näherung darf die Hauptdruckspannung in diesem gedachten Zustand II aus dem Zustand I in nachstehender Weise berechnet werden:

$$\left| \sigma_{II}^{(II)} \right| = \left| \sigma_{II}^{(I)} \right| + \left| \sigma_{I}^{(I)} \right| \qquad (10.04)$$

Sie darf den Höchstwert von $0{,}5 \cdot Bn$ nicht überschreiten.

Die Anschlußfugen von Gurtplatten an Stege sind ebenfalls bezüglich Schub- bzw. Hauptzugspannungen in ihrer Mittelfläche (Abb. 10.06 c) und der sich daraus ergebenden Schubdeckung zu untersuchen.

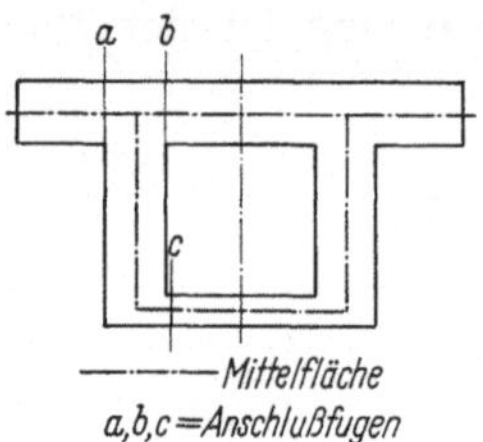

Abb. 10.06c. Mittelfläche und Gurtanschlußfugen.

Aus der hier dargelegten Behandlung der Schubnachweise im Bruchzustand ist ersichtlich, daß die Rechenanweisung der DIN 4227 die Ergebnisse der neueren Forschung in einer stark vereinfachten Form wiedergibt. Sie ist, insbesondere hinsichtlich der verminderten Schubdeckung, mechanisch nicht herleitbar, sondern beruht auf der Auswertung von in Versuchen beobachteten Zusammenhängen; dafür bietet sie den Vorteil der einfacheren Handhabung in der Praxis. — Durch Versuche belegte empirische Formeln für die verminderte Schubdeckung sind in [10.02, 10.04] angegeben.

Von verschiedenen Forschern entwickelte Schubbruchtheorien zeigen z. T. unbefriedigende Übereinstimmung oder eignen sich wegen der Vielzahl der Parameter nicht für die Anwendung in der Praxis. Da die Forschungen noch nicht abgeschlossen sind, ist eine Modifizierung des Abschnittes „Schubsicherung" der DIN 4227 in der Zukunft zu erwarten.

Neben diesen Nachweisen im Bruchzustand fordert die DIN 4227 auch die Einhaltung zulässiger Höchstwerte der Hauptzugspannungen unter Gebrauchslast, um sicher zu stellen, daß nicht schon im Gebrauchszustand Schubrisse auftreten. Da sich hier der gesamte Träger für die Biegespannungen im ungerissenen Zustand befindet, sind hier die Hauptzugspannungen nach Stadium I zu berechnen. Der Nachweis ist allgemein im Bereich von Längsdruckspannungen und in der Mittelfläche von Gurten (Abb. 10.06 c) auch im Bereich von Längszugspannungen zu führen. Querbiegespannungen (z. B. Plattenwirkung einzelner Querschnittsteile) werden dabei nicht berücksichtigt. Werden die zulässigen Höchstwerte überschritten, so müssen die Betonabmessungen vergrößert werden, evtl. kann auch durch eine Stegvorspannung eine Verringerung der Hauptzugspannungen unter die zulässige Grenze erreicht werden.

Für die **Bemessung** der notwendigen Schubbewehrung ist, wie aus den bisherigen Ausführungen zu ersehen ist, vom Bruchzustand auszugehen. Überschreiten die für den rechnerischen Bruchzustand ermittelten Schubspannungen der Zone b, bzw. Hauptzugspannungen der Zone a die in DIN 4227 ohne Nachweis der Bewehrung zulässigen Spannungen, so ist in den Bereichen des Trägers, wo dies der Fall ist, die Schubbewehrung nachzuweisen. — Im allgemeinen wird man als Schubbewehrung aus konstruktiven Gründen vertikale Bügel einlegen. In Fällen hoher Schubbeanspruchung in dünnen Stegen haben sich schräge Bügel wegen der geringeren zugehörigen Druckkräfte in den Streben als zweckmäßig erwiesen. Dabei darf die Schrägneigung α dieser Bügel gegen die Stabachse nicht flacher als 35° sein.

Für die Bemessung der Schubbewehrung ist gemäß den vorausgegangenen Erörterungen wieder von den beiden Zonen a und b auszugehen. Für **Zone a** (Zustand I) gilt es dabei, wie auch im schlaff bewehrten Stahlbeton, alle auftretenden Zugspannungen bzw. Zugkräfte durch Bewehrung abzudecken. Bezogen auf die Längeneinheit $\Delta x = 1$ des Balkens beträgt die Hauptzugkraft Z_I, die unter dem Winkel $90 - \varphi$ gegen die Stabachse geneigt ist (Abb. 10.07a):

$$Z_{I,U} = \sigma_{I,U} \cdot b_0 \cdot \cos\varphi. \tag{10.05}$$

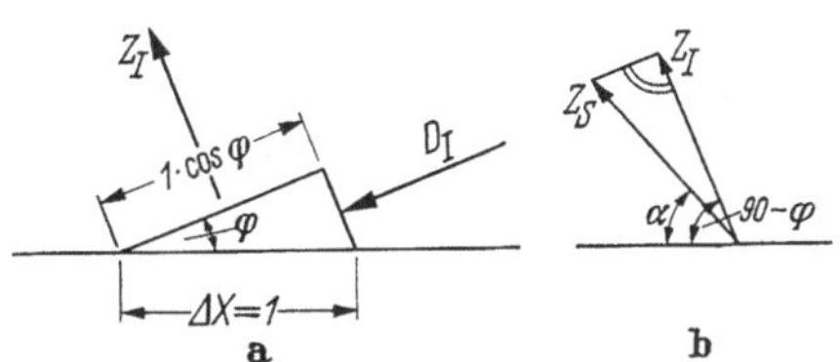

Abb. 10.07. Schrägbewehrung in Zone a.

Von den Bügeln, die auf die Längeneinheit Δx entfallen und die unter dem Winkel α gegen die Stabachse geneigt ist, muß diese Schrägkraft übernommen werden: (Diese Überlegung entspricht der Zugkeildeckung) (Abb. 10.07b).

$$Z_S = Z_{I,U}/\cos(90 - \varphi - \alpha) = Z_{I,U}/\sin(\alpha + \varphi). \tag{10.06}$$

Vom Schrägbügel im Abstand a_S kann aufgenommen werden:

$$a_S \cdot Z_S = F_{eS} \cdot \beta_S \cdot \sin\alpha. \tag{10.07}$$

Hier darf die Streckgrenze eingesetzt werden, da es sich ja um den Bruchzustand handelt. Aus den drei Gleichungen ergibt sich durch Einsetzen die erforderliche Schrägbügelbewehrung, wobei noch die Schnittigkeit n der Bügel zu beachten ist:

$$F_{eS} = n \cdot f_{eS} = \frac{\sigma_{\mathrm{I},U} \cdot b_0 \cdot a_S \cdot \cos\varphi}{\beta_S \cdot \sin\alpha \cdot \sin(\alpha + \varphi)} \cdot \qquad (10.08)$$

Aus Gl. (10.08) erhält man durch Berücksichtigung von $\alpha = 90°$ auch die erforderliche Bewehrung für vertikale Bügel:

$$F_{e\,\mathrm{Bü}} = n \cdot f_{e\,\mathrm{Bü}} = \frac{\sigma_{\mathrm{I},U} \cdot b_0 \cdot a_{\mathrm{Bü}}}{\beta_S} \cdot \qquad (10.09)$$

Die geschilderte verminderte Schubdeckung wird berücksichtigt, indem in vorstehende Gleichungen anstelle $\sigma_{\mathrm{I},U}$ die gemäß Gl. (10.03) reduzierte Hauptzugspannung red. $\sigma_{\mathrm{I},U}$ eingesetzt wird.

Im Bereich der **Zone b** ist für die Berechnung der Schubbewehrung vom klassischen Fachwerk nach *Mörsch* auszugehen. Hierbei ist die nach Zustand II ermittelte Schubspannung $\tau_{0,U}$ als schiefe Hauptzugspannung zu betrachten, die unter einem Winkel von $45°$ gegen die Stabachse geneigt ist. Bezogen auf die Längeneinheit beträgt ihre Größe: (Abb. 10.08a)

$$Z_{\mathrm{II},U} = \tau_{0,U} \cdot b_0 \cdot \cos 45°$$

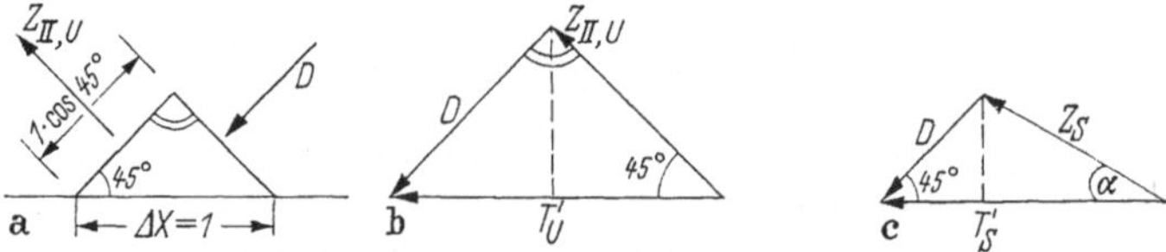

Abb. 10.08a und b. Kräfte im 45°-Fachwerk.
Abb. 10.08c. Fachwerk aus Schrägbügeln und 45°-Druckstreben.

und die durch sie und die zugehörige Druckstrebe hervorgerufene Horizontalkomponente T'_U: (Abb. 10.08b)

$$T'_U = 2 \cdot Z_{\mathrm{II},U} \cdot \cos 45° = \tau_{0,U} \cdot b_0 . \qquad (10.10)$$

Diese Komponente muß von dem durch schräge Bügel und $45°$ geneigten Druckstreben gebildeten Fachwerk aufgenommen werden können: (Abb. 10.08c)

$$T'_S = Z_s \cdot \cos\alpha + D \cdot \cos 45° .$$

Nach dem Sinus-Satz gilt:

$$D = Z_S \cdot \frac{\sin\alpha}{\sin 45°} ,$$

$$T'_S = Z_S (\sin\alpha + \cos\alpha) . \qquad (10.11)$$

Setzt man für die auf die Längeneinheit bezogene Schrägbügelkraft wieder Gl. (10.07) ein, so erhält man aus (10.10) und (10.11):

$$F_{eS} = n \cdot f_{eS} = \frac{\tau_{0,U} \cdot b_0 \cdot a_S}{\beta_S \cdot \sin\alpha \cdot (\sin\alpha + \cos\alpha)} \cdot \qquad (10.12)$$

Durch Berücksichtigung von $\alpha = 90°$ erhält man daraus die erforderliche Bewehrung für vertikale Bügel:

$$F_{e\text{Bü}} = n \cdot f_{e\text{Bü}} = \frac{\tau_{o,\,U} \cdot b_o \cdot a_{\text{Bü}}}{\beta_s} \,. \tag{10.13}$$

In obigen Formeln ist für b_0 die geringste Breite des Steges zwischen der Nullinie im Zustand II und der Zugbewehrung einzusetzen. — Die Verminderung der Schubdeckung wird mit Hilfe der Gl. (10.01) vorgenommen, indem anstelle von $\tau_{0,U}$ die reduzierte Schubspannung red. $\tau_{0,U}$ eingesetzt wird.

Beim praktischen Konstruieren wird man die in vorstehender Weise ermittelte Schubbewehrung nun nicht genau dem Verlauf der Hauptzugspannung anpassen, sondern ausgehend von den Größtwerten staffeln. Die Bügelabstände bleiben also abschnittsweise gleich.

Einfache Überlegungen, die auch durch entsprechende Versuche bestätigt wurden [10.05, 10.06], zeigen, daß die Art der Lagerung der Träger eine wesentliche Rolle spielt. Bei *direkter* Unterstützung an der Unterseite des Trägers wirken sich die aus der Auflagerpressung herrührenden σ_y-Spannungen günstig aus. Ihre Wirkung darf wie in DIN 1045 geregelt berücksichtigt werden. Ähnliches gilt auch für die Schubbeanspruchung aus auflagernahen Lasten. — Bei *indirekter* Lagerung, z. B. Unterstützung durch einen querverlaufenden Träger, kehrt sich diese günstige Wirkung um, indem die Auflagerkraft durch Zug eingeleitet wird. Sie muß gewissermaßen in den abstützenden Träger eingehängt werden. DIN 4227 schreibt daher in diesem Falle vor, die gesamte Auflagerkraft durch lotrechte schlaffe oder vorgespannte Bügel aufzunehmen.

Im folgenden wird noch die Berechnung der Schubspannung τ der Gl. (10.02) aus äußeren Lasten und Vorspannung für spezielle Fälle gezeigt.

a) *Balken mit gleichbleibendem Querschnitt* (Abb. 10.09). Am *Verbundquerschnitt* greift gem. Gl. (6.06e) die resultierende Querkraft

$$Q_{q+v} = Q_q - Z_v^{(0)} \cdot \sin\psi$$

an, die die Betonschubspannung

$$\tau_{q+v} = Q_{q+v} \cdot S_i / I_i \cdot b \tag{10.14}$$

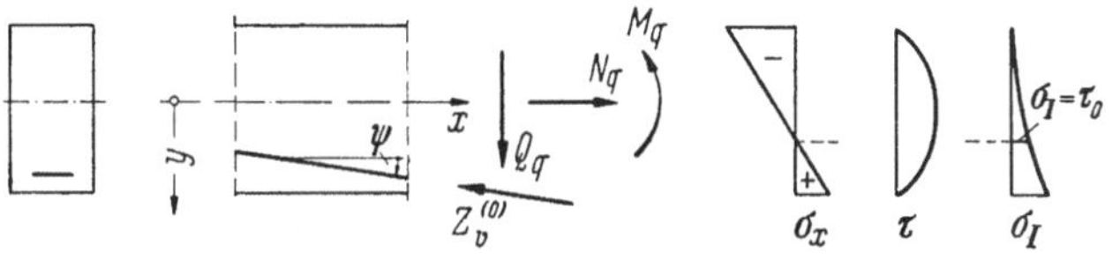

Abb. 10.09.

erzeugt. Für die praktische Berechnung genügt es, die Werte des Betonquerschnittes nach Gl. (10.14) einzusetzen.

b) Balken mit veränderlicher Querschnittshöhe. Bei veränderlicher Querschnittshöhe verlaufen die Hauptspannungen aus Biegung und Normalkraft etwa zentrisch auf den Schnittpunkt der beiden Querschnittsränder zu. Für den Idealfall eines ebenen Keiles, der mit einer Einzellast Q bzw. N an der Spitze belastet ist (Abb. 10.10), ist diese zentrische Hauptspannungsverteilung exakt erfüllt, wie die Behandlung dieses Lastfalles nach der Elastizitätstheorie zeigt [10.07]. Das Gleichgewicht kann man sich hergestellt denken durch kontinuierlich angeordnete Fachwerklamellen mit der Kraft $\sigma_I \cdot dF$, die in der Spitze zu einem Knoten zusammenlaufen. Zwischen diesen Lamellen wirken keine Schubspannungen, d. h. in einem derart belasteten Keil wird der „Verbund" des Balkens an keiner Stelle beansprucht.

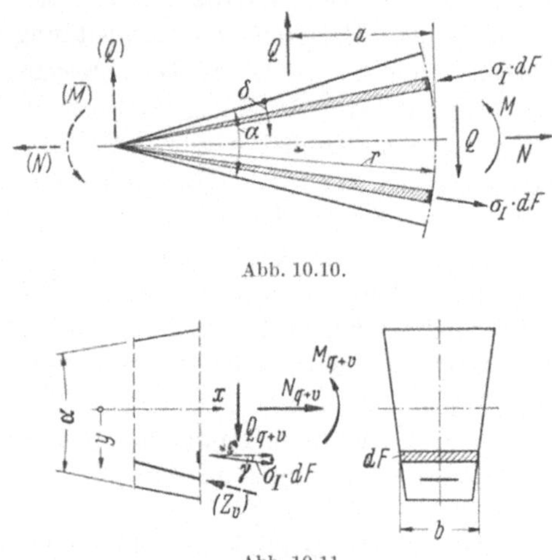

Abb. 10.10.

Abb. 10.11.

Bei einem beliebig beanspruchten Balkenquerschnitt nach Abb. 10.11 und kleinem Öffnungswinkel α ist der strahlenförmige, auf den Schnittpunkt der beiden Ränder gerichtete Verlauf der Hauptspannungen aus Biegung und Normalkraft im mittleren Querschnittsbereich nur angenähert erfüllt. In einem Querschnitt normal zur Achse können die der Achse parallelen Spannungen näherungsweise berechnet werden zu [s. Gl. (6.05)]:

$$\sigma_x = \frac{N_{q+v}}{F} + \frac{M_{q+v}}{I} \cdot y \qquad (10.15)$$

Diese Spannungen σ_x sind keine Hauptspannungen, und deshalb tritt gleichzeitig im Querschnitt noch eine Schubkraft auf. Vernachlässigt man bei der Reihenentwicklung in γ die Terme 2. und höherer Ordnung, so erhält man

$$\overline{Q} = \int_F \sigma_x \cdot \gamma \cdot dF$$

Nimmt man ferner den Verlauf von γ linear mit der Querschnittsordinate y an, so erhält man mit $\gamma = \alpha \cdot \dfrac{y}{d}$ und σ_x nach Gl. (10.15):

$$\overline{Q} = \frac{N_{q+v} \cdot \alpha}{F \cdot d} \cdot \int_F y \cdot dF + \frac{M_{q+v} \cdot \alpha}{I \cdot d} \cdot \int_F y^2 \cdot dF$$

Es ist $\int_F y \cdot dF = 0$ und $\int_F y^2 \cdot dF = I$ und damit

$$\overline{Q} = \frac{M_{q+v}}{d} \cdot \alpha \approx \frac{M_{q+v}}{d} \cdot \tan \alpha \qquad (10.16)$$

Diese innere Querkraft $\overline{Q}$ beansprucht den Verbund nicht, sondern nur die „reduzierte Querkraft"

$$Q' = Q_{q+v} - \overline{Q} = Q_q - Z_v^{(0)} \cdot \sin \psi - \overline{Q} \qquad (10.17)$$

Die aus dieser reduzierten Querkraft resultierende Schubspannung kann näherungsweise nach Gl. (10.14) ermittelt werden. Die für den „Schubspannungsnachweis" erforderliche schräge Hauptzugspannung wird dann nach Gl. (10.02) berechnet mit σ_x nach Gl. (10.15).

Für den Sonderfall eines Rechteckquerschnittes läßt sich bei kleinen Winkeln α Gl. (10.17) direkt aus den exakten Ergebnissen der Elastizitätstheorie ableiten. Eine Beanspruchung des Keiles mit Q und $M = a \cdot Q$ nach Abb. 10.10 kann durch eine gleichwertige Kräftegruppe Q und $\overline{M} = (r - a) \cdot Q$ an der Keilspitze erzeugt werden. Die Belastung mit Q ruft, wie oben schon erwähnt, keine Schubspannungen τ_{rt} hervor, wohingegen das Spitzenmoment eine solche von der Größe

$$\tau_{rt} = \frac{2\overline{M}}{\sin \alpha - \alpha \cdot \cos \alpha} \cdot \frac{\sin \delta \cdot \sin (\alpha - \delta)}{r^2}$$

hervorruft. Für $\delta = \alpha/2$ erhält man

$$\max \tau_{rt} = \frac{2\overline{M}}{r^2} \cdot \frac{\sin^2 \dfrac{\alpha}{2}}{\sin \alpha - \alpha \cdot \cos \alpha}$$

Eine Reihenentwicklung in α liefert bei Vernachlässigung von Gliedern höherer Ordnung:

$$\max \tau_{rt} = \frac{2\overline{M}}{r^2} \cdot \frac{\alpha^2/4}{\alpha - \dfrac{\alpha^3}{6} - \alpha \left(1 - \dfrac{\alpha^2}{2} \right)} = \frac{3}{2} \cdot \frac{\overline{M}}{\alpha \cdot r^2} = \frac{3}{2} \cdot \frac{\overline{M}}{r \cdot d}$$

Der Keil erfährt durch das Spitzenmoment eine Verbundbeanspruchung, die der Wirkung einer Ersatzquerkraft

$$Q' = Q - \overline{Q} = \frac{\overline{M}}{r} = \frac{Q}{r}\,(r - a) = Q - \frac{M}{d}\cdot\alpha$$

gleichkommt. Der Einfluß der Vorspannung muß entsprechend Gl. (10.17) berücksichtigt werden.

10.2 Schubsicherung bei Torsionsbeanspruchung

In vielen praktischen Fällen, insbesondere im Brückenbau, werden die vorgespannten Tragwerke zusätzlich zur Querkraft auch durch Torsion beansprucht. Aus der Erkenntnis, daß bei Voll- und dickwandigen Hohlquerschnitten sich die äußere Schale an der Aufnahme des Torsionsmomentes am stärksten beteiligt, folgt die Anweisung der DIN 4227, die Schubbewehrung mit Hilfe eines gedachten räumlichen Fachwerkkastens zu ermitteln. Die Druckstreben und Zugstreben sind dabei im allgemeinen unter 45° zur Trägerachse geneigt. Bei den Voll- und dickwandigen Hohlquerschnitten verläuft dabei die Mittellinie des gedachten Fachwerkkastens durch die Mitte der Längsstäbe der Torsionsbewehrung (Eckstäbe). Die Schubbeanspruchung ergibt sich nach den bekannten Formeln für den Hohlkasten zu (Abb. 10.12):

$$\tau_t = \frac{M_T}{2\cdot F_K\cdot t_K} \tag{10.18}$$

Hierin ist $F_K = b_K\cdot d_K$.

Die notwendige Schubbewehrung ergibt sich aus der Überlegung, daß in diesem Hohlkasten bei reiner Torsionsbeanspruchung die schiefen Hauptzugspannungen gleich der Schubspannung nach (10.18) und unter 45° gegen die Stabachse geneigt sind. Die auf die Umfangseinheit bezogene Schubkraft beträgt daher im rechnerischen Bruchzustand (Abb. 10.13):

$$T' = \tau_t\cdot t_K = \frac{M_{T,U}}{2\cdot F_K}$$

Die dieser Schubkraft entsprechende Hauptzugkraft $Z_s{}'$ verlangt in erster Überlegung eine schräg angeordnete Bewehrung. In der Praxis wird sie jedoch aus konstruktiven Gründen meist durch eine orthogonale Bewehrung aus Bügeln und Längsstäben ersetzt. Aus Abb. 10.13 b folgt, daß $Z'_{\text{Bü}} = Z'_L = Z' = T'$ beträgt.
Vom Bügel bzw. Längsstab kann bei einem Bügelabstand a bezogen auf die Längeneinheit im Bruchzustand aufgenommen werden:

$$Z'_{\text{Bü}} = Z'_L = \frac{f_{e\text{Bü}}\cdot\beta_S}{a_{\text{Bü}}} = \frac{f_{eL}\cdot\beta_S}{a_L}$$

Der erforderliche Querschnitt der Bügel- bzw. Längsbewehrung ergibt sich damit, wenn unter a der Abstand der Bügel bzw. der Längsstäbe verstanden wird:

$$f_e = \frac{M_{T,U} \cdot a}{2 \cdot \beta_S \cdot F_K} \cdot \tag{10.19}$$

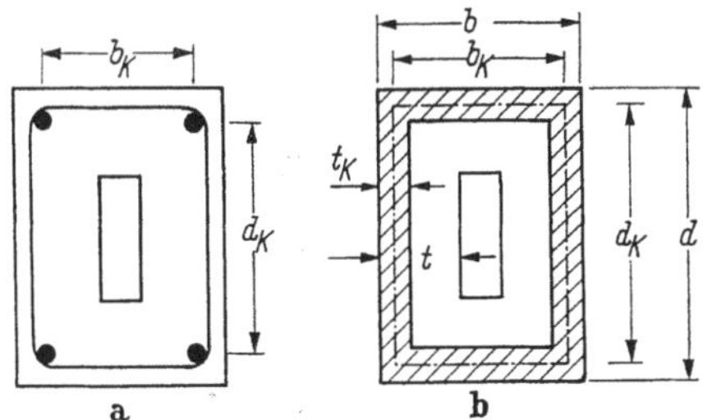

Abb. 10.12. Ersatzhohlquerschnitt.

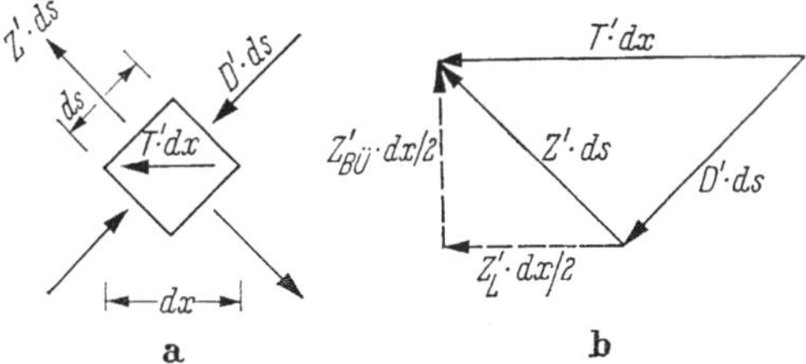

Abb. 10.13. Kräfte am Element und Aufnahme der Schrägkraft durch Bügel und Längsstäbe.

Bei Torsion fehlt der günstige Einfluß der Kombination von σ_x und τ, wie bei Biegung und Querkraft. Deshalb darf die aus vorstehenden Gleichungen ermittelte Bewehrung nicht vermindert werden. Dies geht auch aus Versuchen mit reiner Torsionsbelastung hervor. Im allgemeinen tritt Querkraft- und Torsionsbeanspruchung gleichzeitig auf. Hierüber sind die Forschungen noch nicht abgeschlossen, sie zeigen im Prinzip gleiche Ergebnisse [10.07], nur im Bereich der Biegedruckspannungen ist eine günstige Beeinflussung zu erwarten. Je nach Querschnittsform kann auch Wölbtorsion auftreten, wodurch sich der aus Querkraft und Torsion herrührende Spannungszustand entsprechend ändert. Über solche Versuche berichtet *Leonhardt* [10.04]. Eine entsprechende Vorsicht bei der Wahl der Stegdicken ist aus diesem Grunde angebracht.

DIN 4227 schreibt vor, daß die aus Querkraft und Torsion gemeinsam auftretenden schiefen Hauptzugspannungen bestimmte Höchstwerte nicht überschreiten dürfen. Beim Nachweis der Schubdeckung sind beide Bewehrungen getrennt zu ermitteln, wobei nur bei der Querkraftbeanspruchung verminderte Schubdeckung zulässig ist.

Die Ermittlung der Schubspannungen aus Torsion wird mittels der aus der Festigkeitslehre bekannten Gleichungen im allgemeinen nach Stadium I vorgenommen. In [10.04] wird vorgeschlagen, bei Voll- und dickwandigen Querschnitten als Ersatzwandstärken $t_K = b/6$ (Abb. 10.12), bzw. bei Querschnitten, bei denen $b_K < 5/6\ b$ ist, $t_K = b_K/5$ anzunehmen.

Bei beiden Beanspruchungsarten können in bestimmten Trägerbereichen die Hauptzugspannungen so klein werden, daß die Schubbewehrung in diesen Bereichen nicht nachgewiesen zu werden braucht. Für diese Fälle schreibt DIN 4227 eine Mindestlängsbewehrung der Stege vor, um ein schlagartiges Versagen bei geringfügiger Überschreitung der Zugfestigkeit zu vermeiden. Diese Anweisung entspricht im Prinzip einem einzuhaltendem Mindestwert bei extrem schwacher Biegebewehrung.

Literatur zu Kapitel 10

10.00. *Haas* u. *Krebs:* Deutscher Ausschuß für Stahlbeton, Heft 199. Die Berechnung ebener Kontinua mittels der Stabwerkmethode. Anwendung auf Balken mit einer rechteckigen Öffnung. Berlin 1968

10.01. Deutscher Ausschuß für Stahlbeton:

Heft 137 (1960)	Heft 178, 179 (1966)
Heft 145 (1962)	Heft 187 (1966)
Heft 151/152 (1962)	Heft 195 (1967)
Heft 156 (1963)	Heft 201, 202 (1968)
Heft 163 (1964)	Heft 210, 211 (1970)

10.02. *Leonhardt:* Die verminderte Schubdeckung bei Stahlbeton-Tragwerken. Begründung durch Versuchsergebnisse mit Hilfe einer erweiterten Fachwerkanalogie. Der Bauingenieur (1965) S. 1. — Zusammenfassung der Berichte in: Beton- und Stahlbetonbau 1961, 1962, 1963, 1964.

10.03. *Kani:* Was wissen wir heute über die Schubbruchsicherheit? Der Bauingenieur (1968) S. 67.

10.03a. *Mayer, H.:* Die Erhöhung der Querkraft-Tragfähigkeit von Stahlbetonbalken bei kleiner Schubschlankheit. Berlin/München: Ernst & Sohn 1969 (Rüsch-Festschrift).

10.04. *Leonhardt* u. *Lippoth:* Folgerungen aus Schäden an Spannbetonbrücken. Beton- und Stahlbetonbau (1970) S. 231.

10.05. Deutscher Ausschuß für Stahlbeton, Heft 201: *Leonhardt, Walther* u. *Dilger:* Schubversuche an indirekt gelagerten, einfeldrigen und durchlaufenden Stahlbetonbalken (1968).

10.06. Deutscher Ausschuß für Stahlbeton, Heft 210: *Baumann* u. *Rüsch:* Schubversuche mit indirekter Krafteinleitung (1970).

10.07. *Föppl:* Drang und Zwang, Band III, München 1947

10.08. Deutscher Ausschuß für Stahlbeton, Heft 202: *Leonhardt, Walther* u. *Vogler:* Torsions- und Schubversuche an vorgespannten Hohlkastenträgern (1968).

11. Einleitung der Vorspannkraft

Die Vorspannkraft des Stahles ist, wenn man von den Reibungskräften absieht, über die Länge des Spanngliedes konstant. Am Ende des Spanngliedes muß die Vorspannkraft vom Stahl in den Betonquerschnitt übergeleitet werden. Dazu wird in der Regel ein Anker eingeschaltet, der den Stahl tangential faßt und die Kraft über Normalpressungen weitergibt. Gem. Abschn. 15 der DIN 4227 bedarf jede Verankerung einer allgemeinen Zulassung, der Berechnungen und Versuche zugrunde gelegt werden. Die Verankerung wird nach dem Grundsatz geprüft, daß sie die gleiche Festigkeit aufweisen soll wie das Spannglied selbst. Die Ankerkonstruktion wird in geeignete prismatische Prüfkörper einbetoniert, die die Verhältnisse im Ankerbereich des Bauwerks wiedergeben sollen. Dieser Prüfkörper wird in eine Prüfeinrichtung eingebaut, und es wird an dem in ihm verankerten Spanngliedstück gezogen. Die technologische Sicherheit, die wir für den Bauwerksbeton fordern, berücksichtigt man in der Weise, daß die Würfelfestigkeit des Betons im Versuchskörper nur 2/3 der geforderten Festigkeit des Bauwerksbetons beträgt. Die Prüfkörper werden unter einer Dauerstandlast von etwa $1{,}2 \cdot \mathrm{zul}\, Z_v$, unter Schwellbelastung sowie im Bruchversuch geprüft. Die Rißlast des Prüfkörpers soll mindestens das 1 bis 1,2fache der zulässigen Last betragen. Bei der Schwellbelastung nimmt man eine nicht unwesentliche Minderung der Festigkeit gegenüber dem geraden Spannstahl in Kauf, die durch Querpressungen, Biegebeanspruchungen usw. verursacht wird. Es soll jedoch eine Schwingweite von etwa 10 bis 12 kp/mm² nach $2 \cdot 10^6$ Lastspielen noch ertragen werden. Die Bruchlast im Kurzzeitversuch soll so hoch wie die Fließkraft des Stahles sein. Im Rahmen der Prüfungen wird auch untersucht, in welcher Weise sich Ausführungsmängel, die nach allgemeinen Erfahrungen zu erwarten sind, auf die Standsicherheit der Verankerung auswirken. Bei der Zulassung eines Spannverfahrens werden neben der beschriebenen Prüfung der Verankerung auch unter Umständen noch weitergehende Prüfungen des Spanngliedes und dgl. durchgeführt. In die Zulassung werden dann alle für den Konstrukteur wichtigen Daten aufgenommen.

Bei der Vielzahl der heute in Deutschland zugelassenen Verfahren für Vorspannung mit unmittelbarem und nachträglichem Verbund ist das Problem der Ankerkonstruktion auf verschiedene Art gelöst. Im Rahmen dieses Buches ist es nicht möglich, die Ausbildung des Verankerungsbereiches und des Spanngliedes der einzelnen Verfahren zu beschreiben. Es wird im folgenden lediglich eine prinzipielle Darstellung angestrebt. Es ist deshalb auch nicht möglich, die einzelnen Spannverfahren zu nennen, und es sei auf die eingehende Beschreibung der Verfahren in den Zulassungen verwiesen. Eine Zusammenstellung nach dem jeweils neuesten Stand der in Deutschland zugelassenen Verfahren befindet sich im „Betonkalender", zweiter Teil.

Wir unterscheiden ganz allgemein feste Anker und bewegliche Anker, sog. Spannanker (Abb. 11.01). Der „Feste Anker" ist fest mit dem Bauwerk verbunden, z. B. durch Einbetonieren. Der bewegliche Anker gestattet es, mit Hilfe der Spannvorrichtung den für die Vorspannung erforderlichen Ausziehweg des Stahles gegenüber dem Beton zu realisieren. Ein beweglicher Anker braucht nur an einem Ende des Spannstranges vorhanden zu sein. Nachdem der Ausziehweg erreicht ist, wird das Spannglied gegen den Ankerkörper des beweglichen Ankers arretiert, was mit verschiedenen Methoden möglich ist (vgl. Abschnitt 11.1). Die Spannvorrichtung kann danach entlastet und wiedergewonnen werden (Abb. 11.01).

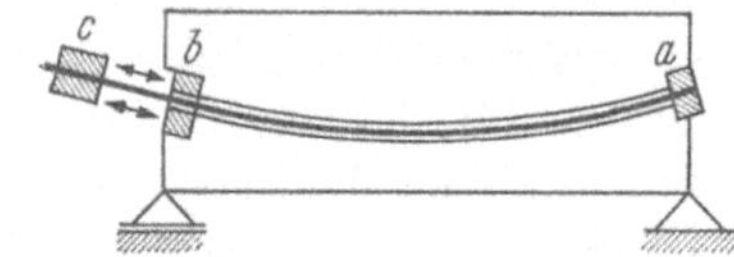

Abb. 11.01. *a* fester Anker, *b* beweglicher Anker, *c* Spannvorrichtung.

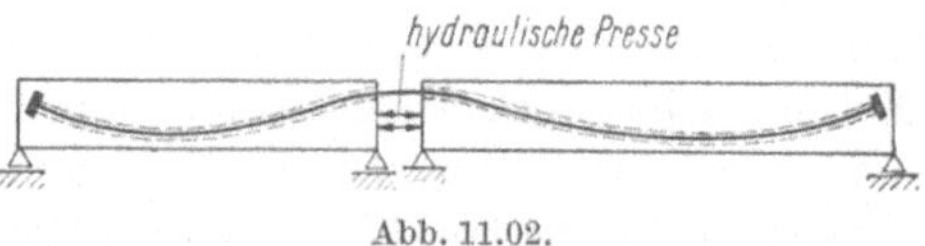

Abb. 11.02.

Der Ankerkörper verteilt die Ankerkraft in genügendem Maße und dient auch meist beim beweglichen Anker zum Aufsetzen der Spannpresse. Beim festen Anker kann der Ankerkörper auch entfallen wie z. B. bei der Verankerung durch Haftung und Reibung (Abb. 11.10), wo diese Funktionen von dem in geeigneter Weise bewehrten Beton übernommen werden.

Als bewegliche Anker können auch ganze Bauwerksteile (Abb. 11.02) ausgebildet werden, wobei diese zur Erzeugung des Spannweges mit hydraulischen Pressen verschoben werden (Spannblockverankerung). Die Arretierung wird erreicht, indem die entstandene Lücke mit Beton verfüllt wird.

Wegen der Reibungsverluste und der Erfordernisse der Bauausführung ist es bei langgestreckten Bauwerken oft zweckmäßig, Arbeitsfugen anzuordnen, an denen die Spannglieder gestoßen werden. Am Stoß

werden die Spanndrahtenden mit einem beweglichen Anker gefaßt;
der Anschlußanker wird dann durch eine Überwurfmuffe o. ä. gekoppelt.

Der Stoß kann entweder als Zwischenverankerung oder als beweglicher
Stoß (Abb. 11.03) ausgebildet sein. Im ersten Fall wird der schon betonierte Bauwerksteil an der Arbeitsfuge vorgespannt und dann werden
die Spannglieder angemufft. Im zweiten Fall wird der Stoß beweglich
im Hüllrohr angeordnet, so daß das Spannglied über die Arbeitsfuge
hinaus angespannt werden kann. Zur unmittelbaren Verbindung von
glatten oder profilierten Einzeldrähten wird im wesentlichen beim Be-
hälterbau ein Wickelverfahren angewandt (Abb. 11.04); dabei werden

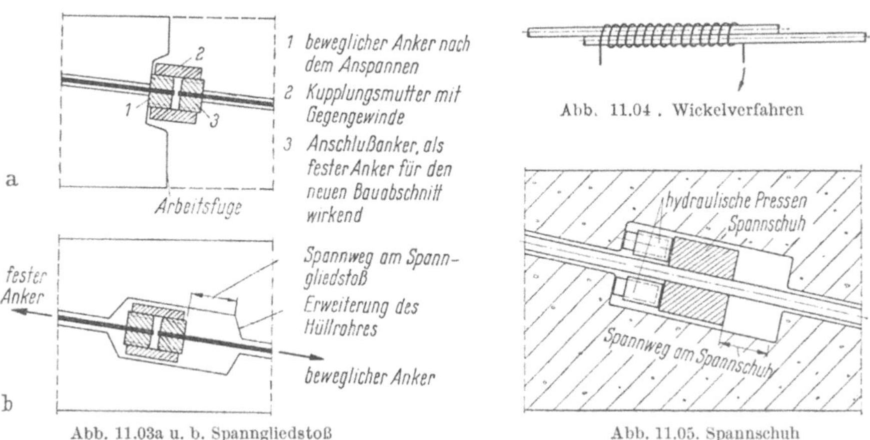

Abb. 11.04 . Wickelverfahren

Abb. 11.03a u. b. Spanngliedstoß   Abb. 11.05. Spannschuh

die zu stoßenden Drahtenden auf eine gewisse Länge nebeneinander-
gelegt und mit einem hochfesten Draht fest umwickelt. Das Spannglied
kann an einer oder mehreren Stellen innerhalb der Spanngliedenden mit
einem Spannschuh — das ist ein beweglicher Anker — gefaßt werden
(Abb. 11.05). An diesem Spannschuh werden Pressen angesetzt, mit
denen zu große Reibungsverluste bei sehr langen Spanngliedern vermieden werden können.

11.1 Konstruktion des Ankers und Ankerkörpers

Die Vorspannkraft durchläuft vom Anker bis in das vorzuspannende
Tragelement, wie in Abb. 11.06 dargestellt, im allgemeinen drei Bereiche, die einer Untersuchung bedürfen. Diese drei Bereiche sind
    a) der Übergang vom Spannstahl zum Anker und Ankerkörper,
    b) der Übergang vom Ankerkörper auf den Beton und

12   Mehmel, Vorgespannter Beton, 3. Aufl.

c) der Ausbreitungsbereich der Kraft zwischen dem Ankerkörper und demjenigen Balkenquerschnitt, in dem die Spannung entsprechend der technischen Biegelehre linear über den Querschnitt verteilt ist (Abschnitt 11.2).

Die Überprüfung der Beanspruchungen im unmittelbaren Ankerbereich (Abb. 11.06a und 11.06b) ist Gegenstand der allgemeinen Zulassung. Die Kraftausbreitung zwischen Ankerkörper und ungestörtem Balkenbereich (Abb. 11.06c) muß dagegen für jedes Bauwerk speziell untersucht werden.

Die Überleitung der Kraft vom Spannstahl auf den Ankerkörper ist prinzipiell auf drei Arten möglich. Einmal über *Tangentialkräfte* (z. B. Abb. 11.08), dann über *Umlenkkräfte* (Abb. 11.07a), die durch eine

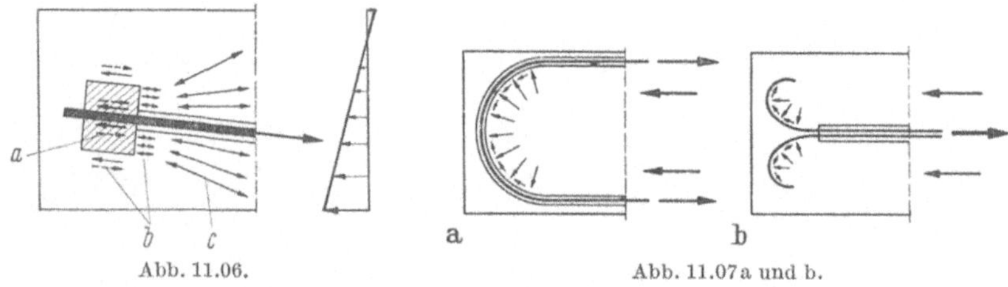

Abb. 11.06.   Abb. 11.07a und b.

schlaufenartige Führung des Spanngliedes erzeugt werden und schließlich über schräg oder parallel zur Achse gerichtete Normalspannungen am Umfang des Spannstahles (Abb. 11.11 u. 11.12), die dank einer geeigneten Bearbeitung des Spannstahlendes übertragen werden können. Häufig wird auch eine Kombination dieser prinzipiellen Möglichkeiten angewandt, z. B. (Abb. 11.07b) wenn die mit den Umlenkkräften verbundene Erhöhung der Reibungskraft ausgenutzt wird.

Zur Aufnahme von Tangentialkräften wird in der Regel die Reibung genutzt, wenn wir einmal von den Fällen einer direkten Haftung im Beton absehen. Es sind dazu quer zur Achse des Stahles gerichtete Pressungen erforderlich. Viele Spannverfahren bedienen sich des *Keiles* (Abb. 11.08). Der Ankerkörper ist als Hohlkeil ausgebildet, durch den die Spanndrähte durchgezogen werden. Nach dem Spannen der Drähte werden, während die an den Drähten ziehende Presse sich noch auf den Ankerkörper stützt, in den Hohlkeil ein passender Keil eingetrieben und dabei die Drähte zwischen den Keilflächen festgeklemmt. Die quer zum Stahl gerichtete Klemmkraft muß so groß sein, daß die Stahlkraft mit ausreichender Sicherheit durch Reibungskräfte zwischen Stahl und Ankerkörper bzw. Zwischenstücken, die sich auf den Ankerkörper abstützen, übertragen werden.

Die Art der Anordnung der Keile kann in verschiedener Weise abgewandelt werden, wie die Abb. 11.08a—11.08c zeigen, wobei das Grund-

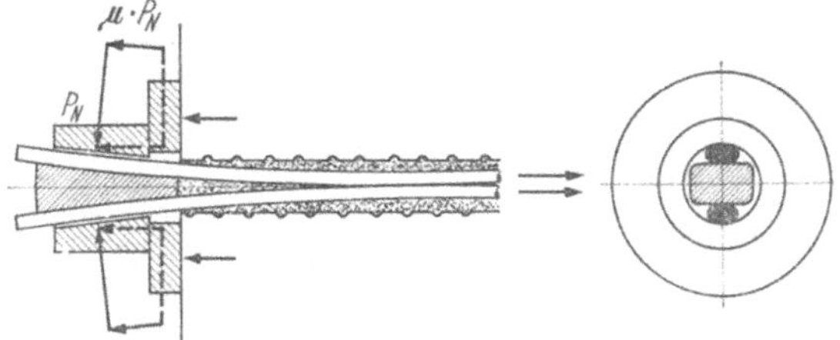

Abb. 11.08. Keilverankerung (Stahlankerkörper).

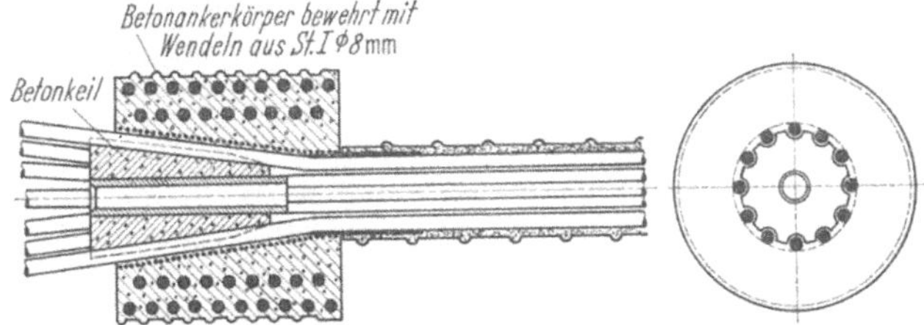

Abb. 11.08a. Verankerung mit Innenkeil und Ankerkörper aus Beton.

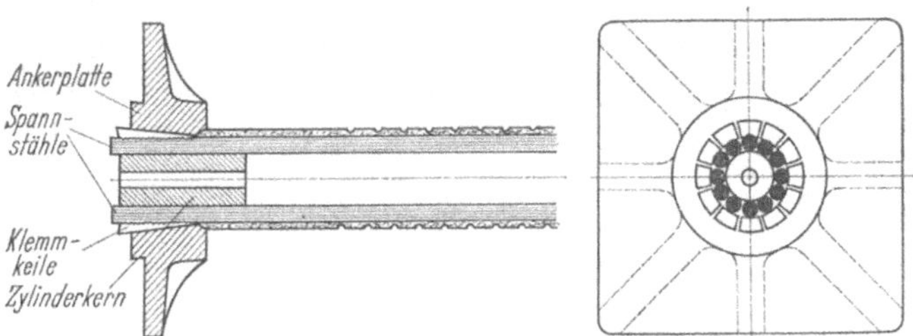

Abb. 11.08b. Verankerung mit Einzelkeilen außen und Kernstück.

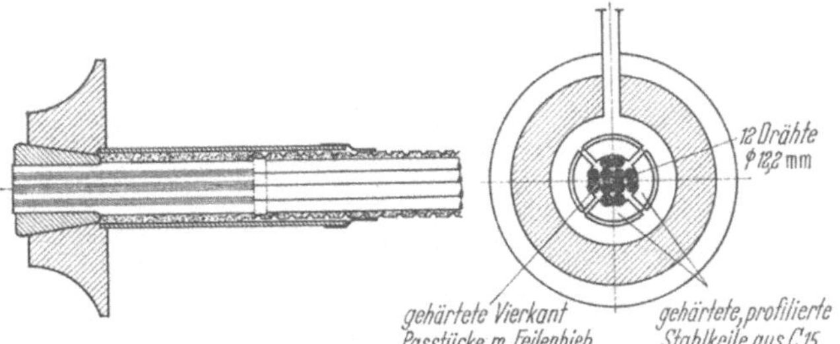

Abb. 11.08c. Verankerung mit Außenkeilen und Paßstücken.

prinzip beibehalten wird. In den Abbildungen sind die notwendigen Wendelbewehrungen[1] der Übersichtlichkeit halber weggelassen!

Eine größere Zahl von Spanndrähten kann durch Zwischenlagen von Klemmplatten und Arretierung des ganzen Paketes durch einen Flachkeil verankert werden (Abb. 11.08d).

---

[1] s. Abschnitt 11.1, S. 182, letzter Absatz.

12*

Die Querpressung zur Erzeugung der für die Aufnahme der Tangentialkräfte erforderlichen Reibung kann auch durch angespannte HV-Schrauben erzeugt werden (Abb. 11.08e). Das Klemmplattenpaket stützt sich hierbei direkt auf die Ankerplatte ab.

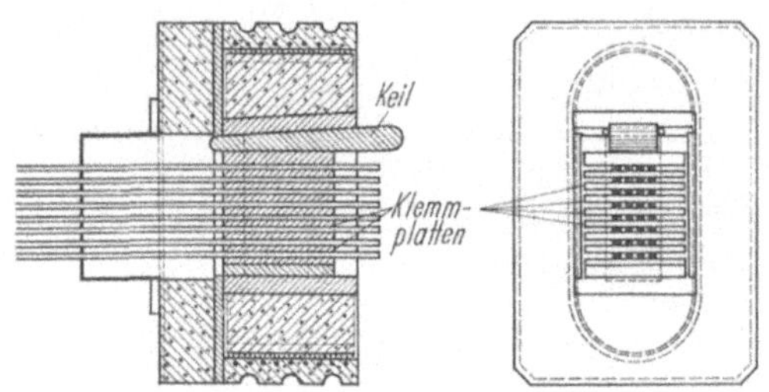

Abb. 11.08d. Verankerung mit Klemmplatten und Flachkeil.

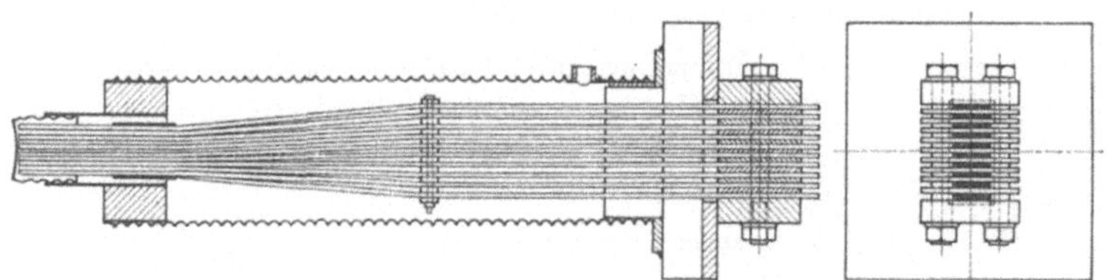

Abb. 11.08e. Verankerung mit Klemmplatten und HV-Schrauben.

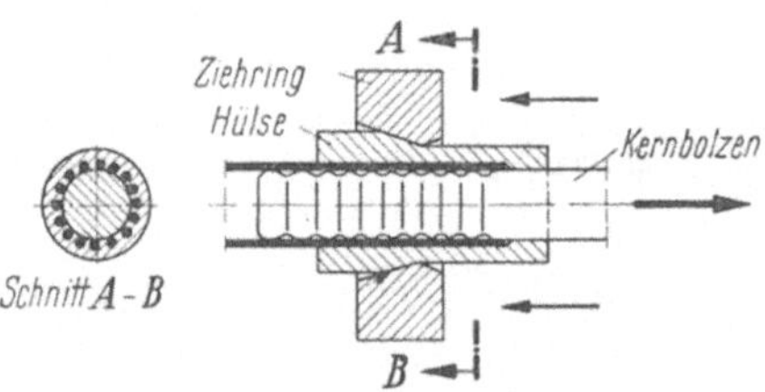

Abb. 11.09. Ziehhülse.

Bei der *Ziehhülsenverankerung* (Abb. 11.09) werden mehrere Einzeldrähte im Ziehhülsenkopf um einen Kernbolzen angeordnet. Die Befestigung der lose eingelegten Drahtenden erfolgt durch einen Ziehvorgang, bei dem der Außendurchmesser des Hülsenkopfes reduziert und der Werkstoff der Hülse in die Hohlräume zwischen den einzelnen Drähten gedrückt wird. Die mit dem Ziehen erzeugte Quervorspannung ermöglicht eine Verankerung der Drähte durch Reibung. Eine geeignete Profilierung des Kernbolzens und die Verwendung von Drähten mit walzrauher Oberfläche erhöhen die Ankerkraft in der Weise, daß die volle Bruchlast der Einzeldrähte übertragen werden kann. Dünne Drähte eignen sich auch für eine Verankerung durch *Haftung* und *Reibung* im Beton (Abb. 11.10), insbesondere, wenn diese Eigenschaften durch Profilieren des Stahles oder leichtes Wellen des Drahtendes gefördert werden. In aller Regel liegt bei dieser Verankerungsart eine Verzerrungs-differenz $e_z - e_b$ zwischen Stahl und Beton vor. Über gewisse Teile des

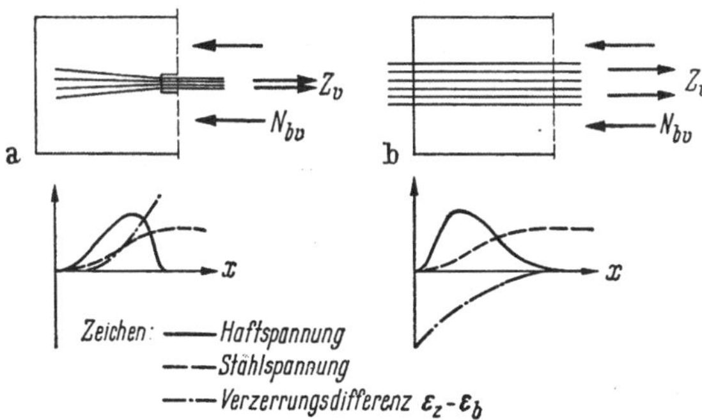

Abb. 11.10a und b. Verankerung durch Haftung und Reibung.

Verankerungsbereiches gleitet dadurch der Stahl im Beton. Dabei werden Reibungskräfte geweckt: am Umfang des Stahles wird durch dessen Rauhigkeit der Beton in einer dünnen Schicht zerstört und das Gefüge verkeilt; hierdurch entstehen Druckspannungen im unmittelbaren Bereich des Stahles, die radial auf dessen Achse gerichtet sind und die Reibungskräfte ermöglichen. Die radial auf den Stahl wirkenden Druckkräfte finden ihr Gleichgewicht in Ringzugkräften im Beton. Eine Wendelbewehrung, eine bügelförmige Querbewehrung oder gar eine Stahlhülse müssen diese Ringzugkräfte beim Aufreißen des Betons übernehmen. Sie ermöglichen dann die für die Verankerung durch Reibung erforderlichen Querpressungen auch über die Rißbildung im Beton hinaus. Der Verlauf der relativen Verzerrungen zwischen Stahl und Beton soll im folgenden an zwei Beispielen gezeigt werden. In Abb. 11.10a ist ein Anker dargestellt, in dem der Stahl durch Haftung und Reibung verankert ist. Das Spannglied ist am Ende gespreizt und einbetoniert. In dem der Balkenmitte zugekehrten Teil der Verankerung ist die Verankerungsdifferenz $\varepsilon_z - \varepsilon_b$ positiv, d. h. der Stahl wird gegenüber dem umgebenden Beton gedehnt und gibt, sofern die Haftung bzw. Reibung zu groß ist, in der unmittelbaren Nachbarschaft des Stahles zu Rissen im Beton Anlaß, die normal zur Achse des Stahles verlaufen: der Beton wird durch die große Dehnung des Stahles in Schollen auseinander-gezogen. Ebenfalls durch Haftung und Reibung, jedoch mit einer *Vor-dehnung* des Spannstahles gegenüber dem Beton wird der Stahl beim Spannen im Spannbett verankert. Dabei sind im Ankerbereich ebenfalls die Verzerrungen zwischen Stahl und Beton nicht verträglich; denn beim Lösen der Spannbettverankerung gleitet der Stahl am Bauwerksende in Richtung auf das Bauwerk. Diese Unverträglichkeit führt jedoch nicht zu einer Zugbeanspruchung des Betons, da die Verzerrungsdifferenz $\varepsilon_z - \varepsilon_b$ nach Herstellung des Verbundes negativ ist (Abb. 11.10 b).

Von den Verfahren, bei denen das Stahlende bearbeitet wird, sind vor allem zwei zu nennen: bei der *Gewindeverankerung* (Abb. 11.11) wird auf die Stabenden ein Gewinde aufgewalzt und die Vorspannkraft über eine Mutter auf den Ankerkörper und von diesem auf den Ortbeton übertragen. Durch die mit dem Aufrollen verbundene Kaltverformung erhält das Stabende eine erhöhte Festigkeit. Es tritt daher trotz der

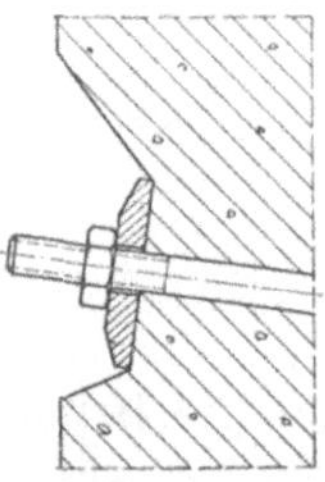

Abb. 11.11. Gewindeverankerung.

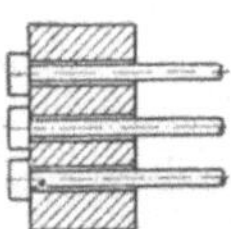

Abb. 11.12. Nietkopfverankerung.

Querschnittsminderung im Bereich des Gewindes kein Abfall der Tragfähigkeit ein. Bei der *Nietkopfverankerung* (Abb. 11.12) werden an beiden Enden der Drähte Köpfe kalt aufgestaucht, die sich gegen entsprechend durchbohrte stählerne Ankerkörper abstützen. Voraussetzung für dieses Verfahren ist ein ausreichend zäher, verformungswilliger Spannstahl sowie ein Werkzeug, das die Herstellung von Nietköpfen stets gleicher Form und gleicher Abmessungen mit einem allmählichen Übergang vom Kopf zum Schaft ermöglicht.

Am Übergang vom Ankerkörper auf den Beton des Bauwerks (Abb. 11.06 b) dürfen keine Beanspruchungen auftreten, die die Standfestigkeit der Verankerung gefährden bzw. zu frühzeitigen Rissen Anlaß geben können. Die Standfestigkeit und Rißsicherheit dieses Übergangsbereiches wird meist durch Wendel erhöht; dies ist wirtschaftlicher, als den Ankerkörper über das notwendige Maß hinaus zu vergrößern und so die Spannungen in der Fuge zwischen dem Anker und dem Bauwerksbeton niedrig zu halten.

11.2 Bewehrung des Verankerungsbereiches

Die Vorspannkraft wird vom Ankerkörper auf den Beton abgegeben und muß sich gemäß dem Spannungsdiagramm aus dem Lastfall „Vorspannung" über den Querschnitt verteilen. Dadurch entsteht im Balken-

ende ein Spannungszustand, dessen exakte Berechnung in dem häufig
zutreffenden Fall eines schmalen Balkenstegs auf ein Scheibenproblem
hinausläuft. Neben der elastizitätstheoretischen Lösung des Scheiben-
problems kann der Spannungszustand im Balkenende auch durch geeignete Versuchsmethoden bestimmt werden.

Für den hier verfolgten Zweck, nämlich die Ermittlung der erforderlichen Bewehrung des Balkenendes, genügen jedoch einfachere Betrachtungsweisen. Die Ausbreitung der konzentriert angreifenden Ankerkraft

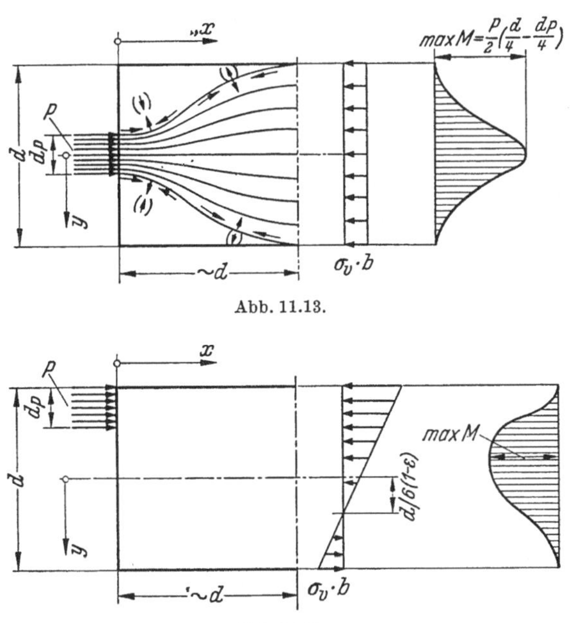

Abb. 11.13.

Abb. 11.14.

findet nämlich nur in einem sog. „Störungsbereich" statt, dessen Länge
nach *St. Venant* näherungsweise gleich der Ausstrahlungsbreite der
Ankerkraft über den Querschnitt ist. Bei einer einzelnen Ankerkraft wie in
Abb. 11.13 und 11.14 ist die Ausstrahlungsbreite etwa gleich der Balkenhöhe d, bei mehreren Ankerkräften (Abb. 11.16) werden die einzelnen
Ausstrahlungsbreiten etwa durch die Mittellinie zwischen den Anker-
achsen begrenzt. Das Balkenende von der Länge des Störungsbereiches
kann man als kurzen „Ersatzbalken" auffassen, dessen Achse senkrecht
zu der des Balkens verläuft (Abb. 11.13 und 11.14). Er ist durch die
Ankerkraft und das Spannungsdiagramm belastet, das sich außerhalb
des Störungsbereichs bildet und elementar bestimmt werden kann. Durch
diese unter sich im Gleichgewicht stehenden Lasten erhält der „Ersatzbalken" ein Moment, dem durch ein quer zur Achse des Hauptbalkens

wirkendes inneres Kräftepaar aus einer Zug- und Druckkraft Gleichgewicht gehalten wird. Wird der Hebelarm dieses Kräftepaares in plau-
sibler Annäherung gleich der halben Länge des „Störungsbereiches" gesetzt, so erhält man gute Übereinstimmung mit der exakten elastizitätstheoretischen Berechnung. Das Auftreten von quergerichteten inneren
Zug- und Druckkräften kann man auch gut aus dem Verlauf der Hauptdruckspannungen erkennen, die in Abb. 11.13 für den Fall einer zentrisch angeordneten Endverankerung aufgezeichnet sind. Unmittelbar
hinter der Verankerung verlaufen die Hauptdruckspannungen parallel
in Richtung des Kraftangriffs, spreizen sich dann und laufen am Ende
des *St. Venant*schen Störungsbereiches parallel zur ursprünglichen
Kraftrichtung weiter. Die erste Richtungsänderung ist mit Umlenkkräften verbunden, die quer zur Balkenachse Druck erzeugen, während
im Bereich der zweiten Richtungsänderung die Umlenkkräfte Zug erzeugen. Aus Gründen des Gleichgewichts muß die Summe der Querzugkräfte gleich der Summe der Querdruckkräfte sein.

Es seien nachstehend für Rechteckquerschnitte zwei Grenzfälle behandelt:

a) Die Ankerkraft greift in der Querschnittsmitte des Trägerendes an
(Abb. 11.13).

b) Die Ankerkraft greift exzentrisch gem. Abb. 11.14 am Trägerende an.

Im Fall a) entsteht ein größtes Moment von

$$\max M = \frac{P}{2}\left(\frac{d}{4} - \frac{d_P}{4}\right) = \frac{P}{8}\,(d - d_P)\,.$$

Diesem Moment muß im Ersatzbalken durch ein gleich großes entgegengesetzt gerichtetes Moment das Gleichgewicht gehalten werden. Nimmt
man (vgl. oben) einen Hebelarm von $d/2$ an, so wird in dem Ersatzbalken in y-Richtung quer zur x-Richtung eine Zug- und eine Druckkraft geweckt von der Größe

$$Z = D = \frac{\max M}{d/2} = \frac{P}{4}\,\frac{d - d_P}{d}\,. \tag{11.01}$$

Diese Kraft wurde schon von *Mörsch* angegeben.

Im Fall b) erzeugt die exzentrisch angreifende Ankerkraft (Abb. 11.14)
am Ende des Störungsbereichs, wenn das Verhältnis $d_P/d = \varepsilon$ klein ist,
ein Spannungsdiagramm, dessen Nullinie $d/6\,(1 - \varepsilon)$ von der Mittellinie
entfernt ist. Das maximale Moment des „Ersatzbalkens" entsteht in
einer Faser des Hauptbalkens, die von der unteren Balkenfaser an gerechnet einen Abstand von der doppelten Höhe des Zugkeils hat. Dieses
Maximalmoment beträgt $\max M = P \cdot d \cdot \dfrac{(2 - 3\varepsilon)^3}{54(1 - \varepsilon)^2}$.   Für kleine ε
— nur für diesen Fall hat die vorliegende Berechnung einen Sinn —

liefern die linearen Glieder der Reihenentwicklung in ε den Ausdruck

$$\max M = \frac{2}{27}\, P \cdot d \cdot (2 - 5\varepsilon)\,.$$

Die innere Zug- und Druckkraft beträgt mit angenähert $d/2$ als Hebelarm

$$Z = \frac{4}{27}\, P \cdot (2 - 5\varepsilon)\,. \qquad (11.02)$$

In Abb. 11.15 ist auch die verformte Kontur des Balkenendes eingezeichnet. Aus ihr erkennt man deutlich, daß der „Ersatzbalken" an seinen Enden nicht frei drehbar ist, wie es in der oben gezeigten Rechnung angenommen wurde. Die Kontur gleicht etwa der Biegelinie eines

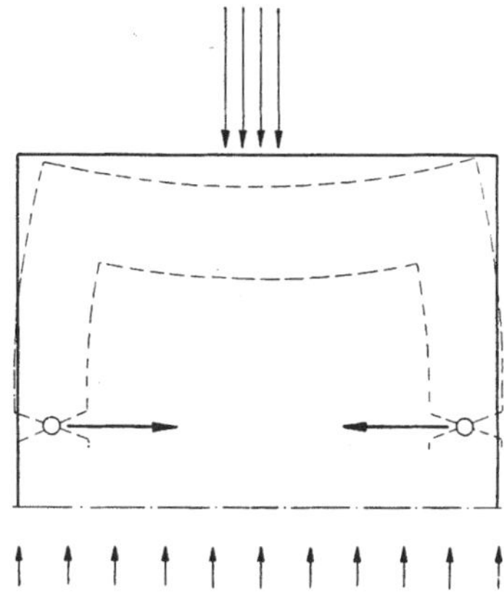

Abb. 11.15. Ersatzrahmen.

Rahmens unter der in Abb. 11.15 vorausgesetzten Belastung. Tatsächlich ergeben genauere Untersuchungen, daß in den Eckpunkten des Balkenendes Zugspannungen herrschen, so wie es dem Ersatzmodell entspricht. Diese Zugspannungen in den Eckpunkten sollte man durch eine konstruktive Bewehrung decken.

Bei mehreren Ankerkräften (Abb. 11.16) berechnet man auf ähnliche Weise wie oben angegeben die Momente des „Ersatzbalkens", die hier im allgemeinen Fall das Vorzeichen wechseln. Die „Höhe" des „Ersatzbalkens", d. h. die Länge des Störungsbereiches, ist etwa gleich dem Abstand e der Verankerungen. Die Größe des inneren Hebelarmes der Zug- und Druckkräfte kann näherungsweise wieder zu $e/2$ angenommen werden. Über genauere Untersuchungen berichtet *Sargious* [11.01].

Die Querdruckspannungen sind immer kleiner als die Hauptdruckspannungen in Richtung der Vorspannkraft und rufen daher keine Beanspruchungen hervor, die besonders untersucht werden müssen. Die

Querzugkraft muß zur Vermeidung von sichtbaren Rissen durch Querbewehrung gedeckt werden. Diese Bewehrung wird man in dem Balkenstück, in dem Querzugkräfte entstehen, über die gesamte Balkenhöhe durchführen. Dabei ist es nicht erforderlich, die genaue Verteilung der

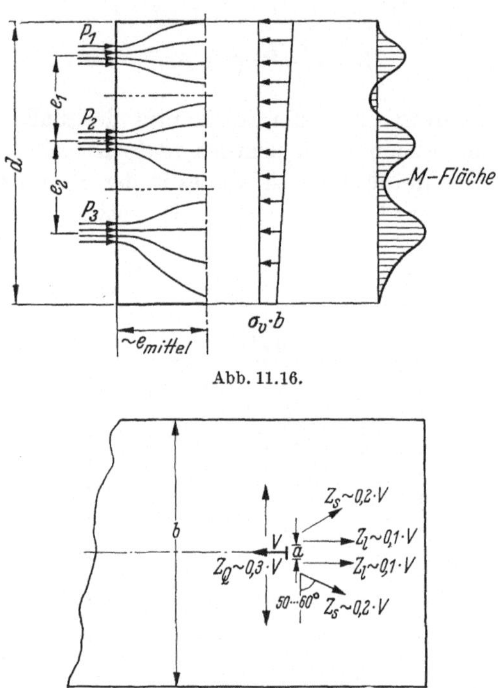

Abb. 11.16.

Abb. 11.17. Zugkräfte in einer Scheibe nach [11.02] für $a/b = 0,03$

Querzugkräfte zu kennen, da die im Stahlbetonbau auftretenden Haarrisse ohnehin eine Änderung des ursprünglich der Berechnung zugrunde gelegten Spannungszustandes mit sich bringen.

Bei breiten Balken oder am Ende von dickeren Platten (z. B. Brücken), wo eine räumliche Ausbreitung der Ankerkraft möglich ist, muß man die vorstehenden Untersuchungen in den zwei zueinander senkrecht stehenden Hauptrichtungen durchführen.

Bei Zwischenverankerungen, die im Steg eines Balkens oder im Innern einer Scheibe (Abb. 11.17) angreifen, rufen die konzentrierten Hauptdruckspannungen vor der Ankerstelle örtliche Stauchungen hervor, wodurch der Querschnitt nicht mehr eben bleibt. Die Stetigkeit der Formänderungen ist nur dann möglich, wenn der Bereich hinter und neben der Krafteinleitungsstelle Zugkräfte erhält. Diese müssen zur Vermeidung von sichtbaren Rissen durch schlaffe Bewehrung gedeckt werden. Nähere Angaben über die Größe dieser Kräfte finden sich bei [11.02, 11.03, 11.04].

Beim Vorspannen im *Spannbett* (mit unmittelbarem Verbund) ist es üblich, dünne Spanndrähte mit großem Verhältnis Oberfläche zu Querschnitt zu verwenden und die Vorspannkraft durch Haftung und Reibung in den Betonbalken einzuleiten. Im Gegensatz zu den Spannverfahren, die Anker verwenden, wird die Vorspannkraft hier in einem „Übertragungsbereich", stetig zwischen Stahl und Beton übertragen. Am Bauwerksende hat somit die Vorspannung den Wert Null und erst am Ende des Übertragungsbereiches ist die planmäßige Vorspannung vorhanden (Abb. 11.10). Die in den Betonbalken eingeleitete Vorspannkraft breitet sich noch in einem Störungsbereich über den Querschnitt aus, bis ein lineares Spannungsdiagramm entsteht. Die Strecke zwischen Balkenende und der Stelle, wo ein lineares Spannungsdiagramm vorherrscht, wird als Krafteintragungslänge bezeichnet.

Nach DIN 4227 muß ein Stahl für Verankerung durch Haftung und Reibung eine allgemeine Zulassung haben. Für die Zulassung sind nicht nur kurzzeitige statische, sondern auch Dauerstand- und dynamische Prüfungen erforderlich; denn die „Übertragungslänge" wird durch Dauerbeanspruchungen gegenüber kurzzeitiger Beanspruchung vergrößert.

Im Bereich der Krafteintragungslänge, für deren Berechnung aus Übertragungslänge $\ddot{u}$ und Störungslänge s in der DIN 4227 die Formel $e = \sqrt{s^2 + \ddot{u}^2}$ vorgeschlagen wird, muß stets eine Querbewehrung (Bügel) angeordnet werden. Sie hat die Aufgabe, die Querzugkräfte aus der Vorspannkraft und die schrägen Zugkräfte aus der äußeren Querkraft aufzunehmen. Am Balkenende haben die letzteren wegen der dort fehlenden Vorspannung die gleiche Größe wie in einem nicht vorgespannten Stahlbetonquerschnitt $\sigma_I = \tau_0 = \dfrac{Q}{b \cdot z}$, um am Ende der Eintragungslänge auf der Wert σ_I nach Kapitel 10 abzufallen. Die Bügelbewehrung liefert gleichzeitig jene Querpressung, die erforderlich ist, um die Vorspannkraft durch Reibung einzuleiten (s. Abschnitt 11.1).

Literatur zu Kapitel 11

11.01. *Sargious:* Bautechnik (1961) S. 91.
11.02. *Müller, R.K.,* u. *Schmidt, D. W.:* Bautechnik (1964) S. 174.
11.03. *El-Behairy:* Beton- und Stahlbeton (1968) S. 135.
11.04. *Haberland:* Der Spannungszustand infolge von Einzellasten, die im Scheibenstreifen in beliebiger Richtung angreifen. Dissertation. TH Darmstadt 1968.

12. Berechnungsbeispiele

12.1 Im Spannbett vorgespannter Dachbinder

12.1.1 Abmessungen, Baustoffe und Spanngliedführung

Der Träger hat einen über die Trägerlänge veränderlichen Querschnitt
(Abb. 12.01). Der Spannungsnachweis wird hier nur für den Querschnitt
mit der ungünstigsten Beanspruchung geführt. Als Baustoffe werden

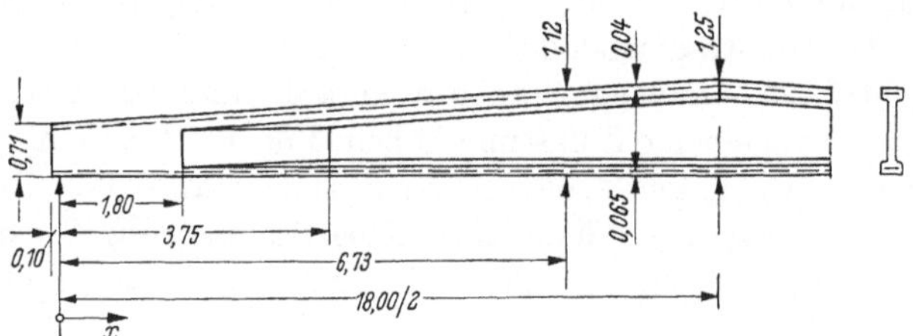

Abb. 12.01. Ansicht und Schnitt des Binders.

Beton Bn 550 und Vorspannstahl Sigma St. 145/160 mit einem ovalen
gerippten Einzelquerschnitt von 0,4 cm² gewählt. Der Träger wird
beschränkt vorgespannt. Die Abmessungen der Binder sind in der Regel
durch Typung vorgegeben.

12.1.2 Belastung und kritischer Querschnitt

Belastung:
Trägereigengewicht $\quad g_1 = 2,5 \cdot 0,21 = 0,525 \text{ Mp/m}$
Dachausbau $\quad\quad\quad g_2 = \quad\quad\quad\quad = 1,52 \text{ Mp/m}$

$$g = 2,05 \text{ Mp/m}$$

Verkehrslast (Schnee): $p = 0,40 \text{ Mp/m}$

Kritischer Querschnitt.
Vereinfacht wird diejenige Stelle gesucht, wo der Ausdruck M/z den
größten Wert annimmt.
Moment:

$$M = \frac{1}{2} \cdot q \, (x \cdot l - x^2)$$

Hebelarm z (vgl. Abb. 12.01):

$$z \approx 0{,}71 - 0{,}065 - 0{,}15/3 + \frac{1{,}25 - 0{,}71}{9{,}00} \cdot x$$

$$z = 0{,}59 + 0{,}06 \cdot x$$

$$\frac{d(M/z)}{dx} = \frac{1}{2} \cdot q \; \frac{(l - 2x) \cdot (0{,}59 + 0{,}06\,x) - 0{,}06\,(x\,l - x^2)}{(0{,}59 + 0{,}06\,x)^2}$$

$$\approx \frac{1}{2} \cdot q \; \frac{0{,}60\,l - 1{,}20\,x - 0{,}06\,x^2}{(0{,}60 + 0{,}06\,x)^2}$$

$$\frac{d(M/z)}{dx} = 0 \qquad \text{für} \quad x = 6{,}73 \text{ m}$$

Trägerhöhe bei $x = 6{,}73$ m:

$$d = 0{,}71 + \frac{(6{,}73 + 0{,}10) \cdot 0{,}54}{(9{,}00 + 0{,}10)} = \underline{1{,}12 \text{ m}}$$

12.1.3 Querschnittswerte

Vgl. Abb. 12.02.

$$F_b = 0{,}13 \cdot 1{,}12 + 2 \cdot 0{,}17 \cdot 0{,}15 + 2 \cdot 1/2 \cdot 0{,}17 \cdot 0{,}04$$

$$= 0{,}1455 + 0{,}0510 + 0{,}0068 = \underline{0{,}203 \text{ m}^2}$$

$$I_b = 0{,}13 \cdot 1{,}12^3/12 + 0{,}0510 \cdot 0{,}485^2 + 0{,}0068 \cdot 0{,}397^2 = \underline{0{,}0284 \text{ m}^2}$$

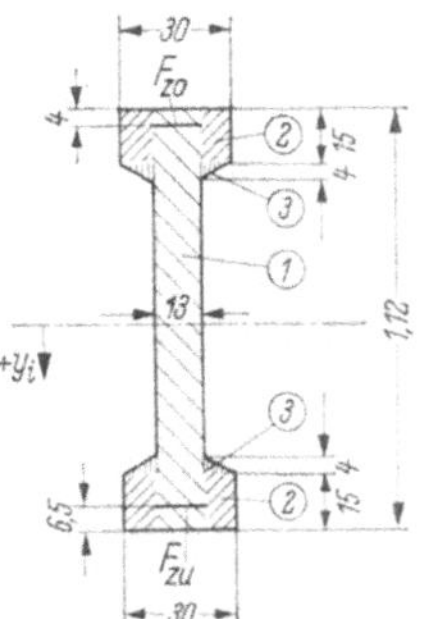

Abb. 12.02. Querschnitt bei $x = 6{,}73$ m.

Aufgrund einer Vorberechnung gewählt:

$F_{zo} = 2{,}4$ cm² (6 × 0,4 cm²), vorgespannt mit $\sigma_{zo,v}^{(0)} = 6{,}0$ Mp/cm²

$F_{zu} = 12{,}8$ cm² (32 × 0,4 cm²), vorgespannt mit $\sigma_{zu,v}^{(0)} = 9{,}4$ Mp/cm²

Ideelle Querschnittswerte des Verbundquerschnittes bei $x = 6{,}73$ m: (vgl. Abb. 12.02).

Als Bezugsachse zur Berechnung des Schwerpunktes wird die Schwerachse des Betonquerschnittes gewählt. Für die Bewehrung wird der $(n-1)$fache Querschnitt in Rechnung gestellt. $n = 5$ nach DIN 4227 [vgl. sinngemäß Gln. zu (6.11 a)].

Teilquerschnitt	F_n	y_{1n}	$y_{1n} F_n$	y_{in}	$y_{in}^2 \cdot F_n$	I_n'
—	m²	m	m³	m	m⁴	m³
Betonquerschnitt	0,203	0	—	−0,0097	—	0,0284
F_{zu}	0,00512	0,495	0,00254	0,485	0,00121	—
F_{zo}	0,00096	−0,520	−0,00050	−0,530	0,00027	—
Σ	0,209		0,00204		0,00148	0,0284

$$y_{1i} = \frac{0,00204}{0,209} = 0,0097 \text{ m}$$

$$F_i = 0,209 \text{ m}^2$$

$$I_i = 0,0284 + 0,0015 = 0,0299 \text{ m}^4$$

$$W_{io} = \frac{0,0299}{0,570} = 0,0524 \text{ m}^3$$

$$W_{iu} = \frac{0,0299}{0,550} = 0,0543 \text{ m}^3$$

$$i_i^2 = I_i/F_i = 0,0299/0,209 = 0,143 \text{ m}^2$$

$$W_{i,zo} = \frac{0,0299}{0,530} = 0,0564 \text{ m}^3$$

$$W_{i,zu} = \frac{0,0299}{0,485} = 0,0616 \text{ m}^3$$

12.1.4 Schnittkräfte aus äußeren Lasten ($x = 6{,}73$ m)

$$M_{g1} = 1/2 \cdot 0,525 \, (6,73 \cdot 18,0 - 6,73^2) = 19,9 \text{ Mpm}$$

$$M_{g2} = 1/2 \cdot 1,52 \, (6,73 \cdot 18 - 6,73^2) = 57,6 \text{ Mpm}$$

$$M_p = 1/2 \cdot 0,40 \, (6,73 \cdot 18 - 6,73^2) = 15,2 \text{ Mpm}.$$

12.1.5 Spannungsnachweise unter Vorspannung und äußeren Lasten

12.1.5.1 Vorspannung.

$$Z_{ov}^{(0)} = 2,4 \cdot 6,0 = 14,4 \text{ Mp} \qquad M_{ov}^{(0)} = + \ 14,4 \cdot 0,53 = \quad 7,62 \text{ M/pm}$$

$$Z_{uv}^{(0)} = 12,8 \cdot 9,4 = 120,5 \text{ Mp} \qquad M_{uv}^{(0)} = -120,5 \cdot 0,485 = -58,4 \text{ M/pm}$$

Gemäß Abschnitt 6.7:

$$\sigma_{bo,v} = -\frac{14{,}4}{0{,}209} - \frac{7.62}{0{,}0524} - \frac{120{,}5}{0{,}209} + \frac{58{,}4}{0{,}0524} = -69 - 146 - 576 + 1115$$

$$= -215 + 539 = +324\ \text{Mp/m}^2$$

$$\sigma_{bu,v} = -69 + \frac{7{,}62}{0{,}0543} - 576 - \frac{58{,}4}{0{,}0543} = -69 + 140 - 576 - 1075$$

$$= +71 - 1651 = -1580\ \text{Mp/m}^2$$

$$\sigma_{boz,v} = -69 - \frac{7{,}62}{0{,}0564} - 576 + \frac{58{,}4}{0{,}0564} = -69 - 135 - 576 + 1035$$

$$= -204 + 459 = +255\ \text{Mp/m}^2$$

$$\sigma_{buz,v} = -69 + \frac{7{,}62}{0{,}0616} - 576 - \frac{58{,}4}{0{,}0616} = -69 + 124 - 576 - 946$$

$$= +55 - 1522 = -1467\ \text{Mp/m}^2$$

Spannungen im Spannstahl:

$$\sigma_{zo,v} = 6000 + 5 \cdot 25{,}5 = 6128\ \text{kp/cm}^2$$

$$\sigma_{zu,v} = 9400 - 5 \cdot 146{,}7 = 8666\ \text{kp/cm}^2.$$

12.1.5.2.

Die Spannungen aus äußeren Lasten werden gem. Abschn. 6.7 in einer Tabelle ermittelt und mit den Spannungen aus Vorspannung überlagert:

Lastfall	σ_{bo}	σ_{bu}	σ_{bzo}	σ_{bzu}	σ_{zo}	σ_{zu}
—	Mp/m²	Mp/m²	Mp/m²	Mp/m²	Mp/m²	Mp/m²
v	+324	−1580	+255	−1467	61280	86660
g_1	−380	+367	−354	+323	−1770	+1615
g_2	−1100	+1062	−1025	+935	−5120	+4670
p	−290	+280	−270	+246	−1350	+1230
$v + g_1$	−56	−1213	−99	−1144	59510	88275
$v + g_1 + g_2$	−1156	−151	−1124	−209	54390	92945

12.1.6 Spannungen infolge Kriechens und Schwindens des Betons[1]

Der Binder soll vor dem Einbau zunächst drei Monate gelagert werden, wobei neben der Vorspannkraft nur sein Eigengewicht g_1 wirksam ist. Die kriecherzeugende Betondruckspannung $\sigma_{bzu,d}$ wird für die unten liegenden Spannglieder am größten, d. h. ungünstigsten. Gemäß DIN 1045 neu (vgl. Abschnitt 2.1 [2.00]) werden folgende Werte zugrunde gelegt: Es wird ein schnell erhärtender Zement verwendet, und die Verankerungen werden nach 3 Tagen gelöst.

---

[1] Vergl. Abschnitt 2.1, S. 13 vorletzter Absatz

Endkriechzahl $\qquad \varphi_0 = 2,0$

Endschwindmaß $\qquad \varepsilon_{s0} = 25 \cdot 10^{-5}$

Wirksame Körperdicke:

$$d_w = 2 \cdot F/U = \frac{2 \cdot 0{,}203}{3{,}06} = 0{,}133 \text{ m}$$

Kriechabschnitt 1: $(v + g_1)$

$$\varphi_1 \, (t = 90) = \varphi_0 \cdot k_1 \cdot k_2 = 2{,}0 \cdot 1{,}4 \cdot 0{,}56 = 1{,}57$$

$$\varepsilon_{s1} \, (t = 90) = \varepsilon_{s0} \cdot k_2 = 25 \cdot 10^{-5} \cdot 0{,}56 = 14 \cdot 10^{-5}$$

Kriechabschnitt 2: $(v + g_1 + g_2)$

$$\varphi_{1\infty} = \varphi_0 \cdot k_1 = 2{,}0 \cdot 1{,}4 = 2{,}8$$

$$\varphi_{2\infty} = \varphi_0 \cdot k_1 = 2{,}0 \cdot 0{,}5 = 1{,}0$$

$$\varepsilon_{s\infty} \cong \varepsilon_{s0} = 2{,}5 \cdot 10^{-4}$$

Spannkraftverluste aus Kriechen und Schwinden im Kriechabschnitt 1 nach Gl. (7.10):

$$\sigma_{zo,\,k+s}^1 \left[1 - \frac{5(-204)}{61280} \left(1 + \frac{1{,}57}{2} \right) \right] - \sigma_{zu,\,k+s}^1 \cdot \frac{5 \cdot 459}{86660} \left(1 + \frac{1{,}57}{2} \right) =$$

$$= 5 \cdot 1{,}57 \left(-99 - \frac{3{,}9 \cdot 10^6 \cdot 14 \cdot 10^{-5}}{1{,}57} \right)$$

bzw.

$$\sigma_{zu,\,k+s}^1 \left[1 - \frac{5 \cdot (-1522)}{86660} \left(1 + \frac{1{,}57}{2} \right) \right] - \sigma_{zo,\,k+s}^1 \cdot \frac{5 \cdot 55}{61280} \left(1 + \frac{1{,}57}{2} \right) =$$

$$= 5 \cdot 1{,}57 \left(-1144 - \frac{3{,}9 \cdot 10^6 \cdot 1{,}4 \cdot 10^{-4}}{1{,}57} \right)$$

Dies führt zu:

$$1{,}03 \cdot \sigma_{zo,\,k+s}^1 - 0{,}0472 \cdot \sigma_{zu,\,k+s}^1 = -3510$$

$$-0{,}008 \cdot \sigma_{zo,\,k+s}^1 + 1{,}157 \cdot \sigma_{zu,\,k+s}^1 = -11\,710$$

Daraus ergeben sich:

$$\sigma_{zo,\,k+s}^1 = -3870 \text{ Mp/m}^2,$$

$$\sigma_{zu,\,k+s}^1 = -10\,150 \text{ Mp/m}^2.$$

Der Spannungsverlust der oben bzw. unten liegenden Spannglieder bezogen auf den Anfangszustand beträgt somit bis zum Ende der Lagerung:

$$\frac{387}{6128} = 6{,}3\% \qquad \text{bzw.} \qquad \frac{1015}{8666} = 11{,}7\% \,.$$

Die Betonspannungen aus Kriechen und Schwinden ergeben sich damit zu:

$$\sigma_{bo,\,k+s}^1 = +0{,}063 \cdot 215 - 0{,}117 \cdot 539 = -49{,}5 \text{ Mp/m}^2$$

$$\sigma_{bu,\,k+s}^1 = -0{,}063 \cdot 71 + 0{,}117 \cdot 1651 = +189{,}5 \text{ Mp/m}^2.$$

Für die zum Zeitpunkt $t = \infty$ eingetretenen Spannungen aus Kriechen und Schwinden wird das Superpositionsgesetz gemäß Kapitel 2 angewendet.

Mit $\varphi_{1\infty} = 2{,}8$ und $\varepsilon_s = 25 \cdot 10^{-5}$ ergibt sich für $v + g_1$:

$$\sigma_{zo,k+s}^2 \left[1 - \frac{5 \cdot (-204)}{61280}(1 + 1{,}4)\right] - \sigma_{zu,k+s}^2 \cdot \frac{5 \cdot 459}{86660}(1 + 1{,}4) =$$

$$= 5 \cdot 2{,}8 \left(-99 - \frac{3{,}9 \cdot 10^6 \cdot 25 \cdot 10^{-5}}{2{,}8}\right)$$

bzw.

$$\sigma_{zu,k+s}^2 \left[1 - \frac{5 \cdot (-1522)}{86660}(1 + 1{,}4)\right] - \sigma_{zo,k+s}^2 \cdot \frac{5 \cdot 55}{61280}(1 + 1{,}4) =$$

$$= 5 \cdot 2{,}8 \left(-1144 - \frac{3{,}9 \cdot 10^6 \cdot 25 \cdot 10^{-5}}{2{,}8}\right).$$

Das führt zu:

$$1{,}04 \cdot \sigma_{zo,k+s}^2 - 0{,}0635 \cdot \sigma_{zu,k+s}^2 = -6280,$$

$$-0{,}0108 \cdot \sigma_{zo,k+s}^2 + 1{,}210 \cdot \sigma_{zu,k+s}^2 = -20900.$$

Hieraus ergibt sich:

$$\sigma_{zo,k+s}^2 = -\ 7100 \ \mathrm{Mp/m^2},$$

$$\sigma_{zu,k+s}^2 = -17300 \ \mathrm{Mp/m}.$$

Für den Lastfall g_2 ergibt sich mit $\varphi_{2\infty} = 1{,}0$:

$$\sigma_{zo,k+s}^3 \cdot \left[1 - \frac{5 \cdot (-204)}{61280}(1 + 0{,}5)\right] - \sigma_{zu,k+s}^3 \cdot \frac{5 \cdot 459}{86660}(1 + 0{,}5) =$$

$$= 5 \cdot 1{,}0 \cdot (-) 1025$$

bzw.

$$\sigma_{zu,k+s}^3 \cdot \left[1 - \frac{5 \cdot (-1522)}{86660}(1 + 0{,}5)\right] - \sigma_{zo,k+s}^3 \cdot \frac{5 \cdot 55}{61280}(1 + 0{,}5) =$$

$$= 5 \cdot 1{,}0 \cdot 935 .$$

$$1{,}025 \cdot \sigma_{zo,k+s}^3 - 0{,}0397 \cdot \sigma_{zu,k+s}^3 = -5130,$$

$$-0{,}0067 \cdot \sigma_{zo,k+s}^3 + 1{,}132 \cdot \sigma_{zu,k+s}^3 = +4670.$$

Die Auflösung ergibt:

$$\sigma_{zo,k+s}^3 = -4850 \ \mathrm{Mp/m^2},$$

$$\sigma_{zu,k+s}^3 = +4080 \ \mathrm{Mp/m^2}.$$

Die Überlagerung der Anteile 2 und 3 ergibt die Spannungsverluste zum Zeitpunkt $t = \infty$:

$$\sigma_{zo,k+s} = -\ 7100 - 4850 = -11950 \ \mathrm{Mp/m^2},$$

$$\sigma_{zu,k+s} = -17300 + 4080 = -13220 \ \mathrm{Mp/m^2};$$

bezogen auf die Spannstahlspannungen zum Zeitpunkt $t = 0$ ergeben sich:

$$\frac{1195}{6128} = 19{,}5\% \qquad \text{und} \qquad \frac{1322}{8666} = 15{,}3\% \, .$$

Die zugehörigen Betonrandspannungen sind:

$$\sigma_{bo,k+s} = +0{,}195 \cdot 215 - 0{,}153 \cdot 539 = -40{,}4 \, \text{Mp/m}^2,$$

$$\sigma_{bu,k+s} = -0{,}195 \cdot 71 + 0{,}153 \cdot 1651 = +238{,}7 \, \text{Mp/m}^2.$$

12.1.7 Spannungszusammenstellung für $x = 6{,}73$ m im Gebrauchszustand

Lastfall	σ_{bo} kp/cm²	σ_{bu} kp/cm²	σ_{zo} kp/cm²	σ_{zu} kp/cm²
g_1	$-38{,}0$	$+36{,}7$	-177	$+162$
g_2	$-110{,}0$	$+106{,}2$	-512	$+467$
p	$-29{,}0$	$+28{,}0$	-135	$+123$
v	$+32{,}4$	$-158{,}0$	$+6128$	$+8666$
$(k+s)_1$	$-5{,}0$	$+19{,}0$	-387	-1015
$(k+s)_{t=\infty}$	$-4{,}0$	$+23{,}9$	-1195	-1322
$g_1 + v$	$-5{,}6$	$-121{,}3$	$+5951$	$+8828$
$g_1 + v + (k+s)_1$	$-10{,}6$	$-102{,}3$	$+5564$	$+7813$
$g_1 + g_2 + p + v$ $+ (k+s)_{t=\infty}$	$-148{,}6$	$+36{,}8$	$+4109$	$+8096$
zul. Spannungen	> -180	> -200 $< +45$	< 8800	< 8800

Die Überschreitung der Stahlspannung im Anfangszustand $t = 0$ ist unbedenklich, da sie umgehend durch das Kriechen und Schwinden abgebaut wird. Dieser Abbau ist (vgl. Abb. 2.02) in der ersten Zeit besonders stark.

12.1.8 Zugkeildeckung

Für $g_1 + g_2 + p + v + (k+s)_{t=\infty}$:
Höhe des Zugkeiles:

$$d' = \frac{36{,}8}{36{,}8 + 148{,}6} \cdot 112 = 22{,}2 \, \text{cm}$$

In Höhe der O. K. unterer Flansch ($d'' = 17$ cm)

$$\sigma_b = \frac{5{,}2}{22{,}2} \cdot 36{,}8 = 8{,}7 \, \text{kp/cm}^2$$

Zugkeilkraft:

$$Z = 1/2 \cdot 368 \cdot 0{,}30 \cdot 22{,}2 - 1/2 \cdot 87 \cdot 0{,}17 \cdot 0{,}052 = 12{,}15 - 0{,}38 = 11{,}8 \, \text{Mp.}$$

Vom Spannglied kann aufgenommen werden:

$$Z_z = 12,8\,(8,8 - 8,1) = 8,9\ \text{Mp}.$$

Erforderliche schlaffe Bewehrung (St. 42/50)

$$\text{erf.}\ F_e = \frac{11,8 - 8,9}{4.2/1,75} = 1,21\ \text{cm}^2\,,$$

gewählt: konstruktiv 6 $\varnothing$ 10 (4,7 > 1,21).

12.1.9 Bruchsicherheitsnachweis ($x = 6{,}73$ m)

Da die Druckzone vom Rechteckquerschnitt abweicht, wird das zeichnerische Verfahren nach Abschnitt 9.3.1 angewendet. Es wird zunächst von Fall 1 ausgegangen, d. h. $\varepsilon_{bzU} = 5^0/_{00}$ wird auf der Zugseite erreicht. Bei einer Vordehnung von $\varepsilon_{zu}^{(0)} = \dfrac{9400}{2,1 \cdot 10^6} = 4{,}5^0/_{00}$ ist der Stahl im Fließen.

Der Rechenwert der Spannungsdehnungslinie (vgl. Abb. 9.03) beträgt für Bn 550: $\beta_R = 0{,}6 \cdot 550 = 330\ \text{kp/cm}^2$.

Zunächst wurden $D_{b,U}$ und Z_U für $\varepsilon_{bo,U} = -2{,}0^0/_{00}$ und $2{,}5^0/_{00}$ ermittelt.

$-2^0/_{00}$: $D_{bU} = 174{,}9\ \text{Mp}; \ Z_U = 191{,}2\ \text{Mp},$

$-2{,}5^0/_{00}$: $D_{bU} = 202{,}3\ \text{Mp}; \ Z_U = 188{,}8\ \text{Mp}.$

Die Auftragung über die Druckzonenhöhe liefert als Schnittpunkt $x = 32{,}7$ cm (Abb. 12.03).

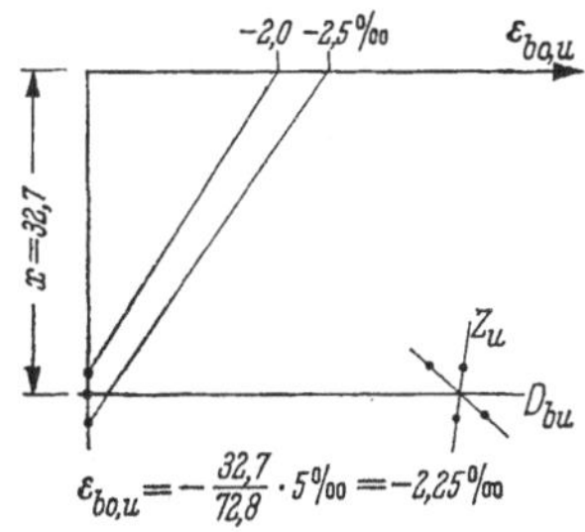

Abb. 12.03. Ermittlung der Nullinie. (u lies U)

Die Berechnung von Z_U und D_{bU} wird für diesen Fall vorgeführt:

$$\varepsilon_{bzo,\,U} = -\frac{28,7}{32,7} \cdot 2{,}25\ ^0/_{00} = -1{,}98\ ^0/_{00};$$

$$\varepsilon_{zo}^{(0)} = \frac{6000}{2,1 \cdot 10^6} = 2{,}85\ ^0/_{00} \qquad \text{(Vordehnung)};$$

$$\varepsilon_{zo,\,U} = (2{,}85 - 1{,}98)\ ^0/_{00} = +0{,}87\ ^0/_{00};$$

$$\sigma_{zo} = 0{,}87 \cdot 2{,}1 \cdot 10^3 \quad = 1830\ \text{kp/cm}^2; \quad F_z = 2{,}4\ \text{cm}^2$$

$$Z_{o,\,U} = 1{,}83 \cdot 2{,}4 = 4{,}4\ \text{Mp}\,.$$

Die Zugbewehrung ist im Fließen:

$$\varepsilon_{zu}^{(0)} = \frac{9400}{2,1 \cdot 10^6} = 4,47 \; ^0\!/_{00}$$

$$\varepsilon_{bzu,\,U} = 5^0\!/_{00} \rightarrow \varepsilon_{zu,\,U} = 9,47^0\!/_{00} > 7,5 \; ^0\!/_{00} \;\; \text{bei} \;\; \beta_S$$

$$\rightarrow Z_{u,\,U} = 12,8 \cdot 14,5 = 185,6 \, \text{Mp}$$

$$Z_U = 185,6 + 4,4 = 190 \, \text{Mp} \, .$$

Da eine übertriebene Genauigkeit nicht sinnvoll ist, wird die Druckzone wie in Abb. 12.04 dargestellt, angenommen.

$$D_{bU} = 3300 \cdot 0,036 \cdot 0,30 + 2/3 \cdot 3300 \cdot 0,13 \cdot 0,291 + 0,95 \cdot 3300 \cdot 0,17 \cdot 0,134$$

$$= 35,7 + 83,1 + 71,5 = 190,3 \, \text{Mp}.$$

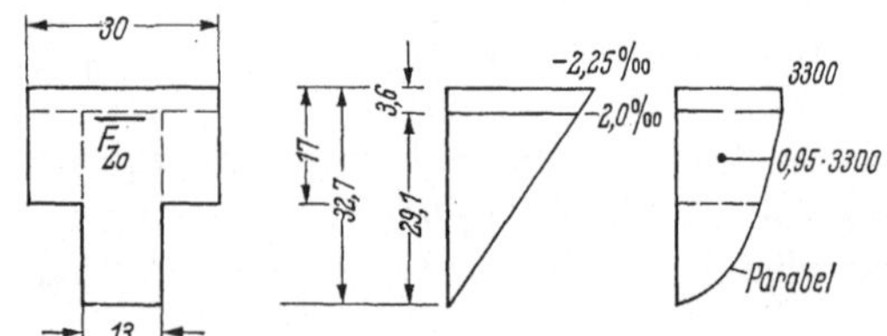

Abb. 12.04. Dehnungs- und Spannungsverteilung in der Druckzone.

Mit den zugehörigen Hebelarmen berechnet sich das vom Querschnitt aufnehmbare Bruchmoment zu: (Vgl. Abb. 12.02)

$$M_U = 35,7 \, (1,055 - 0,018) + 83,1 \, (1,055 - 0,036 - 0,4 \cdot 0,291) +$$

$$+ \, 71,5 \, (1,055 - 0,036 - 0,067) - 4,4 \cdot 1,015.$$

Der letzte Term entspricht dem Anteil von $Z_{o,U}$.

$$M_U = 37,0 + 75,2 + 68,1 - 4,5 = 175,8 \, \text{Mpm};$$

$$M_q = 19,9 + 57,6 + 15,2 = 92,7 \, \text{Mpm};$$

Bruchsicherheit $\nu = 175,8/92,7 = 1,89 > 1,75;$

$$\text{Hebelarm} \;\; z = \frac{175,8}{185,6} = 0,945 \, \text{m} \, .$$

12.1.10 Nachweis der schrägen Hauptspannungen

12.1.10.1 Schnitt $x = l/10 = 1,80$ m.

$$A = 1/2 \cdot 2,45 \cdot 18,0 = 21,9 \, \text{Mp};$$

$$M_q = 21,9 \cdot 1,80 - 2,45/2 \cdot 1,80^2 = 35,4 \, \text{Mpm};$$

$$Q = 21,9 - 2,45 \cdot 1,8 = 17,5 \, \text{Mp};$$

Näherungsweise werden die Spannkraftverluste aus Kriechen und Schwinden wie bei $x = 6{,}73$ m angenommen.

$$Z^{(0)}_{o,v+k+s} = 14{,}4\,(1 - 0{,}19) = 11{,}8\text{ Mp};$$

$$Z^{(0)}_{u,v+k+s} = 120{,}1\,(1 - 0{,}15) = 101{,}2\text{ Mp};$$

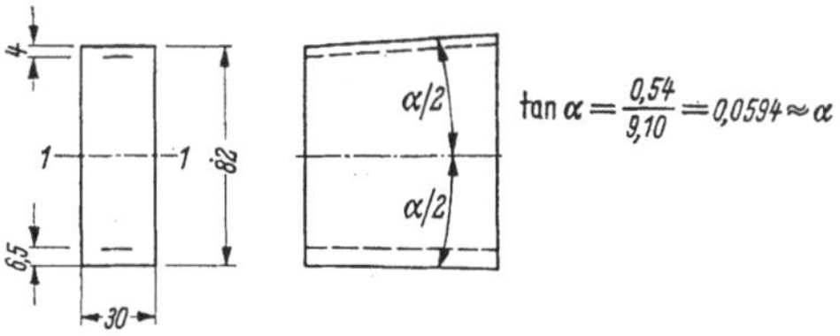

$$\tan\alpha = \frac{0{,}54}{9{,}10} = 0{,}0594 \approx \alpha$$

Abb. 12.05. Querschnitt bei $x = 1{,}80$ m.

Querschnittswerte (Abb. 12.05):

	F_n [m²]		y_{1n} [m]	$y_{1n}\cdot F_n$ [m³]	y_{in} [m]	$y_{in}{}^2\cdot F_n$ [m⁴]	I_n' [m⁴]
F_b	$0{,}3\cdot0{,}82$	$= 0{,}246$	0	0	$-0{,}006$	0	$0{,}0138$
F_{zo}	$4\cdot0{,}00024$	$= 0{,}00096$	$-0{,}37$	$-3{,}552\cdot10^{-4}$	$-0{,}376$	$1{,}36\cdot10^{-4}$	
F_{zu}	$4\cdot0{,}00128$	$= 0{,}00512$	$+0{,}345$	$17{,}664\cdot10^{-4}$	$0{,}339$	$5{,}89\cdot10^{-4}$	
Σ		$0{,}252$		$14{,}112\cdot10^{-4}$		$7{,}25\cdot10^{-4}$	

$$y_{1i} = \frac{14{,}112\cdot10^{-4}}{0{,}252} = 56{,}1\cdot10^{-4} = 0{,}006\text{ m},$$

$$F_i = 0{,}252\text{ m}^2,$$

$$I_i = (13{,}8 + 0{,}7)\cdot10^{-3} = 0{,}0145\text{ m}^4,$$

$$y_{io} = -0{,}41 - 0{,}006 = -0{,}416\text{ m}, \qquad W_{io} = 0{,}0348\text{ m}^3,$$

$$y_{iu} = 0{,}41 - 0{,}006 = 0{,}404\text{ m} \qquad W_{iu} = 0{,}0359\text{ m}^3,$$

$$y_{izo} = -0{,}376\text{ m},$$

$$y_{izu} = 0{,}339\text{ m}.$$

a) Schräge Hauptspannungen unter Gebrauchslast.

Längsspannungen:

$$\sigma_{bo,v+k+s} = -\frac{11{,}8}{0{,}252} - \frac{11{,}8\cdot0{,}376}{0{,}0348} - \frac{101{,}2}{0{,}252} + \frac{101{,}2\cdot0{,}339}{0{,}0348} = +411\text{ Mp/m}^2$$

$$\sigma_{bu,v+k+s} = -46{,}8 + \frac{11{,}8\cdot0{,}376}{0{,}0359} - 401 - \frac{101{,}2\cdot0{,}339}{0{,}0359} = -1283\text{ Mp/m}^2,$$

$$\sigma_{bo,q} = -\frac{35{,}4}{0{,}0348} = -1019\text{ Mp/m}^2$$

$$\sigma_{bu,q} = +\frac{35{,}4}{0{,}0359} = +985\text{ Mp/m}^2$$

Überlagerung:

$$\sigma_{bo,q+v+k+s} = -608 \text{ Mp/m}^2,$$

$$\sigma_{bu,q+v+k+s} = -298 \text{ Mp/m}^2.$$

Druckspannungen über die ganze Querschnittshöhe, somit maximale Hauptspannung in der Nähe der Schwerlinie:

$$S_{1-1} = 1/2 \cdot 0,404^2 \cdot 0,30 + 0,00512 \cdot 0,339 = 0,0261 \text{ m}^3.$$

Schnittkräfte aus Vorspannung:

$$M_{v+k+s} = +11,8 \cdot 0,376 - 101,2 \cdot 0,339 = -30 \text{ Mpm}.$$

Nach Gl. (10.17) in Kapitel 10 ergibt sich die reduzierte Querkraft zu:

$$Q' = Q_q - \frac{\tan\alpha}{d} \cdot M_{q+v+k+s} + (Z^{(0)}_{o,v+k+s} - Z^{(0)}_{u,v+k+s}) \cdot \sin\frac{\alpha}{2}$$

$$= 17,5 - \frac{0,0594}{0,82}(35,4 - 30) + (11,8 - 101,2) \cdot 0,0297$$

$$= 14,46 \text{ Mp},$$

$$\tau = \frac{14,46 \cdot 0,0261}{0,0145 \cdot 0,30} = 87 \text{ Mp/m}^2$$

$$\sigma_x = -\frac{608 + 298}{2} = -453 \text{ Mp/m}^2,$$

$$\sigma_I = -\frac{453}{2} + \sqrt{\left(\frac{453}{2}\right)^2 + 87^2} = +16,5 \text{ Mp/m}^2 < 300.$$

b) Schräge Hauptspannungen unter Bruchlast.

$$\sigma_{bo,U} = -1,75 \cdot 1019 + 411 = -1372 \text{ Mp/m}^2,$$

$$\sigma_{bu,U} = +1,75 \cdot 985 - 1283 = +442 \text{ Mp/m}^2 > 350 \text{ Mp/m}^2.$$

Da die Längsbiegespannungen im Bruchzustand die Grenzspannung für Bn 550 von $\sigma_b = +35 \text{ kp/cm}^2 \triangleq 350 \text{ Mp/m}^2$ überschreiten, ist Zone b, d. h. gerissener Querschnitt, maßgebend.

Der Hebelarm der inneren Kräfte im Bruchzustand beträgt: $z = 0,646$ m. Er ist analog zum Bruchsicherheitsnachweis gemäß 12.1.8 ermittelt; aus Platzgründen wird hier nur das Ergebnis angegeben.

Maßgebende Querkraft:

$$Q' = 1,75 \cdot 17,50 - \frac{0,0594}{0,82}(1,75 \cdot 35,4 - 30,0) - 2,65$$

$$= 25,66 \text{ Mp}.$$

Maßgebende schiefe Hauptzugspannung:

$$\tau_{0\,II} = \frac{Q'}{b \cdot z} = \frac{25,66}{0,30 \cdot 0,646} = 133 \text{ Mp/m}^2 < 220.$$

Ein Nachweis der Bewehrung ist nicht erforderlich.

12.1.10.2 Nachweis der schrägen Hauptspannungen am Schnitt $x = 3,75$ m (Schrägenbeginn).

Schnittkräfte:

$$M_q = 21,9 \cdot 3,75 - \frac{2,45}{2} \cdot 3,75^2 = 64,9 \text{ Mpm},$$

$$Q = 21,9 - 2,45 \cdot 3,75 \qquad = 12,8 \text{ Mp}.$$

Spannungsverluste aus Kriechen und Schwinden näherungsweise wie bei $x = 6,73$ m.

Querschnittswerte (Abb. 12.06).

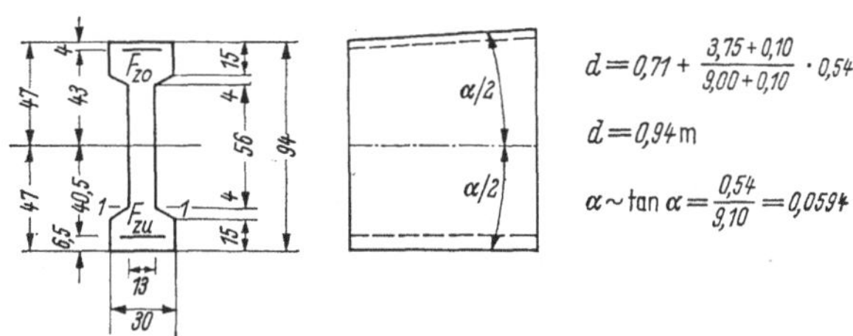

Abb. 12.06. Querschnitt bei $x = 3,75$ m

Die Berechnung der Querschnittswerte wird analog 12.1.3 durchgeführt und hier nicht wiedergegeben.

$F_i \quad = 0,186 \text{ m}^2$;

$I_i \quad = 0,0186 \text{ m}^4$;

$y_{io} \quad = -0,479 \text{ m};$ $\qquad W_{io} = 0,0389 \text{ m}^3$;

$y_{iu} \quad = +0,461 \text{ m};$ $\qquad W_{iu} = 0,0404 \text{ m}^3$.

a) *Schräge Hauptspannungen unter Gebrauchslast*:

$$Z^{(0)}_{0,k+s} = 11,8 \text{ Mp}, \quad Z^{(0)}_{u,k+s} = 101,2 \text{ Mp} \quad \text{(wie bei 12.1.10.1)},$$

$$\sigma_{bo,v+k+s} = -\frac{11,8}{0,186} - \frac{11,8 \cdot 0,439}{0,0389} - \frac{101,2}{0,186} + \frac{101,2 \cdot 0,396}{0,0389}$$

$$= +292 \text{ Mp/m}^2,$$

$$\sigma_{bu,v+k+s} = -\frac{11,8}{0,186} + \frac{11,8 \cdot 0,439}{0,0404} - \frac{101,2}{0,186} - \frac{101,2 \cdot 0,396}{0,0404}$$

$$= -1476 \text{ Mp/m}^2,$$

$$\sigma_{bo,q} = -\frac{64,9}{0,0389} = -1669 \text{ Mp/m}^2$$

$$\sigma_{bu,q} = +\frac{64,9}{0,0404} = +1609 \text{ Mp/m}^2.$$

Überlagerung:

$$\sigma_{bo,q+v+k+s} = -1377 \text{ Mp/m}^2,$$

$$\sigma_{bu,q+v+k+s} = +133 \text{ Mp/m}^2.$$

Die Spannungsnullinie liegt bei $x = \dfrac{1377 \cdot 0,94}{1377 + 133} = 0,86$ m vom oberen Rand entfernt, d. h. im unteren Flansch. Maßgebend ist daher die Fuge 1—1 am Beginn des unteren Flansches.

$$S_1 = 0,15 \cdot 0,30\,(0,461 - 0,15/2) + 0,04 \cdot 1/2 \cdot 0,17\,(0,311 - 0,013)$$
$$+\ 0,04 \cdot 0,13\,(0,311 - 0,2) + 0,00512 \cdot 0,396 = 22,0 \cdot 10^{-3}\ \mathrm{m}^3$$
$$M_{v+k+s} = +11,8 \cdot 0,439 - 101,2 \cdot 0,396 = -34,9\ \mathrm{Mpm}.$$

Nach Gl. (10.17):

$$Q' = 12,8 - \frac{0,0594}{0,94}\,(64,9 - 34,9) + 0,0297\,(11,8 - 101,2) = 8,26\ \mathrm{Mp},$$

$$\tau = \frac{8,26 \cdot 22,0 \cdot 10^{-3}}{18,6 \cdot 10^{-3} \cdot 0,13} = 76\ \mathrm{Mp/m}^2,$$

$$\sigma_x = -\frac{0,11}{0,86} \cdot 1377 = -176\ \mathrm{Mp/m}^2,$$

$$\sigma_{\mathrm{I}} = -\frac{176}{2} + \sqrt{88^2 + 76^2} = +28\ \mathrm{Mp/m}^2 < 300$$

b) *Schräge Hauptspannungen unter Bruchlast:*

$$\sigma_{bo,U} = -1,75 \cdot 1669 + 292 = -2628\ \mathrm{Mp/m}^2,$$

$$\sigma_{bu,U} = 1,75 \cdot 1609 - 1476 = +1342\ \mathrm{Mp/m}^2 > 350\ \mathrm{Mp/m}^2.$$

Zone b ist maßgebend:

Hebelarm der inneren Kräfte wird genähert aus Schnitt $x = 1,80$ m und $x = 6,73$ m interpoliert:

$$z_{3,75,\,U} \approx 0,646 + (0,945 - 0,646) \cdot \frac{1,95}{4,93} = 0,646 + 0,118 = 0,764\ \mathrm{m}$$

$$Q' = 1,75 \cdot 12,8 - \frac{0,0594}{0,94}\,(1,75 \cdot 64,9 - 34,9) - 2,65 = 14,78\ \mathrm{Mp},$$

$$\tau_{o\mathrm{II}} = \frac{14,78}{0,13 \cdot 0,764} = 149\ \mathrm{Mp/m}^2 < 220,$$

kein Nachweis der Schubbewehrung erforderlich.

12.1.11 Einleitung der Vorspannkraft

12.1.11.1 Schubsicherung im Eintragungsbereich. Nach 12.6 DIN 4227 ist die Eintragungslänge:

$$e = \sqrt{s^2 + \ddot{u}^2}.$$

Dabei kann die Störungslänge s zu $\approx h$ angenommen werden:

$$s \approx 71,5 - 6,5 = 65\ \mathrm{cm}.$$

Die Übertragungslänge $\ddot{u}$ errechnet sich nach der Gleichung:

$$\ddot{u} = k_1 \cdot d_z,$$

wobei d_z der Durchmesser der Spannbewehrung ist und k_1 aus dem Zulassungsbescheid für den Spannstahl entnommen werden muß.

Für Sigma oval 40 mit $F = 0{,}4\ \mathrm{cm^2}$ ist bei Bn 550:

$$k_1 = 60$$

Für d_z wird der Durchmesser des flächengleichen Kreises genommen: $d_z = 0{,}715\ \mathrm{cm}$.

$$\rightarrow e = \sqrt{65^2 + 43^2} = 78{,}0\ \mathrm{cm}.$$

Schubbeanspruchung über dem Endauflager, berechnet wie für einen schlaff bewehrten Querschnitt:

$$\text{Gebrauchslast:}\quad \tau_o = \frac{21{,}87 \cdot 1{,}14}{0{,}30 \cdot 0{,}65} = 127{,}5\ \mathrm{Mp/m^2}$$

Diese Schubspannung muß über die halbe Eintragungslänge voll abgedeckt werden:

$$\mathrm{erf}\ F_e = \frac{0{,}39 \cdot 0{,}30 \cdot 127{,}5}{2{,}4} = 6{,}22\ \mathrm{cm^2}\quad \text{St III}.$$

12.1.11.2 Spaltzugbewehrung. Für obere und untere Spannbewehrung wird die Zugkraft — und damit die erforderliche Spaltzugbewehrung — getrennt ermittelt. Wir benutzen dafür Gl. (11.02):

obere Bewehrung: $\quad \varepsilon = d_p/d = 0{,}04/0{,}71 = 0{,}0565$,

$$Z_o = \frac{4}{27} \cdot 14{,}4\ (2 - 5 \cdot 0{,}0565)$$

$$= 3{,}7\ \mathrm{Mp},$$

untere Bewehrung: $\quad \varepsilon = 0{,}09/0{,}71 = 0{,}127$

$$Z_u = \frac{4}{27} \cdot 120{,}5\ (2 - 5 \cdot 0{,}127)$$

$$= 24{,}4\ \mathrm{Mp}.$$

Damit beträgt die gesamte, durch Bewehrung abzudeckende Zugkraft:

$$Z = 24{,}4 + 3{,}7 = 28{,}1\ \mathrm{Mp}$$

$$\mathrm{erf}\ F_e = \frac{28{,}1}{2{,}4} = 11{,}7\ \mathrm{cm^2}\quad \text{St III}$$

Die nach 12.1.11.1 und 12.1.11.2 ermittelten Bewehrungen sind zu addieren:

Gewählt: 6 Bügel $\varnothing$ 14 zweischnittig ($\triangleq 18{,}5\ \mathrm{cm^2}$)

12.1.11.3 Verankerungslänge

In Zone a: $\quad a = \ddot{u} \cdot \dfrac{\beta_s}{\sigma_{zv}} = 43 \cdot \dfrac{14{,}5}{8{,}8} = 70{,}5\ \mathrm{cm}$

(a = Grundmaß der Verankerungslänge; vereinfacht $Z_U = \beta_s \cdot F_z$ gesetzt) Tatsächliche Verankerungslänge hinter der rechnerischen Auflagerlinie:

$$a = \frac{Q_U}{\sigma_{zv} \cdot \mathrm{F}_z} \cdot \frac{v}{h} \cdot \ddot{u}$$

wobei v das Versatzmaß der Zugkraftlinie (s. DIN 1045 neu; 18. 5. 2. 1) ist. Vertikale Bügel: $v = 0,75 \cdot h$.

$$a = \frac{(1,75 \cdot 21,87)}{(8,8 \cdot 12,8)} \cdot 0,75 \cdot 43 = 10,9 \text{ cm} .$$

Da bei direkter Auflagerung die Verankerungslänge noch auf $^2/_3$ reduziert werden kann, ist der Überstand von 10 cm über das Auflager hinaus ausreichend gewählt.

12.1.11.4 Verankerung der Abtriebskraft in Balkenmitte. Die durch die Umlenkung der Druckkraft im Obergurt des Binders entstehende Zugkraft wird im Bruchzustand abgedeckt.

$$D_o = -Z_{u,U} = 12,8 \cdot 14,5 = 185,6 \text{ Mp}$$

Als Neigung der Druckkraft wird die Neigung der Oberkante des Trägers angenommen:

$$\tan \alpha \approx \sin \alpha \approx \alpha = \frac{0,54}{9,10} = 0,0594$$

$$\rightarrow Z = 2 \cdot 0,0594 \cdot 185,6 = 22 \text{ Mp}$$

$$\text{erf } F_e = 22/4,2 = 5,25 \text{ cm}^2 \quad \text{St III}$$

Gewählt: 5 zweischnittige Bügel $\varnothing$ 10 = 7,9 cm².

12.2 Bemessung eines Hohlquerschnittes

Gewählt die Querschnittsverhältnisse (Abb. 12.07):

$$\gamma = d_u/d_o = 0,75 \qquad\qquad \varepsilon = b_o/B = 0,2$$

$$\varrho = F_{plu}/F_{plo} = 0,4 \qquad\qquad \delta = d_o/d = 0,1$$

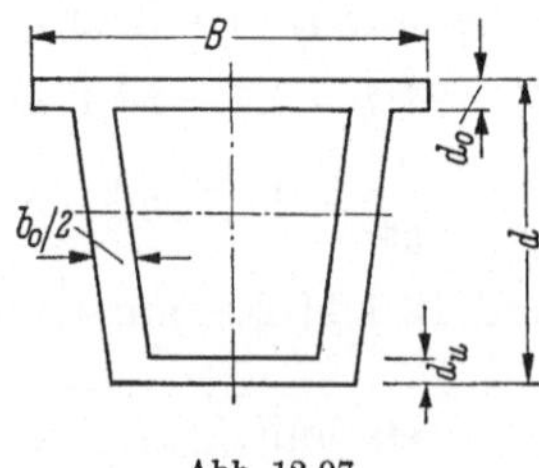

Abb. 12.07.

Aus der entsprechenden Tabelle im Anhang kann entnommen werden:

$$\alpha_F = 0,312 \qquad\qquad y_u = \frac{0,0384}{0,0675} \cdot d = 0,568 \cdot d .$$

$$\alpha_I = 0,0384 \qquad\qquad e = 0,5 \cdot d \qquad \text{(hier geschätzt.)}$$

$$\alpha_o = 0,0888$$

$$\alpha_u = 0,0675$$

12.2.1 Volle Vorspannung

12.2.1.1 gegeben:

$$\max M = 5430 \text{ Mpm}; \qquad \min M = 3700 \text{ Mpm}$$

Somit $\beta_{\text{vorhd}} = \dfrac{1730}{5430} = 0{,}318$; $c = 0{,}85$ (angenommen)

Betongüte Bn 450 $\to \sigma_{uD} = 1800 \text{ Mp/m}^2$

$$\sigma_{oD} = 1600 \text{ Mp/m}^2$$

Volle Vorspannung $\to \sigma_{uZ} = \sigma_{oZ} = 0$.

Die Zahlenrechnung wird mit dem Rechenschieber durchgeführt!

$$Z_{\text{zug}} = \frac{0{,}0888 \cdot 0{,}312}{0{,}85 \cdot (0{,}0888 + 0{,}0675)} \; \sigma_{oD} \cdot B \cdot d \tag{8.09}$$

$$= 0{,}208 \cdot \sigma_{oD} \cdot B \cdot d \qquad (\alpha_Z = 0{,}208)$$

$$\max M_{\text{zul}} = 0{,}85 \cdot 0{,}208 \left(\frac{0{,}0675}{0{,}312} + 0{,}5 \right) \cdot \sigma_{oD} \cdot B \cdot d^2 \tag{8.10}$$

$$= 0{,}1265 \cdot \sigma_{oD} \cdot B \cdot d^2$$

Kriterium (8.11 a): $\qquad\qquad \sigma_{uD} / \sigma_{oD} = \dfrac{1800}{1600} = 1{,}128$

$$0{,}0675 \left(1{,}128 - \frac{0{,}208}{0{,}312} \right) \neq 0{,}0888 \cdot \frac{0{,}208}{0{,}312}$$

$$0{,}0311 < 0{,}0592$$

Das Kriterium ist erfüllt; daraus folgt:

$$\min M_{\text{zul}} = \left[0{,}208 \left(\frac{0{,}0675}{0{,}312} + 0{,}5 \right) - 1{,}128 \cdot 0{,}0675 \right] \cdot \sigma_{oD} \cdot B \cdot d^2 \tag{8.11}$$

$$= 0{,}0728 \cdot \sigma_{oD} \cdot B \cdot d^2$$

$$\beta_{\text{zul}} = \frac{0{,}0537}{0{,}1265} = 0{,}425 > 0{,}318 = \beta_{\text{vorhd}}.$$

1. Bemessung mit Gl. (8.10). Vorgegeben wird $B = 4{,}00$ m.

$$5430 = 0{,}1265 \cdot 1600 \cdot 4 \cdot d^2 \to d = 2{,}60 \text{ m}$$

$$Z_{\text{Zug}} = 0{,}208 \cdot 1600 \cdot 4 \cdot 2{,}60 = 3460 \text{ Mp} \tag{8.09 a}$$

$$\min M_{\text{zul}} = 0{,}0728 \cdot 1600 \cdot 4 \cdot 2{,}6^2 = 3130 \text{ Mpm} < 3700$$

$$(\text{Entspricht} \quad \beta_{\text{vorhd}} < \beta_{\text{zul}})$$

2. Bemessung. Vorgegeben wird $d = 2{,}75$ m.

$$5430 = 0{,}1265 \cdot 1600 \cdot B \cdot 2{,}75^2 \to B = 3{,}55 \text{ m}$$

$$Z_{\text{zug}} = 0{,}208 \cdot 1600 \cdot 3{,}55 \cdot 2{,}75 = 3240 \text{ Mp} \tag{8.09 a}$$

$$\min M_{\text{zul}} = 3130 \text{ Mpm (wie vor)}$$

Durch die vergrößerte Bauhöhe und damit größere wirksame Exzentrizität e sinkt die zugehörige Vorspannkraft ab!

12.2.1.2 gegeben:

$\max M = 5430$ Mpm

$\min M = 2000$ Mpm

$$\beta_{\text{vorhd.}} = \frac{3430}{5430} = 0{,}632 > 0{,}425 \qquad (\text{vgl. } 12.2.1.1)$$

Somit ist Gl. (8.09) und die obere Randbedingung nicht mehr ausnutzbar. Unter Beibehaltung von $e/d = 0{,}5$ gilt:

$$\alpha_{Z\,\text{erf}} = \frac{\dfrac{0{,}0675}{1600} \cdot 1800}{0{,}716 \cdot (1 - 0{,}85 \cdot 0{,}368)} = 0{,}154 \,. \tag{8.13}$$

Grenzwert:

$$\alpha_Z^* = \frac{0{,}0675 \cdot 1800 \cdot 0{,}312}{1600 \cdot 0{,}1563} = 0{,}152 < 0{,}154 \,, \tag{8.11b}$$

d. h. $e/d = 0{,}5$ kann beibehalten werden.

$$\max M_{\text{zul}} = 0{,}85 \cdot 0{,}154 \cdot 0{,}716 \cdot \sigma_{oD} \cdot B \cdot d^2 \tag{8.10}$$

$$= 0{,}0937 \cdot \sigma_{oD} \cdot B \cdot d^2$$

Bemessung: Vorgegeben: $B = 4{,}00$ m

$$5430 = 0{,}0937 \cdot 1600 \cdot 4 \cdot d^2 \to d = 3{,}01 \text{ m}$$

$$Z_{\text{zug}} = 0{,}154 \cdot 1600 \cdot 4 \cdot 3{,}01 = 2970 \text{ Mp.} \tag{8.09}$$

Die Bauhöhe muß vergrößert werden, die Vorspannkraft sinkt ab.

12.2.1.3 gegeben:

$\max M = 5430$ Mpm

$\min M = 0$ Mpm

$$\beta_{\text{vorhd}} = 1{,}0 \,;$$

$$\alpha_{Z\,\text{erf}} = \frac{\dfrac{0{,}0675}{1600} \cdot 1800}{0{,}716} = 0{,}1062 < 0{,}152 = \alpha_Z^* \,. \tag{8.13}$$

Da in diesem Fall (volle Vorspannung) Gl. (8.14) keinen Wert liefert (bzw. $\alpha_Z = 0$), ist mit α_Z^* die größtmögliche Exzentrizität zu bestimmen:

$$\frac{e}{d} = \frac{0{,}0675}{0{,}152 \cdot 1600} \cdot 1800 - \frac{0{,}0675}{0{,}312} = 0{,}5 - 0{,}216 = 0{,}284 \,. \tag{8.15}$$

Damit ergibt sich nach Gl. (8.10):

$$\max M_{\text{zul}} = 0{,}85 \cdot 0{,}152 \left(\frac{0{,}0675}{0{,}312} + 0{,}284 \right) \cdot \sigma_{oD} \cdot B \cdot d^2$$

$$= 0{,}0646 \cdot \sigma_{oD} \cdot B \cdot d^2 \,.$$

Bemessung: Vorgegeben: $B = 4{,}00$ m

$$5430 = 0{,}0646 \cdot 1600 \cdot 4 \cdot d^2 \rightarrow d = 3{,}63 \text{ m}$$

$$Z_{\text{zug}} = 0{,}152 \cdot 1600 \cdot 4 \cdot 3{,}63 = 3530 \text{ Mp}$$

Die Vorspannkraft wächst gegenüber 12.2.1.2 wieder an, weil die wirksame Exzentrizität verkleinert werden mußte.

12.2.1.4 gegeben:

max $M = 5430$ Mpm

min $M = -1630$ Mpm

$$\beta_{\text{vorhd}} = \frac{7060}{5430} = 1{,}3 \ .$$

Wieder mit $\alpha_Z{}^* = 0{,}152$ und Gl. (8.15):

$$\frac{e}{d} = \frac{0{,}0675}{0{,}152 \cdot 1600} \cdot \frac{1800}{1 + 0{,}85 \cdot 0{,}3} - 0{,}216 = 0{,}183$$

D. h. die wirksame Exzentrizität muß noch weiter vermindert werden.

$$\max M_{\text{zul}} = 0{,}85 \cdot 0{,}152 \cdot (0{,}216 + 0{,}183) \cdot \sigma_{oD} \cdot B \cdot d^2$$

$$= 0{,}0515 \cdot \sigma_{oD} \cdot B \cdot d^2$$

Bemessung: Vorgegeben: $B = 4{,}00$ m

$$5430 = 0{,}0515 \cdot 4 \cdot 1600 \cdot d^2 \rightarrow d = 4{,}07 \text{ m}$$

$$Z_{\text{zug}} = 0{,}152 \cdot 1600 \cdot 4 \cdot 4{,}07 = 3950 \text{ Mp} \ .$$

12.2.2 Beschränkte Vorspannung

12.2.2.1 gegeben:

max $M = 5430$ Mpm

min $M = 3700$ Mpm

$$\text{Bn } 450: \sigma_{uZ} = \sigma_{oZ} = 400 \text{ Mp/m}^2 \text{ (allgemein)}$$

$$Z_{\text{zug}} = \frac{\left(0{,}0888 - \dfrac{400}{1600} \cdot 0{,}0675\right) \cdot 0{,}312}{0{,}85 \cdot 0{,}1563} = 0{,}169 \cdot \sigma_{oD} \cdot B \cdot d \quad (8.09)$$

$$\max M_{\text{zul}} = \left[0{,}85 \cdot 0{,}169\left(\frac{0{,}0675}{0{,}312} + 0{,}5\right) + \frac{400}{1600} \cdot 0{,}0675\right] \cdot \sigma_{oD} \cdot B \cdot d^2$$

$$= (0{,}103 + 0{,}017) \cdot \sigma_{oD} \cdot B \cdot d^2 = 0{,}12 \cdot \sigma_{oD} \cdot B \cdot d^2 \quad (8.10)$$

Kriterium (8.11a):

$$0{,}0675\left(1{,}128 - \frac{0{,}169}{0{,}312}\right) \mp 0{,}0888\left(\frac{0{,}169}{0{,}312} + \frac{400}{1600}\right)$$

$$0{,}0396 < 0{,}0702$$

Da Kriterium erfüllt, Gl. (8.11):

$$\min M_{zul} = [0{,}169 \cdot 0{,}716 - 1{,}128 \cdot 0{,}0675] \cdot \sigma_{oD} \cdot B \cdot d^2$$
$$= 0{,}045 \cdot \sigma_{oD} \cdot B \cdot d^2$$
$$\beta_{zul} = \frac{0{,}075}{0{,}120} = 0{,}625 > \beta_{vorhd} = 0{,}318$$

Bemessung: Vorgegeben: $B = 4{,}00$ m

$$5430 = 0{,}120 \cdot 1600 \cdot 4 \cdot d^2 \rightarrow d = 2{,}66 \text{ m}$$
$$Z_{zug} = 0{,}169 \cdot 1600 \cdot 4 \cdot 2{,}66 = 2880 \text{ Mp} \qquad (8.09)$$
$$\min M_{zul} = 0{,}045 \cdot 1600 \cdot 4 \cdot 2{,}66^2 = 2040 \text{ Mpm}$$

12.2.2.2 gegeben:

max $M = 5430$ Mpm

min $M = 2000$ Mpm

$$\beta_{vorhd} = \frac{3430}{5430} = 0{,}632 > 0{,}625$$

d. h. Gl. (8.09) ist nicht mehr ausnutzbar!

$$\alpha_{Z\,erf} = \frac{\dfrac{0{,}0675}{1600}\,(400 \cdot 0{,}368 + 1800)}{0{,}716\,(1 - 0{,}85 \cdot 0{,}368)} = 0{,}1665 \qquad (8.13)$$

$$\alpha_Z{}^* = \frac{(0{,}0675 \cdot 1800 - 0{,}0888 \cdot 400) \cdot 0{,}312}{1600 \cdot 0{,}1563} = 0{,}107 < 0{,}1665 \,. \quad (8.11\,\text{b})$$

D. h. die größtmögliche Exzentrizität $e = 0{,}5 \cdot d$ kann beibehalten werden.

$$\max M_{zul} = \left[0{,}85 \cdot 0{,}1665 \cdot 0{,}716 + \frac{400}{1600} \cdot 0{,}0675\right] \cdot \sigma_{oD} \cdot B \cdot d^2 \quad (8.10)$$
$$= 0{,}118 \cdot \sigma_{oD} \cdot B \cdot d^2$$

Bemessung: Vorgegeben: $B = 4{,}00$ m

$$5430 = 0{,}118 \cdot 1600 \cdot 4 \cdot d^2 \rightarrow d = 2{,}68 \text{ m}$$
$$Z_{zug} = 0{,}1665 \cdot 1600 \cdot 4 \cdot 2{,}68 = 2860 \text{ Mp.}$$

Da β_{vorhd} den Wert β_{zul} nach 12.2.2.1 nur geringfügig überschreitet, ändern sich die Bauhöhe und die zugehörige Vorspannkraft nur geringfügig.

12.2.2.3 gegeben:

max $M = 5430$ Mpm

min $M = \qquad 0$ Mpm

$$\beta_{vorhd} = 1{,}0 \qquad e/d \text{ wird zunächst beibehalten!}$$

$$\alpha_{Zerf} = \frac{\dfrac{0{,}0675}{1600} \cdot 1800}{0{,}716} = 0{,}106 < \alpha_Z{}^* = 0{,}107 \qquad (8.13)$$

daraus folgt, daß Gl. (8.14) maßgebend wird.

$$\alpha_{z\,\mathrm{erf}} = \frac{400 \cdot 0{,}0888 \cdot 0{,}312}{1600\,(0{,}5 \cdot 0{,}312 - 0{,}0888)} = 0{,}103 \qquad (8.14)$$

$$\max M_{\mathrm{zul}} = \left[0{,}85 \cdot 0{,}103 \cdot 0{,}716 + \frac{400}{1600} \cdot 0{,}0675 \right] \cdot \sigma_{oD} \cdot B \cdot d^2$$

$$= 0{,}0795 \cdot \sigma_{oD} \cdot B \cdot d^2 \qquad (8.10)$$

Bemessung: Vorgegeben: $B = 4{,}00$ m

$$5430 = 0{,}0795 \cdot 1600 \cdot 4 \cdot d^2 \rightarrow d = 3{,}27 \text{ m}$$

$$Z_{\mathrm{zug}} = 0{,}103 \cdot 1600 \cdot 4 \cdot 3{,}27 = 2160 \text{ Mp}$$

Bei einem Spannstahl St. 145/160 ergab sich zur Kontrolle die Bruchsicherheit zu $\nu = 1{,}84 > 1{,}75$.

12.2.2.4 gegeben:

$\max M = 5430$ Mpm

$\min M = -1630$ Mpm

$$\beta_{\mathrm{vorhd}} = \frac{7060}{5430} = 1{,}3$$

Eine Auswertung der Gl. (8.14) führt auf ein negatives Ergebnis, d. h. der Anwendungsbereich der Gleichung wird überschritten. Die Bruchsicherheit begrenzt also die Abminderung von $\bar{\alpha}_z$. Aus dem Vergleich der Bruchsicherheit bei 12.2.2.3 ist zu ersehen, daß α_z nicht mehr wesentlich abgemindert werden kann.

$$\bar{\alpha}_Z = 0{,}09 \text{ (geschätzt)} < \alpha_z{}^*, \text{ somit (8.15a)}$$

$$\frac{e}{d} = \frac{1600 \cdot \dfrac{0{,}09}{0{,}312}\,(0{,}0675 \cdot 0{,}85 \cdot (-0{,}3) + 0{,}0888) + 400 \cdot 0{,}0675 \cdot (-0{,}3) + 400 \cdot 0{,}0888}{1600 \cdot 0{,}09\,[1 + 0{,}85 \cdot 0{,}3]}$$

$$\frac{e}{d} = \frac{33 - 8{,}1 + 35{,}5}{180{,}5} = 0{,}335$$

$$\max M_{\mathrm{zul}} = [0{,}85 \cdot 0{,}09\,(0{,}216 + 0{,}335) + 0{,}0168] \cdot \sigma_{oD} \cdot B \cdot d^2 \quad (8.10)$$

$$= 0{,}0591 \cdot \sigma_{oD} \cdot B \cdot d^2$$

Bemessung: Vorgegeben: $B = 4{,}00$ m

$$5430 = 0{,}0591 \cdot 1600 \cdot 4 \cdot d^2 \rightarrow d = 3{,}80 \text{ m}$$

$$Z_{\mathrm{zug}} = 0{,}09 \cdot 1600 \cdot 4 \cdot 3{,}80 = 2190 \text{ Mp}$$

Ein Bruchsicherheitsnachweis ergibt:

$$\text{St. } 145/160 \rightarrow \nu = 1{,}80 > 1{,}75.$$

Eine Verbesserung mit $\bar{\alpha}_Z = 0{,}08$ führt bei $\nu = 1{,}755$ zu $d_{\mathrm{erf}} = 3{,}91$ m und $Z_{\mathrm{zug}} = 2000$ Mp.

12.2.3 Vergleich der Ergebnisse

Bei gleicher vorgegebener Breite, gleichen Querschnittsverhältnissen und jeweils gleichem max M ergaben sich die nachstehenden Ergebnisse: für die Bemessung nach max $M = 5430$ Mpm.

vorhd. min M [Mpm]	vorhd. β	Volle Vorspannung			Beschränkte Vorspannung		
		d [m]	Z_{zug} [Mp]	zul. min M [Mpm]	d [m]	Z_{zug} [Mp]	zul. min M [Mpm]
3700	0,318	2,60	3460	3130	2,66	2880	2040
2000	0,632	3,01	2970	2000	2,68	2860	2000
0	1,00	3,63	3530	0	3,27	2160	0
-1630	1,30	4,07	3950	-1630	3,80	2190	-1630

Der Vergleich zeigt, daß bei voller Vorspannung der Anpassung an das Momentenverhältnis β durch Verminderung der Spannkraft und Vergrößerung der Querschnittshöhe mit anwachsendem β rascher eine Grenze gesetzt ist als bei beschränkter Vorspannung. Die dann notwendige Verringerung der wirksamen Exzentrizität erfordert zwangsläufig ein weiteres Ansteigen der zugehörigen Spannkraft und der Bauhöhe. Bei der beschränkten Vorspannung ist der Anpassung an das Momentenverhältnis β durch Verminderung der Vorspannkraft erst eine Grenze durch die Erfordernisse der Bruchsicherheit gesetzt. Offensichtlich ist die beschränkte Vorspannung aus den in Abschnitt 8.2.3 genannten Gründen der vollen Vorspannung bezüglich der Wirtschaftlichkeit bei der Aufnahme großer Momentenschwankungen überlegen. Es sei hier jedoch auf die Erörterungen in Abschnitt 9.1 hinsichtlich der Dauerschwingfestigkeit bei dynamischer bzw. häufig wiederholter Last hingewiesen. Danach ist in solchen Fällen die volle Vorspannung anzustreben.

12.3 In zwei Richtungen vorgespannte schiefwinklige Plattenbrücke

12.3.1 Darstellung des Bauwerks, Spanngliedführung und Baustoffe[1]

Die in Abb. 12.08 dargestellte Massivplatte mit $L = 18,00$ m, $l = 9,00$ m und $d = 0,50$ m soll in zwei Richtungen mit nachträglichem Verbund beschränkt vorgespannt werden. Die Längsvorspannglieder sollen parallel zum freien Rand verlaufen (x-Richtung) und die zentrisch geführten Quervorspannglieder rechtwinklig dazu (y-Richtung).

---

[1] Das Beispiel wurde gegenüber der 2. Auflage nicht geändert.

Die erforderlichen Nachweise werden nur für den Punkt I in Brückenmitte nahe dem freien Rand geführt. Die Schnittmomente werden mit Hilfe der in Abb. 12.09a—c dargestellten Einflußflächen für m_x, m_y und m_{xy} berechnet, die am Institut für Massivbau der TH Darmstadt auf modelltechnischem Wege aufgezeichnet wurden. Der Berechnung sind die Lasten der Brückenklasse 60 nach DIN 1072 zugrunde gelegt.

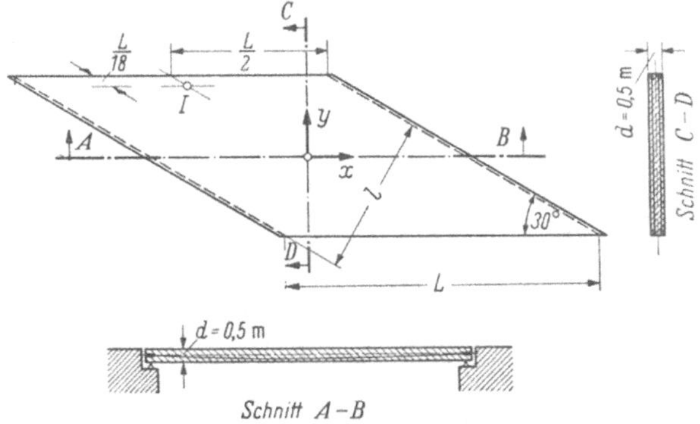

Abb. 12.08. Grundriß und Schnitte.

Es sollen folgende Baustoffe verwendet werden:

Beton B 450 (DIN 4227, Ausgabe 1953)
Spannstahl $\beta_s/\beta_z = 140/160$ kp/mm², kaltgezogen
Schlaffe Bewehrung St. II
Spannglieder mit 12 Spanndrähten ⌀ 8 in Längsrichtung
Spannglieder mit 12 Spanndrähten ⌀ 5 in Querrichtung
Verhältnis der E-Moduli: $n = \dfrac{2,0 \cdot 10^6}{0,35 \cdot 10^6} = 5,7$.

12.3.2 Nachweise unter Gebrauchslast

12.3.2.1 Lastzusammenstellung

Platteneigengewicht $g_1 = 0,50 \cdot 2,4 = 1,20$ Mp/m²
Belag und Isolierung $\qquad g_2 = 0,15$ Mp/m²
$\qquad\qquad\qquad\qquad\qquad\overline{\qquad\qquad\qquad}$
$\qquad\qquad\qquad\qquad\qquad g = 1,35$ Mp/m²

Zur Vereinfachung des Beispiels werden abweichend von DIN 1072 statt verschiedener Lasten auf Haupt- und Nebenspur nur eine gleichförmig verteilte Ersatzlast $\overline{p} = 450$ kp/m² sowie ein Schwerlastzug in ungünstigster Stellung angesetzt. Der Schwingbeiwert beträgt für $1 = 9,00$ m $\varphi = 1,35$. Damit ergibt sich folgende Belastung:

aus Gleichlast: $\varphi \cdot \overline{p} \triangleq p_1 = 1,35 \cdot 0,45 = 0,61$ Mp/m²

aus SLW (Überlast): $\varphi \cdot \overline{p} \triangleq p = 1,35 \,(60 - 6,3 \cdot 0,45) = 70,0$ Mp

12.3.2.2 Auswertung der Einflußflächen. In Abb. 12.09 a—c (s. S. 211) sind die Einflußflächen für m_x, m_y und m_{xy} im Punkt I dargestellt. Die Ergebnisse der Auswertung sind in der Tabelle unter 12.3.2.3 zusammengestellt.

In der folgenden Tabelle ist die Auswertung für Gleichflächenlast durchgeführt:

Schichtlinie	Flächen	Simpson-Faktor	Mittlere Ordinatendifferenz $\Delta\eta_i = \dfrac{\Delta\eta_i + \Delta\eta_{i+1}}{2}$	$n\cdot\Delta\eta_i\cdot F_i$
η_i [—] 1	F_i [m²] 2	n [—] 3	[—] 4	[m²] 5
$+16$	0,26	1	$2{,}00$	0,52
$+14$	0,91	4	$\dfrac{2+2}{2} = 2{,}00$	7,28
$+12$	1,56	2	$\dfrac{2+2}{2} = 2{,}00$	6,24
$+10$	2,72	4	$\dfrac{2+2}{2} = 2{,}00$	21,76
$+8$	5,31	2	$\dfrac{2+2}{2} = 2{,}00$	21,24
$+6$	9,34	4	$\dfrac{2+1}{2} = 1{,}50$	56,04
$+5$	13,34	2	$\dfrac{1+1}{2} = 1{,}00$	26,68
$+4$	18,52	4	$\dfrac{1+1}{2} = 1{,}00$	74,08
$+3$	25,52	2	$\dfrac{1+1}{2} = 1{,}00$	51,04
$+2$	35,50	4	$\dfrac{1+1}{2} = 1{,}00$	142,00
$+1$	52,20	2	$\dfrac{1+0{,}5}{2} = 0{,}75$	78,30
$+0{,}5$	66,55	4	$\dfrac{0{,}5+0{,}5}{2} = 0{,}50$	133,10
$+0$	101,10	1	$0{,}50$	50,55
-0	60,90	1	$-0{,}125$	$-7{,}61$
$-0{,}125$	16,84	4	$-\dfrac{0{,}125+0{,}125}{2} = -0{,}125$	$-8{,}42$
$-0{,}25$	0,52	1	$-0{,}125$	$-0{,}07$

$$3V = 652{,}73$$

$$\text{Einflußwert}\quad \alpha_x = \frac{652{,}73}{3\cdot 8\pi} = 8{,}65\ \text{m}^2$$

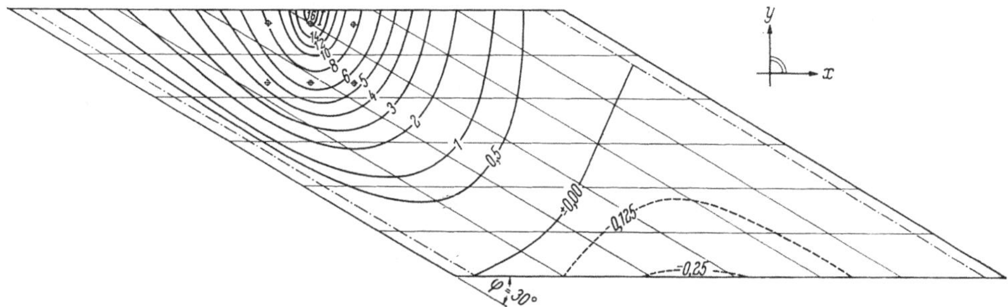

Abb. 12.09a. Einflußfläche m_x für Punkt I.

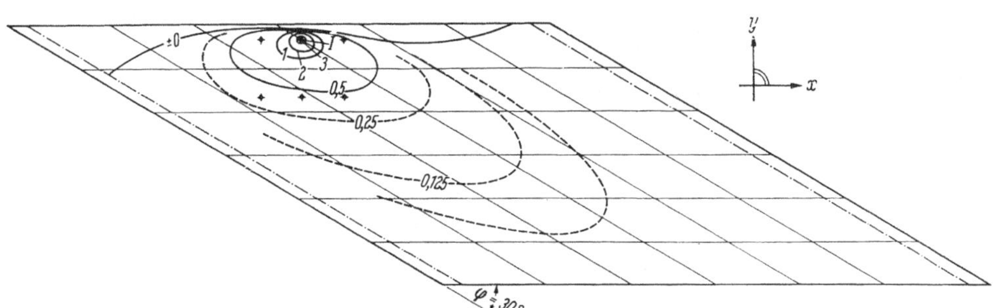

Abb. 12.09b. Einflußfläche m_y für Punkt I.

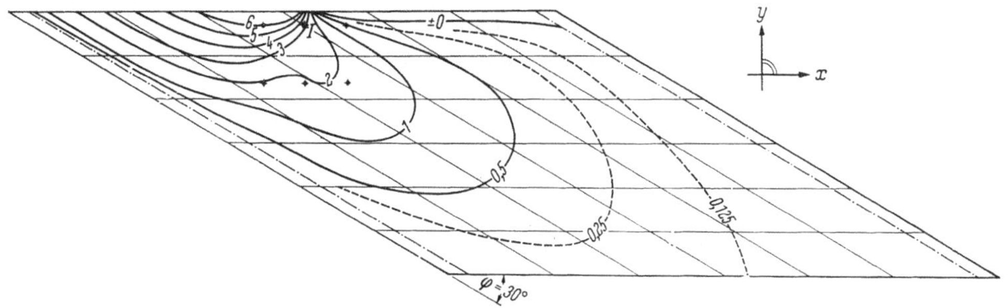

Abb. 12.09c. Einflußfläche m_{xy} für Punkt I.

Im Rahmen des Beispiels wird jedoch nur die Auswertung der Einflußflächen m_x gezeigt, und zwar für Gleichflächenlast und für den SLW in ungünstigster Stellung. Diese Stellung des SLW, bei der das größte Hauptbiegemoment

$$m_I = \frac{m_x + m_y}{2} + \sqrt{\left(\frac{m_x - m_y}{2}\right)^2 + m_{xy}^2}$$

auftritt, ist im allgemeinen nicht unmittelbar zu erkennen. Es wird hier angenommen, daß für die Laststellung max m_x zugleich auch max m_I auftritt.

Zur Auswertung für *Gleichflächenlast* ermittelt man sich das „Volumen" unter der Einflußfläche, indem man die einzelnen, von Schichtlinien η_i begrenzten Flächen F_i ausplanimetriert und anschließend aufintegriert (z. B. nach *Simpson*, Abb. 12.10). Dabei wurden im vorliegenden Falle die Flächen F_i durch entsprechende Eichung des Planimeters in wahrer Größe, d. h. im Maßstab 1:1 gemessen, so daß man den Einflußwert α_x unmittelbar in [m²] durch Division des Volumens durch $8\,\pi$ erhält: $\alpha_x = V/8\,\pi$.

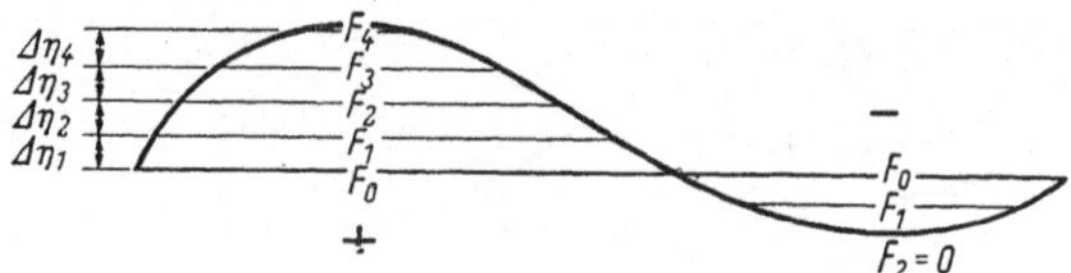

Abb. 12.10. Integration der Einflußfläche.

Nach *Simpson* ist

$$V = \frac{1}{3} \sum n \cdot \Delta\eta \cdot F_i$$

Unter Berücksichtigung verschieden großer Schrittweiten $\Delta\eta$ ergibt sich[1]

$$3V = F_0 \cdot \Delta\eta_1 + 4F_1 \frac{\Delta\eta_1 + \Delta\eta_2}{2} + 2 \cdot F_2 \frac{\Delta\eta_2 + \Delta\eta_3}{2} + \cdots + F_n \cdot \Delta\eta_n .$$

Zur *Auswertung für den SLW* werden die 6 Einzellasten maßstäblich in die Einflußfläche übertragen. Die größten Momente m_x ergeben sich, wenn sich der SLW in der eingezeichneten Stellung befindet. Dabei steht das äußere Mittelrad im Aufpunkt.

Als Ordinatensumme ergibt sich

$$8\,\pi \cdot \sum \eta = 8{,}0 + 8{,}6 + 15{,}1 + 4{,}5 + 6{,}7 + 5{,}4 = 48{,}3$$

wobei sich die „Aufpunktsordinate" von 15,1 als Mittelwert über einer quadratischen Verteilungsfläche der Länge $1 = 0{,}35 + 2 \cdot \dfrac{0{,}50}{2} = 0{,}85$ m errechnet, während die übrigen Ordinaten unmittelbar abgelesen werden können. Es ergibt sich als Einflußwert α_x die gemittelte Ordinate von

$$\alpha_x = \frac{48{,}3}{8\,\pi \cdot 6} = 0{,}320$$

---

[1] Tabelle S. 210.

12.3.2.3 Momente aus äußeren Lasten. Aus den Einflußwerten α werden die Momente durch Multiplikation mit den Lasten wie folgt berechnet:

$$\text{Flächenlast: m (Mpm/m]} = p_1 \,(\text{Mp/m}^2] \cdot \alpha \,[\text{m}^2]$$

$$\text{Schwerlastwagen: m [Mpm/m]} = P \,[\text{Mp}] \cdot \alpha$$

Lastfall	Belastung	Einflußwerte			Momente		
		α_x	α_y	α_{xy}	m_x	m_y	m_{xy}
g_1	1,20 Mp/m²				$+10,38$	$+2,19$	$+\ 5,83$
g_2	0,15 Mp/m²	$+8,65$	$+1,82$	$+4,86$	$+\ 1,30$	$+0,27$	$+\ 0,73$
$g = g_1 + g_2$	1,35 Mp/m²				$+11,68$	$+2,46$	$+\ 6,56$
p_1	0,61 Mp/m²				$+\ 5,28$	$+1,11$	$+\ 2,97$
P	70,0 Mp	$+0,320$	$+0,028$	$+0,100$	$+22,40$	$+1,96$	$+\ 7,00$
$p = p_1 + P$	—	—	—	—	$+27,68$	$+3,07$	$+\ 9,97$
$q = g + p$	—	—	—	—	$+39,36$	$+5,53$	$+16,53$

12.3.2.4 Vorspannung. In *Längsrichtung* werden die Spannglieder so geführt, daß ihre Schwerachse eine Parabel beschreibt, die im Auflagerpunkt die Betonschwerachse schneidet. Die Spannglieder werden wechselseitig an einem Ende angespannt. Dann hat die Vorspannkraft eines Spanngliedpaares einschließlich des Reibungsverlustes an jeder Stelle die gleiche Größe, wenn man von der hier zulässigen Näherung $\cos\psi(x)=1$ ausgeht und den Reibungsverlust linear mit $Z_r = -Z_{0v}\cdot\mu\vartheta$ nach Gl. (5.02a) ansetzt. Wegen der annähernd konstanten Krümmung der Spannglieder sind dann auch die Umlenkkräfte über die Länge der Spannglieder annähernd konstant. Die Momente aus der Vorspannung (Eigenspannung und Zwängung) sind somit den Momenten aus einer Gleichflächenlast affin. Man erkennt dies sofort, wenn man die Vorspannung des Betons als die Wirkung von Anker- und Umlenkkräften deutet.

Der Reibungsverlust (in Spanngliedmitte) ergebe sich nach den Formeln des Kap. 5 zu 3,8%. Damit wird $Z_v = 0,962\, Z_{0v}$.

Es werden auf 1 m Breite gewählt:

$$6,25 \text{ Spannbündel je } 12 \oslash 8, \ e = 16 \text{ cm}$$

$$\text{Querschnitt eines Bündels } 6,04 \text{ cm}^2$$

$$F_z = 6,04 \cdot 6,25 = 37,7 \text{ cm}^2/\text{m}$$

$$\text{zul } \sigma_z = 16 \cdot 0,55 = 8,8 \text{ Mp/cm}^2.$$

Es soll mit der zulässigen Stahlspannung vorgespannt werden. Dann ist

$$Z_{ov} = 37{,}7 \cdot 8{,}8 = 332 \; \text{Mp/m}$$

Nach Abzug der Reibung verbleibt die wirksame Vorspannkraft

$$Z_v = 0{,}962 \cdot 332 = 319 \; \text{Mp/m}$$

Die Umlenkkräfte U_l ermitteln sich aus

$$U_l = -\frac{8 \cdot Z_v \cdot f}{L^2} = -\frac{8 \cdot 319 \cdot 0{,}19}{18^2} = -1{,}49 \; \text{Mp/m}^2 \; .$$

Die Momente aus der Längsvorspannung (Eigenspannung und Zwängung) sind affin zu den Momenten aus Eigengewicht und können durch Multiplikation mit dem Faktor $-\dfrac{1{,}49}{1{,}20} = -1{,}24$ errechnet werden. Es ist also

$$m^*_{x,v} = -1{,}24 \cdot 10{,}38 = -12{,}90 \; \text{Mpm/m}$$

$$m^*_{y,v} = -1{,}24 \cdot 2{,}19 = -2{,}72 \; \text{Mpm/m}$$

$$m^*_{xy,v} = -1{,}24 \cdot 5{,}83 = -7{,}25 \; \text{Mpm/m}$$

In *Querrichtung* werden Bündel von je 12 Ø 5 mm im Abstand von 50 cm gewählt, die oben und unten zentrisch zur Betonschwerachse verlegt werden. Die Vorspannung erfolgt wechselseitig an einem Ende. Querschnitt eines Bündels: 2,36 cm²

$$F_z = 4 \cdot 2{,}36 = 9{,}44 \; \text{cm}^2/\text{m}$$

Beim Vorspannen soll die zulässige Stahlspannung ausgenutzt werden; die Ankerkraft wird dann

$$Z_{ov} = 9{,}44 \cdot 8{,}8 = 83 \; \text{Mp/m}$$

und mit einem angenommenen Reibungsverlust von 3,5% erhält man die Vorspannkraft zu

$$Z_v = 0{,}965 \cdot 83 = 80 \; \text{Mp/m}$$

Es wird vorausgesetzt, daß das Bauwerk frei verschieblich gelagert ist, so daß die Normalkraft aus der Vorspannung

$$n_{b,v} = -Z_v \cdot \cos\psi \quad \text{beträgt.}$$

12.3.2.5 Querschnittswerte

Betonquerschnitt:

$$F_b = 0{,}50 \; \text{m}^2/\text{m}$$

$$I_b = 0{,}50^3/12 = 0{,}010425 \; \text{m}^4/\text{m}$$

$$W_{bu} = -W_{bo} = 0{,}50^2/6 = 0{,}0417 \; \text{m}^3/\text{m}$$

$$y_{bz} = 0{,}19 \; \text{m} \quad (x\text{-Richtung})$$

$$y_{bz} = \pm \, 0{,}15 \; \text{m} \quad (y\text{-Richtung})$$

Ideeller Verbundquerschnitt (x-Richtung):

$$n = 5,7$$

$$\bar{n} = n - 1 = 5,7 - 1 = 4,7$$

$$F_z = 37,7 \ \text{cm}^2/\text{m} = 0,00377 \ \text{m}^2/\text{m}$$

$$F_i = 0,50 + 4,7 \cdot 0,00377 = 0,5177 \ \text{m}^2/\text{m}$$

$$y_{bi} = 0,19 \ \frac{0,0177}{0,5177} = 0,0065 \ \text{m}$$

$$y_{iz} = 0,1900 - 0,0065 = 0,1835 \ \text{m}$$

$$I_i = I_b + n \cdot F_z \cdot y_{bz} \cdot y_{iz}$$

$$= 0,010425 + 0,0177 \cdot 0,19 \cdot 0,1835 = 0,011042 \ \text{m}^4/\text{m}$$

$$W_{io} = - \frac{0,011042}{0,2565} = -0,0431 \ \text{m}^3/\text{m}$$

$$W_{iu} = + \frac{0,011042}{0,2435} = +0,0454 \ \text{m}^3/\text{m} \ .$$

Die Spannungen σ_y und τ_{xy} werden näherungsweise auch für die Lastfälle g_2 und p ohne Berücksichtigung des Verbundes (mit den Werten des Betonquerschnittes) berechnet.

12.3.2.6 Spannungen aus Kriechen und Schwinden. Es werden die Werte $\varphi_\infty = 2,5$ und $\varepsilon_{s\infty} = -12 \cdot 10^{-5}$ zugrunde gelegt. Die Stahlspannung infolge Kriechen und Schwinden beträgt nach Gl. (7.07a)

$$\sigma_{z,k+s} = \frac{\sigma_{zv} \cdot n \cdot \varphi}{\sigma_{zv} - n \cdot \sigma_{bz,v} \cdot \left(1 + \dfrac{\varphi}{2}\right)} \cdot \left[\sigma_{bz,v} + \sigma_{bz,d} + \frac{\varepsilon_{s\infty} \cdot E_b}{\varphi_\infty}\right] .$$

x-Richtung

$$\sigma_{z,v} = 0,962 \cdot 8,8 = 8,46 \ \text{Mp/cm}^2 = 8460 \ \text{kp/cm}^2$$

$$\sigma_{bz,v} = - \frac{Z_v}{F_b} - \frac{m_{x,v} \cdot y_{bz}}{I_b}$$

$$= - \frac{319}{0,50} - \frac{12,9 \cdot 0,19}{0,010425} = -638 - 235 = -873 \ \text{Mp/m}^2$$

$$= -87,3 \ \text{kp/cm}^2$$

$$\sigma_{bz,d} = + \frac{11,68}{0,010425} \cdot 0,19 = +213 \ \text{Mp/m}^2 = +21,3 \ \text{kp/cm}^2$$

$$\sigma_{z,k+s} = \frac{8460 \cdot 5,7 \cdot 2,5}{8460 + 5,7 \cdot 87,3 \left(1 + \dfrac{2,5}{2}\right)} \left[-87,3 + 21,3 - \frac{12 \cdot 10^{-5} \cdot 3,5 \cdot 10^5}{2,5}\right]$$

$$= -1043 \ \text{kp/cm}^2$$

Der auf die Vorspannung bezogene Spannungsverlust beträgt

$$\frac{\sigma_{z,k+s}}{\sigma_{z,v}} = \frac{1043}{8460} = 12,4\% \approx 13\%$$

In *y-Richtung* wird der Stahlspannungsverlust zu $5,4\%$ ermittelt.

12.3.2.7 Nachweis der Betonspannungen. Für die verschiedenen Lastfälle werden die Betonrandspannungen σ_x, σ_y und τ_{xy} ermittelt und gemäß den auftretenden Lastfallkombinationen addiert. Die Hauptspannungen errechnen sich dann zu

$$\sigma_{I,II} = \frac{\sigma_x + \sigma_y}{2} \pm \sqrt{\left(\frac{\sigma_x - \sigma_y}{2}\right)^2 + \tau_{xy}^2} \; ; \quad \tan 2\alpha = \frac{2\tau_{xy}}{\sigma_x - \sigma_y}$$

	Lastfall		m_x n_x	m_y n_y	m_{xy}	$\sigma_{bo,x}$ $\sigma_{bu,x}$	$\sigma_{bo,y}$ $\sigma_{bu,y}$	$\tau_{o,xy}$ $\tau_{u,xy}$	σ_{II}	σ_I	α
1	g_1	m	+10,38	+2,19	+5,83	−249 +249	− 53 + 53	−140 +140			
2	g_2	m	+1,30	+0,27	+0,73	− 30 + 29	− 7 + 7	− 18 + 18			
3	p	m	+27,68	+3,07	+9,97	−643 +611	− 74 + 74	−239 +239			
4	$v_{\text{längs}}$	m	−12,90	−2,72	−7,25	+310 −310	+ 63 − 63	+174 −174			
		n	−319,0	—	—	−638	—	—			
5	v_{quer}	n	—	−80,0	—	—	−160	—			
6	$(k+s)_{\text{längs}}$		0,13 von Zeile 4			+ 43 +123	− 8 + 8	− 23 + 23			
7	$(k+s)_{\text{quer}}$		0,054 von Zeile 5			—	+ 9	—			
8	$g_1 + v_l$					−577 −699	+ 10 − 10	+ 34 − 34	−579 −701	+ 12 − 8	+ 3,3° − 2,8°
9	$g_1 + v_l + v_q$					−577 −699	−150 −170	+ 34 − 34	−580 −701	−147 −168	+ 4,5° − 3,7°
10	$g + v$					−607 −670	−157 −163	+ 16 − 16	−608 −671	−156 −162	+ 2,1° − 1,8°
11	$q + v$					−1250 − 59	−231 − 89	−223 +223	−1297 +299	−184 +151	−11,8° +46,9°
12	$q+v+k+s$					−1207 + 64	−230 − 72	−246 +246	−1265 −259	−172 +251	−13,4° +52,7°
13	$g+\dfrac{p}{2}+v+k+s$					−886 −242	−193 −109	−126 +126	−908 −318	−171 − 33	−10,0° +31,1°

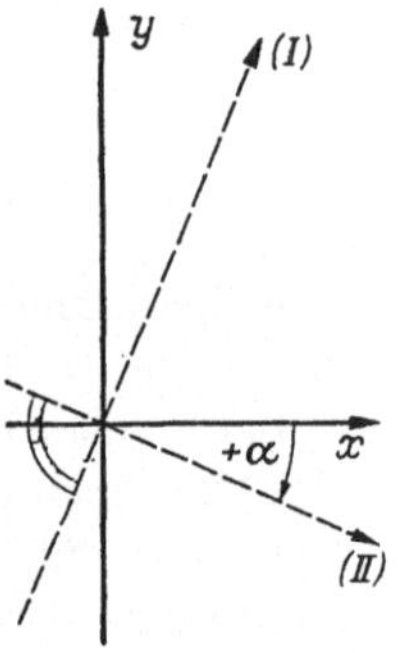

Abb. 12.11. Lage der Hauptspannungsrichtungen.

Plattenoberkante: $\min \sigma_{bo} = -129{,}7 \; \text{kp/cm}^2 > -140$

Plattenunterkante: $\max \sigma_{bu} = +\; 25{,}1 \; \text{kp/cm}^2 < 30$

Lastfall $g + \dfrac{p}{2} + v + k + s$: $\sigma_{bu} = -3{,}3 \; \text{kp/cm}^2 < 0$

12.3.2.8 Nachweis der Stahlspannungen

Längsvorspannung:

$$\sigma_{z,v} = 8{,}46 \ \text{Mp/cm}^2 \quad (\text{vgl. } 12.3.2.6)$$

$$\sigma_{z,g_2+p} = n \cdot \sigma_{bz,g_2+p}$$

$$= 5{,}7 \cdot \frac{1{,}30 + 27{,}68}{0{,}011042} \cdot 0{,}1835 = 2750 \ \text{Mp/m}^2 = 0{,}275 \ \text{Mp/cm}^2$$

$$\sigma_{z,v+g_2+p} = 8{,}46 + 0{,}275 = 8{,}735 \ \text{Mp/cm}^2 < 8{,}8 \, .$$

Quervorspannung:

$$\sigma_{z,v} = 0{,}965 \cdot 8{,}8 = 8{,}50 \ \text{Mp/cm}^2$$

$$\sigma_{z,g_2+p} = 5{,}7 \, \frac{0{,}27 + 3{,}07}{0{,}010425} \cdot 0{,}15 = 270 \ \text{Mp/m}^2 = 0{,}027 \ \text{Mp/cm}^2$$

$$\sigma_{z,v+g_2+p} = 8{,}50 + 0{,}027 = 8{,}527 \ \text{Mp/cm}^2 < 8{,}8 \, .$$

12.3.2.9 Zugkeildeckung für Lastfall Vollast zur Zeit $t = \infty$

Mit $90° - \alpha_u + \alpha_o = 90° - 52{,}7° - 13{,}4° = 23{,}9°$;

$$\sin 23{,}9° = 0{,}405; \qquad \cos 23{,}9° = 0{,}914;$$

$$\sin^2 23{,}9° = 0{,}164; \qquad \cos^2 23{,}9° = 0{,}836$$

errechnet sich die der Spannung $\sigma_{bu\,I}$ zugeordnete Spannung σ_{bo} an der Oberkante zu (Abb. 12.12)

$$\sigma_{bo} = -1265 \cdot 0{,}836 - 172 \cdot 0{,}164 = -1057 - 28 = -1085 \ \text{Mp/m}^2$$

$$d - x = \frac{251}{251 + 1085} \, 0{,}50 = 0{,}094 \ \text{m}$$

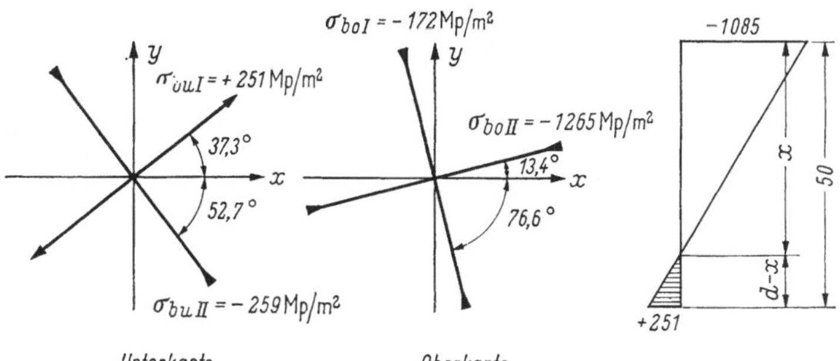

Abb. 12.12. Zugkeildeckung.

Die Größe der Zugspannungsresultante ergibt sich damit zu

$$n_{bu,\,I} = \frac{1}{2} \cdot 0{,}094 \cdot 251 = +11{,}8 \ \text{Mp/m}$$

Die rechtwinklig zu $n_{bu,\,I}$, in Richtung II wirkend gedachte Druckspannungsresultante $n_{bu,\,II}$ wird näherungsweise aus dem Verhältnis der unteren Randspannungen errechnet:

$$n_{bu,II} = n_{bu,I}\, \frac{\sigma_{buII}}{\sigma_{buI}} = 11,8 \cdot \frac{-259}{251} = -12,2\,\mathrm{Mp/m}$$

Die erforderliche schlaffe Bewehrung soll als ein rechtwinkliges Bewehrungsnetz in x- und y-Richtung angeordnet werden. Die ideellen Bemessungsresultanten werden nach Gl. (9.19) berechnet.

$$\text{Mit}\quad \sin 37{,}3^\circ = 0{,}606;\qquad \cos 37{,}3^\circ = 0{,}796;$$

$$\sin^2 37{,}3^\circ = 0{,}367;\qquad \cos^2 37{,}3^\circ = 0{,}633$$

$$\text{wird}\ \ \bar{n}_x = +11{,}8\cdot 0{,}633 - 12{,}2\cdot 0{,}367 + \mid (11{,}8 + 12{,}2)\cdot 0{,}606\cdot 0{,}796 \mid$$

$$= +7{,}46 - 4{,}48 + \mid 11{,}6 \mid = +14{,}58\,\mathrm{Mp/m}$$

$$\bar{n}_y = +11{,}8\cdot 0{,}367 - 12{,}2\cdot 0{,}633 + \mid 11{,}6 \mid$$

$$= +4{,}33 - 7{,}72 + \mid 11{,}6 \mid = +8{,}21\,\mathrm{Mp/m}.$$

Die erforderlichen Stahlquerschnitte betragen

$$\text{erf. Fe}_x = \frac{14{,}58}{1{,}8} = 8{,}10\,\mathrm{cm^2/m};\quad \text{erf. Fe}_y = \frac{8{,}21}{1{,}8} = 4{,}56\,\mathrm{cm^2/m}\,.$$

> gewählt: in x-Richtung $4\,\varnothing^{\,II}\,16\,/\mathrm{m}$
>
> in y-Richtung $4\,\varnothing^{\,II}\,12\,/\mathrm{m}$

12.3.3 Nachweis der Bruchsicherheit

12.3.3.1 Ermittlung der Momente unter rechnerischer Bruchlast: Das Bruchmoment muß größer als die Summe der erf v-fachen Momente aus Eigengewicht und Verkehr sowie der Zwängungsmomente sein. Die Zwängungsmomente sind gleich der Differenz $m_{bv}^{*} - m_{bv}$ der gesamten Vorspannungsmomente und der Eigenspannungsmomente:

$$m_U \geq 1{,}75\cdot m_q + m_{bv}^{*} - (-Z_v\cdot y_{bz})\,.$$

Die Zwängungsmomente betragen

$$m_{bv,x}^{*} - m_{b,vx} = -12{,}9 + 319\cdot 0{,}19 = +47{,}70\,\mathrm{Mpm/m}$$

$$m_{bv,y}^{*} - m_{bv,y} \qquad\qquad\quad = -2{,}72\,\mathrm{Mpm/m}$$

$$m_{bv,xy}^{*} - m_{bv,xy} \qquad\qquad\quad = -7{,}25\,\mathrm{Mpm/m}$$

Die Bruchmomente müssen somit zur Zeit $t = \infty$ folgenden Bedingungen genügen:

$$\text{erf. } m_{U,x} = 1{,}75\cdot 39{,}36 + 47{,}70\,(1 - 0{,}13) = 110{,}40\,\mathrm{Mpm/m}$$

$$\text{erf. } m_{U,y} = 1{,}75\cdot 5{,}53 - 2{,}72\,(1 - 0{,}13) = +\ 7{,}30\,\mathrm{Mpm/m}$$

$$\text{erf. } m_{U,yx} = 1{,}75\cdot 16{,}53 - 7{,}25\,(1 - 0{,}13) = +\ 22{,}60\,\mathrm{Mpm/m}$$

12.3.3.2 Ermittlung der „Bemessungsmomente„ $\overline{m}_x$ und $\overline{m}_y$. Da der Bruchsicherheitsnachweis in den Richtungen der Bewehrung geführt werden muß, sind die Momente $\overline{m}$ in den Bewehrungsrichtungen x und y zu ermitteln. Aus den errechneten Bruchmomenten erf m_U folgen die Hauptmomente zu

$$\text{erf. } m_{I,II} = + \frac{110{,}40 + 7{,}30}{2} \pm \sqrt{\left(\frac{110{,}40 - 7{,}30}{2}\right)^2 + 22{,}60^2} =$$

$$= \begin{array}{l} + 115{,}10 \text{ Mpm/m} \\ + \ \ \ 2{,}60 \text{ Mpm/m} \end{array}$$

Da erf. m_I und erf. m_{II} beide positives Vorzeichen haben, ist kein oberes Bewehrungsnetz statisch erforderlich.

Die Bemessungsmomente werden nach Gl. (9.19) berechnet:

$$\overline{m}_x = m_I \cos^2\alpha + m_{II} \sin^2\alpha + |\ (m_{II} - m_I) \sin\alpha \cos\alpha\ | = m_x + |\ m_{xy}\ |$$
$$= 110{,}40 + 22{,}60 = 133{,}0 \text{ Mpm/m}$$

entsprechend

$$\overline{m}_y = 7{,}30 + 22{,}60 = 29{,}90 \text{ Mpm/m}$$

12.3.3.3 Bemessung der Bewehrung für das rechnerische Bruchmoment

x-Richtung

$$m_{zU} = \frac{\overline{m}_x}{b\,h^2 \cdot \beta_{w\,28}} = \frac{133{,}0}{0{,}44^2 \cdot 4500} = 0{,}1525\,,$$

Aus Abb. 9.09 (entspricht DIN 4227; nachstehende Werte noch nach alter Tafel der 2. Auflage) folgt

$$\varepsilon_{bz\,U} = 0{,}36\%$$

$$k_x = 0{,}355 \rightarrow x = 0{,}355 \cdot 0{,}44 = 0{,}156 \text{ m}$$

$$k_z = 0{,}86 \rightarrow z = 0{,}86 \cdot 0{,}44 = 0{,}379 \text{ m}.$$

Es ist ferner nach Gl. (9.08)

$$\varepsilon^{(0)}_{z,v+k+s} = \frac{1}{E_z}\left(\sigma_{z,v+k+s} - n \cdot \sigma_{bz,v+k+s}\right)$$

Mit

$$\sigma_{z,v+k+s} = \sigma_{z,v}(1-0{,}13) = +8{,}46 \cdot 0{,}87 = +7{,}360 \text{ Mp/cm}^2 \text{ (vgl. 12.3.2.8)}$$

$$\sigma_{bz,v+k+s} = \sigma_{bz,v}(1-0{,}13) = -0{,}0873 \cdot 0{,}87 = -0{,}076 \text{Mp/cm}^2 \text{ (vgl. 12.3.2.6)}$$

wird

$$\varepsilon^{(0)}_{z,v+k+s} = \frac{1}{2 \cdot 10^3}(7{,}360 + 5{,}7 \cdot 0{,}076) = 0{,}39\%$$

Nach Gl. (9.03a) ist

$$\varepsilon_{zU} = \varepsilon^{(0)}_{z,v+k+s} + \varepsilon_{bz\,U}$$

$$= 0{,}39 + 0{,}36 = 0{,}75\% > \frac{14}{2 \cdot 10^3} = 0{,}7\% = \varepsilon_S$$

d. h. im Bruchzustand befindet sich der Stahl im Fließen und es gilt

$$\sigma_{zU} = 14\ \text{Mp/cm}^2$$

Nach Gl. (9.18) ist der erforderliche Stahlquerschnitt ($N_U = 0$)

$$\text{erf. } F_z = \frac{1}{14}\ \frac{133{,}0}{0{,}379} = 25{,}1\ \text{cm}^2/\text{m} < 37{,}7\ .$$

y-Richtung

(Der Einfluß der oben liegenden Spannglieder wird vernachlässigt)

$$m_{zU} = \frac{\overline{m}_y}{b\,h^2\cdot\beta_{w\,28}} = \frac{29{,}90}{0{,}40^2\cdot 4500} = 0{,}0416\ .$$

Aus Abb. 9.09 folgt (Bemerkung s. oben)

$$\varepsilon_{bzU} > 1\%$$

$$k_z = 0{,}96 \to z = 0{,}96\cdot 0{,}40 = 0{,}384\ \text{m}$$

Die gesamte Stahldehnung ε_{zU} ist damit größer als die Dehnung

$\varepsilon_S = 0{,}7\%$ bei Fließbeginn. Damit ist $\sigma_{z,U} = 14\ \text{Mp/cm}^2$

$$\text{erf. } F_z = \frac{1}{14}\ \frac{29{,}90}{0{,}384} = 5{,}56\ \text{cm}^2/\text{m} > 4{,}72\ \text{cm}^2/\text{m}\ .$$

Es ist eine schlaffe Bewehrung St. II erforderlich von

$$\text{erf. Fe} = (\text{erf. } F_z - \text{vorh. } F_z)\cdot \frac{\beta_{sz}}{\beta_{se}}$$

$$= (5{,}56 - 4{,}72)\ \frac{14}{3{,}4} = 3{,}5\ \text{cm}^2/\text{m}$$

$$\boxed{\text{vorhanden}: 4\ \varnothing\ ^{\text{II}}\ 12/\text{m}\ (\text{vgl. } 12.3.2.9)}$$

12.4 Spannungen aus Kriechen und Schwinden in einem vorgespannten Stahlbeton-Verbundquerschnitt

Der in Abb. 12.13 dargestellte Plattenbalken besteht aus zwei Teilen, die zu verschiedenen Zeiten aus verschiedenen Betonen hergestellt werden.

Der Steg (Teil *1*) wird als Fertigteil in Bn 550 betoniert und 3 Tage später (Zeitpunkt t_I) durch ein Spannglied von 12,0 cm² Querschnitt vorgespannt. Die Vorspannkraft soll $Z_v = 90{,}0$ Mp betragen. Beim Vorspannen wird eine ständige Last wirksam, die ein Biegemoment von $M_{aI} = 12{,}5$ Mpm zur Folge hat.

Nach Verlegung des Steges (Teil *1*) im Bauwerk wird die Platte (Teil *2*) auf ein unabhängig vom Steg gegründetes Schalungsgerüst betoniert. Der Beton der Platte hat die Güte Bn 250. Nach dem Erhärten und Ausrüsten der Platte (Zeitpunkt t_{II}) bildet diese zusammen mit dem Steg einen Verbundträger, auf welchen von diesem Zeitpunkt an ein weiteres ständiges Moment von $M_{dII} = 20$ Mpm wirkt. Zwischen Zeitpunkt t_I und Zeitpunkt t_{II} sollen etwa 56 Tage liegen.

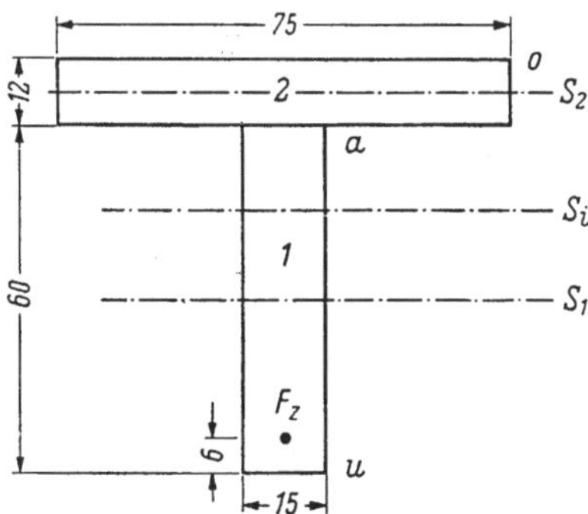

Abb. 12.13. Querschnitt.

12.4.1 Querschnittswerte

Für die Berechnung des Trägers werden die Querschnittswerte der beiden einzelnen Trägerteile sowie die des Verbundquerschnitts benötigt. Wir wählen für die Berechnung des Verbundquerschnitts den Modul E_{b1} als Vergleichsmodul. Dann wird[1].

$$n_1 = \frac{E_{b1}}{E_{b1}} = 1{,}0$$

$$n_2 = \frac{E_{b2}}{E_{b1}} = \frac{3{,}0 \cdot 10^5}{4{,}0 \cdot 10^5} = 0{,}75$$

$$n_z = \frac{E_z}{E_{b1}} = \frac{2{,}0 \cdot 10^6}{4{,}0 \cdot 10^5} = 5{,}0$$

$$\bar{n} = n_z - 1 = 4{,}0$$

Steg (Teil *1*)	Platte (Teil *2*)
$F_1 = 0{,}15 \cdot 0{,}60 = 0{,}090 \text{ m}^2$	$F_2 = 0{,}12 \cdot 0{,}75 = 0{,}090 \text{ m}^2$
$I_1 = \dfrac{0{,}15 \cdot 0{,}60^3}{12} = 0{,}0027 \text{ m}^4$	$I_2 = \dfrac{0{,}75 \cdot 0{,}12^3}{12} = 0{,}000108 \text{ m}^4$
$W_{1u} = -W_{1a} = \dfrac{0{,}15 \cdot 0{,}60^2}{6} = 0{,}009 \text{ m}^3$	$W_{2a} = -W_{2o} = \dfrac{0{,}75 \cdot 0{,}12^2}{6} = 0{,}0018 \text{ m}^3$

---

[1] Der E-Modul für Bn 550 wird wie in der 2. Auflage zu $4 \cdot 10^5$ kp/cm² angesetzt.

Gesamter Betonquerschnitt $(1 + 2)$

$$F_{1+2} = n_1 F_1 + n_2 F_2 = 1{,}0 \cdot 0{,}09 + 0{,}75 \cdot 0{,}09 = 0{,}1575 \text{ m}^2$$

$$y_{1+2, a} = \frac{n_1 F_1 y_{1a} + n_2 F_2 y_{2a}}{n_1 F_1 + n_2 F_2} = \frac{-1{,}0 \cdot 0{,}9 \cdot 0{,}30 + 0{,}75 \cdot 0{,}09 \cdot 0{,}06}{0{,}1575} = -0{,}146 \text{ m}$$

$$y_{1+2, o} = -0{,}146 - 0{,}120 = -0{,}266 \text{ m}; \quad y_{1+2, u} = 0{,}600 - 0{,}146 = 0{,}454 \text{ m}$$

$$y_{1+2, 1} = 0{,}300 - 0{,}146 = +0{,}154 \text{ m}; \; y_{1+2, 2} = -0{,}060 - 0{,}146 = -0{,}206 \text{m}$$

$$I_{1+2} = n_1 I_1 + n_2 I_2 + n_1 F_1 y_{1+2, 1}^2 + n_2 F_2 y_{1+2, 2}^2$$

$$= 1{,}0 \cdot 0{,}002700 + 0{,}75 \cdot 0{,}000108 + 1{,}0 \cdot 0{,}09 \cdot 0{,}154^2 + 0{,}75 \cdot 0{,}09 \cdot 0{,}206^{\,2}$$

$$= 0{,}00270 + 0{,}00008 + 0{,}00214 + 0{,}00286 = 0{,}00778 \text{ m}^4$$

$$W_{1+2, o} = -\frac{0{,}00778}{0{,}266} = -0{,}0292 \text{ m}^3$$

$$W_{1+2, u} = +\frac{0{,}00778}{0{,}454} = +0{,}0171 \text{ m}^3$$

$$W_{1+2, a} = -\frac{0{,}00778}{0{,}146} = -0{,}0533 \text{ m}^3$$

Ideeller Verbundquerschnitt $(1 + 2 + z)$

$$F_i = F_{1+2} + \bar{n} \, F_z = 0{,}1575 + 0{,}0048 = 0{,}1623 \text{ m}^2$$

$$y_{1+2, i} = \frac{\bar{n} \, F_z \, y_{1+2, z}}{F_i} = \frac{0{,}0048 \cdot 0{,}394}{0{,}1632} = 0{,}011 \text{ m}$$

$$I_i = I_{1+2} + F_{1+2} \, y_{1+2, i}^2 + \bar{n} \, F_z \, y_{iz}^2$$

$$= 0{,}00778 + 0{,}1575 \cdot 0{,}011^2 + 0{,}0048 \cdot 0{,}383^2$$

$$= 0{,}00850 \text{ m}^4$$

$$W_{io} = -\frac{0{,}00850}{0{,}277} = -0{,}0307 \text{ m}^3$$

$$W_{iu} = +\frac{0{,}00850}{0{,}443} = +0{,}0192 \text{ m}^3$$

$$W_{ia} = -\frac{0{,}00850}{0{,}157} = -0{,}0541 \text{ m}^3 .$$

12.4.2 Spannungen im Steg (Teil 1) zum Zeitpunkt t_I

Zum Zeitpunkt t_I ist der Fertigteilsteg 1 3 Tage alt, es wirken auf ihn die Vorspannkraft $Z_v = 90$ Mp und das äußere Moment $M_{dI} = 12{,}5$ Mpm. Da der Verbund zwischen Spannglied und Beton erst nach dem Aufbringen dieser Lasten hergestellt wird, wirken diese beide auf den Betonquerschnitt des Trägerteiles *1*. Die Spannungen sind dann (vgl. Abb. 12.14 b)

$$\sigma_{b1a,\,dI+v} = \frac{M_{dI}}{W_{1a}} - Z_v\left(\frac{1}{F_1} + \frac{y_{1z}}{W_{1a}}\right) = -\frac{12{,}5}{0{,}009} - 90\left(\frac{1}{0{,}09} - \frac{0{,}24}{0{,}009}\right)$$

$$= -1390 + 1400 = +10\ \mathrm{Mp/m^2} < +450\ \mathrm{Mp/m^2} = \mathrm{zul}\ \sigma$$

$$\sigma_{b1u,\,dI+v} = +\frac{12{,}5}{0{,}009} - 90\left(\frac{1}{0{,}09} + \frac{0{,}24}{0{,}009}\right)$$

$$= +1390 - 3400 = -2010\ \mathrm{Mp/m^2} > -2100\ \mathrm{Mp/m^2} = \mathrm{zul}\ \sigma$$

$$\sigma_{b1z,\,dI+v} = \frac{M_{dI}}{I_1}\,y_{1z} - Z_v\left(\frac{1}{F_1} + \frac{y_{1z}^2}{I_1}\right)$$

$$= \frac{12{,}5}{0{,}0027}\cdot 0{,}24 - 90\left(\frac{1}{0{,}09} + \frac{0{,}24^2}{0{,}0027}\right)$$

$$= 1110 - 2920 = -1810\ \mathrm{Mp/m^2}$$

$$\sigma_{z.v} = \frac{90}{12} = 7{,}5\ \mathrm{Mp/cm^2} = 75000\ \mathrm{Mp/m^2}$$

$$\sigma_{z,\,dI+v} = \sigma_{z,v} + n\,\frac{M_{dI}}{I_1}\,y_{1z} \quad \text{(vgl. Gl. (6.17)!)}$$

$$= 75000 + 5{,}0\,\frac{12{,}5}{0{,}0027}\cdot 0{,}24 = 75000 + 5550 = 80550\ \mathrm{Mp/m^2}\,.$$

12.4.3 Spannungen zum Zeitpunkt t_{II}

Zum Zeitpunkt t_{II} ist der Fertigteilsteg *1* etwa 60 Tage alt, die Ortbetonplatte *2* ist anbetoniert, schon erhärtet und im Verbund mit *1*. Außer den unter 12.4.2 ermittelten Spannungen wirken auf den Steg *1* die Spannungen aus Kriechen und Schwinden, die in dem Zeitraum zwischen t_I und t_{II} entstehen, ferner auf den gesamten Verbundquerschnitt das äußere Moment $M_{dII} = 20$ Mpm. Die Umlagerung, die zwischen Steg uud Platte in dem Zeitraum zwischen dem Betonieren der Platte und der Weiterbelastung zum Zeitpunkt t_{II} vor sich geht, wollen wir hier nicht berücksichtigen.

Für die Ermittlung der Spannungen infolge Kriechen und Schwinden werden für beide Betone ein Endkriechmaß von $\varphi_0 = 2{,}0$ und ein Endschwindmaß von $\varepsilon_{so} = 25\cdot 10^{-5}$ zugrunde gelegt[1]. Das im Trägerteil *1* zum Zeitpunkt t_{II} erreichte Kriechmaß $\varphi_{II}^{(I)}$ ergibt sich nach DIN 1045, (neu) für rasch erhärtenden Zement und ein Belastungsalter von 3 Tagen zum Zeitpunkt t_{II} (56 Tage nach Belastung) zu:

$$d_{w1} = \frac{2\cdot 15\cdot 60}{2\cdot (60+15)} = 12\ \mathrm{cm} \to \varphi_{II}^{(I)} = k_1\cdot k_2\cdot \varphi_0 = 1{,}4\cdot 0{,}5\cdot 2{,}0 = 1{,}4$$

$$t = 56\ \text{Tage} \to k_2 = 0{,}5;\quad t = 3\ \text{Tage} \to k_2 = 0{,}08$$

$$\varepsilon_{s1,\,II}^{(I)} = -(0{,}50 - 0{,}08)\cdot 25\cdot 10^{-5} = -10{,}5\cdot 10^{-5}$$

---

[1] Kriechen und Schwinden nach DIN 1045 (neu), vgl. S. 13 unten.

Die Stahlspannung aus Kriechen und Schwinden bestimmen wir dann
nach Gl. (7.07a):

$$\sigma_{z,kI+sI} = \frac{\sigma_{z,v}\cdot n_z \cdot \varphi_{II}^{(I)}}{\sigma_{z,v} - n_z\cdot\sigma_{bz,v}\cdot\left(1+\dfrac{\varphi_{II}^{(I)}}{2}\right)} \cdot \left[\sigma_{bz,v} + \sigma_{bz,dI} + \frac{\varepsilon_{s1,II}^{(I)}\cdot E_{b1}}{\varphi_{II}^{(I)}}\right]$$

$$= \frac{75000\cdot 5{,}0\cdot 1{,}4}{75000 + 5{,}0\cdot 2920\cdot\left(1+\dfrac{1{,}4}{2}\right)}\left[-1810 - \frac{10{,}5\cdot 10^{-5}\cdot 40\cdot 10^{5}}{1{,}4}\right]$$

$$= 5{,}27\cdot[-1810 - 300] = -11100\ \mathrm{Mp/m^2}$$

$$Z_{kI+sI} = -11100\cdot 0{,}0012 = -13{,}3\ \mathrm{Mp}$$

$$Z_{dI+v+kI+sI} = 90 - 13{,}3 = 76{,}7\ \mathrm{Mp}$$

$$\sigma_{b1a,kI+sI} = +13{,}3\left(\frac{1}{0{,}09} - \frac{0{,}24}{0{,}009}\right) = -208\ \mathrm{Mp/m^2}$$

$$\sigma_{b1u,kI+sI} = +13{,}3\left(\frac{1}{0{,}09} + \frac{0{,}24}{0{,}009}\right) = +502\ \mathrm{Mp/m^2}$$

Diese Spannungen sind in Abb. 12.14c berücksichtigt.

Die Spannungen des Verbundquerschnittes infolge des Momentes
$M_{dII} = 20$ Mpm werden nach Gl. (6.05) für Trägerteil *1*

$$\sigma_{b1u,dII} = n_1\frac{M_{dII}}{W_{iu}} = 1{,}0\cdot\frac{20}{0{,}0192} = +1040\ \mathrm{Mp/m^2}$$

$$\sigma_{b1a,dII} = -1{,}0\cdot\frac{20}{0{,}0541} = -370\ \mathrm{Mp/m^2}$$

für Trägerteil **2**

$$\sigma_{b2a,dII} = n_2\frac{M_{dII}}{W_{ia}} = -0{,}75\cdot\frac{20}{0{,}0541} = -278\ \mathrm{Mp/m^2}$$

$$\sigma_{b2o,dII} = n_2\frac{M_{dII}}{W_{io}} = -0{,}75\cdot\frac{20}{0{,}0307} = -489\ \mathrm{Mp/m^2}$$

Gesamtspannungen zum Zeitpunkt II (s. Abb. 12.14d):

$$\sigma_{b1u,II} = -2010 + 1040 + 502 = -468\ \mathrm{Mp/m^2}$$

$$\sigma_{b1a,II} = +10 - 370 - 208 \quad = -568\ \mathrm{Mp/m^2}$$

$$\sigma_{b2a,II} = \qquad\qquad\qquad -278\ \mathrm{Mp/m^2}$$

$$\sigma_{b2o,II} = \qquad\qquad\qquad -489\ \mathrm{Mp/m^2}.$$

12.4.4 Umlagerungsgrößen aus Kriechen und Schwinden zum Zeitpunkt $t = \infty$

Die Umlagerungsgrößen aus Kriechen und Schwinden sollen in Anlehnung an Abschnitt 7.5 berechnet werden. Die dort angegebenen Gln.
(7.14a) u. (7.15a) sind für den einfachen Sonderfall aufgestellt, daß beide
Querschnittsteile *1* und *2* zu gleicher Zeit belastet werden. In dem hier

gewählten Beispiel wird jedoch der Querschnittsteil *1* schon zum Zeitpunkt t_I durch Vorspannung und Dauerlast beansprucht. Im Zeitpunkt t_{II} beträgt dann das Endkriechmaß für die zum Zeitpunkt t_I aufgebrachten Beanspruchungen nur noch $\varphi_\infty^{(I)} - \varphi_{II}^{(I)}$. Hierin ist $\varphi_\infty^{(I)} = k_{1I} \cdot \varphi_0$. Für die zum Zeitpunkt t_{II} neu hinzukommenden Beanspruchungen sowie die Umlagerungskräfte ist das volle Kriechmaß ($k_2 = 1$) mit $\varphi_{1\infty}^{(II)} = k_{1II} \cdot \varphi_0$ und $\varphi_{2\infty}^{(II)} = k_{2II} \cdot \varphi_0$ einzusetzen. Hierbei beträgt zum Zeitpunkt t_{II} das Belastungsalter für Querschnittsteil *1* etwa 59 Tage, für Querschnittsteil *2* etwa 14 Tage. Damit gilt: $k_{1II} \sim 0{,}5$; $k_{2II} = 0{,}9$ (ebenfalls rasch erhärtender Zement). Für das Restschwindmaß des Teiles *1* gilt: $\varepsilon_{s1,\,\infty}^{(II)} = -(1-0{,}5) \cdot 25 \cdot 10^{-5} = -12{,}5 \cdot 10^{-5}$. Das Endschwindmaß des Teiles *2* ergibt sich mit $d_{w2} = 12 \cdot 75/(75+12) = 10$ cm zu $\varepsilon_{s2,\,\infty}^{(II)} = -(1-0{,}28) \cdot 25 \cdot 10^{-5} = -18 \cdot 10^{-5}$.

Die Gln. (7.14a) u. (7.15a) müssen für den hier vorliegenden Fall noch in folgender Weise ergänzt werden: (Vereinfacht $\varphi_0 = \varphi$; $E_c = E_{b1}$)

$$X \cdot \left[\left(1 + k_{1II} \cdot \frac{\varphi}{2}\right) \cdot \frac{\sigma_{1a,\,X}}{n_1} - \left(1 + k_{2II} \cdot \frac{\varphi}{2}\right) \cdot \frac{\sigma_{2a,\,X}}{n_2}\right]$$

$$+ Y \cdot \left[\left(1 + k_{1II} \cdot \frac{\varphi}{2}\right) \cdot \frac{\sigma_{1a,\,Y}}{n_1} - \left(1 + k_{2II} \cdot \frac{\varphi}{2}\right) \cdot \frac{\sigma_{2a,\,Y}}{n_2}\right]$$

$$= -\varphi \cdot \left[\frac{k_{1I}}{n_1} \cdot \left(1 - \frac{\varphi_{II}^{(I)}}{\varphi_\infty^{(I)}}\right) \sigma_{b1a,\,dI+v} + \frac{k_{1II}}{n_1} \cdot \sigma_{b1a,\,dII} - \frac{k_{2II}}{n_2} \cdot \sigma_{b2a,\,dII}\right.$$

$$\left. + \frac{E_c}{\varphi}\left(\varepsilon_{s1,\,\infty}^{(II)} + \varepsilon_{s2,\,\infty}^{(II)}\right)\right] \tag{7.14b}$$

$$X \cdot \left[\frac{1 + k_{1II} \cdot \frac{\varphi}{2}}{n_1 \cdot W_{1a}} + \frac{1 + k_{2II} \cdot \frac{\varphi}{2}}{n_2 \cdot W_{2a}}\right] + Y \cdot \left[\frac{1 + k_{1II} \cdot \frac{\varphi}{2}}{n_1 \cdot I_1} + \frac{1 + k_{2II} \cdot \frac{\varphi}{2}}{n_2 \cdot I_2}\right]$$

$$= -\varphi \cdot \left[k_{1I} \cdot \left(1 - \frac{\varphi_{II}^{(I)}}{\varphi_\infty^{(I)}}\right) \cdot \frac{M_{1,\,dI+v}}{n_1 \cdot I_1} + k_{1II} \cdot \frac{M_{1,\,dII}}{n_1 \cdot I_1} - k_{2II} \cdot \frac{M_{2,\,dII}}{n_2 \cdot I_2}\right] \tag{7.15b}$$

Um aus diesen beiden Gleichungen die unbekannten Umlagerungsgrößen X und Y bestimmen zu können, werden noch folgende Werte benötigt:

$$\frac{1}{n_1} \cdot \sigma_{1a,\,X} = \frac{1}{n_1 \cdot F_1} + \frac{y_{1a}}{n_1 \, W_1} = \frac{1}{1{,}0 \cdot 0{,}09} + \frac{0{,}30}{1{,}0 \cdot 0{,}009} = 11{,}1 + 33{,}3$$

$$= 44{,}4 \text{ m}^{-2}$$

$$-\frac{1}{n_2} \cdot \sigma_{2a,\,X} = \frac{1}{n_2 \cdot F_2} + \frac{y_{2a}}{n_2 \cdot W_{2a}} = \frac{1}{0{,}75 \cdot 0{,}090} + \frac{0{,}06}{0{,}75 \cdot 0{,}0018} = 14{,}8 + 44{,}4$$

$$= +59{,}2 \text{ m}^{-2}$$

$$\frac{1}{n_1} \cdot \sigma_{1a,\,Y} = \frac{1}{n_1 \cdot W_{1a}} = -\frac{1}{1{,}0 \cdot 0{,}009} \qquad\qquad = -111 \text{ m}^{-3}$$

$$-\frac{1}{n_2} \cdot \sigma_{2a,\,Y} = \frac{1}{n_2 \cdot W_{2a}} = \frac{1}{0{,}75 \cdot 0{,}0018} \qquad\qquad = +740 \text{ m}^{-3}$$

$$M_{1,dI+v} = M_{dI} - Z_v \cdot y_{1z} = 12,5 - 90 \cdot 0,24 = -9,10 \text{ Mpm}$$

$$M_{1,dII} = M_{dII} \cdot \frac{n_1 I_1}{I_i} = 20,0 \, \frac{1,0 \cdot 0,0027}{0,0085} = +6,35 \text{ Mpm}$$

$$M_{2,dII} = M_{dII} \cdot \frac{n_2 I_2}{I_i} = 20,0 \, \frac{0,75 \cdot 0,000108}{0,0085} = +0,19 \text{ Mpm}$$

Damit lauten die Gln. (7.14b) u. (7.15b):

$$X \cdot \left[\left(1 + 0,5 \cdot \frac{2,0}{2}\right) \cdot 44,4 + \left(1 + 0,9 \cdot \frac{2,0}{2}\right) \cdot 59,2\right]$$

$$+ Y \cdot \left[-\left(1 + 0,5 \cdot \frac{2,0}{2}\right) \cdot 111 + \left(1 + 0,9 \cdot \frac{2,0}{2}\right) \cdot 740\right]$$

$$= -2,0 \cdot \left\{\frac{1,4}{1,0} \cdot \left(1 - \frac{1,4}{2,8}\right) \cdot 10 - \frac{0,5}{1,0} \cdot 370 + \frac{0,9}{0,75} \cdot 278\right.$$

$$+ \frac{40 \cdot 10^5}{2,0} \cdot [-12,5 \cdot 10^{-5} + 18 \cdot 10^{-5}]\bigg\}$$

$$X \cdot \left[-\frac{1 + 0,5 \cdot \frac{2,0}{2}}{1,0 \cdot 0,009} + \frac{1 + 0,9 \cdot \frac{2,0}{2}}{0,75 \cdot 0,0018}\right] + Y \cdot \left[\frac{1 + 0,5 \cdot \frac{2,0}{2}}{1,0 \cdot 0,0027} + \frac{1 + 0,9 \cdot \frac{2,0}{2}}{0,75 \cdot 0,000108}\right]$$

$$= -2,0 \left[-\frac{1,4}{1,0} \cdot \left(1 - \frac{1,4}{2,8}\right) \cdot \frac{9,1}{0,0027} + \frac{0,5 \cdot 6,35}{1,0 \cdot 0,0027} - \frac{0,9 \cdot 0,19}{0,75 \cdot 0,000108}\right]$$

$$X \cdot [66,5 + 112,5] + Y \cdot [-166,5 + 1405] = -2,0 \cdot [7 - 185 + 334 + 110]$$

$$X \cdot [-166,5 + 1405] + Y \cdot [555 + 23\,450] = -2,0 \cdot [-2360 + 1180 - 2110]$$

$$179 \cdot X + 1238 \cdot Y = -532$$

$$1238 \cdot X + 24\,005 \cdot Y = +6580$$

Die Auflösung führt zu:

$$X = -7,58 \text{ Mp}; \quad Y = +0,665 \text{ Mpm}.$$

Die Betonspannungen infolge der zum Zeitpunkt t_{II} einsetzenden Umlagerungen betragen dann:

$$\sigma_{1u,kII+sII} = \frac{X}{F_1} + \frac{Y - 0,30 \cdot X}{W_{1u}} = -\frac{7,58}{0,09} + \frac{0,665 - 7,58 \cdot 0,30}{0,009} = -84 + 327$$

$$= +243 \text{ Mp/m}^2$$

$$\sigma_{1a,kII+sII} = -84 - 327 \qquad\qquad\qquad\qquad = -411 \text{ Mp/m}^2$$

$$\sigma_{2a,kII+sII} = +\frac{7,58}{0,09} - \frac{0,665 - 0,06 \cdot 7,58}{0,0018} = +84 - 117 \quad = -33 \text{ Mp/m}^2$$

$$\sigma_{2o,kII+sII} = +84 + 117 \qquad\qquad\qquad\qquad = +201 \text{ Mp/m}^2$$

Betonspannungen im endgültigen Zustand (s. Abb. 12.14e):

$$\sigma_{1u,d+v+k+s} = -468 + 243 = -225 \text{ Mp/m}^2$$

$$\sigma_{1a,d+v+k+s} = -568 - 411 = -979 \text{ Mp/m}^2$$

$$\sigma_{2a,d+v+k+s} = -278 - \ \ 33 = -311 \text{ Mp/m}^2$$

$$\sigma_{2o,d+v+k+s} = -489 + 201 = -288 \text{ Mp/m}^2.$$

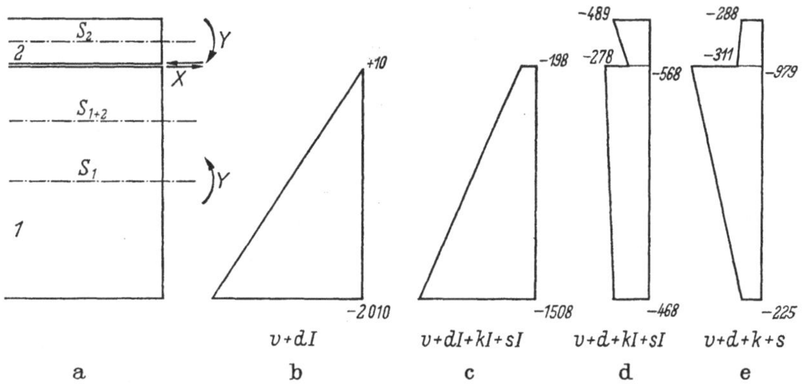

Abb. 12.14a—e. Spannungsdiagramme.

Gemäß den Ausführungen in Abschnitt 7.5 haben wir den Einfluß des Spannstahles auf die Umlagerungsgrößen in obiger Rechnung vernachlässigt. Wir können uns jedoch die Stahlspannungen infolge der zum Zeitpunkt t_{II} einsetzenden Umlagerungen näherungsweise ermitteln. Wir benutzen Gl. (7.05b) und berechnen zunächst nach Gl. (6.13) den Wert α.

$$i^2_{1+2} = \frac{0,00778}{0,1575} = 0,0495 \text{ m}$$

$$\mu = \frac{0,0012}{0,1575} = 0,00762$$

$$y_{1+2,z} = 0,540 - 0,146 = 0,394 \text{ m}$$

$$\alpha = \frac{1 + \dfrac{0,394^2}{0,0495}}{1 + \dfrac{0,394^2}{0,0495} + \dfrac{1}{4 \cdot 0,00762}} = \frac{1 + 3,14}{1 + 3,14 + 32,8} = \frac{4,14}{36,94} = 0,112$$

$$\frac{1-\alpha}{\alpha} = \frac{1 - 0,112}{0,112} = \frac{0,888}{0,112} = 7,94 \ .$$

Die kriecherzeugende Betonspannung $\sigma_{bz,v+d}$ wird aus dem Spannungsdiagramm (Abb. 12.14d) erhalten zu

$$\sigma_{bz,v+d} = -468 \cdot \frac{0,54}{0,60} - 568 \cdot \frac{0,06}{0,60} = -479 \text{ Mp/m}^2 \ .$$

15*

Die Kriech- und Schwindmaße sind für die beiden Querschnittsteile verschieden. Für das Restkriechen wird näherungsweise mit gemittelten Werten von $k \cdot \varphi = 0{,}7 \cdot 2{,}0 = 1{,}4$ und $\varepsilon_s = 15 \cdot 10^{-5}$ gerechnet

Dann ist

$$1 - e^{-\alpha\varphi} = 1 - e^{-0{,}112 \cdot 1{,}4} = 0{,}145$$

$$\sigma_{z,kII+sII} = 0{,}145 \cdot 7{,}94 \cdot 5{,}0\left(-479 - \frac{15 \cdot 10^{-5} \cdot 40 \cdot 10^5}{1{,}4}\right) = -5220\,\mathrm{Mp/m^2}$$

Die gesamte Stahlspannung beträgt somit

$$\sigma_{z,v+d+k+s} = 75000 + 5 \cdot 479 - 11100 - 5220$$
$$= 61080\,\mathrm{Mp/m^2} \triangleq 6{,}108\,\mathrm{Mp/cm^2}$$

12.5 Mit nachträglichem Verbund vorgespannte Straßenbrücke

12.5.1 Statisches System, Querschnittswerte, Baustoffe, Belastung

Das statische System besteht im Endzustand aus einem dreifeldrigen, geraden Durchlaufträger, der in zwei Bauabschnitten hergestellt wird (Abb. 12.15).

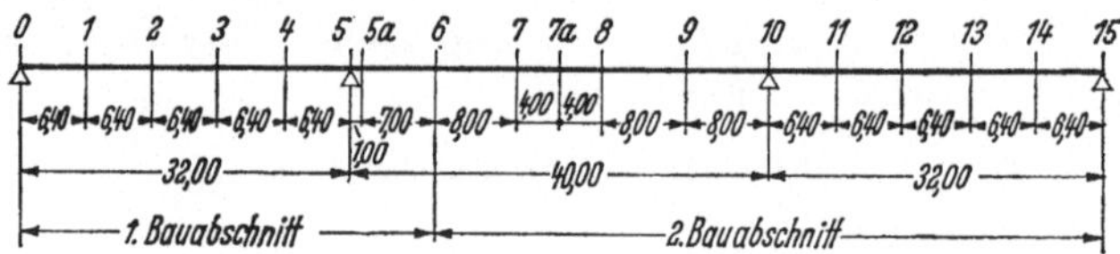

Abb. 12.15. Statisches System im Endzustand, Bauabschnitte.

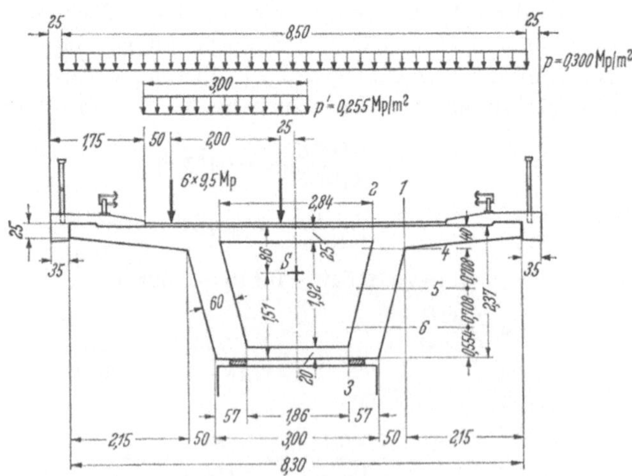

Abb. 12.16. Querschnitt mit Belastung nach DIN 1072 (Brückenklasse 60).

Als Querschnitt (Abb. 12.16) wird ein einzelliger Hohlkasten gewählt. Der Querschnitt soll auf der ganzen Trägerlänge die gleichen Abmessungen haben.

Die Querträger über den Innenstützen erhalten eine Breite von 2,0 m; die Endquerträger eine Breite von 1,0 m. In der statisch unbestimmten Rechnung zur Ermittlung der Schnittgrößen aus Eigengewicht, Vorspannung und Verkehrslast, die hier nicht im einzelnen vorgeführt wird, ist mit der Steifigkeit $EI = $ const über die ganze Trägerlänge gerechnet.

Bei der Ermittlung der Querschnittswerte wird der gesamte Querschnittsbereich als mittragend in Rechnung gestellt.

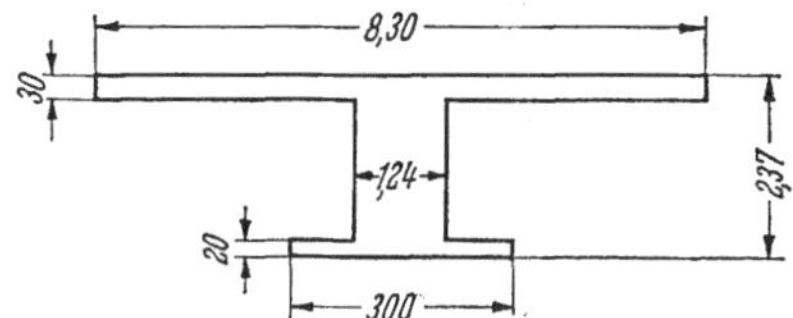

Abb. 12.17. Ersatz des Hohlkastens durch einen Plattenbalkenquerschnitt.

Die Querschnittswerte des Betonquerschnittes werden mit Hilfe der Tabellen im Anhang ermittelt. Es wird der in Abb. 12.17 angegebene Ersatzquerschnitt zugrunde gelegt.

$$\varrho = \frac{F\,(\text{unt. Platte})}{F\,(\text{ob. Platte})} = \frac{0,20\,(3,00 - 1,24)}{0,30\,(8,30 - 1,24)} = 0,166$$

$$\varepsilon = \frac{b_o}{B} = \frac{1,24}{8,30} = 0,150$$

$$\delta = \frac{d_o}{d} = \frac{0,30}{2,37} = 0,127$$

$$\gamma = \frac{d_u}{d_o} = \frac{0,20}{0,30} = 0,667$$

Durch Interpolation in den Tabellen für $\gamma = 0,75$ erhält man die bezogenen[1] und die endgültigen Querschnittswerte:

$\alpha_F = 0,2760 \qquad F = \alpha_F \cdot B \cdot d = 0,2760 \cdot 8,30 \cdot 2,37 = 5,43 \text{ m}^2$

$\alpha_I = 0,0311 \qquad I = \alpha_1 \cdot B \cdot d^3 = 0,0311 \cdot 8,30 \cdot 2,37^3 = 3,44 \text{ m}^4$

$\alpha_o = 0,0864 \qquad W_o = \alpha_o \cdot B \cdot d^2 = 0,0864 \cdot 8,30 \cdot 2,37^2 = 4,03 \text{ m}^3$

$\alpha_u = 0,0487 \qquad W_u = \alpha_u \cdot B \cdot d^2 = 0,0487 \cdot 8,30 \cdot 2,37^2 = 2,27 \text{ m}^3.$

Abstand des Schwerpunktes von UK Querschnitt:

$$y_{su} = \frac{I}{W_u} = \frac{3,44}{2,27} = 1,51 \text{ m (vgl. Abb. 12.16)}.$$

Die von der Mittellinie der auf Torsion beanspruchten Querschnittsteile eingeschlossene Fläche beträgt (vgl. Abb. 12.24):

$$F_R = 6,40 \text{ m}^2.$$

---

[1] vgl. S. 122

Baustoffe: Beton Bn 350
                Spannstahl St 150/170
                Betonstahl BSt 42/50

Belastung:

Eigengewicht des Konstruktionsbetons $g_0 = 2{,}5 \cdot 5{,}4$ $= 13{,}50$ Mp/m

Ausbaugewicht (Kappen, Belage) g_1 $= 3{,}50$ Mp/m

Verkehrsgleichlast auf der ganzen Brückenbreite $\bar{p} = 0{,}3 \cdot 8{,}5$ $= 2{,}55$ Mp/m

Hauptspurüberlast $p' = (1{,}11 \cdot 0{,}5 - 0{,}3) \cdot 3{,}0 = 0{,}77$ Mp/m

SLW, um den Anteil der Hauptspurlast geleichtert $\bar{P} = 1{,}11 \cdot (60 - 6 \cdot 3{,}0 \cdot 0{,}5) = 57{,}0$ Mp

Baustellenverkehr auf der ganzen Brückenbreite $p_{\mathrm{bau}} = 0{,}15 \cdot 8{,}50$ $= 1{,}28$ Mp/m

Schwingbeiwert nach DIN 1072: $\varphi_m = 1{,}4 - 0{,}008 \left(\dfrac{40 + 32}{2} \right) = 1{,}11$.

12.5.2 Schnittkräfte infolge Eigengewicht und Verkehrslast

Die Eigengewichtsmomente des 1. Bauabschnittes ermittelt man am Einfeldträger mit Kragarm (vgl. Abb. 12.18). Die Momente nach Herstellen des 2. Bauabschnittes erhält man durch Hinzufügen der am Dreifeldträger ermittelten Momente aus Eigengewicht des 2. Bauabschnittes. Die Momente aus der Summe der Bauzustände (SBZ) ermitteln sich zu:

$$M_{\mathrm{SBZ}} = M_{\mathrm{Bauz\,1}} + M_{\mathrm{Bauz\,2}}.$$

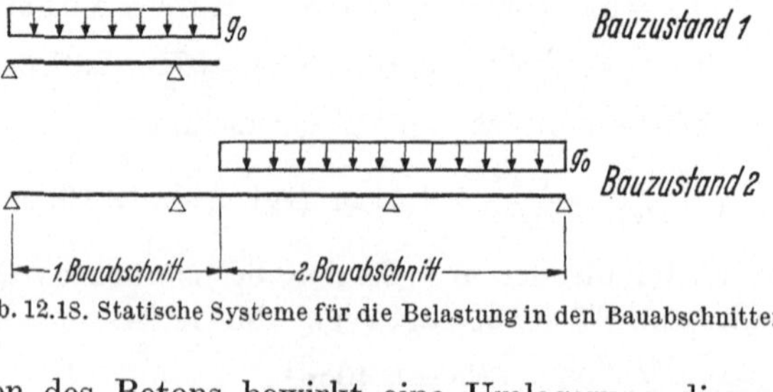

Abb. 12.18. Statische Systeme für die Belastung in den Bauabschnitten.

Das Kriechen des Betons bewirkt eine Umlagerung dieser Momente. Die Differenz gegenüber den Momenten des aus einem Guß hergestellt gedachten dreifeldrigen Endsystems (M_{End}) verringert sich dabei. Unter Zugrundelegung von Gl. (7.13a) erhält man die Momente nach Abschluß der Kriechumlagerung aus folgender Beziehung:

$$M_{t\,=\,\infty} = M_{SBZ} + (M_{End} - M_{SBZ})\,\frac{\varphi_\infty}{1 + \varrho\cdot\varphi_\infty}\,.$$

Mit $\varphi_\infty = 2{,}02$ und $\varrho = 0{,}834$ (vgl. S. 233) erhält man.

$$\frac{\varphi_\infty}{1 + \varrho\cdot\varphi_\infty} = \frac{2{,}02}{1 + 0{,}834\cdot 2{,}02} = 0{,}754\,.$$

Die Momentenlinien für die Werte M_{SBZ} und $M_{t\,=\,\infty}$ sind in Abb. 12.19 dargestellt. Die M_{End}-Werte sind in beiden Momentenlinien strichliert eingetragen.

Das Ausbaugewicht g_1 aus Gehwegkappen und Belag wirkt auf das Endsystem des 3-Feldträgers und erzeugt Biegemomente, die proportional zu der in Abb. 12.19 strichliert eingetragenen M_{End}-Fläche verlaufen.

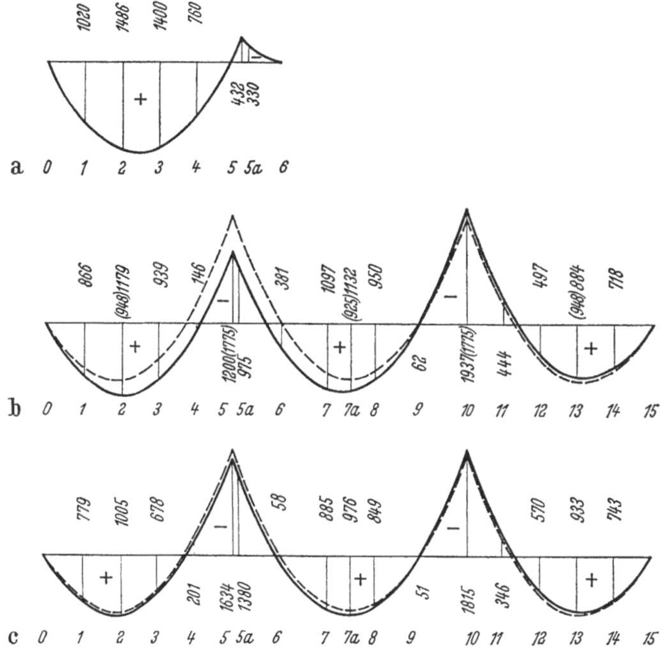

Abb. 12.19a—c. Biegemomente infolge Eigengewicht g_0 (Mp m). a) nach Herstellen des 1. Bauabschnittes; b) nach Herstellen des 2. Bauabschnittes; c) im Endsystem nach Abschluß der Kriechumlagerung.

Die Biegemomente infolge Verkehrsbelastung auf dem 3-Feld-Träger wurden durch Auswertung von Einflußlinien für die jeweils ungünstigste Laststellung ermittelt. Die Größtwerte sind in Tab. 12.1 angegeben.

Tabelle 12.1. *Größtwerte der Biegemomente aus Verkehrsbelastung* (Mpm)

Punkt	DIN 1072						Bauzustände		
	$\bar{p}+p'$	$\bar{P}$	$\max M_p$	$\bar{p}+p'$	$\bar{P}$	$\min M_p$	Bauz.	$\max M_p$	$\min M_p$
2 ≙ 13	346	337	683	−121	−179	−200	2	134	− 44
5 ≙ 10	57	47	104	−511	−199	−710	2	22	−189
5a	52	41	93	−437	−164	−601	2	20	−162
6re	143	194	337	−153	−125	−278	2	54	− 59
7a	374	345	719	−148	− 60	−208	2	144	− 57
2							1	157	− 16
5							1		− 41
5a							1		− 31

In Punkt 5a sollen die schiefen Hauptzugspannungen nachgewiesen
werden, und zwar für den Lastfall, der die größte Querkraft in diesem
Punkt erzeugt. Die zu diesem Lastfall gehörigen Schnittkräfte sind in
Tab. 12.2 zusammengestellt. Die Querkraft und das zugehörige Biegemoment infolge Ausbaugewicht g_1 wurden am 3-Feldträger ermittelt.

Die größte Querkraft aus Verkehrsbelastung entsteht bei der in Abb.
12.20 angegebenen Laststellung.

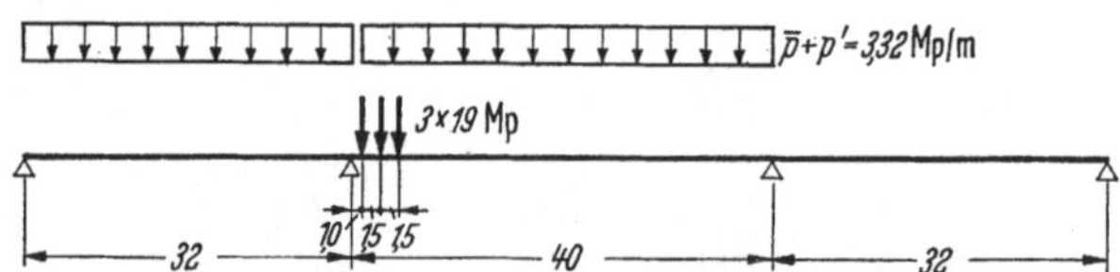

Abb. 12.20. Laststellung für die größte Querkraft aus Verkehr in Punkt 5a.

Torsionsmomente treten nur aus Verkehrsbelastung auf (vgl. die in
Abb. 12.16 eingetragenen Lastangaben). Es ist also das bei der in
Abb. 12.20 angegebenen Laststellung auftretende Torsionsmoment zu
ermitteln. Alle Lagerpunkte des Trägers sind als Gabellager ausgebildet.
Jedes der drei Felder kann daher als beiderseitig torsionsfest eingespann-
ter Stab betrachtet werden.

Die für die Kriechumlagerung maßgebende Endkriechzahl φ_∞ wird
nach DIN 1045 Ziff. 16.4.2 bestimmt:

$$\varphi_\infty = \varphi_0 \cdot K_1 .$$

Wir nehmen an, daß folgende Voraussetzungen vorliegen:

Konsistenz K 2 (vgl. DIN 1045 Ziff. 6.5.3),
Lage des Bauteils allgemein im Freien,
rasch erhärtender Zement,
Anspannen nach 10 Tagen.

Damit erhält man:

$$\varphi_0 = 2,0 \quad (\text{DIN } 1045, \text{ Tab. } 12),$$

$$K_1 = 1,01 \quad (\text{DIN } 1045, \text{ Bild } 11),$$

$$\varphi_\infty = 1,01 \cdot 2,0 = 2,02.$$

Der Relaxationskennwert ϱ wird [7.06], Abb. 4 entnommen:

$$\varrho = 0,834.$$

Tabelle 12.2

Größte Querkraft in Punkt 5a mit zugehörigen Biege- und Torsionsmomenten

Lastfall	$\max Q$ Mp	$M^{\text{zugehörig}}$ Mp m	$M_T^{\text{zugehörig}}$ Mp m
$g_{0,t=\infty}$	252	-1380	
g_1	67	-392	
$p = \bar{p} + p' + \bar{P}$	126	-432	85

12.5.3 Spanngliedführung, Reibungsverluste, Zwängungsmomente

In der Tabelle unterhalb des Trägerlängsschnittes in Abb. 12.21 sind die Abstandsordinaten y_{bz} zwischen der Schwerachse des Trägers und der Schwerachse der Spannglieder angegeben.

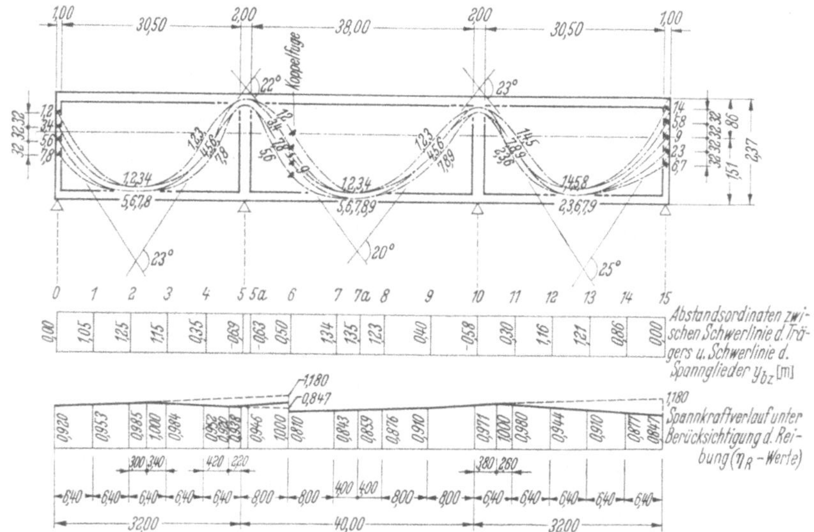

Abb. 12.21. Spannbewehrung in einem **Trägersteg**. Darstellung des Trägers im Verhältnis
Länge: Höhe = 1 : 7,5.

Die Spannglieder Nr. 1—8 werden nach dem Betonieren des 1. Bauabschnittes einseitig an der Koppelfuge zunächst auf das 1,18fache der nach DIN 4227 zulässigen Vorspannkraft angespannt ($\eta_R = 1{,}18$), um überall im Träger eine möglichst große Vorspannung zu erzeugen. Anschließend wird die Pressenkraft soweit reduziert, daß der Wert $\eta_R = 1$ an keiner Stelle des Trägers überschritten wird, d. h. daß im Trägerinneren die zulässige Vorspannkraft in den Spanngliedern gerade erreicht wird. Am Spannanker stellt sich dabei der Wert $\eta_R = 1/1{,}18 = 0{,}847$ ein. Im Bereich der Koppelfuge wollen wir durch eine hohe Vorspannung das Auftreten von Zugspannungen möglichst vermeiden[1].

Wir spannen daher nach dem Ablassen wieder auf den Wert $\eta_R = 1{,}0$ an und verankern anschließend die Spannglieder fest.

Nach Herstellen des 2. Bauabschnittes werden die Spannglieder Nr 1—9 am rechten Trägerende ebenfalls zunächst bis auf den Wert $\eta_R = 1{,}18$ angespannt. Anschließend wird abgelassen, bis sich als größter Wert $\eta_R = 1{,}0$ im Trägerinneren einstellt. Danach werden die Spannglieder verankert.

Die Vorspannkraft Z_R in einem Punkt mit der Entfernung x von der Anspannstelle erhält man aus der Ankerkraft Z_v zu:

$$Z_R = Z_v \cdot \eta_R$$

mit

$$\eta_R = e^{-(\alpha_x + \beta \cdot x)\mu}$$

darin ist $\alpha_x = \Sigma \Delta\alpha =$ Summe der Umlenkwinkel bis zum Punkt x,

$\beta\ = 0{,}3°/\mathrm{m} =$ ungewollter Umlenkwinkel,

$\mu\ = 0{,}25 =$ Reibungsbeiwert.

Die Werte μ und β sind in der Praxis dem Zulassungsbescheid für das verwendete Spannverfahren zu entnehmen.

In der Darstellung der Spannbewehrung (Abb. 12.21) sind die Tangenten an die Schwerachse der Spannglieder in den Wendepunkten und an den Trägerenden eingetragen.

Mit ihrer Hilfe lassen sich die Reibungsverluste in den End- und Wendepunkten der Spanngliedschwerachse beim Anspannen errechnen (vgl. Tab. 12.3). Die η_R-Werte für die dazwischenliegenden Punkte der Anspannkurve sind durch lineare Interpolation ermittelt (vgl. untere Tabelle in Abb. 12.21).

Die Ordinaten auf der Ablaßkurve ergeben sich aus der Bedingung, daß das Produkt aus den Werten auf der Anspannkurve und den zu-

---

[1] Gemäß DIN 4227 dürfen hier unter ständigen Lasten nach Kriechen und Schwinden keine Zugspannungen auftreten. Für volle Verkehrsbelastung sind die zulässigen Zugspannungen halb so groß wie im übrigen Trägerbereich. In den Zulassungsbescheiden der meisten Spannverfahren wird in der Koppelfuge volle Vorspannung verlangt.

gehörigen Werten auf der Ablaßkurve eine Konstante sein muß. Wenn
der Schnittpunkt zwischen Anspann- und Ablaßkurve den Wert $\eta_R = 1$
hat, wie im vorliegenden Fall, sind die Werte auf der Ablaßkurve einfach die Kehrwerte der Anspannkurve.

Die η_R-Werte beim Wiederanspannen auf $\eta_R = 1$ an der Ankerstelle
erhält man, wenn man die Werte der ursprünglichen Anspannkurve
durch 1,18 dividiert.

Die erforderliche Vorspannkraft ist zunächst unbekannt. Es wird
daher vorerst eine Verhältniszahl zwischen der Vorspannkraft im 1.
und 2. Bauabschnitt festgelegt.

Tabelle 12.3

η_R-Werte in den End- und Wendepunkten der Spanngliedschwerlinie beim Ansspannen.

Punkt	Δx	$\Delta \alpha$	$\beta \cdot \Delta x$	$\Delta\alpha + \beta \cdot \Delta x$	$\bar{\gamma} = \Sigma(\Delta\alpha + \beta \cdot \Delta x)$	$\gamma = 0{,}01745 \cdot \mu \cdot \bar{\gamma}$	η_R	$1{,}18 \cdot \eta_R$
	m	Grad	Grad	Grad	Grad			
0	25,6	23	8	31	57	0,249	0,778	0,92
4	14,4	22	4	26	26	0,113	0,893	1,05
6	0	0	0	0	0	0	1,000	1,18
6	24,0	20	7	27	87	0,380	0,684	0,81
9	14,4	23	4	27	60	0,262	0,768	0,91
11	25,6	25	8	33	33	0,144	0,865	1,02
15	0	0	0	0	0	0	1,000	1,18

Im Bauzustand 1 hat der Träger ein stat. bestimmtes System, es
entstehen also keine Zwängungsmomente. Nach Herstellen und Vorspannen des 2. Bauabschnittes ist in Feld 1 ein kleines Zwängungsmoment vorhanden (vgl. Abb. 12.22), das durch Kriechumlagerung zu-
nimmt. Insgesamt wird das Zwängungsmoment in Feld 1 kleiner bleiben
als dasjenige in Feld 3. Aus der Überlegung heraus, daß grundsätzlich
im Feldbereich das Zwängungsmoment dem M_v-Moment entgegenwirkt,
kann man in Feld 1 bei kleinerem Zwängungsmoment mit einem kleineren M_v-Moment und damit mit weniger Vorspannung auskommen
als in Feld 2 und 3. Es wird daher für den 1. Bauabschnitt das Verhältnis

$$m = \frac{Z_v}{Z_{v\max}} = \frac{8}{9} = 0{,}889 \text{ gewählt.}$$

Das Zwängungsmoment an jeder Stelle läßt sich folgendermaßen
darstellen:

$$M_{zw} = e_R \cdot Z_{v\max} \; [\text{Mpm}].$$

Darin bedeutet e_R [m] das Zwängungsmoment für die Ankerkraft $\overline{Z}_{v\,\mathrm{max}} = 1$ (Einheitszwängungsmoment).

Die Einheitszwängungsmomente e_R nach Herstellen des 2. Bauabschnittes (Zeitpunkt $t = 0$) erhält man durch eine stat. unbestimmte Rechnung am Dreifeldträger. Als stat. Überzählige werden die beiden Stützmomente ausgelöst. Die Belastung des statisch bestimmten Hauptsystems besteht aus der Momentenfläche infolge der dimensionslosen Einheitsvorspannung $\overline{Z}_{v\,\mathrm{max}} = 1$:

$$\overline{M}_v = -1 \cdot \eta_R \cdot y_{bz} \cdot m \ [\mathrm{m}]$$

mit η_R Beiwert zur Berücksichtigung des Reibungsverlustes der Vorspannkraft (vgl. Abb. 12.21),

　　　m Verhältniszahl für die gewählte Vorspannung in den Trägerabschnitten,

　　　y_{bz} Hebelarm der Spanngliedschwerachse bezogen auf die Schwerachse des Trägers.

Die Werte $\eta_R \cdot y_{bz}$ und m sind in Abb. 12.22 aufgetragen. Die δ_{io}-Werte entstehen durch „Koppeln" der $\overline{M}_v$-Fläche mit den Einheitsmomentflächen im Bereich des 2. Bauabschnittes.

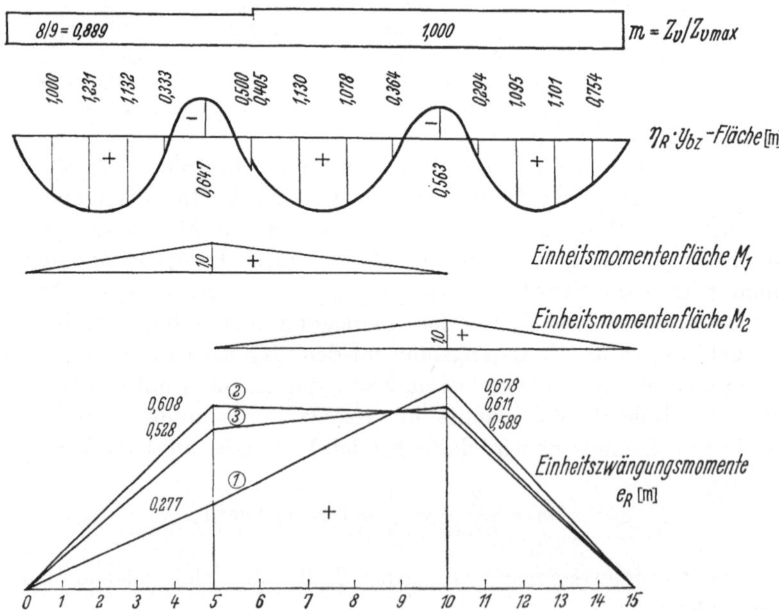

Abb. 12.22. Ermittlung der Zwängungsmomente für die Einheitsvorspannung $m = Z_v/Z_{v\,\mathrm{max}}$.

$$E I \cdot \delta_{10} = \int\limits_{\text{Pkt } 6}^{\text{Pkt } 10} \overline{M}_v \cdot M_1 \cdot dx = -11{,}15\,\text{m}^2 \,,$$

$$E I \cdot \delta_{20} = \int\limits_{\text{Pkt } 6}^{\text{Pkt } 15} \overline{M}_v \cdot M_1 \cdot dx = -18{,}09\,\text{m}^2 \,.$$

Mit $E I \cdot \delta_{11} = E I \cdot \delta_{22} = 24$ m und $E I \cdot \delta_{12} = E I \cdot \delta_{21} = 6{,}66$ m erhält man:

$$X_1 = e_{R(5)} = 0{,}277 \text{ m} \,,$$
$$X_2 = e_{R(10)} = 0{,}678 \text{ m} \,.$$

Der Verlauf der Einheitszwängungsmomente e_R nach Herstellen des 2. Bauabschnittes (Zeitpunkt $t = 0$) ist in Abb. 12.22 dargestellt (Kurve *1*).

Wie in Abschnitt 12.5.2 beschrieben, lagern sich die Schnittkräfte (Momente) eines in mehreren Bauabschnitten hergestellten Trägers durch das Kriechen des Betons um. Das gilt auch für die Zwängungsmomente zum Zeitpunkt $t = 0$. Sie nähern sich mit der Zeit dem Momentenverlauf an, der entstehen würde, wenn die Vorspannung sowohl des 1. wie des 2. Bauabschnittes auf das sog. Endsystem des Dreifeldträgers aufgebracht würde.

Der Verlauf der Einheitszwängungsmomente für diesen Fall ist in Abb. 12.22 als Kurve *2* dargestellt.

Die Einheitszwängungsmomente nach Abschluß der Kriechumlagerung ($t = \infty$) sind ebenfalls in Abb. 12.22 aufgetragen (Kurve *3*). Man erhält sie durch Auswerten der in Abschnitt 12.5.2 genannten Beziehung:

$$M_{t = \infty} = M_{SBZ} + (M_{\text{End}} - M_{SBZ}) \frac{\varphi_\infty}{1 + \varrho \cdot \varphi_\infty}$$

mit M_{SBZ} Zwängungsmoment im Bauzustand 2, hier identisch mit Zwängungsmoment aus der Summe aller Bauzustände,

M_{End} Zwängungsmoment des aus einem Guß hergestellt gedachten Dreifeldträgers.

Mit der Ankerkraft Z_v der im jeweiligen Querschnitt vorhandenen Spannglieder (vgl. S. 240) erhält man aus den Einheitszwängungsmomenten e_R die tatsächlichen Zwängungsmomente zu

$$M_{zw} = \frac{Z_v \cdot e_R}{m} = Z_{v\max} \cdot e_R \,.$$

12.5.4 Ermittlung der erforderlichen Vorspannkraft

Das Biegemoment aus Vorspannung und Zwängung zum Zeitpunkt $t = 0$ läßt sich folgendermaßen darstellen:

$$M_v{}^* = -Z_v \left(\eta_R \cdot y_{bz} - \frac{e_R}{m} \right)$$

und daraus mit

$$e = y_{bz} - \frac{e_R}{\eta_R \cdot m}$$

$$M_v{}^* = -Z_v \cdot \eta_R \cdot e \; .$$

Dabei bedeuten:

Z_v Ankerkraft aller im Querschnitt vorhandenen Spannglieder bei Ausnutzung der zulässigen Stahlspannung $\sigma_{zul} = 0{,}55 \cdot \beta_z$,

e_R Zwängungsmoment für die Einheitsvorspannung gemäß Abschnitt 12.5.3,

η_R, m, y_{bz} (vgl. S. 236).

Mit Hilfe der wirksamen Exzentrizität e sind aus Gl. (8.06) und (8.08) folgende Bemessungsgrundlagen in Tab. 12.4 errechnet[1]:

a) größte Vorspannkraft Z_{zug}, die der Querschnitt unter den Bedingungen der vollen Vorspannung aufnehmen kann (Zeile 15),

b) größte aufnehmbare positive Momente für die Feldquerschnitte 2 u. 7a sowie größte aufnehmbare negative Momente für die Stützquerschnitte 5, 10 u. 13 bei voller Vorspannung (Zeile 16),

c) erforderliche Vorspannkraft zur Aufnahme der in Zeile 5 u. 6 angegebenen größten Feld- und Stützmomente bei voller Vorspannung (Zeile 17) und bei beschränkter Vorspannung (Zeile 18).

Der Rechnung liegen die zulässigen Spannungen gemäß DIN 4227 zugrunde:

	volle Vorspannung		beschränkte Vorspannung		
	Gebrauchsl.	Bauzust.	Gebrauchsl.	Bauzust.	
σ_{bD}	130	130	130	130	kp/cm²
σ_{bZ}	0	10	28	22	kp/cm²

Der Spannungsabfall infolge Kriechen und Schwinden zum Zeitpunkt $t = \infty$ wird zu $K + S = 10\%$ geschätzt.

Aus Tab. 12.4 Zeile 16 ist zu ersehen, daß die aufnehmbaren Feld- und Stützmomente weitaus größer sind als die Extremwerte aus der äußeren Belastung (Zeilen 5 u. 6). Die Querschnittsabmessungen sind also ausreichend.

Die größten Werte für die erforderliche Vorspannung ergeben sich in Punkt 7a. Wir wählen die Ankerkräfte so, daß die Vorspannkraft hier zwischen den für volle und für beschränkte Vorspannung erforderlichen Werten liegt.

---

[1] Die Gleichungen (8.05) bis (8.08) lassen sich sowohl für Stütz- als auch für Feldquerschnitte anwenden. Bei einem Stützquerschnitt sind die Werte W_o und W_u zu vertauschen und mit negativem Vorzeichen einzusetzen. Auch die Bezeichnungen $\max M$ und $\min M$ sind zu vertauschen, damit man für den Stützquerschnitt vorzeichengerechte Werte erhält.

Tabelle 12.4. *Ermittlung der erforderlichen Vorspannkraft Z_v und der mit der gewählten Vorspannkraft $Z_{v\text{-gewählt}}$ aufnehmbaren Momente.*

Zeile	Punkt		2			5			7 a		10		13	
	Bauzustand		1	2 $t=0$	2 $t=\infty$	1	2 $t=0$	2 $t=\infty$	2 $t=0$	2 $t=\infty$	2 $t=0$	2 $t=\infty$	2 $t=0$	2 $t=\infty$
1	M_{g_0}	Mpm	1486	1179	1005	−432	−1200	−1634	1132	976	−1937	−1815	884	933
2	M_{g_1}	Mpm		246	246		−460	−460	240	240	−460	460	246	246
3	M_{pmax}	Mpm	157	134	683		22	104	144	719	22	104	134	683
4	M_{pmin}	Mpm	−16	−44	−200	−41	−189	−710	−57	−208	−189	−710	−44	−200
5	max$M$	Mpm	1643	1559	1934	−432	−1178	−1990	1516	1935	−1915	−2171	1264	1862
6	min$M$	Mpm	1470	1135	1051	−473	−1849	−2804	1075	1008	−2586	−2985	840	979
7	W_o	m³		4,03			−2,27		4,03		−2,27		4,03	
8	W_u	m³		2,27			−4,03		2,27		−4,03		2,27	
9	η_R			0,985			0,938		0,859		0,971		0,910	
10	y_{bz}	m		1,25			−0,69		1,35		−0,58		1,21	
11	$1/m$			1,125			1,125		1,00		1,00		1,00	
12	e_R	m	0,0	0,111	0,211	0,0	0,277	0,528	0,477	0,569	0,678	0,611	0,272	0,245
13	e	m	1,25	1,12	1,01	−0,69	−1,02	−1,32	0,80	0,69	−1,28	−1,21	0,91	0,94
14	Kriechfaktor c		1,0	1,0	0,9	1,0	1,0	0,9	1,0	0,9	1,0	0,9	1,0	0,9
15	Z_{zug}[Gl.(8.05)]	Mp	4320	4320	5017	2196	2196	2826	4320	5017	2196	2826	4320	5087
16	maxM_{zul}[1] [Gl.(8.06)]	Mpm	7433	6871	6448	−3548	−4273	−5245	5489	5003	−4844	−4965	5964	6132
17	Z_{erf}[Gl.(8.06)] volle Vorsp.	Mp	849	866	1505	49	821	1511	1058	1940	1080	1699	781	1523
18	Z_{erf}[Gl.(8.06)] beschr. Vorsp.	Mp	686	689	1010	0	546	903	835	1303	840	1057	576	1003
19	$Z_R = Z_{v\text{gewählt}} \cdot \eta_R$	Mp		1828			1740		1794		2027		1900	
20	minM_{zul}[1] [Gl.(8.08 od. 8.07)] für Z_R, beschr. Vorsp.	Mpm	98	−139	−341	26	−548	−934	−766	−963	−1248	−970	−428	−371

[1] Vgl. Fußnote S. 238

Die gewählten Ankerkräfte betragen:

1. Bauabschnitt: $Z_v = 1856$ Mp (8 Spannglieder à 116 Mp je Steg),

2. Bauabschnitt: $Z_v = 2088$ Mp (9 Spannglieder à 116 Mp je Steg).

Jedes Spannglied hat einen Stahlquerschnitt von $f_z = 12,4$ cm². Bei einer Ankerkraft von 116 Mp errechnet sich daraus eine Stahlspannung von

$$\sigma_z = \frac{116}{12,4} = 9,35 \text{ Mp/cm}^2 \sim 0,55 \cdot \beta_z .$$

Aus den gewählten Ankerkräften Z_v erhält man die Vorspannkräfte in den einzelnen Querschnitten zu $Z_R = Z_v \cdot \eta_R$ (vgl. Tab. 12.4, Zeile 19). Die mit diesen Vorspannkräften aufnehmbaren Momente min$M$ nach Gl. (8.07) bzw. Gl. (8.08) sind in Zeile 20 für beschränkte Vorspannung angegeben. Ein Vergleich mit den Werten aus Zeile 5 und 6 zeigt, daß alle Momente aus äußeren Lasten aufgenommen werden können.

12.5.5 Spannungsabfall infolge Kriechen und Schwinden

Durch Umformen von Gl. (7.07a) erhält man folgende Beziehung für den Spannungsabfall im Stahl infolge Kriechen und Schwinden:

$$\sigma_{z,k+s} = \frac{n \cdot (\varphi_\infty \cdot (\sigma_{bz,v}{}^* + \sigma_{bz,d}) + \varepsilon_{s,\infty} \cdot E_b)}{1 - n \cdot \left(1 + \frac{\varphi_\infty}{2}\right) \frac{\sigma_{bz,v}{}^*}{\sigma_{zv}{}^*}} . \tag{7.07b}$$

Bei der Auswertung dieser Gleichung werden folgende Materialkonstanten zugrunde gelegt:

$E_z = 2{,}1 \cdot 10^7$ Mp/m² , $\qquad\qquad \varphi_\infty = 2{,}02$ (vgl. S. 233) ,

$E_b = 3{,}4 \cdot 10^6$ Mp/m² , $\qquad\qquad \varepsilon_{s,\infty} = -12 \cdot 10^{-5}$,

$n\ = E_z/E_b = 6{,}2$.

In Gl. (7.07b) gehen folgende Spannungen ein:

$\sigma_{bz,v}{}^*$ Betonspannung in Höhe der Stahlfaser aus Vorspannung und Zwängung unter Berücksichtigung des Reibungsverlustes,

$\sigma_{zv}{}^*$ Stahlspannung aus Vorspannung und Zwängung unter Berücksichtigung des Reibungsverlustes,

$\sigma_{bz,d}$ Betonspannung in Höhe der Stahlfaser aus dauernd wirkenden äußeren Lasten.

Die zahlenmäßige Berechnung des Spannungsabfalls wird für den Punkt 5a vorgeführt. Es werden die kriecherzeugenden Spannungen zum Zeitpunkt $t = 0$, also nach Herstellen des 2. Bauabschnittes zugrunde gelegt. Gemäß Abschnitt 7.4 kann die so ermittelte Abminderung aller Spannungen aus Vorspannung und Zwängung näherungsweise auch für den Zustand nach Abschluß der Kriechumlagerung ($t = \infty$) angesetzt werden.

Spannstahlquerschnitt: $\qquad\qquad F_z = 16 \cdot 12{,}4 \cdot 10^{-4} = 0{,}01984$ m²

Betonquerschnittsfläche: $\qquad\quad F_b = 5{,}43 \qquad\qquad\qquad$ m²

Widerstandsmoment für die Betonspannung in Höhe der Stahlfaser: $\quad W_z = \dfrac{3{,}44}{0{,}63} \qquad\quad = \quad 5{,}46$ m³

Zwängungsmoment: $\qquad\qquad M_{zw} = 0{,}287 \cdot 2088 \quad = \qquad 599$ Mpm

Vorspannkraft unter Berücksichtigung der Reibung: $\qquad Z_R = 1856 \cdot 0{,}946 \quad = \quad 1756$ Mp

Vorspannmoment: $\qquad\qquad\quad M_v = 1756 \cdot 0{,}63 \quad = \quad 1106$ Mpm

Moment aus Vorspannung und Zwängung: $\qquad\qquad M_v{}^* = 1106 + 599 \quad = \quad 1705$ Mpm

Dauernd wirkendes Moment aus äußeren Lasten: $\qquad M_{g_0+g_1} = -975 - 392 \quad = -1367$ Mpm

$$\sigma_{bz,v}{}^* = -\frac{Z_R}{F_z} - \frac{M_v{}^*}{W_z} = -\frac{1756}{5{,}43} - \frac{1705}{5{,}46} \qquad = -636 \;\text{Mp/m}^2$$

$$\sigma_{zv}{}^* = \frac{Z_R}{F_z} - n\,\frac{M_{zw}{}^1}{W_z} = \frac{1756}{0{,}01984} - 6{,}2\,\frac{599}{5{,}46} \qquad = 87828 \;\text{Mp/m}^2$$

$$\sigma_{bz,d} = -\frac{M_{g_0+g_1}}{W_z} = \frac{1367}{5{,}46} \qquad\qquad\qquad = \quad 250 \;\text{Mp/m}^2$$

$$\sigma_{z,k+s} = \frac{6{,}2\,(2{,}02\,(-636+250) - 12 \cdot 3{,}4 \cdot 10^{-5} \cdot 10^6)}{1 - 6{,}2\left(1 + \dfrac{2{,}02}{2}\right)\dfrac{-636}{87828}} = 6754 \;\text{Mp/m}^2$$

Der prozentuale Spannungsabfall infolge Kriechen und Schwinden beträgt:

$$K + S = \frac{\sigma_{z,k+s}}{\sigma_{zv}{}^*} \cdot 100 = \frac{6754}{87828} \cdot 100 = 7{,}7\% \,.$$

12.5.6 Nachweis der Normalspannungen

Die Betonquerschnittswerte sind über die Trägerlänge konstant:

$$F = 5{,}43 \text{ m}^2, \quad I_b = 3{,}44 \text{ m}^4, \quad W_o = 4{,}03 \text{ m}^3, \quad W_u = 2{,}27 \text{ m}^3.$$

Die ideellen Querschnittswerte sind von der Lage und dem Querschnitt der Spannbewehrung abhängig. Sie sind für die Punkte, in denen Normalspannungsnachweise geführt werden, in Tab. 12.5 zusammengestellt. Für Punkt 7a wird die Ermittlung der ideellen Querschnittswerte zahlenmäßig vorgeführt.

$$y_{bz} = 1{,}35 \text{ m}, \quad F_z = 18 \cdot 12{,}4 \cdot 10^{-4} = 0{,}02232 \text{ m}^2,$$

$$y_{bo} = 0{,}86 \text{ m}, \qquad y_{bu} = 1{,}51 \text{ m},$$

$$n = \frac{E_z}{E_b} = \frac{2{,}1 \cdot 10^6}{3{,}4 \cdot 10^5} = 6{,}2\,,$$

$$\mu = \frac{F_z}{F_b} = \frac{0{,}02232}{5{,}43} = 0{,}00411\,.$$

---

[1] vgl. die Anmerkung zur Ermittlung der Stahlspannungen auf S. 242 ff.

Mit den Gleichungen aus Abschnitt 6.1 erhält man:

$$F_i = F_b \left(1 + (n-1)\,\mu\right) \qquad\qquad = 5{,}43\,(1 + 5{,}2 \cdot 0{,}00411) \qquad = 5{,}55\;\mathrm{m}^2\,,$$

$$y_{bi} = y_{bz} \cdot \frac{(n-1)\,\mu}{1 + (n-1)\,\mu} \qquad = 1{,}35 \cdot \frac{5{,}2 \cdot 0{,}00411}{1 + 5{,}2 \cdot 0{,}00411} \qquad = 0{,}028\;\mathrm{m}\,,$$

$$I_i = I_b + F_b \cdot y_{bz}^2 \cdot \frac{(n-1)\,\mu}{1 + (n-1)\,\mu} = 3{,}44 + 5{,}43 \cdot 1{,}35^2 \cdot \frac{0{,}0215}{1{,}0215} = 3{,}65\;\mathrm{m}^4\,,$$

$$W_{ui} = \frac{I_i}{y_{bu} - y_{bi}} = \frac{3{,}65}{1{,}51 - 0{,}028} = 2{,}46\;\mathrm{m}^3\,,$$

$$W_{oi} = \frac{I_i}{y_{bo} + y_{bi}} = \frac{3{,}65}{0{,}86 + 0{,}028} = 4{,}11\;\mathrm{m}^3\,,$$

$$W_{zi} = \frac{I_i}{y_{bz} - y_{bi}} = \frac{3{,}65}{1{,}35 - 0{,}028} = 2{,}76\;\mathrm{m}^3\,.$$

Tabelle 12.5. *Ideelle Querschnittswerte*

Punkt	F_i m^2	I_i m^4	W_{oi} m^3	W_{ui} m^3	W_{zi} m^3
5 a	5,53	3,48	4,10	2,29	5,63
6 re	5,55	3,47	3,98	2,31	7,09
7 a	5,55	3,65	4,11	2,46	2,76

In Tab. 12.6 sind alle Spannungen, die aus Eigengewicht und Zwängung entstehen, mit Hilfe der Bruttoquerschnittswerte errechnet. Genau genommen müßten diejenigen Spannungen, die aus den Lastfällen Eigengewicht und Zwängung in einem Querschnitt nach dem Auspressen der Hüllrohre entstehen, mit Hilfe der ideellen Querschnittswerte berechnet werden. Also:

a) die Spannungen, die durch die Kriechumlagerung der Eigengewichts- und Zwängungsmomente entstehen und

b) die Spannungen, die in den schon fertiggestellten Bauabschnitten entstehen, wenn sich die Eigengewichts- und Zwängungsmomente durch Anfügen eines weiteren Bauabschnittes ändern.

Die Spannungen aus den Lastfällen Ausbaugewicht g_1 und Verkehr werden mit Hilfe der ideellen Querschnittswerte bestimmt.

Vereinfachend wird angenommen, daß die Verkehrsbelastung nach DIN 1072 erst auftritt, wenn die Kriechumlagerung abgeschlossen ist. In der Praxis ist ein Zwischenzustand zu untersuchen, der die Kriechumlagerung und den Spannungsabfall durch Kriechen und Schwinden bis zum Zeitpunkt der Verkehrsübergabe berücksichtigt.

Zur Ermittlung der Stahlspannungen aus den Lastfällen g_o und zw sei angemerkt: die Vorspannkraft Z_v wird als Ankerkraft beim Vorspannen am Bauwerk gemessen. Wenn man von der Rückfederung des Lehrgerüstes absieht, sind in diesem Augenblick das Eigengewicht g_o und die Zwängung voll wirksam. Die Stahlspannungen, die man in den Querschnitten des gerade angespannten Bauabschnittes aus der Vorspannkraft Z_v ermittelt, enthalten also schon die entsprechenden Anteile aus Eigengewicht und Zwängung.

In Tab. 12.6 ist daher unter dem Lastfall g_0 bei Punkt 5a im Bauzustand 1 und bei den Punkten 6 re u. 7a im Bauzustand 2 zum Zeitpunkt $t = 0$ keine Stahlspannung angegeben. In den Stahlspannungen von Punkt 5a ist im Bauzustand 2 zum Zeitpunkt $t = 0$ die Spannungsänderung der Lastfälle g_0 und zw berücksichtigt, die durch das Anfügen des 2. Bauabschnittes im schon bestehenden Teil entsteht.

Tabelle 12.6. *Normalspannungen* (Mp/m²)

Lastfall	Punkt 5a			Punkt 6 re			Punkt 7 a		
	σ_{bo}	σ_{bu}	σ_z	σ_{bo}	σ_{bu}	σ_z	σ_{bo}	σ_{bu}	σ_z
Bauzustand 1									
g_0	82	−145							
v	−598	164	88508						
$p\,\mathrm{max}$									
$p\,\mathrm{min}$	8	−14	34						
$g_0 + v$	−516	19	88508						
$g_0 + v + p\,\mathrm{max}$	−516	19	88508						
$g_0 + v + p\,\mathrm{min}$	−508	5	88542						
Bauzustand 2, $t = 0$									
g_0	242	−430	732	− 95	168		−281	499	
g_1	96	−171	432	3	− 5	− 10	− 58	98	539
$v^* = v + z\,w$	−746	428	87828	−287	−355	75762	23	−958	80376
$p\,\mathrm{max}$	− 5	9	− 22	− 14	23	47	− 35	59	323
$p\,\mathrm{min}$	40	− 71	178	15	− 26	− 52	14	− 23	− 128
$g_0 + v^*$	−504	− 2	88560	−382	−187	75762	−258	−459	80376
$g_0 + g_1 + v^* + p\,\mathrm{max}$	−413	−164	88970	−393	−169	75799	−351	−302	81238
$g_0 + g_1 + v^* + p\,\mathrm{min}$	−368	−244	89170	−364	−218	75700	−302	−384	80787
Bauzustand 2, $t = \infty$									
g_0	342	−608	1192	− 14	26	− 291	−242	430	− 379
g_1	96	−171	432	3	− 5	− 10	− 58	98	539
$v^* = v + zw$	−873	652	87251	−384	−183	76105	− 25	−873	80807
$p\,\mathrm{max}$	− 23	41	− 102	− 85	146	295	−175	292	1615
$p\,\mathrm{min}$	147	−263	662	70	−120	− 243	51	− 85	− 467
$K + S\ [\%]$		7,7			7,4			7,6	
$k + s$	67	− 50	−6718	28	14	−5631	2	66	−6141
$g_0 + g_1 + v^* + k + s + p\,\mathrm{max}$	−391	−136	82055	−452	− 2	70468	−498	13	76441
$g_0 + g_1 + v^* + k + s + p\,\mathrm{min}$	−221	−439	82819	−297	−268	69930	−272	−364	74359
$g_0 + g_1 + v^* + k + s + 0,5\,p\,\mathrm{max}$	−380	−157	82106	−410	− 75	70321	−411	−133	75634
$g_0 + g_1 + v^* + k + s + 0,5\,p\,\mathrm{min}$	−295	−308	82488	−332	208	70052	−298	−322	74593
$v^* + k + s + 1,35\,(g_0 + g_1 + p\,\mathrm{max})$				−486	56	70466	−664	300	77063
$v^* + k + s + 1,35\,(g_0 + g_1 + p\,\mathrm{min})$	− 16	−803	83619	−276	−303	69740			

16*

Die Stahlspannungen der Lastfälle g_o und v^* im Bauzustand 2 zum Zeitpunkt $t = \infty$ erhält man aus den Spannungen zum Zeitpunkt $t = 0$ durch Hinzufügen der Anteile, die aus der Kriechumlagerung der Eigengewichts- u. Zwängungsmomente entstehen.

Die in Tab. 12.6 angegebenen Spannungen σ_{bo} am oberen Querschnittsrand sind allein aus den Biegemomenten und Normalkräften, die auf den Hohlkastenquerschnitt als ganzes wirken, errechnet. Hierzu sind die Randspannungen aus den Biegemomenten der Fahrbahnplatte infolge Eigengewicht und Verkehrslast zu addieren. Im allgemeinen sind nur die Zugspannungen aus der Längseinspannung der Fahrbahnplatte in die Querträger von Bedeutung. In Punkt 5a ist daher der kleinsten dort auftretenden Druckspannung von $\sigma_{bo} = -221\ \mathrm{Mp/m^2}$ die Zugspannung am oberen Plattenrand aus örtlicher Lastabtragung zu überlagern. Die Summe der Zugspannungen aus den einzelnen Tragwirkungen darf die zulässige Zugspannung für Haupt- und Zusatzlasten nach DIN 4227 nicht überschreiten.

12.5.7 Schiefe Hauptspannungen in Punkt 5a

Es werden die schiefen Hauptspannungen unter rechnerischer Bruchlast zum Zeitpunkt $t = \infty$ untersucht, und zwar in den in Abb. 12.16 eingetragenen Schnitten 1—6. Als Schnittkräfte werden die größte Querkraft mit den zugehörigen Biege- und Torsionsmomenten angesetzt.

Der nach DIN 4227 erforderliche Nachweis der Hauptspannungen unter Gebrauchslasten wird hier nicht vorgeführt. Abweichend von der Regelung für rechnerische Bruchlasten sind in diesem Fall die Hauptzugspannungen im Bereich von Längszugspannungen in den Mittelflächen der Gurte und Stege auch unter Berücksichtigung der Normalspannungen nachzuweisen.

Mit Hilfe der in Tab. 12.6 angegebenen Normalspannungen ermittelt man die größte Zugspannung nach Zustand I unter rechnerischer Bruchlast zu:

$$\sigma_{1,75\,(g_0 + g_1 + p\,\mathrm{min}) + v^* + k + s} = 1{,}75\,(342 + 96 + 147) - 873 + 67$$

$$= 218 < 280\ \mathrm{Mp/m^2}.$$

Der Querschnitt liegt damit gemäß DIN 4227 in der sog. Zone a.

Die schiefen Hauptzugspannungen werden ohne Berücksichtigung von Querbiegespannungen[1] nach Zustand I ermittelt:

$$\sigma_1 = \frac{\sigma_x}{2} + \sqrt{\frac{\sigma_x^2}{4} + \tau^2}\,.$$

Im Zugbereich wird $\sigma_1 = \tau$ gesetzt.

Die schiefen Hauptdruckspannungen sollen unter Berücksichtigung des Ausfalls der Betonzugfestigkeit ermittelt werden. Näherungsweise wird folgende in DIN 4227 angegebene Formel zugrunde gelegt:

$$\sigma_2^{(II)} = |\sigma_2^{(I)}| + |\sigma_1^{(I)}|,$$

darin bedeuten $\sigma_2^{(I)}$ Hauptdruckspannung im Zustand I,
$\qquad\qquad \sigma_1^{(I)}$ Hauptzugspannung im Zustand I.

Die Querkraft aus Vorspannung hängt von der Neigung der Schwerlinie der Spannglieder ab. Für die in Abb. 12.21 angegebene Spanngliedführung ist in Punkt 5a:

$$y' \sim -0,05$$

damit wird

$$Q_v = y' \cdot \eta_R \cdot Z_v = -0,05 \cdot 0,946 \cdot 1856 = -88 \text{ Mp.}$$

Die Zwängungsquerkraft entsteht aus dem Unterschied der Zwängungsmomente in Punkt 5 und 10 (vgl. Abb. 12.22):

$$Q_{zw} = \frac{e_R(10) - e_R(5)}{40} \cdot \frac{Z_v}{m} = \frac{0,611 - 0,528}{40} \cdot \frac{1856}{0,889} = 4 \text{ Mp},$$

$$Q_v{}^* = -88 + 4 = -84 \text{ Mp.}$$

Das Biegemoment infolge Vorspannung und Zwängung errechnet sich zu:

$$M_v{}^* = -Z_v \left(\eta_R \cdot y_{bz} - \frac{e_R}{m} \right),$$

$$= -1856 \left(-0,946 \cdot 0,63 - \frac{0,530}{0,889} \right) = 2213 \text{ Mpm.}$$

Die Querkräfte und zugehörigen Biegemomente aus Eigengewicht und Verkehr sind Tab. 12.2 zu entnehmen. Mit dem Spannungsabfall aus Kriechen und Schwinden von $K + S = 7,7\%$ (vgl. Tab. 12.6) errechnet man die maßgebende Querkraft und das maßgebende Biegemoment unter rechnerischer Bruchlast zu:

$$Q_{1,75\,(g_0 + g_1 + p) + v^* + k + s} = 1,75\,(252 + 67 + 126) - (1,0 - 0,077)\,81$$
$$= 702 \text{ Mp,}$$

$$M_{1,75\,(g_0 + g_1 + p) + v^* + k + s} = 1,75\,(-1380 - 392 - 432) + (1,0 - 0,077)\,2213$$
$$= -1814 \text{ Mpm.}$$

Ein Torsionsmoment tritt nur im Lastfall Verkehr auf (vgl. Tab. 12.2):

$$M_{T\,(1,75\,p)} = 1,75 \cdot 85 = 149 \text{ Mpm.}$$

---

[1] Querbiegespannungen entstehen z. B. in der oberen Gurtplatte durch die Aufnahme der Plattenmomente aus Eigengewicht und Verkehr. Vgl. auch die Bemerkungen auf S. 249 zur Ermittlung der Querbiegebewehrung.

Die Vorspannkraft unter Berücksichtigung der Reibung und des Spannungsabfalls aus Kriechen und Schwinden beträgt:

$$Z_R = 1856 \cdot 0{,}946\,(1{,}0 - 0{,}077) = 1621\ \text{Mp}.$$

Um die Normalspannungen in den Schnitten 1—6 (Abb. 12.16) ermitteln zu können, benötigt man zunächst die Randspannungen. Mit den Querschnittswerten[1] von S. 229 erhält man:

$$\sigma_{bo} = \frac{1621}{5{,}43} + \frac{1814}{4{,}03} = \qquad 152\ \text{Mp/m}^2\,,$$

$$\sigma_{bu} = \frac{1621}{5{,}43} - \frac{1814}{2{,}27} = -1098\ \text{Mp/m}^2\,.$$

In den Vertikalschnitten 1 und 2, deren oberer Teil im Zugbereich liegt, genügt es, die Schubspannungen τ zu ermitteln. Unter der Voraussetzung, daß Zugnormalspannungen nicht berücksichtigt werden, stellen sie den Größtwert der im Schnitt auftretenden schiefen Hauptzugspannungen dar. Im Vertikalschnitt 3 liegt der Größtwert der schiefen Hauptzugspannungen an der oberen Randfläche, weil hier die Normalspannungen am kleinsten sind.

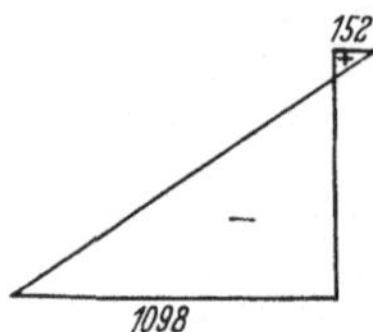

Abb. 12.23. Randnormalspannungen zur Ermittlung der schiefen Hauptspannungen in Punkt 5a (Mp/m²).

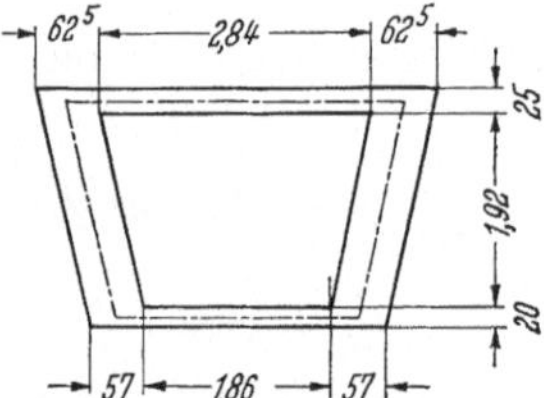

Abb. 12.24. Ersatzquerschnitt zur Ermittlung der Schubspannungen aus Torsion.

Die Schubspannungen aus Querkraft ergeben sich in jedem Schnitt nach der bekannten Formel:

$$\tau^Q = \frac{Q \cdot S}{I \cdot b}$$

mit S statisches Moment des durch den Schnitt abgetrennten Querschnittsteiles, bezogen auf den Schwerpunkt des Gesamtquerschnittes. Der Hohlquerschnitt wird zur Ermittlung dieser Werte in der Symmetrieachse aufgeschnitten,

I Trägheitsmoment des Betonquerschnittes ($I = 3{,}44\ \text{m}^4$),

b Schnittbreite senkrecht zur Mittellinie.

---

[1] Beim Nachweis der schiefen Hauptzugspannungen wollen wir hier, wie allgemein üblich, Normalspannungen und Schubspannungen mit Hilfe der Bruttoquerschnittswerte ermitteln.

Die Schubspannungen aus Torsion werden an dem in Abb. 12.24 dargestellten Ersatzquerschnitt nach der Bredtschen Formel bestimmt:

$$\tau^T = \frac{M_T}{2\,F_R \cdot b}$$

mit F_R von der Mittellinie des Ersatzquerschnittes eingeschlossene Fläche ($F_R = 6{,}4\ \mathrm{m^2}$),

b Schnittbreite senkrecht zur Mittellinie.

Die größte schiefe Hauptdruckspannung entsteht an der unteren Randfläche in Schnitt 3. Man erhält:

$$\sigma_x = -1098\ \mathrm{Mp/m^2}\ (\text{vgl. Abb. 12.23}),$$

$$\tau^{Q+T} = 265 + 58 = 323\ \mathrm{Mp/m^2}\ (\text{vgl. Tab. 12.7}),$$

$$\sigma_1^{(I)} = -\frac{1098}{2} + \sqrt{\frac{1098^2}{4} + 323^2} = 88\ \mathrm{Mp/m^2},$$

$$\sigma_2^{(I)} = -\frac{1098}{2} - \sqrt{\frac{1098^2}{4} + 323^2} = -1186\ \mathrm{Mp/m^2},$$

$$\sigma_2^{(II)} = \left|\sigma_2^{(I)}\right| + \left|\sigma_1^{(I)}\right| = -(1186 + 88) = -1274\ \mathrm{Mp/m^2}.$$

Die zulässige schiefe Hauptdruckspannung für Bn 350 beträgt nach DIN 4227 $\mathrm{zul}\,\sigma_2 = -1750\ \mathrm{Mp/m^2}$.

Tabelle 12.7. *Ermittlung der schiefen Hauptzugspannungen in Punkt 5a*

Schnitt	h von U. K.	S	b	$\dfrac{S}{I \cdot b}$	$\dfrac{1}{2F_R \cdot b}$	τ^a	τ^T	σ_x	$\sigma_1^{I,Q}$	$\sigma_1^{I,T}$	$\sigma_1^{I(Q+T)}$
	m	m³	m	m⁻²	m⁻³	Mp/m²	Mp/m²	Mp/m²	Mp/m²	Mp/m²	Mp/m²
1		0,49	0,40	0,36		250			250		250
2		0,26	0,25	0,30	0,31	212	47		212	47	259
3 oben	0,20	0,26	0,20	0,38	0,39	265	58	−993	66	3	96
4	1,97	0,90	0,60	0,44	0,13	306	19	− 59	278	6	297
5	1,26	0,95	0,60	0,46	0,13	323	19	−432	173	1	189
6	0,55	0,68	0,60	0,33	0,13	231	19	−806	62	0	71

Anmerkung:

Es sei angenommen, daß der Punkt 5a in der sog. Zone b (vgl. DIN 4227) liegt, d. h. daß die größte Zugspannung nach Zustand I unter rechnerischer Bruchlast $\sigma_{1,75\,(g_0 + g_1 + p\,\mathrm{min}) + v^* + k + s} > 28\ \mathrm{kp/cm^2}$ ist. Dann ist bei der Ermittlung der schiefen Hauptzugspannungen aus Querkraft folgendermaßen vorzugehen:

In den Zuggurten und im Zugbereich der Stege werden die sog. Rechenwerte der Schubspannungen nach Zustand II maßgebend; sie sind aus der Zugkraftänderung der Längsbewehrung zu errechnen.

Diese Zugkraftänderung entspricht der Schubkraft in der Nullinie:

$$T_0{}' = \frac{Q}{z},$$

wobei der Hebelarm z der inneren Kräfte nach DIN 4227 mit dem gleichen Wert eingesetzt werden kann, wie er sich beim Bruchsicherheitsnachweis ergibt. Für einen in der Zugzone liegenden Gurtschnitt erhält man die Schubkraft zu:

$$T' = T_0' \frac{Z}{Z_{ges}}$$

mit Z_{ges} Zugkraft der gesamten Längsbewehrung[1],

$\quad\;\; Z$ Zugkraft der Längsbewehrung in dem durch den Schnitt abgetrennten Querschnittsteil.

Den Rechenwert der Schubspannungen ermittelt man aus T' und der Schnittbreite b zu:

$$\tau = \frac{T'}{b}.$$

In unserem Fall liegt im Zuggurt (Fahrbahnplatte) keine Längsbewehrung. Der Rechenwert der Schubspannungen in den Schnitten 1 und 2 ist daher Null, wenn der Querschnitt in der Zone b liegt.

Im Druckbereich der Stege und in den Druckgurten kann man die schiefen Hauptzugspannungen näherungsweise wie in Zone a nach Zustand I ermitteln.

Für die Bemessung der schlaffen Bewehrung des Querschnittes sind in der Regel folgende Nachweise zu führen:

1. Mindestbewehrung gemäß DIN 4227.

Oberflächenbewehrung der Platten

Kragplatte: $f_e = 0,0009 \cdot 40 \cdot 100 = 3,6$ cm²/m	jeweils
ob. Platte: $f_e = 0,0009 \cdot 25 \cdot 100 = 2,3$ cm²/m	oben und
unt. Platte: $f_e = 2,0$ cm²/m $\triangle \varnothing\, 8\, e = 25$ cm	unten
Diese Bewehrung stellt gleichzeitig die Mindestschub-	längs und
bewehrung der Platten dar.	quer

Stegbewehrung

Längsbewehrung je Steg: $F_e = 0,0018 \cdot 237 \cdot 62 = 26$ cm² $\left\{\begin{array}{l}\text{auf beide}\\\text{Stegseiten}\\\text{verteilt}\end{array}\right.$

Schubbewehrung je Steg: $f_e = 0,0018 \cdot 60 \cdot 100 = 11$ cm²/m $\left\{\begin{array}{l}\text{vertikale}\\\text{Bügel}\end{array}\right.$

2. Schubbewehrung nach DIN 4227 zur Aufnahme der Querkräfte unter rechnerischer Bruchlast.

Die zulässige Stahlspannung für St 42/50 beträgt $\sigma_{zul} = 4,2$ Mp/cm².

In den Schnitten 3 u. 6 liegen die schiefen Hauptzugspannungen unter der Nachweisgrenze. Hier wird die Mindestbewehrung maßgebend. In den übrigen Schnitten liegen die schiefen Hauptzugspannungen unter dem für volle Schubdeckung maßgebenden Grenzwert (bei Bn 350: $\sigma_{1,grenz} = 28$ kp/cm²). Der Bemessung wird die sog. reduzierte Haupt-

---

[1] Zur Längsbewehrung wird man alle schlaffen und vorgespannten Stahleinlagen rechnen, die beim Bruchsicherheitsnachweis herangezogen wurden.

spannung $\text{red } \sigma_1 = \dfrac{\text{vorh } \sigma_1^2}{\text{zul } \sigma_1} > 0{,}4 \cdot \text{vorh } \tau_0$ zugrunde gelegt.

$$\text{Schnitt 1:}\qquad \text{red } \sigma_1 = \frac{250^2}{420} = 149 > 0{,}4 \cdot 250 \text{ Mp/m}^2\,,$$

$$f_e = \frac{149 \cdot 0{,}40}{4{,}2} = 14{,}2 \text{ cm}^2/\text{m}\,.$$

$$\text{Schnitt 2:}\qquad \text{red } \sigma_1 = \frac{212^2}{420} = 107 > 0{,}4 \cdot 212 \text{ Mp/m}^2\,,$$

$$f_e = \frac{107 \cdot 0{,}25}{4{,}2} = 6{,}4 \text{ cm}^2/\text{m}\,.$$

$$\text{Schnitt 4:}\qquad \text{red } \sigma_1 = \frac{278^2}{420} = 184 > 0{,}4 \cdot 278 \text{ Mp/m}^2\,,$$

$$f_e = \frac{184 \cdot 0{,}60}{4{,}2} = 26{,}3 \text{ cm}^2/\text{m}\,.$$

3. Schubbewehrung zur Aufnahme der Torsion ohne Berücksichtigung der günstigen Wirkung der Vorspannung

$$f_e = \frac{M_T}{2 F_R \cdot \sigma_e} = \frac{149}{2 \cdot 6{,}4 \cdot 4{,}2} \sim 3{,}0 \text{ cm}^2/\text{m}\,.$$

Diese Bewehrung, die aus einer umlaufenden Bügelbewehrung im Ersatzquerschnitt und aus auf den Umfang verteilten Längseisen besteht, wird unabhängig von der unter Ziffer 2, 4 und 5 errechneten Bewehrung angeordnet.

4. Bewehrung zur Aufnahme der Querbiegemomente.
Es sind die Biegemomente aus Eigengewicht und Verkehr an dem biegesteifen Rahmen zu berechnen, der durch die Mittellinien der Stege und Gurte gebildet wird. Die Bewehrung zur Aufnahme dieser Querbiegemomente ergibt sich aus einer Biegebemessung nach DIN 4224. Diese Nachweise werden hier im einzelnen nicht vorgeführt.

5. Zusätzliche Längsbewehrung im Bereich der Innenstützen, gemäß DIN 4227.
Maßgebend wird der Lastfall mit der kleinsten Druck- bzw. der größten Zugspannung an der Querschnittsunterseite. In Punkt 5a beträgt die untere Randspannung im Bauzustand 2, $t = 0$, Lastfall $g_o + v^*$: $\sigma_{bu} = -2 \sim 0$ Mp/m². Es ist also ein Bewehrungsprozentsatz von 0,3% zugrunde zu legen. Mit den in Abb. 12.25 eingetragenen Querschnittsabmessungen erhält man:

Zusätzliche Längsbewehrung
für das untere Drittel eines Steges $F_e = 0{,}003 \cdot 2{,}37 \cdot 0{,}62 \cdot 10^4 = 44$ cm²,
Zusätzliche Längsbewehrung
für die Bodenplatte $\qquad\qquad F_e = 0{,}003 \cdot 1{,}76 \cdot 0{,}20 \cdot 10^4 = 11$ cm².

12.5.8 Nachweis der Rissebeschränkung in Punkt 7a

Die vorgedrückte Zugzone ist in unserem Beispiel nach DIN 4227 nicht anteilmäßig von Spanngliedern durchsetzt. Daher sind die im Lastfall 1,35 $(g_0 + g_1 + p) + v^* + k + s$ auftretenden Zugkräfte im Beton durch Bewehrung aufzunehmen. Aus Tab. 12.6 entnimmt man für diesen Lastfall die in Abb. 12.25 angegebene Normalspannungsverteilung; daraus werden die Betonzugkräfte nach Zustand I ermittelt.

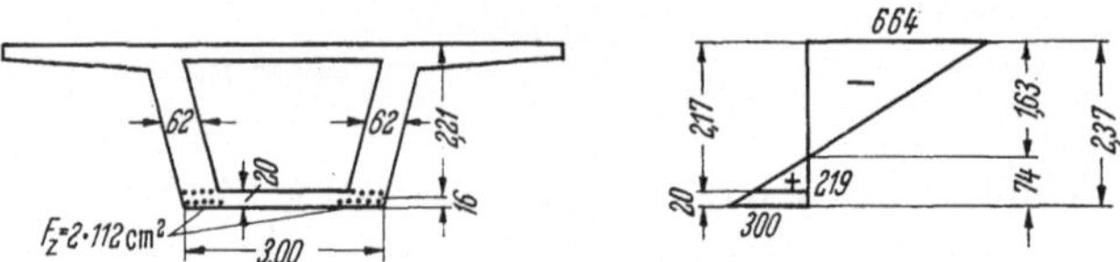

Abb. 12.25. Normalspannungsverteilung in Punkt 7a unter Vorspannung und 1,35fachen äußeren Lasten (Mp/m²).

Der Zugbereich der Stege ist ausreichend von Spanngliedern durchsetzt, die hier entstehenden Betonzugkräfte werden von den Spanngliedern aufgenommen.

Der Spannungszuwachs in den Spanngliedern errechnet sich folgendermaßen:

Zugkraft in einem Steg

$$Z_s = 0,74 \cdot 0,62 \cdot 300 \cdot 1/2 = 69 \text{ Mp},$$

$$F_z = 9 \cdot 12,4 = 112 \text{ cm}^2,$$

$$\Delta \sigma_z = \frac{69}{112} = 0,62 < 2,4 \text{ Mp/cm}^2 .$$

Der Spannungszuwachs in der Spannbewehrung bleibt also unter dem nach DIN 4227 für Gebrauchslasten zulässigen Wert. Die Stahlspannung unter 1,35facher äußerer Last beträgt zum Zeitpunkt $t = \infty$:

$$\sigma_z = 7,71 + 0,62 = 8,33 \text{ Mp/cm}^2 < 0,55 \, \beta_z .$$

Die Bodenplatte ist nicht von Spanngliedern durchsetzt. Die auf die Bodenplatte entfallende Betonzugkraft muß daher durch schlaffe Bewehrung aufgenommen werden:

Zugkraft in der Bodenplatte

$$Z_{\text{pl}} \sim \frac{300 + 219}{2} \, (3,00 - 1,24) \, 0,20 = 91 \text{ Mp} .$$

Als zulässige Stahlspannung wird hier $\beta_s = 4,2 \text{ Mp/cm}^2$ eingesetzt. Die erforderliche Bewehrung beträgt:

$$F_e = \frac{91}{4,2} = 22 \text{ cm}^2 .$$

Anmerkung:

Eine genauere Bemessung nach Zustand II kann man folgendermaßen vornehmen:

Der Querschnitt wird nach DIN 4224 für das Moment $M_{1,35\,(g_0+g_1+p)+v^*+k+s}$ und für die Normalkraft $Z_{v,\,k+s}$ bemessen. Als Ergebnis erhält man die Gesamtbewehrung $F_{e,\,\text{gesamt}}$ für den Querschnitt. Die Bewehrung für einen nicht von Spanngliedern durchsetzten Querschnittsteil erhält man hieraus durch eine Näherungsrechnung: man bestimmt sich nach Zustand I die Betonzugkraft dieses Teiles $Z^{(I)}$ und die Gesamtbetonzugkraft des Querschnittes $Z_{\text{ges}}^{(I)}$. Die Bewehrung des Querschnittsteiles ergibt sich dann näherungsweise zu:

$$F_e = F_{e,\,\text{gesamt}}\;\frac{Z^{(I)}}{Z_{\text{gesamt}}^{(I)}}\;.$$

12.5.9 Bruchsicherheitsnachweis in Punkt 7a

Bei einem Spannungsabfall infolge Kriechen und Schwinden von $K + S = 7,6\%$ (vgl. Tab. 12.6) errechnet sich das Biegemoment unter rechnerischer Bruchlast für den Zeitpunkt $t = \infty$ nach Gl. (9.01) zu:

$$M_U = 1,75\,(M_{g_0} + M_{g_1} + M_{p\max}) + M_{zw}\,(1 - (K + S))\,,$$

$$= 1,75\,(976 + 240 + 719) + 2088 \cdot 0,569\,(1 - 0,076)$$

$$= 4484 \text{ Mpm.}$$

Die Gesamtdehnung des Spannstahles unter Bruchlasten setzt sich aus der sog. Vordehnung des Stahles gegenüber dem Beton (Spannbettdehnung) und der Betondehnung in Höhe der Stahlfaser zusammen. Die Vordehnung als Dehnungsunterschied zwischen Spannglied und umgebendem Beton läßt sich aus den Spannungen einer beliebigen Lastfall-Kombination, die den Lastfall Vorspannung enthält, ermitteln. Den ungünstigsten (kleinsten) Wert erhält man nach Kriechen und Schwinden.

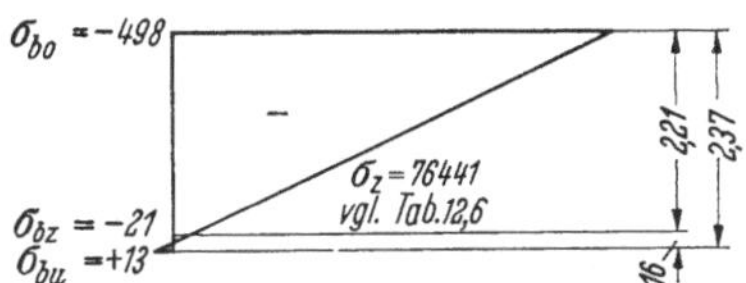

Abb. 12.26. Normalspannungsverteilung zur Ermittlung der Vordehnung (Mp/m²).

Aus Tab. 12.6 entnimmt man z. B. für den Lastfall $g_0 + g_1 + v^* + k + s + p\max$ die in Abb. 12.26 angegebene Normalspannungsverteilung. Die Vordehnung ergibt sich damit zu:

$$\varepsilon_z^{(0)} = \frac{1}{E_z}\,(\sigma_z - n \cdot \sigma_{bz})\,,$$

$$\varepsilon_z^{(0)} = \frac{1}{2,1 \cdot 10^7}\,(76441 + 6,2 \cdot 21) = 3,65 \cdot 10^{-3} \triangleq 3,7\ {}^0\!/\!_{00}\,.$$

Nach DIN 4227 darf unter rechnerischen Bruchlasten die Betondehnung in Höhe der Stahlfaser nicht größer als $\varepsilon_e = 5^0/_{00}$ werden. Die größtmögliche Stahlgesamtdehnung beträgt also im vorliegenden Fall:

$$\varepsilon_{zU} = \varepsilon_z^{(0)} + \varepsilon_e = 3{,}7 + 5{,}0 = 8{,}7^0/_{00}\,.$$

Bei dieser Dehnung befindet sich der Stahl St 150/170 im Fließzustand. Die größtmögliche Stahlzugkraft beträgt also bei 18 Spanngliedern mit $F_z = 18 \cdot 12{,}4 = 223\ \text{cm}^2$:

$$\max Z_U = \beta_S \cdot F_z = 15 \cdot 223 = 3345\ \text{Mp.}$$

Für den Grenzwert der Betonstauchung $\varepsilon_b = -3{,}5^0/_{00}$, zu dem eine Betondruckspannung von $\beta_R = 0{,}6 \cdot \beta_{wN} = 2100\ \text{Mp/m}^2$ gehört, ermittelt man nach Abb. 12.27 eine Betondruckkraft von

$$\max D_{bU} = 2100\,(8{,}30 \cdot 0{,}30 + 1{,}24 \cdot 0{,}19 + 2/3 \cdot 1{,}24 \cdot 0{,}52)$$

$$= 6626 > 3345\ \text{Mp.}$$

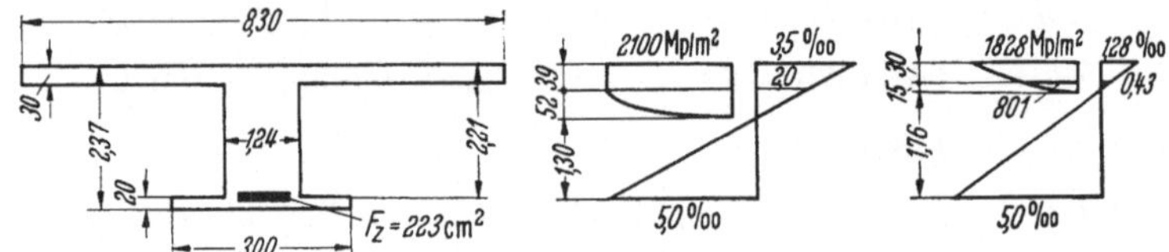

Abb. 12.27. Ermittlung des aufnehmbaren Bruchmomentes in Punkt 7a.

Man sieht, daß die Betonstauchung bei festgehaltener Stahldehnung $\varepsilon_z = 5^0/_{00}$ kleiner angesetzt werden muß, damit Gleichgewicht zwischen Stahlzug- und Betondruckkraft entsteht. Durch Variation der Nulllinienlage nach Abschnitt 9.3.1 findet man die in Abb. 12.27 rechts angegebene Dehnungsverteilung. Die zugehörige Betondruckkraft errechnet sich zu:

$$D_{bU} = (1828 + 801)\,1/2 \cdot 8{,}30 \cdot 0{,}30 + 801 \cdot 1/2 \cdot 1{,}24 \cdot 0{,}15$$

$$= 3347 = \sim 3345\ \text{Mp.}$$

Den Angriffspunkt der Druckkraft kann man mit guter Näherung in die Mitte der Druckplatte legen. Das aufnehmbare Bruchmoment beträgt:

$$M_{Br} = 3345\,(2{,}21 - 0{,}15) = 6891 > 4484\ \text{Mpm.}$$

Die Bruchsicherheit errechnet sich zu:

$$\nu = \frac{M_{Br} - M_{zw}\,(1 - (K + S))}{M_{g_0} + M_{g_1} + M_{p\max}} = \frac{6891 - 1098}{976 + 240 + 719} = 3{,}0\,.$$

12.5.10 Aufnahme der Spaltzugkräfte im Eintragungsbereich der Vorspannung

Die Ankerkräfte müssen sich von den Ankerplatten über den ganzen Steg und in die Gurtplatten ausbreiten. Dies geschieht in der sog. Störungszone, an deren Ende die geradlinige Normalspannungsverteilung vorliegt. Am Balkenende sind die Querschnittsteile neben den Ankerplatten normalspannungsfrei.

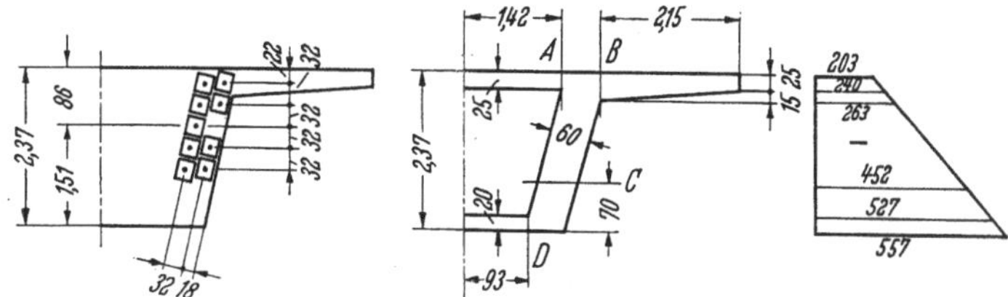

Abb. 12.28. Lage der Ankerplatten am Trägerende und Normalspannungsverteilung am Ende der Störungszone.

In jedem Schnitt in Brückenlängsrichtung ober- oder unterhalb der Ankerplatten (vgl. Schnitte A bis D in Abb. 12.28) kann man zwischen Balkenende und Ende der Störungszone eine Normalkraftdifferenz ermitteln. Diese Normalkraftdifferenz muß in dem betrachteten Schnitt auf der Länge der Störungszone als Schubkraft übertragen werden.

Zusammen mit den Normalspannungen, die von dem Wert Null am Balkenende bis zu ihrem vollen Wert am Ende der Störungszone anwachsen, entstehen aus dieser Schubkraft schiefe Hauptzugkräfte. Das Integral dieser Hauptzugkräfte über die Störungslänge stellt die sog. Spaltzugkraft dar, die durch Bewehrung abzudecken ist.

Näherungsweise ermittelt sich die Spaltzugkraft Z direkt aus der im Schnitt zu übertragenden Normalkraftdifferenz T. Bei mittig angreifender Vorspannkraft: $Z = 1/2\ T$, bei Angriff der Vorspannkraft am Querschnittsrand: $Z = 1/3\ T$.

In unserem Beispiel wird die Verankerungsstelle am Trägerende (Punkt 15) untersucht. Die gleiche Untersuchung ist in der Praxis für alle übrigen Verankerungs- und Koppelstellen durchzuführen. Die Länge der Störungszone wird zu $l_s = 2{,}0$ m geschätzt. Die Lage der Ankerplatten am Trägerende ist in Abb. 12.28 dargestellt.

Die Schnittkräfte aus Vorspannung am Ende der Störungszone errechnen sich mit $y_{bz} = 0{,}33$ m, $\eta_R = 0{,}86$, $e_R = 0{,}038$ m (vgl. Abb. 12.21 und 12.22) zu:

$$Z_R = \quad 0{,}86 \cdot 2088 = \quad 1796 \ \text{Mp,}$$

$$M_v = -0{,}33 \cdot 1796 = -593 \ \text{Mpm,}$$

$$M_{zw} = \quad 0{,}038 \cdot 2088 = \quad 79 \ \text{Mpm,}$$

$$M_v{}^* = -\ 593 + 79 = -514 \ \text{Mpm.}$$

Die Randnormalspannungen aus diesen Schnittkräften ergeben sich zu (vgl. Abb. 12.28):

$$\sigma_{bo} = -\frac{1796}{5{,}43} + \frac{514}{4{,}03} = -203 \text{ Mp/m}^2 \,,$$

$$\sigma_{bu} = -\frac{1796}{5{,}43} - \frac{514}{2{,}27} = -557 \text{ Mp/m}^2 \,.$$

Wir gehen davon aus, daß die Vorspannkraft am Querschnitt mittig angreift. Die Spaltzugkraft für die einzelnen Schnitte errechnet sich dann nach der Formel

$$Z = 1/2 \; T \,.$$

Bei der Bemessung wird die nach DIN 4227 zulässige Stahlspannung von $\sigma_{zul} = 2{,}4 \text{ Mp/cm}^2$ zugrunde gelegt.

Schnitt A:

$$T = \frac{1}{2}\,(203 + 240)\,0{,}25\;1{,}42 \qquad = 79 \text{ Mp}\,,$$

$$Z = \frac{1}{2}\cdot 79 = 39 \text{ Mp}\,, \quad F_e = \frac{39}{2{,}4} = 16 \text{ cm}^2 \,.$$

Schnitt B:

$$T = \frac{1}{2}\,(203 + 240)\,0{,}25\cdot 2{,}15$$

$$+ \frac{1}{6}\,(203 + 2\cdot 240)\,0{,}15\cdot 2{,}15 = 119 + 40 = 159 \text{ Mp}\,,$$

$$Z = \frac{1}{2}\cdot 159 = 80 \text{ Mp}\,, \quad F_e = \frac{80}{2{,}4} = 33 \text{ cm}^2 \,.$$

Schnitt C:

$$T = \frac{1}{2}\,(452 + 557)\,0{,}62\cdot 0{,}70$$

$$+ \frac{1}{2}\,(527 + 557)\,0{,}20\cdot 0{,}93 = 219 + 101 = 320 \text{ Mp}\,,$$

$$Z = \frac{1}{2}\cdot 320 = 160 \text{ Mp}\,, \quad F_e = \frac{160}{2{,}4} = 67 \text{ cm}^2 \,.$$

Schnitt D:

$$T = \frac{1}{2}\,(527 + 557)\,0{,}20\cdot 0{,}93 \qquad = 101 \text{ Mp}\,,$$

$$Z = \frac{1}{2}\cdot 101 = 51 \text{ Mp}\,, \quad F_e = \frac{51}{2{,}4} = 21 \text{ cm}^2 \,.$$

Die gewählte Bewehrung ist in Abb. 12.29 dargestellt. Sie wird über die Eintragungslänge so verteilt, daß ihr Schwerpunkt bei $x = l_s/3 = {}$ $= 0{,}65$ m vom Trägerende entfernt liegt.

Für das Spannglied Nr. 9 ist in der Koppelfuge eine Rückverankerung erforderlich (vgl. S. 186). Die Verankerungsbewehrung wird für $Z_A = 1/3\,Z_R$ bemessen.

$$Z_A \sim \frac{1}{3} \cdot 0{,}81 \cdot 116 = 31\ \text{Mp}\,,$$

$$F_{eerf} = \frac{31}{2{,}4} = 13\ \text{cm}^2\ (2\ \text{Bügelschlaufen} \varnothing\ 20\ \text{zweischnittig})\,.$$

Abb. 12.29. Spaltzugbewehrung im Eintragungsbereich.

In unserem Fall liegt die Zwischenverankerung zum Zeitpunkt des Anspannens schon allseits innerhalb des Betonkörpers. Die sog. rückwärtige Zugkraft ist unmittelbar nach dem Vorspannen in voller Höhe vorhanden.

Anmerkung:

Eine Zwischenverankerung kann auch dadurch entstehen, daß an der Koppelfuge ein Spannglied endet, das im nächsten Bauabschnitt nicht weitergeführt wird. Die Zwischenverankerung liegt dann zum Zeitpunkt des Anspannens nicht im Inneren des Betonkörpers. Die rückwärtige Zugkraft ist zunächst nicht vorhanden. Erst nach dem Anfügen des nächsten Bauabschnittes entstehen hinter der Ankerplatte durch die Kriechumlagerung Zugspannungen. Sie erreichen mit der Zeit nahezu die gleiche Größe wie in unserem Fall.

12.5.11 Ermittlung der Dehnwege

Wir wählen ein Spannverfahren, bei dem kein Schlupf auftritt. In den Spanndrähten entstehen dann Längenänderungen nur beim Anspannen und Ablassen. (Bei Spannverfahren mit Schlupf ziehen sich nach Abschluß des Spannvorganges beim Verankern die Drähte zusammen mit den Keilen in den Ankerkonus ein. Dadurch entsteht ein Spannkraftabfall.)

Der Dehnweg beim ersten Anspannen ermittelt sich aus der Fläche unter der zugehörigen η_R-Kurve (vgl. Abb. 12.21) zu:

$$s = \frac{Z_v}{E_z F_z} \int \eta_R \cdot dx$$

mit $Z_v = 116\ \text{Mp}$ (Ankerkraft eines Spanngliedes),

$\quad F_z = 12{,}4\ \text{cm}^2$ (Querschnittsfläche),

$\quad E_z = 2{,}1 \cdot 10^3\ \text{Mp/cm}^2$ (Elastizitätsmodul).

Die Dehnwegdifferenzen beim Ablassen und Wiederanspannen erhält
man analog aus der Flächendifferenz der η_R-Kurven vor und nach dem
jeweiligen Vorgang. Es werden hier nur die Dehnwege für den 1. Bauabschnitt berechnet; die im folgenden angegebenen Integrale sind also
von Teilpunkt 0 bis Teilpunkt 6 zu berechnen.

$$\text{Anspannen:} \qquad s = \frac{116}{2,1 \cdot 10^3 \cdot 12,4} \int \eta_R^{An1} \cdot dx = 184 \cdot 10^{-3}\,\text{m}$$

$$\triangleq 184\,\text{mm}\,,$$

$$\text{Ablassen:} \qquad \Delta s_1 = 0,00445 \cdot \int (\eta_R^{An1} - \eta_R^{Ab1})\, dx \triangleq 15\,\text{mm}\,,$$

$$\text{Wiederanspannen:}\quad \Delta s_2 = 0,00445 \cdot \int (\eta_R^{An2} - \eta_R^{Ab1})\, dx \triangleq 3\,\text{mm}\,.$$

Tabelle von Querschnittswerten

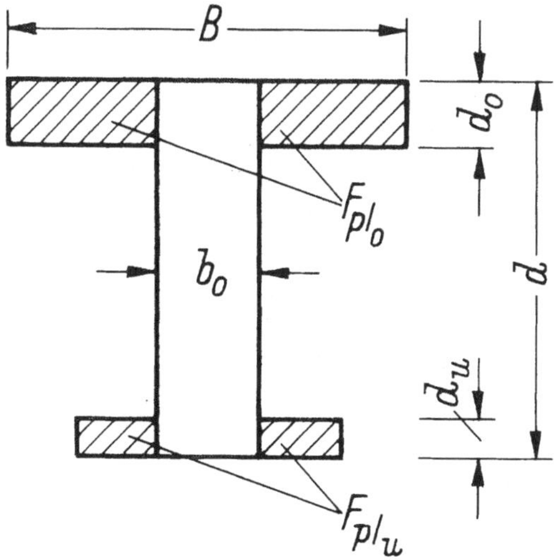

$$\gamma = d_u/d_o \ \ ; \ \ \varrho = F_{pl_u}/F_{pl_o} \ \ ; \ \ \varepsilon = b_o/B \ \ ; \ \ \delta = d_o/d$$

Für $\varrho = 0$ ist Tafel $\gamma = 0{,}25$, $\varrho = 0$ für alle Wert γ anzuwenden.

Tabelle von Querschnittswerten

$\gamma = 0.25 \qquad \rho = 0.00$

ε	δ	0.0500	0.1000	0.1500	0.2000	0.2500	0.3000	0.4000	0.5000
0.05	F	0.0975	0.1450	0.1925	0.2400	0.2875	0.3350	0.4300	0.5250
	I	0.0097	0.0109	0.0111	0.0111	0.0112	0.0115	0.0132	0.0169
	WO	0.0360	0.0530	0.0600	0.0607	0.0589	0.0569	0.0562	0.0617
	WU	0.0132	0.0137	0.0136	0.0136	0.0138	0.0144	0.0173	0.0233
0.10	F	0.1450	0.1900	0.2350	0.2800	0.3250	0.3700	0.4600	0.5500
	I	0.0153	0.0180	0.0190	0.0192	0.0192	0.0193	0.0202	0.0228
	WO	0.0435	0.0628	0.0741	0.0791	0.0800	0.0789	0.0761	0.0772
	WU	0.0237	0.0252	0.0255	0.0254	0.0253	0.0255	0.0275	0.0324
0.15	F	0.1925	0.2350	0.2775	0.3200	0.3625	0.4050	0.4900	0.5750
	I	0.0200	0.0236	0.0252	0.0258	0.0260	0.0260	0.0264	0.0283
	WO	0.0506	0.0699	0.0827	0.0898	0.0927	0.0929	0.0905	0.0897
	WU	0.0330	0.0355	0.0362	0.0362	0.0361	0.0361	0.0373	0.0413
0.20	F	0.2400	0.2800	0.3200	0.3600	0.4000	0.4400	0.5200	0.6000
	I	0.0242	0.0283	0.0304	0.0314	0.0318	0.0318	0.0320	0.0333
	WO	0.0575	0.0762	0.0894	0.0975	0.1017	0.1030	0.1015	0.1000
	WU	0.0418	0.0450	0.0462	0.0464	0.0462	0.0461	0.0468	0.0500
0.25	F	0.2875	0.3250	0.3625	0.4000	0.4375	0.4750	0.5500	0.6250
	I	0.0282	0.0326	0.0351	0.0363	0.0369	0.0370	0.0371	0.0380
	WO	0.0644	0.0822	0.0952	0.1038	0.1087	0.1108	0.1103	0.1086
	WU	0.0502	0.0540	0.0555	0.0559	0.0558	0.0556	0.0559	0.0585
0.30	F	0.3350	0.3700	0.4050	0.4400	0.4750	0.5100	0.5800	0.6500
	I	0.0321	0.0366	0.0392	0.0407	0.0415	0.0417	0.0418	0.0424
	WO	0.0712	0.0881	0.1007	0.1093	0.1146	0.1172	0.1176	0.1160
	WU	0.0584	0.0625	0.0643	0.0649	0.0650	0.0648	0.0648	0.0668
0.35	F	0.3825	0.4150	0.4475	0.4800	0.5125	0.5450	0.6100	0.6750
	I	0.0359	0.0403	0.0431	0.0448	0.0456	0.0460	0.0461	0.0465
	WO	0.0781	0.0939	0.1058	0.1143	0.1197	0.1227	0.1238	0.1224
	WU	0.0664	0.0707	0.0728	0.0736	0.0737	0.0735	0.0734	0.0749
0.40	F	0.4300	0.4600	0.4900	0.5200	0.5500	0.5800	0.6400	0.7000
	I	0.0396	0.0439	0.0468	0.0485	0.0495	0.0499	0.0500	0.0503
	WO	0.0849	0.0996	0.1109	0.1190	0.1243	0.1275	0.1291	0.1280
	WU	0.0743	0.0787	0.0809	0.0819	0.0821	0.0820	0.0817	0.0828
0.50	F	0.5250	0.5500	0.5750	0.6000	0.6250	0.6500	0.7000	0.7500
	I	0.0470	0.0509	0.0536	0.0553	0.0564	0.0569	0.0572	0.0573
	WO	0.0985	0.1109	0.1205	0.1277	0.1327	0.1358	0.1380	0.1375
	WU	0.0900	0.0941	0.0965	0.0976	0.0981	0.0980	0.0976	0.0982
0.60	F	0.6200	0.6400	0.6600	0.6800	0.7000	0.7200	0.7600	0.8000
	I	0.0544	0.0576	0.0600	0.0616	0.0626	0.0631	0.0635	0.0635
	WO	0.1122	0.1221	0.1300	0.1359	0.1402	0.1430	0.1454	0.1452
	WU	0.1055	0.1091	0.1113	0.1125	0.1130	0.1131	0.1128	0.1130
0.80	F	0.8100	0.8200	0.8300	0.8400	0.8500	0.8600	0.8800	0.9000
	I	0.0689	0.0706	0.0719	0.0729	0.0735	0.0740	0.0743	0.0743
	WO	0.1394	0.1444	0.1485	0.1516	0.1539	0.1555	0.1571	0.1574
	WU	0.1362	0.1382	0.1396	0.1404	0.1409	0.1410	0.1409	0.1408
1.00	F	1.0000	1.0000	1.0000	1.0000	1.0000	1.0000	1.0000	1.0000
	I	0.0833	0.0833	0.0833	0.0833	0.0833	0.0833	0.0833	0.0833
	WO	0.1667	0.1667	0.1667	0.1667	0.1667	0.1667	0.1667	0.1667
	WU	0.1667	0.1667	0.1667	0.1667	0.1667	0.1667	0.1667	0.1667

$\gamma = 0.25 \qquad \rho = 0.20$

ε	δ	0.0500	0.1000	0.1500	0.2000	0.2500	0.3000	0.4000	0.5000
0.05	F	0.1070	0.1640	0.2210	0.2780	0.3350	0.3920	0.5060	0.6200
	I	0.0142	0.0212	0.0268	0.0317	0.0359	0.0397	0.0463	0.0524
	WO	0.0427	0.0715	0.0932	0.1087	0.1195	0.1269	0.1353	0.1397
	WU	0.0213	0.0301	0.0377	0.0447	0.0514	0.0578	0.0704	0.0840
0.10	F	0.1540	0.2080	0.2620	0.3160	0.3700	0.4240	0.5320	0.6400
	I	0.0188	0.0261	0.0317	0.0363	0.0402	0.0436	0.0494	0.0548
	WO	0.0483	0.0750	0.0959	0.1113	0.1223	0.1298	0.1381	0.1421
	WU	0.0309	0.0400	0.0474	0.0539	0.0599	0.0657	0.0770	0.0892
0.15	F	0.2010	0.2520	0.3030	0.3540	0.4050	0.4560	0.5580	0.6600
	I	0.0229	0.0303	0.0359	0.0404	0.0440	0.0471	0.0523	0.0571
	WO	0.0545	0.0794	0.0992	0.1141	0.1249	0.1324	0.1406	0.1443
	WU	0.0395	0.0489	0.0562	0.0624	0.0680	0.0732	0.0833	0.0944
0.20	F	0.2480	0.2960	0.3440	0.3920	0.4400	0.4880	0.5840	0.6800
	I	0.0267	0.0341	0.0396	0.0440	0.0474	0.0503	0.0550	0.0592
	WO	0.0609	0.0841	0.1028	0.1170	0.1275	0.1348	0.1429	0.1464
	WU	0.0477	0.0572	0.0644	0.0704	0.0756	0.0803	0.0894	0.0994
0.25	F	0.2950	0.3400	0.3850	0.4300	0.4750	0.5200	0.6100	0.7000
	I	0.0305	0.0376	0.0430	0.0472	0.0506	0.0533	0.0575	0.0612
	WO	0.0674	0.0890	0.1065	0.1200	0.1300	0.1371	0.1450	0.1483
	WU	0.0556	0.0651	0.0722	0.0779	0.0828	0.0871	0.0954	0.1043
0.30	F	0.3420	0.3840	0.4260	0.4680	0.5100	0.5520	0.6360	0.7200
	I	0.0341	0.0410	0.0462	0.0503	0.0535	0.0560	0.0599	0.0632
	WO	0.0739	0.0940	0.1103	0.1230	0.1325	0.1393	0.1469	0.1500
	WU	0.0633	0.0726	0.0796	0.0851	0.0896	0.0937	0.1011	0.1091
0.35	F	0.3890	0.4280	0.4670	0.5060	0.5450	0.5840	0.6620	0.7400
	I	0.0377	0.0442	0.0493	0.0532	0.0562	0.0586	0.0621	0.0650
	WO	0.0805	0.0991	0.1142	0.1261	0.1350	0.1414	0.1487	0.1517
	WU	0.0710	0.0799	0.0867	0.0919	0.0962	0.0999	0.1066	0.1138
0.40	F	0.4360	0.4720	0.5080	0.5440	0.5800	0.6160	0.6880	0.7600
	I	0.0413	0.0474	0.0522	0.0559	0.0587	0.0610	0.0642	0.0668
	WO	0.0871	0.1042	0.1182	0.1292	0.1375	0.1435	0.1504	0.1532
	WU	0.0785	0.0871	0.0935	0.0985	0.1026	0.1060	0.1120	0.1184
0.50	F	0.5300	0.5600	0.5900	0.6200	0.6500	0.6800	0.7400	0.8000
	I	0.0484	0.0537	0.0578	0.0610	0.0635	0.0654	0.0681	0.0701
	WO	0.1003	0.1145	0.1261	0.1353	0.1424	0.1476	0.1536	0.1560
	WU	0.0934	0.1010	0.1067	0.1111	0.1146	0.1175	0.1223	0.1272
0.60	F	0.6240	0.6480	0.6720	0.6960	0.7200	0.7440	0.7920	0.8400
	I	0.0554	0.0597	0.0632	0.0658	0.0679	0.0695	0.0716	0.0731
	WO	0.1135	0.1249	0.1342	0.1416	0.1473	0.1515	0.1565	0.1585
	WU	0.1082	0.1145	0.1193	0.1230	0.1259	0.1283	0.1320	0.1357
0.80	F	0.8120	0.8240	0.8360	0.8480	0.8600	0.8720	0.8960	0.9200
	I	0.0694	0.0716	0.0734	0.0748	0.0759	0.0768	0.0779	0.0786
	WO	0.1401	0.1457	0.1504	0.1541	0.1570	0.1592	0.1618	0.1629
	WU	0.1375	0.1408	0.1434	0.1455	0.1470	0.1483	0.1501	0.1518
1.00	F	1.0000	1.0000	1.0000	1.0000	1.0000	1.0000	1.0000	1.0000
	I	0.0833	0.0833	0.0833	0.0833	0.0833	0.0833	0.0833	0.0833
	WO	0.1667	0.1667	0.1667	0.1667	0.1667	0.1667	0.1667	0.1667
	WU	0.1667	0.1667	0.1667	0.1667	0.1667	0.1667	0.1667	0.1667

$\gamma = 0.25 \qquad \rho = 0.40$

ε	δ	0.0500	0.1000	0.1500	0.2000	0.2500	0.3000	0.4000	0.5000
0.05	F	0.1165	0.1830	0.2495	0.3160	0.3825	0.4490	0.5820	0.7150
	I	0.0180	0.0293	0.0390	0.0473	0.0545	0.0607	0.0708	0.0786
	WO	0.0466	0.0797	0.1062	0.1266	0.1421	0.1536	0.1678	0.1746
	WU	0.0294	0.0463	0.0616	0.0756	0.0885	0.1004	0.1224	0.1429
0.10	F	0.1630	0.2260	0.2890	0.3520	0.4150	0.4780	0.6040	0.7300
	I	0.0219	0.0329	0.0421	0.0499	0.0567	0.0624	0.0717	0.0790
	WO	0.0518	0.0825	0.1075	0.1272	0.1422	0.1535	0.1674	0.1740
	WU	0.0380	0.0546	0.0691	0.0822	0.0942	0.1052	0.1255	0.1446
0.15	F	0.2095	0.2690	0.3285	0.3880	0.4475	0.5070	0.6260	0.7450
	I	0.0256	0.0361	0.0449	0.0523	0.0586	0.0640	0.0726	0.0793
	WO	0.0576	0.0861	0.1096	0.1283	0.1427	0.1535	0.1670	0.1735
	WU	0.0460	0.0622	0.0761	0.0884	0.0996	0.1098	0.1285	0.1461
0.20	F	0.2560	0.3120	0.3680	0.4240	0.4800	0.5360	0.6480	0.7600
	I	0.0291	0.0392	0.0476	0.0546	0.0605	0.0655	0.0735	0.0796
	WO	0.0638	0.0902	0.1122	0.1297	0.1434	0.1538	0.1667	0.1730
	WU	0.0536	0.0693	0.0826	0.0942	0.1047	0.1142	0.1314	0.1476
0.25	F	0.3025	0.3550	0.4075	0.4600	0.5125	0.5650	0.6700	0.7750
	I	0.0326	0.0422	0.0501	0.0567	0.0623	0.0669	0.0743	0.0800
	WO	0.0700	0.0946	0.1150	0.1315	0.1443	0.1541	0.1665	0.1725
	WU	0.0610	0.0762	0.0888	0.0998	0.1095	0.1183	0.1342	0.1491
0.30	F	0.3490	0.3980	0.4470	0.4960	0.5450	0.5940	0.6920	0.7900
	I	0.0360	0.0451	0.0526	0.0588	0.0639	0.0683	0.0751	0.0803
	WO	0.0763	0.0991	0.1180	0.1333	0.1454	0.1546	0.1663	0.1720
	WU	0.0683	0.0828	0.0948	0.1051	0.1142	0.1223	0.1369	0.1505
0.35	F	0.3955	0.4410	0.4865	0.5320	0.5775	0.6230	0.7140	0.8050
	I	0.0395	0.0479	0.0549	0.0607	0.0656	0.0696	0.0758	0.0806
	WO	0.0827	0.1037	0.1212	0.1354	0.1466	0.1552	0.1662	0.1715
	WU	0.0755	0.0892	0.1005	0.1102	0.1186	0.1261	0.1394	0.1519
0.40	F	0.4420	0.4840	0.5260	0.5680	0.6100	0.6520	0.7360	0.8200
	I	0.0429	0.0508	0.0573	0.0627	0.0671	0.0708	0.0765	0.0808
	WO	0.0891	0.1084	0.1244	0.1375	0.1479	0.1558	0.1660	0.1711
	WU	0.0826	0.0955	0.1061	0.1151	0.1229	0.1298	0.1419	0.1533
0.50	F	0.5350	0.5700	0.6050	0.6400	0.6750	0.7100	0.7800	0.8500
	I	0.0497	0.0563	0.0618	0.0663	0.0701	0.0732	0.0779	0.0814
	WO	0.1020	0.1179	0.1312	0.1420	0.1506	0.1573	0.1659	0.1702
	WU	0.0968	0.1078	0.1169	0.1245	0.1311	0.1368	0.1467	0.1558
0.60	F	0.6280	0.6560	0.6840	0.7120	0.7400	0.7680	0.8240	0.8800
	I	0.0564	0.0618	0.0662	0.0699	0.0729	0.0754	0.0791	0.0818
	WO	0.1149	0.1275	0.1381	0.1467	0.1536	0.1590	0.1659	0.1694
	WU	0.1109	0.1198	0.1273	0.1335	0.1388	0.1434	0.1512	0.1583
0.80	F	0.8140	0.8280	0.8420	0.8560	0.8700	0.8840	0.9120	0.9400
	I	0.0699	0.0726	0.0749	0.0767	0.0783	0.0795	0.0813	0.0826
	WO	0.1407	0.1470	0.1523	0.1565	0.1600	0.1626	0.1662	0.1680
	WU	0.1388	0.1434	0.1473	0.1505	0.1532	0.1555	0.1593	0.1627
1.00	F	1.0000	1.0000	1.0000	1.0000	1.0000	1.0000	1.0000	1.0000
	I	0.0833	0.0833	0.0833	0.0833	0.0833	0.0833	0.0833	0.0833
	WO	0.1667	0.1667	0.1667	0.1667	0.1667	0.1667	0.1667	0.1667
	WU	0.1667	0.1667	0.1667	0.1667	0.1667	0.1667	0.1667	0.1667

γ = 0.25   ρ = 0.60

ε	δ	0.0500	0.1000	0.1500	0.2000	0.2500	0.3000	0.4000	0.5000
0.05	F	0.1260	0.2020	0.2780	0.3540	0.4300	0.5060	0.6580	0.8100
	I	0.0213	0.0359	0.0486	0.0596	0.0690	0.0770	0.0896	0.0986
	WO	0.0492	0.0843	0.1130	0.1360	0.1540	0.1678	0.1856	0.1944
	WU	0.0375	0.0626	0.0853	0.1061	0.1251	0.1424	0.1732	0.2002
0.10	F	0.1720	0.2440	0.3160	0.3880	0.4600	0.5320	0.6760	0.8200
	I	0.0247	0.0386	0.0507	0.0610	0.0699	0.0774	0.0893	0.0978
	WO	0.0545	0.0875	0.1147	0.1366	0.1539	0.1672	0.1845	0.1930
	WU	0.0452	0.0692	0.0908	0.1103	0.1280	0.1443	0.1730	0.1984
0.15	F	0.2180	0.2860	0.3540	0.4220	0.4900	0.5580	0.6940	0.8300
	I	0.0281	0.0413	0.0526	0.0624	0.0707	0.0778	0.0890	0.0970
	WO	0.0603	0.0911	0.1167	0.1375	0.1540	0.1667	0.1833	0.1916
	WU	0.0524	0.0755	0.0959	0.1142	0.1308	0.1460	0.1728	0.1966
0.20	F	0.2640	0.3280	0.3920	0.4560	0.5200	0.5840	0.7120	0.8400
	I	0.0314	0.0439	0.0546	0.0637	0.0716	0.0782	0.0886	0.0962
	WO	0.0663	0.0950	0.1191	0.1387	0.1543	0.1663	0.1822	0.1902
	WU	0.0595	0.0815	0.1007	0.1180	0.1335	0.1476	0.1726	0.1948
0.25	F	0.3100	0.3700	0.4300	0.4900	0.5500	0.6100	0.7300	0.8500
	I	0.0346	0.0464	0.0565	0.0651	0.0724	0.0786	0.0883	0.0954
	WO	0.0724	0.0991	0.1216	0.1400	0.1546	0.1661	0.1811	0.1888
	WU	0.0664	0.0872	0.1054	0.1215	0.1360	0.1492	0.1724	0.1930
0.30	F	0.3560	0.4120	0.4680	0.5240	0.5800	0.6360	0.7480	0.8600
	I	0.0379	0.0489	0.0583	0.0663	0.0732	0.0789	0.0880	0.0946
	WO	0.0786	0.1034	0.1242	0.1414	0.1551	0.1658	0.1800	0.1873
	WU	0.0733	0.0929	0.1099	0.1250	0.1385	0.1507	0.1721	0.1912
0.35	F	0.4020	0.4540	0.5060	0.5580	0.6100	0.6620	0.7660	0.8700
	I	0.0412	0.0514	0.0602	0.0676	0.0739	0.0793	0.0877	0.0938
	WO	0.0848	0.1077	0.1270	0.1429	0.1557	0.1657	0.1790	0.1859
	WU	0.0800	0.0984	0.1143	0.1284	0.1408	0.1521	0.1718	0.1894
0.40	F	0.4480	0.4960	0.5440	0.5920	0.6400	0.6880	0.7840	0.8800
	I	0.0444	0.0539	0.0620	0.0689	0.0747	0.0796	0.0873	0.0930
	WO	0.0910	0.1121	0.1298	0.1445	0.1563	0.1656	0.1780	0.1844
	WU	0.0868	0.1039	0.1186	0.1316	0.1431	0.1535	0.1715	0.1876
0.50	F	0.5400	0.5800	0.6200	0.6600	0.7000	0.7400	0.8200	0.9000
	I	0.0509	0.0589	0.0656	0.0713	0.0762	0.0803	0.0867	0.0914
	WO	0.1036	0.1210	0.1357	0.1479	0.1577	0.1655	0.1760	0.1815
	WU	0.1002	0.1146	0.1270	0.1379	0.1475	0.1560	0.1709	0.1841
0.60	F	0.6320	0.6640	0.6960	0.7280	0.7600	0.7920	0.8560	0.9200
	I	0.0574	0.0638	0.0692	0.0738	0.0777	0.0809	0.0860	0.0898
	WO	0.1162	0.1300	0.1417	0.1514	0.1593	0.1655	0.1740	0.1786
	WU	0.1136	0.1252	0.1352	0.1439	0.1516	0.1584	0.1701	0.1806
0.80	F	0.8160	0.8320	0.8480	0.8640	0.8800	0.8960	0.9280	0.9600
	I	0.0704	0.0736	0.0763	0.0786	0.0805	0.0822	0.0847	0.0866
	WO	0.1414	0.1483	0.1541	0.1589	0.1628	0.1659	0.1703	0.1727
	WU	0.1402	0.1460	0.1511	0.1555	0.1594	0.1627	0.1685	0.1736
1.00	F	1.0000	1.0000	1.0000	1.0000	1.0000	1.0000	1.0000	1.0000
	I	0.0833	0.0833	0.0833	0.0833	0.0833	0.0833	0.0833	0.0833
	WO	0.1667	0.1667	0.1667	0.1667	0.1667	0.1667	0.1667	0.1667
	WU	0.1667	0.1667	0.1667	0.1667	0.1667	0.1667	0.1667	0.1667

$\gamma = 0.25 \qquad \rho = 0.80$

ε	δ	0.0500	0.1000	0.1500	0.2000	0.2500	0.3000	0.4000	0.5000
0.05	F	0.1355	0.2210	0.3065	0.3920	0.4775	0.5630	0.7340	0.9050
	I	0.0241	0.0414	0.0565	0.0695	0.0806	0.0900	0.1045	0.1145
	WO	0.0510	0.0873	0.1173	0.1417	0.1612	0.1765	0.1968	0.2072
	WU	0.0455	0.0787	0.1089	0.1363	0.1612	0.1838	0.2229	0.2558
0.10	F	0.1810	0.2620	0.3430	0.4240	0.5050	0.5860	0.7480	0.9100
	I	0.0272	0.0436	0.0579	0.0702	0.0808	0.0897	0.1035	0.1130
	WO	0.0567	0.0910	0.1196	0.1429	0.1615	0.1761	0.1956	0.2056
	WU	0.0523	0.0838	0.1123	0.1381	0.1615	0.1827	0.2196	0.2508
0.15	F	0.2265	0.3030	0.3795	0.4560	0.5325	0.6090	0.7620	0.9150
	I	0.0303	0.0459	0.0593	0.0710	0.0809	0.0893	0.1024	0.1115
	WO	0.0626	0.0949	0.1219	0.1441	0.1618	0.1757	0.1944	0.2040
	WU	0.0589	0.0887	0.1156	0.1398	0.1618	0.1817	0.2164	0.2458
0.20	F	0.2720	0.3440	0.4160	0.4880	0.5600	0.6320	0.7760	0.9200
	I	0.0335	0.0481	0.0608	0.0717	0.0810	0.0890	0.1013	0.1099
	WO	0.0685	0.0989	0.1244	0.1453	0.1621	0.1753	0.1931	0.2023
	WU	0.0654	0.0935	0.1188	0.1415	0.1621	0.1807	0.2132	0.2408
0.25	F	0.3175	0.3850	0.4525	0.5200	0.5875	0.6550	0.7900	0.9250
	I	0.0366	0.0503	0.0622	0.0724	0.0812	0.0886	0.1002	0.1084
	WO	0.0746	0.1030	0.1269	0.1465	0.1624	0.1749	0.1917	0.2005
	WU	0.0718	0.0983	0.1219	0.1432	0.1624	0.1797	0.2100	0.2359
0.30	F	0.3630	0.4260	0.4890	0.5520	0.6150	0.6780	0.8040	0.9300
	I	0.0397	0.0525	0.0636	0.0731	0.0813	0.0883	0.0991	0.1068
	WO	0.0807	0.1071	0.1294	0.1478	0.1627	0.1744	0.1903	0.1987
	WU	0.0782	0.1030	0.1250	0.1448	0.1627	0.1788	0.2069	0.2310
0.35	F	0.4085	0.4670	0.5255	0.5840	0.6425	0.7010	0.8180	0.9350
	I	0.0428	0.0547	0.0650	0.0739	0.0815	0.0879	0.0980	0.1052
	WO	0.0868	0.1113	0.1320	0.1491	0.1629	0.1739	0.1889	0.1968
	WU	0.0846	0.1076	0.1281	0.1464	0.1629	0.1779	0.2038	0.2262
0.40	F	0.4540	0.5080	0.5620	0.6160	0.6700	0.7240	0.8320	0.9400
	I	0.0459	0.0569	0.0664	0.0746	0.0816	0.0876	0.0969	0.1036
	WO	0.0929	0.1155	0.1346	0.1504	0.1632	0.1734	0.1874	0.1948
	WU	0.0909	0.1122	0.1312	0.1481	0.1632	0.1769	0.2008	0.2214
0.50	F	0.5450	0.5900	0.6350	0.6800	0.7250	0.7700	0.8600	0.9500
	I	0.0522	0.0613	0.0692	0.0761	0.0819	0.0869	0.0947	0.1004
	WO	0.1051	0.1239	0.1398	0.1530	0.1638	0.1724	0.1843	0.1907
	WU	0.1036	0.1214	0.1372	0.1512	0.1638	0.1751	0.1948	0.2119
0.60	F	0.6360	0.6720	0.7080	0.7440	0.7800	0.8160	0.8880	0.9600
	I	0.0584	0.0657	0.0721	0.0775	0.0822	0.0862	0.0925	0.0971
	WO	0.1174	0.1324	0.1451	0.1557	0.1644	0.1713	0.1810	0.1864
	WU	0.1162	0.1305	0.1432	0.1544	0.1644	0.1734	0.1890	0.2026
0.80	F	0.8180	0.8360	0.8540	0.8720	0.8900	0.9080	0.9440	0.9800
	I	0.0709	0.0745	0.0777	0.0804	0.0828	0.0848	0.0879	0.0903
	WO	0.1420	0.1495	0.1558	0.1611	0.1655	0.1691	0.1741	0.1770
	WU	0.1415	0.1486	0.1550	0.1606	0.1655	0.1700	0.1777	0.1844
1.00	F	1.0000	1.0000	1.0000	1.0000	1.0000	1.0000	1.0000	1.0000
	I	0.0833	0.0833	0.0833	0.0833	0.0833	0.0833	0.0833	0.0833
	WO	0.1667	0.1667	0.1667	0.1667	0.1667	0.1667	0.1667	0.1667
	WU	0.1667	0.1667	0.1667	0.1667	0.1667	0.1667	0.1667	0.1667

$\gamma = 0.25 \qquad \rho = 1.00$

ε	δ	0.0500	0.1000	0.1500	0.2000	0.2500	0.3000	0.4000	0.5000
0.05	F	0.1450	0.2400	0.3350	0.4300	0.5250	0.6200	0.8100	1.0000
	I	0.0265	0.0460	0.0630	0.0776	0.0901	0.1007	0.1167	0.1274
	WO	0.0523	0.0894	0.1202	0.1456	0.1661	0.1824	0.2046	0.2162
	WU	0.0536	0.0948	0.1323	0.1663	0.1969	0.2245	0.2716	0.3099
0.10	F	0.1900	0.2800	0.3700	0.4600	0.5500	0.6400	0.8200	1.0000
	I	0.0295	0.0480	0.0641	0.0780	0.0898	0.0999	0.1152	0.1254
	WO	0.0584	0.0937	0.1231	0.1473	0.1669	0.1824	0.2035	0.2146
	WU	0.0595	0.0983	0.1337	0.1657	0.1946	0.2207	0.2653	0.3018
0.15	F	0.2350	0.3200	0.4050	0.4900	0.5750	0.6600	0.8300	1.0000
	I	0.0325	0.0500	0.0652	0.0783	0.0896	0.0991	0.1136	0.1235
	WO	0.0645	0.0980	0.1259	0.1489	0.1675	0.1823	0.2024	0.2130
	WU	0.0654	0.1019	0.1352	0.1653	0.1925	0.2170	0.2591	0.2938
0.20	F	0.2800	0.3600	0.4400	0.5200	0.6000	0.6800	0.8400	1.0000
	I	0.0355	0.0519	0.0663	0.0787	0.0893	0.0982	0.1121	0.1215
	WO	0.0705	0.1021	0.1286	0.1504	0.1680	0.1820	0.2011	0.2112
	WU	0.0713	0.1056	0.1367	0.1649	0.1904	0.2134	0.2530	0.2858
0.25	F	0.3250	0.4000	0.4750	0.5500	0.6250	0.7000	0.8500	1.0000
	I	0.0384	0.0539	0.0673	0.0790	0.0889	0.0974	0.1105	0.1194
	WO	0.0766	0.1063	0.1312	0.1517	0.1684	0.1817	0.1998	0.2094
	WU	0.0772	0.1093	0.1384	0.1647	0.1885	0.2100	0.2471	0.2779
0.30	F	0.3700	0.4400	0.5100	0.5800	0.6500	0.7200	0.8600	1.0000
	I	0.0414	0.0559	0.0684	0.0793	0.0886	0.0965	0.1088	0.1173
	WO	0.0826	0.1104	0.1338	0.1530	0.1687	0.1812	0.1983	0.2074
	WU	0.0832	0.1131	0.1401	0.1645	0.1867	0.2066	0.2412	0.2701
0.35	F	0.4150	0.4800	0.5450	0.6100	0.6750	0.7400	0.8700	1.0000
	I	0.0444	0.0578	0.0695	0.0796	0.0883	0.0957	0.1072	0.1152
	WO	0.0886	0.1145	0.1363	0.1543	0.1689	0.1806	0.1967	0.2053
	WU	0.0891	0.1168	0.1419	0.1645	0.1849	0.2034	0.2354	0.2623
0.40	F	0.4600	0.5200	0.5800	0.6400	0.7000	0.7600	0.8800	1.0000
	I	0.0474	0.0598	0.0706	0.0799	0.0879	0.0948	0.1055	0.1130
	WO	0.0946	0.1185	0.1387	0.1554	0.1691	0.1800	0.1950	0.2031
	WU	0.0951	0.1206	0.1436	0.1644	0.1832	0.2002	0.2297	0.2546
0.50	F	0.5500	0.6000	0.6500	0.7000	0.7500	0.8000	0.9000	1.0000
	I	0.0534	0.0637	0.0727	0.0805	0.0872	0.0930	0.1020	0.1085
	WO	0.1066	0.1266	0.1435	0.1576	0.1692	0.1784	0.1912	0.1984
	WU	0.1070	0.1282	0.1473	0.1645	0.1801	0.1941	0.2186	0.2394
0.60	F	0.6400	0.6800	0.7200	0.7600	0.8000	0.8400	0.9200	1.0000
	I	0.0594	0.0676	0.0748	0.0811	0.0865	0.0911	0.0984	0.1038
	WO	0.1186	0.1347	0.1483	0.1597	0.1690	0.1765	0.1871	0.1931
	WU	0.1189	0.1359	0.1511	0.1648	0.1771	0.1883	0.2077	0.2244
0.80	F	0.8200	0.8400	0.8600	0.8800	0.9000	0.9200	0.9600	1.0000
	I	0.0714	0.0755	0.0791	0.0822	0.0849	0.0873	0.0910	0.0939
	WO	0.1427	0.1507	0.1576	0.1633	0.1681	0.1720	0.1777	0.1810
	WU	0.1428	0.1512	0.1588	0.1656	0.1717	0.1772	0.1868	0.1952
1.00	F	1.0000	1.0000	1.0000	1.0000	1.0000	1.0000	1.0000	1.0000
	I	0.0833	0.0833	0.0833	0.0833	0.0833	0.0833	0.0833	0.0833
	WO	0.1667	0.1667	0.1667	0.1667	0.1667	0.1667	0.1667	0.1667
	WU	0.1667	0.1667	0.1667	0.1667	0.1667	0.1667	0.1667	0.1667

                    Tabelle von Querschnittswerten

$\gamma = 0.50 \qquad \rho = 0.20$

ε	δ	0.0500	0.1000	0.1500	0.2000	0.2500	0.3000	0.4000	0.5000
0.05	F	0.1070	0.1640	0.2210	0.2780	0.3350	0.3920	0.5060	0.6200
	I	0.0141	0.0208	0.0261	0.0304	0.0340	0.0371	0.0420	0.0465
	WO	0.0426	0.0708	0.0915	0.1057	0.1149	0.1206	0.1256	0.1270
	WU	0.0212	0.0295	0.0366	0.0428	0.0484	0.0535	0.0632	0.0733
0.10	F	0.1540	0.2080	0.2620	0.3160	0.3700	0.4240	0.5320	0.6400
	I	0.0188	0.0258	0.0311	0.0352	0.0385	0.0412	0.0455	0.0493
	WO	0.0481	0.0745	0.0945	0.1088	0.1184	0.1244	0.1296	0.1307
	WU	0.0307	0.0395	0.0463	0.0520	0.0571	0.0616	0.0701	0.0791
0.15	F	0.2010	0.2520	0.3030	0.3540	0.4050	0.4560	0.5580	0.6600
	I	0.0228	0.0300	0.0353	0.0393	0.0425	0.0449	0.0437	0.0519
	WO	0.0544	0.0789	0.0980	0.1120	0.1216	0.1277	0.1331	0.1341
	WU	0.0394	0.0484	0.0552	0.0606	0.0652	0.0693	0.0768	0.0848
0.20	F	0.2480	0.2960	0.3440	0.3920	0.4400	0.4880	0.5840	0.6800
	I	0.0267	0.0338	0.0391	0.0430	0.0460	0.0483	0.0517	0.0545
	WO	0.0608	0.0837	0.1018	0.1152	0.1246	0.1308	0.1362	0.1372
	WU	0.0476	0.0568	0.0634	0.0687	0.0730	0.0767	0.0833	0.0903
0.25	F	0.2950	0.3400	0.3850	0.4300	0.4750	0.5200	0.6100	0.7000
	I	0.0304	0.0374	0.0426	0.0464	0.0493	0.0515	0.0545	0.0569
	WO	0.0673	0.0887	0.1056	0.1184	0.1275	0.1335	0.1391	0.1400
	WU	0.0555	0.0646	0.0713	0.0763	0.0803	0.0837	0.0896	0.0958
0.30	F	0.3420	0.3840	0.4260	0.4680	0.5100	0.5520	0.6360	0.7200
	I	0.0341	0.0408	0.0458	0.0495	0.0523	0.0544	0.0571	0.0592
	WO	0.0738	0.0937	0.1096	0.1216	0.1303	0.1362	0.1417	0.1426
	WU	0.0632	0.0722	0.0787	0.0836	0.0874	0.0905	0.0957	0.1011
0.35	F	0.3890	0.4280	0.4670	0.5060	0.5450	0.5840	0.6620	0.7400
	I	0.0377	0.0441	0.0489	0.0525	0.0551	0.0571	0.0596	0.0614
	WO	0.0804	0.0988	0.1135	0.1248	0.1331	0.1387	0.1441	0.1450
	WU	0.0709	0.0796	0.0859	0.0905	0.0941	0.0970	0.1016	0.1064
0.40	F	0.4360	0.4720	0.5080	0.5440	0.5800	0.6160	0.6880	0.7600
	I	0.0412	0.0473	0.0519	0.0553	0.0578	0.0596	0.0619	0.0635
	WO	0.0870	0.1039	0.1176	0.1281	0.1358	0.1411	0.1463	0.1473
	WU	0.0784	0.0867	0.0928	0.0972	0.1006	0.1032	0.1074	0.1115
0.50	F	0.5300	0.5600	0.5900	0.6200	0.6500	0.6800	0.7400	0.8000
	I	0.0483	0.0535	0.0575	0.0605	0.0627	0.0643	0.0663	0.0674
	WO	0.1002	0.1143	0.1257	0.1345	0.1410	0.1457	0.1504	0.1514
	WU	0.0933	0.1007	0.1061	0.1100	0.1130	0.1152	0.1184	0.1215
0.60	F	0.6240	0.6480	0.6720	0.6960	0.7200	0.7440	0.7920	0.8400
	I	0.0554	0.0596	0.0629	0.0654	0.0673	0.0686	0.0702	0.0710
	WO	0.1135	0.1247	0.1338	0.1409	0.1463	0.1501	0.1541	0.1550
	WU	0.1081	0.1143	0.1188	0.1222	0.1246	0.1264	0.1289	0.1312
0.80	F	0.8120	0.8240	0.8360	0.8480	0.8600	0.8720	0.8960	0.9200
	I	0.0694	0.0716	0.0733	0.0746	0.0756	0.0764	0.0772	0.0776
	WO	0.1401	0.1457	0.1502	0.1538	0.1565	0.1585	0.1607	0.1613
	WU	0.1375	0.1407	0.1432	0.1450	0.1464	0.1474	0.1486	0.1495
1.00	F	1.0000	1.0000	1.0000	1.0000	1.0000	1.0000	1.0000	1.0000
	I	0.0833	0.0833	0.0833	0.0833	0.0833	0.0833	0.0833	0.0833
	WO	0.1667	0.1667	0.1667	0.1667	0.1667	0.1667	0.1667	0.1667
	WU	0.1667	0.1667	0.1667	0.1667	0.1667	0.1667	0.1667	0.1667

γ = 0.50   ρ =   0.40

ε	δ	0.0500	0.1000	0.1500	0.2000	0.2500	0.3000	0.4000	0.5000
0.05	F	0.1165	0.1830	0.2495	0.3160	0.3825	0.4490	0.5820	0.7150
	I	0.0179	0.0287	0.0377	0.0451	0.0512	0.0562	0.0634	0.0683
	WO	0.0464	0.0787	0.1039	0.1227	0.1363	0.1456	0.1552	0.1575
	WU	0.0291	0.0452	0.0592	0.0714	0.0820	0.0914	0.1072	0.1206
0.10	F	0.1630	0.2260	0.2890	0.3520	0.4150	0.4780	0.6040	0.7300
	I	0.0218	0.0323	0.0409	0.0479	0.0536	0.0582	0.0648	0.0693
	WO	0.0516	0.0816	0.1055	0.1237	0.1369	0.1461	0.1557	0.1581
	WU	0.0378	0.0536	0.0668	0.0782	0.0881	0.0967	0.1111	0.1234
0.15	F	0.2095	0.2690	0.3285	0.3880	0.4475	0.5070	0.6260	0.7450
	I	0.0255	0.0356	0.0439	0.0505	0.0558	0.0601	0.0662	0.0703
	WO	0.0575	0.0853	0.1078	0.1251	0.1379	0.1468	0.1562	0.1587
	WU	0.0457	0.0612	0.0739	0.0847	0.0938	0.1018	0.1150	0.1262
0.20	F	0.2560	0.3120	0.3680	0.4240	0.4800	0.5360	0.6480	0.7600
	I	0.0290	0.0388	0.0466	0.0529	0.0579	0.0619	0.0675	0.0712
	WO	0.0636	0.0895	0.1105	0.1268	0.1390	0.1476	0.1568	0.1592
	WU	0.0534	0.0684	0.0806	0.0907	0.0993	0.1066	0.1187	0.1289
0.25	F	0.3025	0.3550	0.4075	0.4600	0.5125	0.5650	0.6700	0.7750
	I	0.0325	0.0418	0.0492	0.0552	0.0599	0.0636	0.0688	0.0721
	WO	0.0699	0.0939	0.1135	0.1288	0.1403	0.1485	0.1573	0.1597
	WU	0.0608	0.0753	0.0869	0.0965	0.1045	0.1113	0.1223	0.1316
0.30	F	0.3490	0.3980	0.4470	0.4960	0.5450	0.5940	0.6920	0.7900
	I	0.0360	0.0447	0.0517	0.0573	0.0618	0.0652	0.0700	0.0730
	WO	0.0762	0.0985	0.1166	0.1309	0.1417	0.1495	0.1579	0.1603
	WU	0.0681	0.0820	0.0930	0.1020	0.1095	0.1157	0.1258	0.1342
0.35	F	0.3955	0.4410	0.4865	0.5320	0.5775	0.6230	0.7140	0.8050
	I	0.0394	0.0476	0.0542	0.0594	0.0636	0.0668	0.0712	0.0739
	WO	0.0826	0.1031	0.1199	0.1332	0.1432	0.1505	0.1585	0.1608
	WU	0.0753	0.0884	0.0989	0.1073	0.1143	0.1200	0.1292	0.1368
0.40	F	0.4420	0.4840	0.5260	0.5680	0.6100	0.6520	0.7360	0.8200
	I	0.0428	0.0505	0.0566	0.0615	0.0653	0.0683	0.0723	0.0747
	WO	0.0890	0.1079	0.1233	0.1355	0.1448	0.1516	0.1591	0.1613
	WU	0.0825	0.0948	0.1046	0.1125	0.1189	0.1242	0.1325	0.1393
0.50	F	0.5350	0.5700	0.6050	0.6400	0.6750	0.7100	0.7800	0.8500
	I	0.0496	0.0561	0.0612	0.0654	0.0686	0.0711	0.0744	0.0763
	WO	0.1019	0.1175	0.1303	0.1404	0.1482	0.1539	0.1603	0.1622
	WU	0.0967	0.1072	0.1156	0.1223	0.1277	0.1321	0.1388	0.1442
0.60	F	0.6280	0.6560	0.6840	0.7120	0.7400	0.7680	0.8240	0.8800
	I	0.0564	0.0616	0.0658	0.0691	0.0718	0.0738	0.0764	0.0779
	WO	0.1148	0.1272	0.1374	0.1455	0.1517	0.1563	0.1615	0.1632
	WU	0.1108	0.1194	0.1263	0.1318	0.1361	0.1396	0.1449	0.1490
0.80	F	0.8140	0.8280	0.8420	0.8560	0.8700	0.8840	0.9120	0.9400
	I	0.0699	0.0725	0.0747	0.0764	0.0777	0.0787	0.0800	0.0807
	WO	0.1407	0.1469	0.1519	0.1559	0.1591	0.1614	0.1641	0.1650
	WU	0.1388	0.1432	0.1468	0.1496	0.1519	0.1537	0.1562	0.1581
1.00	F	1.0000	1.0000	1.0000	1.0000	1.0000	1.0000	1.0000	1.0000
	I	0.0833	0.0833	0.0833	0.0833	0.0833	0.0833	0.0833	0.0833
	WO	0.1667	0.1667	0.1667	0.1667	0.1667	0.1667	0.1667	0.1667
	WU	0.1667	0.1667	0.1667	0.1667	0.1667	0.1667	0.1667	0.1667

$\gamma = 0.50 \qquad \rho = 0.60$

ε	δ	0.0500	0.1000	0.1500	0.2000	0.2500	0.3000	0.4000	0.5000
0.05	F	0.1260	0.2020	0.2780	0.3540	0.4300	0.5060	0.6580	0.8100
	I	0.0211	0.0351	0.0469	0.0567	0.0646	0.0710	0.0799	0.0851
	WO	0.0489	0.0832	0.1105	0.1317	0.1475	0.1590	0.1717	0.1754
	WU	0.0370	0.0608	0.0815	0.0994	0.1149	0.1282	0.1494	0.1654
0.10	F	0.1720	0.2440	0.3160	0.3880	0.4600	0.5320	0.6760	0.8200
	I	0.0245	0.0379	0.0491	0.0583	0.0658	0.0718	0.0801	0.0851
	WO	0.0542	0.0864	0.1123	0.1326	0.1470	0.1588	0.1712	0.1749
	WU	0.0448	0.0676	0.0872	0.1040	0.1185	0.1309	0.1506	0.1656
0.15	F	0.2180	0.2860	0.3540	0.4220	0.4900	0.5580	0.6940	0.8300
	I	0.0279	0.0406	0.0512	0.0598	0.0669	0.0725	0.0804	0.0850
	WO	0.0600	0.0901	0.1145	0.1337	0.1483	0.1588	0.1707	0.1744
	WU	0.0521	0.0740	0.0925	0.1083	0.1219	0.1335	0.1518	0.1657
0.20	F	0.2640	0.3280	0.3920	0.4560	0.5200	0.5840	0.7120	0.8400
	I	0.0312	0.0432	0.0532	0.0614	0.0680	0.0733	0.0806	0.0849
	WO	0.0661	0.0941	0.1170	0.1351	0.1489	0.1589	0.1703	0.1739
	WU	0.0591	0.0800	0.0976	0.1125	0.1251	0.1359	0.1529	0.1658
0.25	F	0.3100	0.3700	0.4300	0.4900	0.5500	0.6100	0.7300	0.8500
	I	0.0345	0.0458	0.0552	0.0629	0.0690	0.0740	0.0808	0.0848
	WO	0.0722	0.0982	0.1196	0.1366	0.1496	0.1591	0.1700	0.1734
	WU	0.0661	0.0859	0.1025	0.1164	0.1283	0.1383	0.1540	0.1659
0.30	F	0.3560	0.4120	0.4680	0.5240	0.5800	0.6360	0.7480	0.8600
	I	0.0378	0.0484	0.0572	0.0643	0.0701	0.0747	0.0810	0.0847
	WO	0.0784	0.1025	0.1224	0.1382	0.1504	0.1593	0.1696	0.1729
	WU	0.0729	0.0917	0.1072	0.1203	0.1313	0.1405	0.1550	0.1660
0.35	F	0.4020	0.4540	0.5060	0.5580	0.6100	0.6620	0.7660	0.8700
	I	0.0411	0.0509	0.0591	0.0657	0.0711	0.0754	0.0812	0.0846
	WO	0.0846	0.1069	0.1253	0.1400	0.1513	0.1596	0.1693	0.1724
	WU	0.0798	0.0973	0.1118	0.1240	0.1342	0.1427	0.1560	0.1661
0.40	F	0.4480	0.4960	0.5440	0.5920	0.6400	0.6880	0.7840	0.8800
	I	0.0443	0.0535	0.0610	0.0672	0.0721	0.0760	0.0814	0.0845
	WO	0.0909	0.1114	0.1283	0.1418	0.1522	0.1600	0.1690	0.1720
	WU	0.0865	0.1028	0.1163	0.1276	0.1370	0.1448	0.1570	0.1662
0.50	F	0.5400	0.5800	0.6200	0.6600	0.7000	0.7400	0.8200	0.9000
	I	0.0508	0.0585	0.0648	0.0699	0.0741	0.0773	0.0818	0.0843
	WO	0.1034	0.1204	0.1344	0.1456	0.1543	0.1608	0.1684	0.1710
	WU	0.1000	0.1137	0.1251	0.1346	0.1424	0.1489	0.1589	0.1664
0.60	F	0.6320	0.6640	0.6960	0.7280	0.7600	0.7920	0.8560	0.9200
	I	0.0573	0.0635	0.0686	0.0727	0.0760	0.0786	0.0821	0.0841
	WO	0.1160	0.1296	0.1407	0.1496	0.1566	0.1618	0.1680	0.1701
	WU	0.1134	0.1245	0.1337	0.1413	0.1476	0.1528	0.1606	0.1665
0.80	F	0.8160	0.8320	0.8480	0.8640	0.8800	0.8960	0.9280	0.9600
	I	0.0703	0.0734	0.0760	0.0780	0.0797	0.0810	0.0827	0.0837
	WO	0.1413	0.1480	0.1536	0.1580	0.1615	0.1641	0.1672	0.1684
	WU	0.1401	0.1457	0.1504	0.1542	0.1574	0.1600	0.1638	0.1666
1.00	F	1.0000	1.0000	1.0000	1.0000	1.0000	1.0000	1.0000	1.0000
	I	0.0833	0.0833	0.0833	0.0833	0.0833	0.0833	0.0833	0.0833
	WO	0.1667	0.1667	0.1667	0.1667	0.1667	0.1667	0.1667	0.1667
	WU	0.1667	0.1667	0.1667	0.1667	0.1667	0.1667	0.1667	0.1667

$\gamma = 0.50 \qquad \rho = 0.80$

ε	δ	0.0500	0.1000	0.1500	0.2000	0.2500	0.3000	0.4000	0.5000
0.05	F	0.1355	0.2210	0.3065	0.3920	0.4775	0.5630	0.7340	0.9050
	I	0.0238	0.0404	0.0544	0.0660	0.0753	0.0828	0.0930	0.0985
	WO	0.0506	0.0861	0.1147	0.1372	0.1545	0.1673	0.1822	0.1873
	WU	0.0449	0.0763	0.1035	0.1270	0.1470	0.1640	0.1899	0.2080
0.10	F	0.1810	0.2620	0.3430	0.4240	0.5050	0.5860	0.7480	0.9100
	I	0.0270	0.0427	0.0560	0.0669	0.0758	0.0828	0.0925	0.0978
	WO	0.0563	0.0898	0.1170	0.1385	0.1550	0.1672	0.1815	0.1863
	WU	0.0518	0.0816	0.1073	0.1294	0.1482	0.1642	0.1886	0.2057
0.15	F	0.2265	0.3030	0.3795	0.4560	0.5325	0.6090	0.7620	0.9150
	I	0.0301	0.0450	0.0575	0.0678	0.0762	0.0829	0.0920	0.0970
	WO	0.0622	0.0937	0.1194	0.1398	0.1555	0.1671	0.1808	0.1854
	WU	0.0584	0.0866	0.1109	0.1317	0.1494	0.1644	0.1873	0.2035
0.20	F	0.2720	0.3440	0.4160	0.4880	0.5600	0.6320	0.7760	0.9200
	I	0.0333	0.0473	0.0590	0.0687	0.0766	0.0829	0.0915	0.0962
	WO	0.0682	0.0978	0.1220	0.1412	0.1560	0.1671	0.1800	0.1844
	WU	0.0649	0.0916	0.1145	0.1340	0.1506	0.1645	0.1861	0.2012
0.25	F	0.3175	0.3850	0.4525	0.5200	0.5875	0.6550	0.7900	0.9250
	I	0.0364	0.0496	0.0606	0.0697	0.0770	0.0829	0.0910	0.0955
	WO	0.0743	0.1019	0.1246	0.1426	0.1566	0.1670	0.1793	0.1835
	WU	0.0714	0.0965	0.1179	0.1362	0.1517	0.1647	0.1848	0.1990
0.30	F	0.3630	0.4260	0.4890	0.5520	0.6150	0.6780	0.8040	0.9300
	I	0.0395	0.0518	0.0621	0.0706	0.0775	0.0830	0.0905	0.0947
	WO	0.0804	0.1061	0.1272	0.1441	0.1572	0.1669	0.1785	0.1825
	WU	0.0778	0.1013	0.1213	0.1384	0.1528	0.1649	0.1835	0.1967
0.35	F	0.4085	0.4670	0.5255	0.5840	0.6425	0.7010	0.8180	0.9350
	I	0.0427	0.0541	0.0636	0.0715	0.0779	0.0830	0.0900	0.0939
	WO	0.0865	0.1103	0.1299	0.1456	0.1578	0.1669	0.1777	0.1815
	WU	0.0842	0.1061	0.1247	0.1405	0.1538	0.1650	0.1823	0.1945
0.40	F	0.4540	0.5080	0.5620	0.6160	0.6700	0.7240	0.8320	0.9400
	I	0.0458	0.0563	0.0651	0.0724	0.0783	0.0830	0.0895	0.0931
	WO	0.0926	0.1146	0.1326	0.1471	0.1584	0.1668	0.1769	0.1804
	WU	0.0906	0.1108	0.1280	0.1426	0.1549	0.1652	0.1810	0.1923
0.50	F	0.5450	0.5900	0.6350	0.6800	0.7250	0.7700	0.8600	0.9500
	I	0.0521	0.0608	0.0682	0.0742	0.0792	0.0831	0.0884	0.0915
	WO	0.1049	0.1232	0.1382	0.1503	0.1597	0.1668	0.1753	0.1783
	WU	0.1033	0.1203	0.1346	0.1468	0.1570	0.1655	0.1786	0.1880
0.60	F	0.6360	0.6720	0.7080	0.7440	0.7800	0.8160	0.8880	0.9600
	I	0.0583	0.0653	0.0712	0.0761	0.0800	0.0831	0.0874	0.0899
	WO	0.1173	0.1318	0.1438	0.1535	0.1610	0.1667	0.1736	0.1761
	WU	0.1160	0.1296	0.1411	0.1508	0.1590	0.1657	0.1761	0.1836
0.80	F	0.8180	0.8360	0.8540	0.8720	0.8900	0.9080	0.9440	0.9800
	I	0.0708	0.0743	0.0773	0.0797	0.0817	0.0832	0.0854	0.0866
	WO	0.1419	0.1492	0.1552	0.1600	0.1638	0.1667	0.1702	0.1715
	WU	0.1414	0.1482	0.1540	0.1588	0.1629	0.1662	0.1713	0.1751
1.00	F	1.0000	1.0000	1.0000	1.0000	1.0000	1.0000	1.0000	1.0000
	I	0.0833	0.0833	0.0833	0.0833	0.0833	0.0833	0.0833	0.0833
	WO	0.1667	0.1667	0.1667	0.1667	0.1667	0.1667	0.1667	0.1667
	WU	0.1667	0.1667	0.1667	0.1667	0.1667	0.1667	0.1667	0.1667

$\gamma = 0.50 \qquad p = 1.00$

ε	δ	0.0500	0.1000	0.1500	0.2000	0.2500	0.3000	0.4000	0.5000
0.05	F	0.1450	0.2400	0.3350	0.4300	0.5250	0.6200	0.8100	1.0000
	I	0.0262	0.0449	0.0606	0.0736	0.0842	0.0925	0.1037	0.1095
	WO	0.0519	0.0881	0.1175	0.1410	0.1593	0.1731	0.1896	0.1957
	WU	0.0528	0.0916	0.1253	0.1541	0.1784	0.1987	0.2289	0.2485
0.10	F	0.1900	0.2800	0.3700	0.4600	0.5500	0.6400	0.8200	1.0000
	I	0.0292	0.0469	0.0618	0.0742	0.0841	0.0921	0.1028	0.1083
	WO	0.0580	0.0924	0.1204	0.1427	0.1601	0.1732	0.1889	0.1947
	WU	0.0587	0.0954	0.1272	0.1544	0.1774	0.1966	0.2253	0.2440
0.15	F	0.2350	0.3200	0.4050	0.4900	0.5750	0.6600	0.8300	1.0000
	I	0.0322	0.0490	0.0630	0.0747	0.0841	0.0916	0.1018	0.1071
	WO	0.0641	0.0966	0.1232	0.1444	0.1608	0.1732	0.1881	0.1936
	WU	0.0647	0.0992	0.1291	0.1547	0.1764	0.1945	0.2217	0.2396
0.20	F	0.2800	0.3600	0.4400	0.5200	0.6000	0.6800	0.8400	1.0000
	I	0.0352	0.0510	0.0642	0.0752	0.0841	0.0912	0.1008	0.1058
	WO	0.0702	0.1009	0.1259	0.1459	0.1615	0.1732	0.1873	0.1924
	WU	0.0707	0.1031	0.1312	0.1552	0.1755	0.1926	0.2182	0.2352
0.25	F	0.3250	0.4000	0.4750	0.5500	0.6250	0.7000	0.8500	1.0000
	I	0.0382	0.0530	0.0654	0.0757	0.0841	0.0907	0.0998	0.1046
	WO	0.0762	0.1050	0.1286	0.1474	0.1621	0.1731	0.1864	0.1912
	WU	0.0767	0.1070	0.1333	0.1557	0.1747	0.1907	0.2147	0.2308
0.30	F	0.3700	0.4400	0.5100	0.5800	0.6500	0.7200	0.8600	1.0000
	I	0.0412	0.0550	0.0666	0.0762	0.0841	0.0903	0.0988	0.1033
	WO	0.0823	0.1092	0.1313	0.1489	0.1626	0.1730	0.1854	0.1900
	WU	0.0826	0.1110	0.1354	0.1563	0.1740	0.1888	0.2113	0.2264
0.35	F	0.4150	0.4800	0.5450	0.6100	0.6750	0.7400	0.8700	1.0000
	I	0.0442	0.0571	0.0678	0.0768	0.0840	0.0898	0.0977	0.1020
	WO	0.0883	0.1133	0.1339	0.1503	0.1631	0.1728	0.1844	0.1887
	WU	0.0886	0.1149	0.1375	0.1569	0.1733	0.1870	0.2079	0.2220
0.40	F	0.4600	0.5200	0.5800	0.6400	0.7000	0.7600	0.8800	1.0000
	I	0.0472	0.0591	0.0690	0.0773	0.0840	0.0893	0.0967	0.1007
	WO	0.0943	0.1175	0.1365	0.1517	0.1636	0.1726	0.1834	0.1873
	WU	0.0946	0.1188	0.1397	0.1575	0.1726	0.1853	0.2045	0.2177
0.50	F	0.5500	0.6000	0.6500	0.7000	0.7500	0.8000	0.9000	1.0000
	I	0.0533	0.0631	0.0714	0.0783	0.0839	0.0884	0.0946	0.0980
	WO	0.1064	0.1257	0.1416	0.1544	0.1644	0.1719	0.1811	0.1844
	WU	0.1066	0.1268	0.1441	0.1589	0.1714	0.1819	0.1979	0.2090
0.60	F	0.6400	0.6800	0.7200	0.7600	0.8000	0.8400	0.9200	1.0000
	I	0.0593	0.0672	0.0738	0.0793	0.0838	0.0874	0.0924	0.0952
	WO	0.1184	0.1339	0.1467	0.1570	0.1650	0.1711	0.1786	0.1813
	WU	0.1186	0.1347	0.1485	0.1603	0.1703	0.1786	0.1914	0.2004
0.80	F	0.8200	0.8400	0.8600	0.8800	0.9000	0.9200	0.9600	1.0000
	I	0.0713	0.0752	0.0786	0.0813	0.0836	0.0854	0.0879	0.0894
	WO	0.1426	0.1503	0.1567	0.1619	0.1660	0.1691	0.1730	0.1745
	WU	0.1426	0.1507	0.1576	0.1634	0.1683	0.1725	0.1788	0.1834
1.00	F	1.0000	1.0000	1.0000	1.0000	1.0000	1.0000	1.0000	1.0000
	I	0.0833	0.0833	0.0833	0.0833	0.0833	0.0833	0.0833	0.0833
	WO	0.1667	0.1667	0.1667	0.1667	0.1667	0.1667	0.1667	0.1667
	WU	0.1667	0.1667	0.1667	0.1667	0.1667	0.1667	0.1667	0.1667

$\gamma = 0.75 \qquad \rho = 0.20$

ε		δ	0.0500	0.1000	0.1500	0.2000	0.2500	0.3000	0.4000	0.5000
0.05	F		0.1070	0.1640	0.2210	0.2780	0.3350	0.3920	0.5060	0.6200
	I		0.0141	0.0205	0.0254	0.0292	0.0323	0.0346	0.0382	0.0413
	WO		0.0424	0.0701	0.0898	0.1027	0.1105	0.1147	0.1168	0.1160
	WU		0.0211	0.0290	0.0355	0.0409	0.0455	0.0496	0.0568	0.0642
0.10	F		0.1540	0.2080	0.2620	0.3160	0.3700	0.4240	0.5320	0.6400
	I		0.0187	0.0255	0.0305	0.0341	0.0369	0.0390	0.0420	0.0446
	WO		0.0480	0.0739	0.0932	0.1065	0.1148	0.1195	0.1220	0.1210
	WU		0.0306	0.0390	0.0452	0.0502	0.0544	0.0579	0.0641	0.0705
0.15	F		0.2010	0.2520	0.3030	0.3540	0.4050	0.4560	0.5580	0.6600
	I		0.0228	0.0298	0.0348	0.0384	0.0410	0.0429	0.0455	0.0476
	WO		0.0542	0.0784	0.0969	0.1100	0.1186	0.1235	0.1265	0.1255
	WU		0.0393	0.0480	0.0542	0.0589	0.0627	0.0658	0.0711	0.0767
0.20	F		0.2480	0.2960	0.3440	0.3920	0.4400	0.4880	0.5840	0.6800
	I		0.0266	0.0336	0.0386	0.0422	0.0447	0.0465	0.0488	0.0505
	WO		0.0607	0.0833	0.1008	0.1135	0.1220	0.1271	0.1304	0.1295
	WU		0.0475	0.0563	0.0625	0.0671	0.0706	0.0734	0.0779	0.0827
0.25	F		0.2950	0.3400	0.3850	0.4300	0.4750	0.5200	0.6100	0.7000
	I		0.0304	0.0372	0.0421	0.0456	0.0481	0.0498	0.0518	0.0532
	WO		0.0672	0.0883	0.1048	0.1169	0.1252	0.1303	0.1340	0.1332
	WU		0.0554	0.0642	0.0704	0.0748	0.0781	0.0806	0.0845	0.0886
0.30	F		0.3420	0.3840	0.4260	0.4680	0.5100	0.5520	0.6360	0.7200
	I		0.0340	0.0406	0.0454	0.0488	0.0512	0.0529	0.0547	0.0558
	WO		0.0737	0.0934	0.1088	0.1203	0.1283	0.1334	0.1372	0.1366
	WU		0.0631	0.0718	0.0779	0.0822	0.0853	0.0876	0.0910	0.0945
0.35	F		0.3890	0.4280	0.4670	0.5060	0.5450	0.5840	0.6620	0.7400
	I		0.0376	0.0439	0.0485	0.0518	0.0541	0.0557	0.0574	0.0583
	WO		0.0803	0.0985	0.1129	0.1237	0.1313	0.1362	0.1401	0.1397
	WU		0.0708	0.0792	0.0851	0.0892	0.0921	0.0943	0.0972	0.1002
0.40	F		0.4360	0.4720	0.5080	0.5440	0.5800	0.6160	0.6880	0.7600
	I		0.0412	0.0471	0.0515	0.0547	0.0569	0.0584	0.0599	0.0607
	WO		0.0869	0.1037	0.1170	0.1270	0.1342	0.1389	0.1428	0.1426
	WU		0.0783	0.0864	0.0921	0.0960	0.0988	0.1007	0.1033	0.1058
0.50	F		0.5300	0.5600	0.5900	0.6200	0.6500	0.6800	0.7400	0.8000
	I		0.0483	0.0534	0.0572	0.0600	0.0620	0.0633	0.0647	0.0652
	WO		0.1002	0.1141	0.1252	0.1337	0.1398	0.1440	0.1477	0.1478
	WU		0.0933	0.1004	0.1055	0.1090	0.1114	0.1131	0.1150	0.1168
0.60	F		0.6240	0.6480	0.6720	0.6960	0.7200	0.7440	0.7920	0.8400
	I		0.0554	0.0595	0.0627	0.0651	0.0667	0.0679	0.0690	0.0694
	WO		0.1135	0.1246	0.1335	0.1403	0.1453	0.1488	0.1521	0.1523
	WU		0.1081	0.1140	0.1183	0.1214	0.1234	0.1248	0.1262	0.1274
0.80	F		0.8120	0.8240	0.8360	0.8480	0.8600	0.8720	0.8960	0.9200
	I		0.0694	0.0715	0.0732	0.0745	0.0754	0.0760	0.0766	0.0768
	WO		0.1400	0.1456	0.1500	0.1535	0.1561	0.1579	0.1598	0.1601
	WU		0.1375	0.1406	0.1430	0.1446	0.1458	0.1465	0.1472	0.1476
1.00	F		1.0000	1.0000	1.0000	1.0000	1.0000	1.0000	1.0000	1.0000
	I		0.0833	0.0833	0.0833	0.0833	0.0833	0.0833	0.0833	0.0833
	WO		0.1667	0.1667	0.1667	0.1667	0.1667	0.1667	0.1667	0.1667
	WU		0.1667	0.1667	0.1667	0.1667	0.1667	0.1667	0.1667	0.1667

$\gamma = 0.75 \qquad \rho = 0.40$

ε		δ	0.0500	0.1000	0.1500	0.2000	0.2500	0.3000	0.4000	0.5000
0.05	F		0.1165	0.1830	0.2495	0.3160	0.3825	0.4490	0.5820	0.7150
	I		0.0178	0.0282	0.0365	0.0430	0.0481	0.0519	0.0568	0.0596
	WO		0.0461	0.0777	0.1017	0.1190	0.1307	0.1380	0.1437	0.1429
	WU		0.0289	0.0442	0.0569	0.0674	0.0761	0.0833	0.0940	0.1022
0.10	F		0.1630	0.2260	0.2890	0.3520	0.4150	0.4780	0.6040	0.7300
	I		0.0217	0.0318	0.0398	0.0460	0.0508	0.0543	0.0588	0.0612
	WO		0.0514	0.0807	0.1035	0.1203	0.1319	0.1393	0.1452	0.1447
	WU		0.0375	0.0526	0.0646	0.0745	0.0825	0.0890	0.0987	0.1060
0.15	F		0.2095	0.2690	0.3285	0.3880	0.4475	0.5070	0.6260	0.7450
	I		0.0253	0.0352	0.0428	0.0487	0.0532	0.0565	0.0606	0.0627
	WO		0.0573	0.0845	0.1060	0.1221	0.1333	0.1406	0.1467	0.1463
	WU		0.0455	0.0603	0.0719	0.0811	0.0885	0.0945	0.1032	0.1098
0.20	F		0.2560	0.3120	0.3680	0.4240	0.4800	0.5360	0.6480	0.7600
	I		0.0289	0.0384	0.0457	0.0513	0.0555	0.0586	0.0623	0.0642
	WO		0.0634	0.0888	0.1089	0.1241	0.1349	0.1420	0.1481	0.1479
	WU		0.0531	0.0675	0.0786	0.0874	0.0943	0.0998	0.1076	0.1135
0.25	F		0.3025	0.3550	0.4075	0.4600	0.5125	0.5650	0.6700	0.7750
	I		0.0324	0.0414	0.0484	0.0537	0.0577	0.0606	0.0640	0.0657
	WO		0.0697	0.0932	0.1121	0.1263	0.1366	0.1434	0.1494	0.1494
	WU		0.0606	0.0745	0.0851	0.0934	0.0998	0.1049	0.1119	0.1171
0.30	F		0.3490	0.3980	0.4470	0.4960	0.5450	0.5940	0.6920	0.7900
	I		0.0359	0.0444	0.0510	0.0560	0.0597	0.0624	0.0656	0.0671
	WO		0.0760	0.0979	0.1153	0.1287	0.1384	0.1449	0.1507	0.1508
	WU		0.0679	0.0812	0.0913	0.0991	0.1051	0.1098	0.1161	0.1207
0.35	F		0.3955	0.4410	0.4865	0.5320	0.5775	0.6230	0.7140	0.8050
	I		0.0393	0.0473	0.0535	0.0582	0.0617	0.0642	0.0671	0.0684
	WO		0.0824	0.1026	0.1187	0.1312	0.1402	0.1463	0.1520	0.1522
	WU		0.0751	0.0877	0.0973	0.1047	0.1103	0.1145	0.1202	0.1243
0.40	F		0.4420	0.4840	0.5260	0.5680	0.6100	0.6520	0.7360	0.8200
	I		0.0427	0.0502	0.0559	0.0604	0.0636	0.0660	0.0686	0.0697
	WO		0.0889	0.1074	0.1222	0.1337	0.1421	0.1478	0.1532	0.1535
	WU		0.0823	0.0941	0.1031	0.1100	0.1152	0.1191	0.1243	0.1278
0.50	F		0.5350	0.5700	0.6050	0.6400	0.6750	0.7100	0.7800	0.8500
	I		0.0495	0.0558	0.0607	0.0645	0.0672	0.0692	0.0714	0.0723
	WO		0.1018	0.1171	0.1294	0.1389	0.1460	0.1509	0.1556	0.1561
	WU		0.0965	0.1067	0.1144	0.1203	0.1247	0.1279	0.1320	0.1347
0.60	F		0.6280	0.6560	0.6840	0.7120	0.7400	0.7680	0.8240	0.8800
	I		0.0563	0.0614	0.0654	0.0684	0.0707	0.0723	0.0741	0.0747
	WO		0.1147	0.1269	0.1367	0.1443	0.1500	0.1540	0.1579	0.1584
	WU		0.1106	0.1189	0.1253	0.1301	0.1337	0.1363	0.1395	0.1414
0.80	F		0.8140	0.8280	0.8420	0.8560	0.8700	0.8840	0.9120	0.9400
	I		0.0698	0.0724	0.0745	0.0760	0.0772	0.0780	0.0789	0.0792
	WO		0.1407	0.1467	0.1516	0.1554	0.1582	0.1603	0.1624	0.1627
	WU		0.1387	0.1430	0.1463	0.1488	0.1507	0.1520	0.1535	0.1543
1.00	F		1.0000	1.0000	1.0000	1.0000	1.0000	1.0000	1.0000	1.0000
	I		0.0833	0.0833	0.0833	0.0833	0.0833	0.0833	0.0833	0.0833
	WO		0.1667	0.1667	0.1667	0.1667	0.1667	0.1667	0.1667	0.1667
	WU		0.1667	0.1667	0.1667	0.1667	0.1667	0.1667	0.1667	0.1667

γ = 0.75 ρ = 0.60

ε		δ	0.0500	0.1000	0.1500	0.2000	0.2500	0.3000	0.4000	0.5000
0.05	F		0.1260	0.2020	0.2780	0.3540	0.4300	0.5060	0.6580	0.8100
	I		0.0209	0.0344	0.0453	0.0539	0.0605	0.0654	0.0713	0.0738
	WO		0.0486	0.0821	0.1081	0.1276	0.1415	0.1508	0.1591	0.1593
	WU		0.0366	0.0591	0.0778	0.0932	0.1056	0.1155	0.1292	0.1376
0.10	F		0.1720	0.2440	0.3160	0.3880	0.4600	0.5320	0.6760	0.8200
	I		0.0243	0.0372	0.0476	0.0557	0.0619	0.0666	0.0721	0.0744
	WO		0.0539	0.0853	0.1100	0.1287	0.1421	0.1511	0.1594	0.1598
	WU		0.0444	0.0660	0.0837	0.0982	0.1098	0.1189	0.1315	0.1392
0.15	F		0.2180	0.2860	0.3540	0.4220	0.4900	0.5580	0.6940	0.8300
	I		0.0277	0.0400	0.0498	0.0574	0.0633	0.0677	0.0728	0.0750
	WO		0.0598	0.0891	0.1124	0.1301	0.1429	0.1516	0.1597	0.1602
	WU		0.0517	0.0725	0.0893	0.1029	0.1137	0.1222	0.1338	0.1409
0.20	F		0.2640	0.3280	0.3920	0.4560	0.5200	0.5840	0.7120	0.8400
	I		0.0311	0.0426	0.0519	0.0591	0.0647	0.0687	0.0735	0.0755
	WO		0.0658	0.0931	0.1150	0.1317	0.1439	0.1522	0.1600	0.1606
	WU		0.0588	0.0787	0.0946	0.1074	0.1175	0.1254	0.1361	0.1425
0.25	F		0.3100	0.3700	0.4300	0.4900	0.5500	0.6100	0.7300	0.8500
	I		0.0344	0.0453	0.0540	0.0608	0.0660	0.0698	0.0742	0.0760
	WO		0.0720	0.0974	0.1178	0.1334	0.1449	0.1528	0.1603	0.1610
	WU		0.0658	0.0846	0.0997	0.1117	0.1211	0.1284	0.1382	0.1441
0.30	F		0.3560	0.4120	0.4680	0.5240	0.5800	0.6360	0.7480	0.8600
	I		0.0377	0.0479	0.0560	0.0624	0.0672	0.0708	0.0749	0.0766
	WO		0.0782	0.1017	0.1207	0.1353	0.1461	0.1535	0.1607	0.1614
	WU		0.0726	0.0905	0.1046	0.1158	0.1246	0.1314	0.1404	0.1457
0.35	F		0.4020	0.4540	0.5060	0.5580	0.6100	0.6620	0.7660	0.8700
	I		0.0409	0.0505	0.0581	0.0640	0.0685	0.0718	0.0756	0.0771
	WO		0.0844	0.1062	0.1237	0.1373	0.1473	0.1542	0.1610	0.1618
	WU		0.0795	0.0962	0.1094	0.1199	0.1280	0.1343	0.1425	0.1473
0.40	F		0.4480	0.4960	0.5440	0.5920	0.6400	0.6880	0.7840	0.8800
	I		0.0442	0.0530	0.0601	0.0656	0.0697	0.0728	0.0763	0.0776
	WO		0.0907	0.1107	0.1268	0.1393	0.1486	0.1550	0.1614	0.1622
	WU		0.0863	0.1018	0.1142	0.1238	0.1314	0.1371	0.1446	0.1489
0.50	F		0.5400	0.5800	0.6200	0.6600	0.7000	0.7400	0.8200	0.9000
	I		0.0507	0.0581	0.0640	0.0686	0.0721	0.0746	0.0775	0.0786
	WO		0.1033	0.1198	0.1332	0.1436	0.1513	0.1567	0.1622	0.1629
	WU		0.0998	0.1129	0.1233	0.1315	0.1378	0.1425	0.1486	0.1520
0.60	F		0.6320	0.6640	0.6960	0.7280	0.7600	0.7920	0.8560	0.9200
	I		0.0573	0.0632	0.0679	0.0716	0.0744	0.0765	0.0788	0.0796
	WO		0.1159	0.1291	0.1397	0.1480	0.1542	0.1586	0.1630	0.1637
	WU		0.1132	0.1238	0.1323	0.1389	0.1439	0.1477	0.1524	0.1550
0.80	F		0.8160	0.8320	0.8480	0.8640	0.8800	0.8960	0.9280	0.9600
	I		0.0703	0.0733	0.0757	0.0775	0.0789	0.0800	0.0811	0.0815
	WO		0.1413	0.1478	0.1531	0.1572	0.1603	0.1625	0.1648	0.1652
	WU		0.1400	0.1454	0.1497	0.1530	0.1556	0.1575	0.1598	0.1609
1.00	F		1.0000	1.0000	1.0000	1.0000	1.0000	1.0000	1.0000	1.0000
	I		0.0833	0.0833	0.0833	0.0833	0.0833	0.0833	0.0833	0.0833
	WO		0.1667	0.1667	0.1667	0.1667	0.1667	0.1667	0.1667	0.1667
	WU		0.1667	0.1667	0.1667	0.1667	0.1667	0.1667	0.1667	0.1667

                    Tabelle von Querschnittswerten

γ = 0.75 ρ = 0.80

ε	δ	0.0500	0.1000	0.1500	0.2000	0.2500	0.3000	0.4000	0.5000
0.05	F	0.1355	0.2210	0.3065	0.3920	0.4775	0.5630	0.7340	0.9050
	I	0.0236	0.0395	0.0524	0.0626	0.0704	0.0762	0.0829	0.0853
	WO	0.0503	0.0849	0.1121	0.1329	0.1482	0.1588	0.1693	0.1706
	WU	0.0443	0.0739	0.0984	0.1183	0.1342	0.1464	0.1624	0.1706
0.10	F	0.1810	0.2620	0.3430	0.4240	0.5050	0.5860	0.7480	0.9100
	I	0.0267	0.0419	0.0541	0.0637	0.0711	0.0766	0.0829	0.0852
	WO	0.0560	0.0886	0.1145	0.1343	0.1489	0.1590	0.1691	0.1704
	WU	0.0512	0.0794	0.1025	0.1213	0.1362	0.1477	0.1627	0.1704
0.15	F	0.2265	0.3030	0.3795	0.4560	0.5325	0.6090	0.7620	0.9150
	I	0.0299	0.0442	0.0558	0.0649	0.0718	0.0770	0.0829	0.0851
	WO	0.0619	0.0926	0.1170	0.1358	0.1496	0.1593	0.1689	0.1702
	WU	0.0579	0.0846	0.1065	0.1242	0.1382	0.1490	0.1630	0.1702
0.20	F	0.2720	0.3440	0.4160	0.4880	0.5600	0.6320	0.7760	0.9200
	I	0.0331	0.0465	0.0574	0.0660	0.0725	0.0774	0.0830	0.0850
	WO	0.0679	0.0967	0.1196	0.1373	0.1504	0.1596	0.1687	0.1700
	WU	0.0644	0.0897	0.1103	0.1269	0.1401	0.1502	0.1632	0.1700
0.25	F	0.3175	0.3850	0.4525	0.5200	0.5875	0.6550	0.7900	0.9250
	I	0.0362	0.0489	0.0590	0.0671	0.0732	0.0777	0.0830	0.0849
	WO	0.0740	0.1008	0.1223	0.1390	0.1513	0.1599	0.1685	0.1698
	WU	0.0709	0.0948	0.1141	0.1297	0.1419	0.1513	0.1635	0.1698
0.30	F	0.3630	0.4260	0.4890	0.5520	0.6150	0.6780	0.8040	0.9300
	I	0.0394	0.0512	0.0607	0.0682	0.0739	0.0781	0.0830	0.0848
	WO	0.0801	0.1051	0.1251	0.1406	0.1522	0.1602	0.1684	0.1696
	WU	0.0774	0.0997	0.1178	0.1323	0.1437	0.1525	0.1637	0.1696
0.35	F	0.4085	0.4670	0.5255	0.5840	0.6425	0.7010	0.8180	0.9350
	I	0.0425	0.0535	0.0623	0.0693	0.0746	0.0785	0.0830	0.0847
	WO	0.0863	0.1094	0.1280	0.1424	0.1531	0.1606	0.1682	0.1694
	WU	0.0838	0.1046	0.1215	0.1349	0.1455	0.1536	0.1640	0.1694
0.40	F	0.4540	0.5080	0.5620	0.6160	0.6700	0.7240	0.8320	0.9400
	I	0.0457	0.0558	0.0639	0.0704	0.0753	0.0789	0.0831	0.0846
	WO	0.0924	0.1137	0.1308	0.1441	0.1540	0.1610	0.1681	0.1692
	WU	0.0902	0.1095	0.1251	0.1375	0.1473	0.1547	0.1642	0.1692
0.50	F	0.5450	0.5900	0.6350	0.6800	0.7250	0.7700	0.8600	0.9500
	I	0.0519	0.0604	0.0672	0.0725	0.0766	0.0796	0.0831	0.0844
	WO	0.1047	0.1224	0.1366	0.1477	0.1560	0.1618	0.1678	0.1687
	WU	0.1030	0.1191	0.1322	0.1426	0.1507	0.1568	0.1647	0.1687
0.60	F	0.6360	0.6720	0.7080	0.7440	0.7800	0.8160	0.8880	0.9600
	I	0.0582	0.0650	0.0704	0.0747	0.0780	0.0804	0.0832	0.0842
	WO	0.1171	0.1312	0.1425	0.1514	0.1580	0.1627	0.1675	0.1683
	WU	0.1158	0.1287	0.1392	0.1475	0.1540	0.1589	0.1651	0.1683
0.80	F	0.8180	0.8360	0.8540	0.8720	0.8900	0.9080	0.9440	0.9800
	I	0.0708	0.0742	0.0769	0.0790	0.0807	0.0819	0.0833	0.0837
	WO	0.1419	0.1489	0.1545	0.1589	0.1623	0.1646	0.1671	0.1675
	WU	0.1412	0.1478	0.1530	0.1572	0.1604	0.1629	0.1659	0.1675
1.00	F	1.0000	1.0000	1.0000	1.0000	1.0000	1.0000	1.0000	1.0000
	I	0.0833	0.0833	0.0833	0.0833	0.0833	0.0833	0.0833	0.0833
	WO	0.1667	0.1667	0.1667	0.1667	0.1667	0.1667	0.1667	0.1667
	WU	0.1667	0.1667	0.1667	0.1667	0.1667	0.1667	0.1667	0.1667

$\gamma = 0.75 \qquad \rho = 1.00$

ε		δ	0.0500	0.1000	0.1500	0.2000	0.2500	0.3000	0.4000	0.5000
0.05	F		0.1450	0.2400	0.3350	0.4300	0.5250	0.6200	0.8100	1.0000
	I		0.0259	0.0438	0.0584	0.0698	0.0786	0.0850	0.0924	0.0948
	WO		0.0516	0.0868	0.1149	0.1366	0.1529	0.1644	0.1765	0.1790
	WU		0.0520	0.0886	0.1186	0.1428	0.1618	0.1761	0.1939	0.2016
0.10	F		0.1900	0.2800	0.3700	0.4600	0.5500	0.6400	0.8200	1.0000
	I		0.0289	0.0459	0.0597	0.0705	0.0788	0.0850	0.0919	0.0943
	WO		0.0577	0.0911	0.1177	0.1384	0.1538	0.1647	0.1761	0.1785
	WU		0.0580	0.0926	0.1210	0.1439	0.1618	0.1755	0.1923	0.1998
0.15	F		0.2350	0.3200	0.4050	0.4900	0.5750	0.6600	0.8300	1.0000
	I		0.0319	0.0480	0.0610	0.0713	0.0791	0.0849	0.0915	0.0937
	WO		0.0637	0.0954	0.1206	0.1401	0.1546	0.1650	0.1758	0.1779
	WU		0.0640	0.0966	0.1234	0.1450	0.1620	0.1748	0.1908	0.1979
0.20	F		0.2800	0.3600	0.4400	0.5200	0.6000	0.6800	0.8400	1.0000
	I		0.0350	0.0501	0.0623	0.0720	0.0794	0.0848	0.0910	0.0931
	WO		0.0698	0.0996	0.1234	0.1418	0.1555	0.1652	0.1754	0.1774
	WU		0.0701	0.1007	0.1259	0.1462	0.1621	0.1742	0.1893	0.1961
0.25	F		0.3250	0.4000	0.4750	0.5500	0.6250	0.7000	0.8500	1.0000
	I		0.0380	0.0522	0.0636	0.0727	0.0796	0.0847	0.0906	0.0925
	WO		0.0759	0.1038	0.1261	0.1434	0.1563	0.1654	0.1750	0.1768
	WU		0.0761	0.1048	0.1284	0.1474	0.1623	0.1736	0.1878	0.1942
0.30	F		0.3700	0.4400	0.5100	0.5800	0.6500	0.7200	0.8600	1.0000
	I		0.0410	0.0542	0.0649	0.0734	0.0799	0.0846	0.0901	0.0920
	WO		0.0819	0.1080	0.1289	0.1450	0.1571	0.1656	0.1745	0.1762
	WU		0.0821	0.1089	0.1309	0.1486	0.1625	0.1731	0.1863	0.1924
0.35	F		0.4150	0.4800	0.5450	0.6100	0.6750	0.7400	0.8700	1.0000
	I		0.0440	0.0563	0.0663	0.0741	0.0801	0.0845	0.0896	0.0914
	WO		0.0880	0.1123	0.1316	0.1467	0.1579	0.1658	0.1741	0.1756
	WU		0.0882	0.1130	0.1334	0.1498	0.1627	0.1725	0.1848	0.1905
0.40	F		0.4600	0.5200	0.5800	0.6400	0.7000	0.7600	0.8800	1.0000
	I		0.0471	0.0584	0.0676	0.0748	0.0804	0.0845	0.0892	0.0908
	WO		0.0940	0.1165	0.1344	0.1482	0.1586	0.1660	0.1736	0.1750
	WU		0.0942	0.1171	0.1359	0.1511	0.1629	0.1720	0.1833	0.1887
0.50	F		0.5500	0.6000	0.6500	0.7000	0.7500	0.8000	0.9000	1.0000
	I		0.0531	0.0626	0.0702	0.0762	0.0809	0.0843	0.0882	0.0896
	WO		0.1062	0.1248	0.1398	0.1514	0.1601	0.1662	0.1726	0.1738
	WU		0.1063	0.1254	0.1410	0.1536	0.1634	0.1710	0.1805	0.1850
0.60	F		0.6400	0.6800	0.7200	0.7600	0.8000	0.8400	0.9200	1.0000
	I		0.0592	0.0667	0.0728	0.0777	0.0814	0.0841	0.0873	0.0884
	WO		0.1183	0.1332	0.1452	0.1545	0.1615	0.1664	0.1715	0.1725
	WU		0.1183	0.1336	0.1461	0.1561	0.1640	0.1700	0.1776	0.1813
0.80	F		0.8200	0.8400	0.8600	0.8800	0.9000	0.9200	0.9600	1.0000
	I		0.0712	0.0750	0.0781	0.0805	0.0824	0.0837	0.0853	0.0859
	WO		0.1425	0.1500	0.1560	0.1606	0.1641	0.1666	0.1692	0.1697
	WU		0.1425	0.1501	0.1564	0.1614	0.1653	0.1683	0.1721	0.1740
1.00	F		1.0000	1.0000	1.0000	1.0000	1.0000	1.0000	1.0000	1.0000
	I		0.0833	0.0833	0.0833	0.0833	0.0833	0.0833	0.0833	0.0833
	WO		0.1667	0.1667	0.1667	0.1667	0.1667	0.1667	0.1667	0.1667
	WU		0.1667	0.1667	0.1667	0.1667	0.1667	0.1667	0.1667	0.1667

                Tabelle von Querschnittswerten

$\gamma = 1.00$ $\rho = 0.20$

ε	δ	0.0500	0.1000	0.1500	0.2000	0.2500	0.3000	0.4000	0.5000
0.05	F	0.1070	0.1640	0.2210	0.2780	0.3350	0.3920	0.5060	0.6200
	I	0.0140	0.0202	0.0248	0.0281	0.0306	0.0324	0.0348	0.0371
	WO	0.0422	0.0694	0.0882	0.0999	0.1064	0.1092	0.1090	0.1070
	WU	0.0209	0.0285	0.0344	0.0391	0.0429	0.0460	0.0512	0.0568
0.10	F	0.1540	0.2080	0.2620	0.3160	0.3700	0.4240	0.5320	0.6400
	I	0.0186	0.0252	0.0299	0.0331	0.0354	0.0370	0.0389	0.0407
	WO	0.0479	0.0733	0.0919	0.1042	0.1115	0.1149	0.1153	0.1132
	WU	0.0305	0.0385	0.0442	0.0485	0.0519	0.0545	0.0588	0.0635
0.15	F	0.2010	0.2520	0.3030	0.3540	0.4050	0.4560	0.5580	0.6600
	I	0.0227	0.0295	0.0342	0.0375	0.0397	0.0411	0.0427	0.0441
	WO	0.0541	0.0780	0.0959	0.1082	0.1157	0.1197	0.1208	0.1187
	WU	0.0391	0.0475	0.0532	0.0573	0.0603	0.0626	0.0661	0.0701
0.20	F	0.2480	0.2960	0.3440	0.3920	0.4400	0.4880	0.5840	0.6800
	I	0.0266	0.0334	0.0381	0.0413	0.0435	0.0449	0.0462	0.0473
	WO	0.0606	0.0829	0.0999	0.1119	0.1196	0.1238	0.1255	0.1236
	WU	0.0473	0.0559	0.0616	0.0656	0.0683	0.0703	0.0732	0.0765
0.25	F	0.2950	0.3400	0.3850	0.4300	0.4750	0.5200	0.6100	0.7000
	I	0.0303	0.0370	0.0417	0.0449	0.0470	0.0483	0.0495	0.0503
	WO	0.0671	0.0879	0.1040	0.1155	0.1231	0.1275	0.1297	0.1280
	WU	0.0553	0.0638	0.0695	0.0734	0.0760	0.0778	0.0801	0.0828
0.30	F	0.3420	0.3840	0.4260	0.4680	0.5100	0.5520	0.6360	0.7200
	I	0.0340	0.0404	0.0450	0.0482	0.0502	0.0515	0.0526	0.0532
	WO	0.0737	0.0931	0.1081	0.1191	0.1265	0.1309	0.1334	0.1321
	WU	0.0630	0.0715	0.0771	0.0808	0.0833	0.0849	0.0869	0.0891
0.35	F	0.3890	0.4280	0.4670	0.5060	0.5450	0.5840	0.6620	0.7400
	I	0.0376	0.0437	0.0482	0.0512	0.0532	0.0545	0.0555	0.0560
	WO	0.0803	0.0982	0.1123	0.1226	0.1297	0.1340	0.1368	0.1358
	WU	0.0707	0.0789	0.0844	0.0880	0.0903	0.0918	0.0934	0.0952
0.40	F	0.4360	0.4720	0.5080	0.5440	0.5800	0.6160	0.6880	0.7600
	I	0.0412	0.0470	0.0512	0.0541	0.0561	0.0573	0.0583	0.0586
	WO	0.0869	0.1034	0.1164	0.1261	0.1328	0.1370	0.1400	0.1392
	WU	0.0782	0.0861	0.0914	0.0949	0.0971	0.0985	0.0998	0.1012
0.50	F	0.5300	0.5600	0.5900	0.6200	0.6500	0.6800	0.7400	0.8000
	I	0.0483	0.0533	0.0570	0.0596	0.0614	0.0625	0.0634	0.0635
	WO	0.1001	0.1139	0.1248	0.1330	0.1388	0.1426	0.1456	0.1452
	WU	0.0932	0.1001	0.1049	0.1081	0.1101	0.1112	0.1122	0.1130
0.60	F	0.6240	0.6480	0.6720	0.6960	0.7200	0.7440	0.7920	0.8400
	I	0.0553	0.0594	0.0625	0.0647	0.0662	0.0672	0.0680	0.0681
	WO	0.1134	0.1244	0.1331	0.1398	0.1445	0.1478	0.1506	0.1505
	WU	0.1080	0.1138	0.1179	0.1206	0.1223	0.1233	0.1239	0.1243
0.80	F	0.8120	0.8240	0.8360	0.8480	0.8600	0.8720	0.8960	0.9200
	I	0.0694	0.0715	0.0731	0.0743	0.0752	0.0757	0.0762	0.0762
	WO	0.1400	0.1455	0.1499	0.1533	0.1557	0.1575	0.1592	0.1594
	WU	0.1374	0.1405	0.1427	0.1443	0.1452	0.1458	0.1461	0.1461
1.00	F	1.0000	1.0000	1.0000	1.0000	1.0000	1.0000	1.0000	1.0000
	I	0.0833	0.0833	0.0833	0.0833	0.0833	0.0833	0.0833	0.0833
	WO	0.1667	0.1667	0.1667	0.1667	0.1667	0.1667	0.1667	0.1667
	WU	0.1667	0.1667	0.1667	0.1667	0.1667	0.1667	0.1667	0.1667

$\gamma = 1.00 \qquad \rho = 0.40$

ε	δ	0.0500	0.1000	0.1500	0.2000	0.2500	0.3000	0.4000	0.5000
0.05	F	0.1165	0.1830	0.2495	0.3160	0.3825	0.4490	0.5820	0.7150
	I	0.0176	0.0276	0.0353	0.0410	0.0452	0.0481	0.0511	0.0525
	WO	0.0459	0.0767	0.0996	0.1154	0.1254	0.1311	0.1336	0.1311
	WU	0.0286	0.0431	0.0546	0.0637	0.0706	0.0759	0.0828	0.0875
0.10	F	0.1630	0.2260	0.2890	0.3520	0.4150	0.4780	0.6040	0.7300
	I	0.0216	0.0313	0.0387	0.0442	0.0481	0.0507	0.0535	0.0546
	WO	0.0512	0.0799	0.1017	0.1171	0.1272	0.1331	0.1361	0.1340
	WU	0.0372	0.0516	0.0625	0.0710	0.0773	0.0820	0.0880	0.0921
0.15	F	0.2095	0.2690	0.3285	0.3880	0.4475	0.5070	0.6260	0.7450
	I	0.0252	0.0347	0.0419	0.0471	0.0508	0.0533	0.0557	0.0566
	WO	0.0571	0.0838	0.1044	0.1192	0.1292	0.1350	0.1385	0.1366
	WU	0.0452	0.0594	0.0699	0.0778	0.0837	0.0879	0.0932	0.0967
0.20	F	0.2560	0.3120	0.3680	0.4240	0.4800	0.5360	0.6480	0.7600
	I	0.0288	0.0379	0.0448	0.0498	0.0533	0.0556	0.0578	0.0586
	WO	0.0632	0.0881	0.1074	0.1216	0.1312	0.1370	0.1407	0.1392
	WU	0.0529	0.0667	0.0768	0.0843	0.0897	0.0936	0.0982	0.1012
0.25	F	0.3025	0.3550	0.4075	0.4600	0.5125	0.5650	0.6700	0.7750
	I	0.0323	0.0410	0.0476	0.0523	0.0556	0.0578	0.0599	0.0605
	WO	0.0695	0.0926	0.1107	0.1240	0.1332	0.1389	0.1428	0.1415
	WU	0.0604	0.0737	0.0834	0.0905	0.0956	0.0991	0.1031	0.1057
0.30	F	0.3490	0.3980	0.4470	0.4960	0.5450	0.5940	0.6920	0.7900
	I	0.0358	0.0440	0.0502	0.0547	0.0579	0.0599	0.0618	0.0623
	WO	0.0759	0.0973	0.1141	0.1266	0.1353	0.1408	0.1448	0.1438
	WU	0.0677	0.0804	0.0897	0.0964	0.1012	0.1044	0.1079	0.1101
0.35	F	0.3955	0.4410	0.4865	0.5320	0.5775	0.6230	0.7140	0.8050
	I	0.0392	0.0470	0.0528	0.0571	0.0600	0.0620	0.0637	0.0641
	WO	0.0823	0.1021	0.1176	0.1293	0.1375	0.1427	0.1466	0.1459
	WU	0.0749	0.0870	0.0958	0.1021	0.1066	0.1095	0.1127	0.1144
0.40	F	0.4420	0.4840	0.5260	0.5680	0.6100	0.6520	0.7360	0.8200
	I	0.0427	0.0499	0.0553	0.0593	0.0621	0.0639	0.0655	0.0659
	WO	0.0887	0.1069	0.1212	0.1320	0.1396	0.1446	0.1485	0.1480
	WU	0.0821	0.0935	0.1018	0.1077	0.1118	0.1145	0.1173	0.1187
0.50	F	0.5350	0.5700	0.6050	0.6400	0.6750	0.7100	0.7800	0.8500
	I	0.0495	0.0556	0.0602	0.0636	0.0660	0.0676	0.0689	0.0692
	WO	0.1017	0.1167	0.1286	0.1376	0.1440	0.1483	0.1519	0.1517
	WU	0.0964	0.1061	0.1133	0.1184	0.1219	0.1241	0.1262	0.1271
0.60	F	0.6280	0.6560	0.6840	0.7120	0.7400	0.7680	0.8240	0.8800
	I	0.0563	0.0612	0.0650	0.0678	0.0697	0.0710	0.0721	0.0723
	WO	0.1146	0.1266	0.1361	0.1433	0.1485	0.1520	0.1551	0.1552
	WU	0.1105	0.1185	0.1244	0.1286	0.1315	0.1333	0.1349	0.1354
0.80	F	0.8140	0.8280	0.8420	0.8560	0.8700	0.8840	0.9120	0.9400
	I	0.0698	0.0723	0.0743	0.0757	0.0767	0.0774	0.0780	0.0781
	WO	0.1406	0.1466	0.1513	0.1549	0.1575	0.1594	0.1611	0.1613
	WU	0.1387	0.1428	0.1459	0.1481	0.1496	0.1505	0.1512	0.1514
1.00	F	1.0000	1.0000	1.0000	1.0000	1.0000	1.0000	1.0000	1.0000
	I	0.0833	0.0833	0.0833	0.0833	0.0833	0.0833	0.0833	0.0833
	WO	0.1667	0.1667	0.1667	0.1667	0.1667	0.1667	0.1667	0.1667
	WU	0.1667	0.1667	0.1667	0.1667	0.1667	0.1667	0.1667	0.1667

$\gamma = 1.00 \qquad \rho = 0.60$

ε	δ	0.0500	0.1000	0.1500	0.2000	0.2500	0.3000	0.4000	0.5000
0.05	F	0.1260	0.2020	0.2780	0.3540	0.4300	0.5060	0.6580	0.8100
	I	0.0207	0.0336	0.0437	0.0512	0.0566	0.0603	0.0638	0.0647
	WO	0.0483	0.0810	0.1058	0.1237	0.1358	0.1432	0.1482	0.1466
	WU	0.0362	0.0575	0.0744	0.0874	0.0972	0.1042	0.1121	0.1158
0.10	F	0.1720	0.2440	0.3160	0.3880	0.4600	0.5320	0.6760	0.8200
	I	0.0242	0.0365	0.0461	0.0532	0.0584	0.0618	0.0651	0.0659
	WO	0.0537	0.0843	0.1078	0.1250	0.1368	0.1441	0.1493	0.1480
	WU	0.0440	0.0645	0.0805	0.0927	0.1018	0.1082	0.1154	0.1187
0.15	F	0.2180	0.2860	0.3540	0.4220	0.4900	0.5580	0.6940	0.8300
	I	0.0276	0.0393	0.0484	0.0552	0.0600	0.0633	0.0663	0.0670
	WO	0.0595	0.0881	0.1103	0.1267	0.1380	0.1451	0.1503	0.1493
	WU	0.0513	0.0711	0.0862	0.0977	0.1062	0.1122	0.1187	0.1215
0.20	F	0.2640	0.3280	0.3920	0.4560	0.5200	0.5840	0.7120	0.8400
	I	0.0309	0.0421	0.0506	0.0570	0.0616	0.0647	0.0675	0.0681
	WO	0.0656	0.0922	0.1131	0.1285	0.1393	0.1461	0.1513	0.1505
	WU	0.0584	0.0773	0.0917	0.1026	0.1105	0.1160	0.1219	0.1243
0.25	F	0.3100	0.3700	0.4300	0.4900	0.5500	0.6100	0.7300	0.8500
	I	0.0342	0.0447	0.0528	0.0589	0.0631	0.0660	0.0687	0.0692
	WO	0.0717	0.0965	0.1160	0.1305	0.1407	0.1472	0.1523	0.1517
	WU	0.0654	0.0834	0.0970	0.1072	0.1146	0.1197	0.1250	0.1271
0.30	F	0.3560	0.4120	0.4680	0.5240	0.5800	0.6360	0.7480	0.8600
	I	0.0375	0.0474	0.0550	0.0606	0.0646	0.0673	0.0698	0.0702
	WO	0.0780	0.1010	0.1190	0.1326	0.1422	0.1484	0.1533	0.1529
	WU	0.0723	0.0893	0.1022	0.1117	0.1186	0.1232	0.1281	0.1299
0.35	F	0.4020	0.4540	0.5060	0.5580	0.6100	0.6620	0.7660	0.8700
	I	0.0408	0.0500	0.0571	0.0624	0.0661	0.0686	0.0709	0.0713
	WO	0.0842	0.1055	0.1222	0.1348	0.1437	0.1495	0.1543	0.1541
	WU	0.0792	0.0951	0.1072	0.1161	0.1224	0.1267	0.1311	0.1327
0.40	F	0.4480	0.4960	0.5440	0.5920	0.6400	0.6880	0.7840	0.8800
	I	0.0441	0.0526	0.0592	0.0641	0.0675	0.0699	0.0720	0.0723
	WO	0.0905	0.1100	0.1254	0.1370	0.1453	0.1507	0.1553	0.1552
	WU	0.0860	0.1008	0.1121	0.1203	0.1262	0.1302	0.1341	0.1354
0.50	F	0.5400	0.5800	0.6200	0.6600	0.7000	0.7400	0.8200	0.9000
	I	0.0507	0.0578	0.0633	0.0674	0.0703	0.0723	0.0740	0.0743
	WO	0.1031	0.1193	0.1320	0.1417	0.1486	0.1532	0.1573	0.1574
	WU	0.0996	0.1121	0.1216	0.1286	0.1335	0.1368	0.1399	0.1408
0.60	F	0.6320	0.6640	0.6960	0.7280	0.7600	0.7920	0.8560	0.9200
	I	0.0572	0.0629	0.0674	0.0707	0.0730	0.0746	0.0760	0.0762
	WO	0.1158	0.1287	0.1388	0.1465	0.1521	0.1558	0.1592	0.1594
	WU	0.1130	0.1232	0.1309	0.1366	0.1405	0.1431	0.1455	0.1461
0.80	F	0.8160	0.8320	0.8480	0.8640	0.8800	0.8960	0.9280	0.9600
	I	0.0703	0.0732	0.0754	0.0771	0.0783	0.0791	0.0798	0.0799
	WO	0.1412	0.1476	0.1526	0.1565	0.1593	0.1612	0.1630	0.1632
	WU	0.1399	0.1451	0.1490	0.1519	0.1539	0.1552	0.1564	0.1565
1.00	F	1.0000	1.0000	1.0000	1.0000	1.0000	1.0000	1.0000	1.0000
	I	0.0833	0.0833	0.0833	0.0833	0.0833	0.0833	0.0833	0.0833
	WO	0.1667	0.1667	0.1667	0.1667	0.1667	0.1667	0.1667	0.1667
	WU	0.1667	0.1667	0.1667	0.1667	0.1667	0.1667	0.1667	0.1667

$$\gamma = 1.00 \qquad \rho = 0.80$$

ε		δ	0.0500	0.1000	0.1500	0.2000	0.2500	0.3000	0.4000	0.5000
0.05	F		0.1355	0.2210	0.3065	0.3920	0.4775	0.5630	0.7340	0.9050
	I		0.0233	0.0386	0.0505	0.0594	0.0658	0.0701	0.0741	0.0748
	WO		0.0500	0.0837	0.1097	0.1289	0.1423	0.1510	0.1581	0.1579
	WU		0.0437	0.0717	0.0936	0.1103	0.1225	0.1310	0.1396	0.1421
0.10	F		0.1810	0.2620	0.3430	0.4240	0.5050	0.5860	0.7480	0.9100
	I		0.0265	0.0410	0.0523	0.0608	0.0668	0.0709	0.0747	0.0753
	WO		0.0557	0.0875	0.1121	0.1304	0.1432	0.1516	0.1585	0.1584
	WU		0.0507	0.0773	0.0980	0.1138	0.1253	0.1332	0.1412	0.1435
0.15	F		0.2265	0.3030	0.3795	0.4560	0.5325	0.6090	0.7620	0.9150
	I		0.0297	0.0434	0.0541	0.0621	0.0678	0.0716	0.0752	0.0758
	WO		0.0616	0.0915	0.1147	0.1320	0.1442	0.1522	0.1589	0.1589
	WU		0.0574	0.0827	0.1023	0.1172	0.1279	0.1354	0.1427	0.1448
0.20	F		0.2720	0.3440	0.4160	0.4880	0.5600	0.6320	0.7760	0.9200
	I		0.0329	0.0458	0.0558	0.0634	0.0688	0.0724	0.0757	0.0762
	WO		0.0676	0.0956	0.1174	0.1338	0.1453	0.1529	0.1593	0.1594
	WU		0.0640	0.0879	0.1065	0.1204	0.1305	0.1375	0.1443	0.1461
0.25	F		0.3175	0.3850	0.4525	0.5200	0.5875	0.6550	0.7900	0.9250
	I		0.0360	0.0482	0.0576	0.0647	0.0697	0.0731	0.0762	0.0767
	WO		0.0737	0.0998	0.1203	0.1356	0.1464	0.1536	0.1597	0.1599
	WU		0.0705	0.0931	0.1105	0.1236	0.1331	0.1395	0.1458	0.1474
0.30	F		0.3630	0.4260	0.4890	0.5520	0.6150	0.6780	0.8040	0.9300
	I		0.0392	0.0505	0.0593	0.0659	0.0707	0.0738	0.0767	0.0772
	WO		0.0799	0.1041	0.1232	0.1374	0.1476	0.1543	0.1602	0.1604
	WU		0.0770	0.0982	0.1145	0.1267	0.1355	0.1415	0.1473	0.1487
0.35	F		0.4085	0.4670	0.5255	0.5840	0.6425	0.7010	0.8180	0.9350
	I		0.0424	0.0529	0.0611	0.0672	0.0716	0.0745	0.0772	0.0776
	WO		0.0860	0.1085	0.1261	0.1394	0.1488	0.1551	0.1606	0.1609
	WU		0.0834	0.1032	0.1184	0.1298	0.1379	0.1435	0.1488	0.1501
0.40	F		0.4540	0.5080	0.5620	0.6160	0.6700	0.7240	0.8320	0.9400
	I		0.0455	0.0552	0.0628	0.0685	0.0725	0.0752	0.0777	0.0781
	WO		0.0922	0.1129	0.1291	0.1413	0.1501	0.1559	0.1610	0.1613
	WU		0.0899	0.1082	0.1223	0.1328	0.1403	0.1454	0.1502	0.1514
0.50	F		0.5450	0.5900	0.6350	0.6800	0.7250	0.7700	0.8600	0.9500
	I		0.0518	0.0599	0.0662	0.0710	0.0744	0.0766	0.0787	0.0790
	WO		0.1045	0.1217	0.1352	0.1454	0.1527	0.1575	0.1619	0.1623
	WU		0.1027	0.1181	0.1299	0.1387	0.1450	0.1492	0.1531	0.1540
0.60	F		0.6360	0.6720	0.7080	0.7440	0.7800	0.8160	0.8880	0.9600
	I		0.0581	0.0646	0.0697	0.0735	0.0762	0.0780	0.0797	0.0799
	WO		0.1169	0.1306	0.1414	0.1495	0.1553	0.1593	0.1628	0.1632
	WU		0.1156	0.1279	0.1374	0.1444	0.1495	0.1528	0.1559	0.1565
0.80	F		0.8180	0.8360	0.8540	0.8720	0.8900	0.9080	0.9440	0.9800
	I		0.0707	0.0740	0.0765	0.0784	0.0798	0.0807	0.0815	0.0816
	WO		0.1418	0.1486	0.1539	0.1580	0.1609	0.1629	0.1647	0.1650
	WU		0.1411	0.1473	0.1521	0.1557	0.1582	0.1599	0.1614	0.1616
1.00	F		1.0000	1.0000	1.0000	1.0000	1.0000	1.0000	1.0000	1.0000
	I		0.0833	0.0833	0.0833	0.0833	0.0833	0.0833	0.0833	0.0833
	WO		0.1667	0.1667	0.1667	0.1667	0.1667	0.1667	0.1667	0.1667
	WU		0.1667	0.1667	0.1667	0.1667	0.1667	0.1667	0.1667	0.1667

$\gamma = 1.00 \qquad \rho = 1.00$

ε	δ	0.0500	0.1000	0.1500	0.2000	0.2500	0.3000	0.4000	0.5000
0.05	F	0.1450	0.2400	0.3350	0.4300	0.5250	0.6200	0.8100	1.0000
	I	0.0256	0.0428	0.0562	0.0662	0.0734	0.0783	0.0827	0.0833
	WO	0.0512	0.0856	0.1124	0.1325	0.1469	0.1565	0.1654	0.1667
	WU	0.0512	0.0856	0.1124	0.1325	0.1469	0.1565	0.1654	0.1667
0.10	F	0.1900	0.2800	0.3700	0.4600	0.5500	0.6400	0.8200	1.0000
	I	0.0287	0.0449	0.0576	0.0671	0.0740	0.0785	0.0827	0.0833
	WO	0.0573	0.0899	0.1152	0.1343	0.1479	0.1571	0.1655	0.1667
	WU	0.0573	0.0899	0.1152	0.1343	0.1479	0.1571	0.1655	0.1667
0.15	F	0.2350	0.3200	0.4050	0.4900	0.5750	0.6600	0.8300	1.0000
	I	0.0317	0.0471	0.0590	0.0680	0.0745	0.0788	0.0828	0.0833
	WO	0.0634	0.0941	0.1181	0.1361	0.1490	0.1576	0.1655	0.1667
	WU	0.0634	0.0941	0.1181	0.1361	0.1490	0.1576	0.1655	0.1667
0.20	F	0.2800	0.3600	0.4400	0.5200	0.6000	0.68.00	0.8400	1.0000
	I	0.0347	0.0492	0.0605	0.0689	0.0750	0.0791	0.0828	0.0833
	WO	0.0695	0.0984	0.1209	0.1379	0.1500	0.1581	0.1656	0.1667
	WU	0.0695	0.0984	0.1209	0.1379	0.1500	0.1581	0.1656	0.1667
0.25	F	0.3250	0.4000	0.4750	0.5500	0.6250	0.7000	0.8500	1.0000
	I	0.0378	0.0513	0.0619	0.0698	0.0755	0.0793	0.0828	0.0833
	WO	0.0755	0.1027	0.1238	0.1397	0.1510	0.1587	0.1657	0.1667
	WU	0.0755	0.1027	0.1238	0.1397	0.1510	0.1587	0.1657	0.1667
0.30	F	0.3700	0.4400	0.5100	0.5800	0.6500	0.7200	0.8600	1.0000
	I	0.0408	0.0535	0.0633	0.0707	0.0760	0.0796	0.0829	0.0833
	WO	0.0816	0.1069	0.1266	0.1415	0.1521	0.1592	0.1657	0.1667
	WU	0.0816	0.1069	0.1266	0.1415	0.1521	0.1592	0.1657	0.1667
0.35	F	0.4150	0.4800	0.5450	0.6100	0.6750	0.7400	0.8700	1.0000
	I	0.0438	0.0556	0.0648	0.0716	0.0766	0.0799	0.0829	0.0833
	WO	0.0877	0.1112	0.1295	0.1433	0.1531	0.1597	0.1658	0.1667
	WU	0.0877	0.1112	0.1295	0.1433	0.1531	0.1597	0.1658	0.1667
0.40	F	0.4600	0.5200	0.5800	0.6400	0.7000	0.7600	0.8800	1.0000
	I	0.0469	0.0577	0.0662	0.0725	0.0771	0.0801	0.0829	0.0833
	WO	0.0938	0.1155	0.1324	0.1451	0.1542	0.1603	0.1659	0.1667
	WU	0.0938	0.1155	0.1324	0.1451	0.1542	0.1603	0.1659	0.1667
0.50	F	0.5500	0.6000	0.6500	0.7000	0.7500	0.8000	0.9000	1.0000
	I	0.0530	0.0620	0.0690	0.0743	0.0781	0.0807	0.0830	0.0833
	WO	0.1059	0.1240	0.1381	0.1487	0.1562	0.1613	0.1660	0.1667
	WU	0.1059	0.1240	0.1381	0.1487	0.1562	0.1613	0.1660	0.1667
0.60	F	0.6400	0.6800	0.7200	0.7600	0.8000	0.8400	0.9200	1.0000
	I	0.0590	0.0663	0.0719	0.0761	0.0792	0.0812	0.0831	0.0833
	WO	0.1181	0.1325	0.1438	0.1523	0.1583	0.1624	0.1661	0.1667
	WU	0.1181	0.1325	0.1438	0.1523	0.1583	0.1624	0.1661	0.1667
0.80	F	0.8200	0.8400	0.8600	0.8800	0.9000	0.9200	0.9600	1.0000
	I	0.0712	0.0748	0.0776	0.0797	0.0812	0.0823	0.0832	0.0833
	WO	0.1424	0.1496	0.1552	0.1595	0.1625	0.1645	0.1664	0.1667
	WU	0.1424	0.1496	0.1552	0.1595	0.1625	0.1645	0.1664	0.1667
1.00	F	1.0000	1.0000	1.0000	1.0000	1.0000	1.0000	1.0000	1.0000
	I	0.0833	0.0833	0.0833	0.0833	0.0833	0.0833	0.0833	0.0833
	WO	0.1667	0.1667	0.1667	0.1667	0.1667	0.1667	0.1667	0.1667
	WU	0.1667	0.1667	0.1667	0.1667	0.1667	0.1667	0.1667	0.1667

Sachverzeichnis